高职高专"十二五" 规划教材

自动生产线安装、调试与维护

郝红娟　解晓飞　主　编
赵建辉　副主编
王锁庭　主　审

化学工业出版社
·北京·

本书包括三篇8个教学项目：基础篇包括自动生产线实训设备基础知识，实训篇包括供料单元控制系统安装与调试、加工单元控制系统安装与调试、装配单元控制系统安装与调试、分拣单元控制系统安装与调试和搬运单元控制系统安装与调试，拓展篇包括人机界面组态和生产线的安装、检查与维护。

本书可作为高职院校生产过程自动化、机电一体化、电气自动化专业教材，也可供相关初学人员参考学习。

图书在版编目（CIP）数据

自动生产线安装、调试与维护/郝红娟，解晓飞主编．北京：化学工业出版社，2015.9（2022.3重印）

ISBN 978-7-122-24896-1

Ⅰ.①自…　Ⅱ.①郝…②解…　Ⅲ.①自动生产线-安装-高等职业教育-教材②自动生产线-调试方法-高等职业教育-教材③自动生产线-维修-高等职业教育-教材　Ⅳ.①TP278

中国版本图书馆CIP数据核字（2015）第185646号

责任编辑：廉　静　　装帧设计：王晓宇

责任校对：蒋　宇

出版发行：化学工业出版社（北京市东城区青年湖南街13号　邮政编码100011）

印　　装：北京虎彩文化传播有限公司

787mm×1092mm　1/16　印张15½　字数411千字　2022年3月北京第1版第5次印刷

购书咨询：010-64518888　　售后服务：010-64518899

网　　址：http://www.cip.com.cn

凡购买本书，如有缺损质量问题，本社销售中心负责调换。

定　价：35.00元

前 言
FOREWORD

我国高等职业教育的根本任务是培养适合我国现代化建设和经济发展的高素质技能型人才，所以，高等职业教育在对电气自动化技术、生产过程自动化技术、机电一体化技术等相关专业人才的培养过程中，应使学生掌握自动生产线安装、调试与维护的基本知识和基本操作技能。在今后的生产实践中为了解决实际问题打下良好的理论和实践基础，自动生产线安装、调试与维护成为教学中的必修课之一。

本书内容包括三篇8个教学项目：基础篇包括自动生产线实训设备基础知识；实训篇包括供料单元控制系统安装与调试、加工单元控制系统安装与调试、装配单元控制系统安装与调试、分拣单元控制系统安装与调试和搬运单元控制系统安装与调试；拓展篇包括人机界面组态和设备的安装、检查与维护。

本书具有以下的特色：

① 本书编写采用项目导向、任务驱动的方法，讲述深入浅出，将知识点与能力点紧密结合，注重培养学生的工程应用能力和解决现场实际问题的能力；

② 采取校企合作方式组建编写团队，基于校企合作、工学结合的模式，结合工业生产实际以及对自动生产线操作的实际人才需求进行教材编写；

③ 保证基础，加强应用，突出能力，突出实际、实用、实践的原则，贯彻重概念、重结论的指导思想，注重内容的典型性、针对性，加强理论联系实际；

④ 从应用的角度出发，介绍自动生产线的实用技术，使教材具有实用性，符合高职高专学生毕业后的工作需求。

本教材按80～100课时编写，各学校根据不同的教学课时可以选择重点的章节进行讲解。

本书由天津石油职业技术学院郝红娟、解晓飞担任主编并统稿，天津康拓科技有限公司赵建辉担任副主编。参加编写的人员有：郝红娟（项目一、四、五）、解晓飞（项目六、七），赵建辉（项目二、八），华北油田公司水电厂于伟霞（项目三）。天津石油职业技术学院王锁庭副教授在百忙中仔细、认真地审阅了全书，提出了许多宝贵意见。在编写过程中，编者参阅了许多同行、专家们的论著和文献，特别是得到了华北油田公司水电厂、天津康拓科技有限公司、天津石油职业技术学院教务处和科研处以及电子信息系的大力支持和帮助，在此一并真诚致谢。

限于编者的学术水平和实践经验，书中的不足之处，恳请有关专家和广大读者批评指正。

编者

2015年7月

目录
FCONTENTS

基 础 篇

实 训 篇

拓 展 篇

基础篇

项目1 自动生产线实训设备基础知识

学习目标

① 掌握气动技术的相关知识
② 掌握传感器技术的相关知识
③ 掌握可编程控制器的基础知识
④ 了解电机的原理

能力目标

① 掌握气缸的调试方法
② 掌握传感器的调试方法
③ 掌握可编程控制器的编程方法
④ 掌握网络通信指令向导的设置步骤

任务1 气压传动控制技术初步知识

子任务1 气压传动概述

1. 气压传动及其组成

气压传动简称气动，是以压缩空气为工作介质来传递和控制信号的，控制和驱动各种机械设备，以实现生产过程机械化、自动化。

一个完整的气动自动化系统由气源装置、控制元件、执行元件、辅助元件、检测元件及控制器组成。如图 1-1 所示。

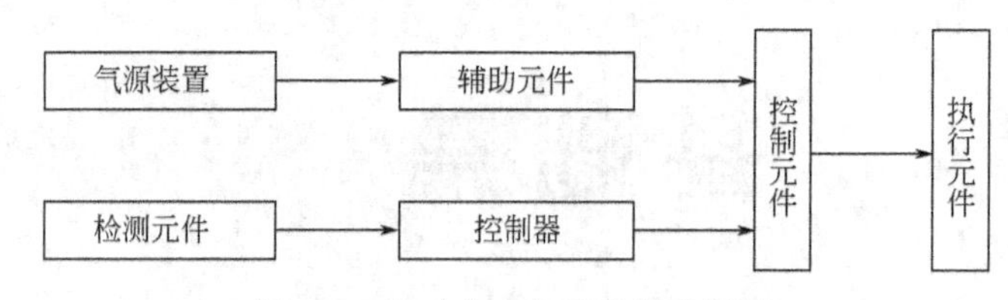

图 1-1 气动自动化系统组成框图

① 气源装置：主要作用是提供清洁、干燥的压缩空气。

② 控制元件：其作用是调节和控制压缩控制的压力、流量和流动方向，以使执行元件能按要求的程序和性能进行工作。控制元件分为压力控制阀、流量控制阀和方向控制阀等。

③ 执行元件：是将气体的压力能转换为机械能的一种能量转换装置。它包括实现直线往复运动的气缸和实现连续回转运动或摆动的气动马达或摆动马达。

④ 辅助元件：其作用是辅助气动系统正常工作。主要由净化压缩空气的净化器、过滤器、干燥器等组成，另外还包括供给系统润滑的油雾器、消除噪声的消声器、提供给系统冷却的冷却器等。

⑤ 检测元件：其作用是检测气缸的运动位置，判断工件有无及工件性质等。

⑥ 控制器：其作用是对检测元件提供的信号进行逻辑运算，向执行元件提供输出信号，控制系统按照预定的要求有序工作。

2. 气压传动的优缺点

气压传动具有以下优点。

① 以空气为工作介质，取之不尽，来源方便，且无污染、环保。

② 工作环境适应性好，可工作在易燃、易爆、多尘埃、强辐射等环境。

③ 空气黏度小，流动阻力小，管路损失小。

④ 气动控制动作迅速，反应快。

⑤ 气动元件结构简单，易于制造，成本低，且使用寿命长、可靠性高。

⑥ 气动系统维护简单，管道不易堵塞。

当然，气压传动也有其缺点，主要如下。

① 由于空气可压缩性大，气缸的动作速度易随负载的变化而变化，稳定性较差，控制精度不高。

② 气动系统压力一般比较低（小于 0.8MPa），造成总的输出力不够大。

③ 工作介质（空气）没有润滑性，系统使用中有时需要润滑。

④ 工作时噪声大，在快速排气时，需要安装消声器。

3. 气压传动在工业中的应用

① 物料运输装置：夹紧、传送、定位、定向和物料流分配。

② 一般应用：包装、填充、测量、锁紧、轴的驱动、物料输送、零件转向及翻转、零件分拣、元件堆垛、元件冲压或模压标记和门控制。

③ 物料加工：钻削、车削、锯削、磨削和光整。

4. 气动技术的发展趋势

（1）模块化和集成化

气动系统的最大优点之一是单独元件的组合能力，无论是不同大小的控制器还是不同功率的控制元件，在一定应用条件下，都具有随意组合性。随着气动技术的发展，元件正在从单元功能性向多功能系统、通用化模块方向发展，并将具有向上或向下的兼容性。

（2）功能增强及体积缩小

小型化气动元件，如气缸及各种阀，广泛应用于工业领域。微型气动元件不但用于精密机械加工及电子制造业，还用于制药、医疗、包装等行业。在这些领域中，已经出现了活塞直径小于 2.5mm 的气缸、宽度小于 10mm 的气阀及相关的辅助元件，并正在向微型化和系列化方向发展。

(3) 智能气动

智能气动是指具有集成微处理器，并具有处理指令和程序控制功能的元件或单元。最典型的智能气动是内置可编程控制器的阀岛，以阀岛和现场总线技术的结合实现气电一体化是目前气动技术的一个发展方向。

子任务 2　气动元件

1. 气源装置

气源装置为气动设备提供满足要求的压缩空气。气源装置一般由气压发生装置、压缩空气的净化处理装置和传输管路系统组成。典型的气源及空气净化处理系统如图 1-2 所示。

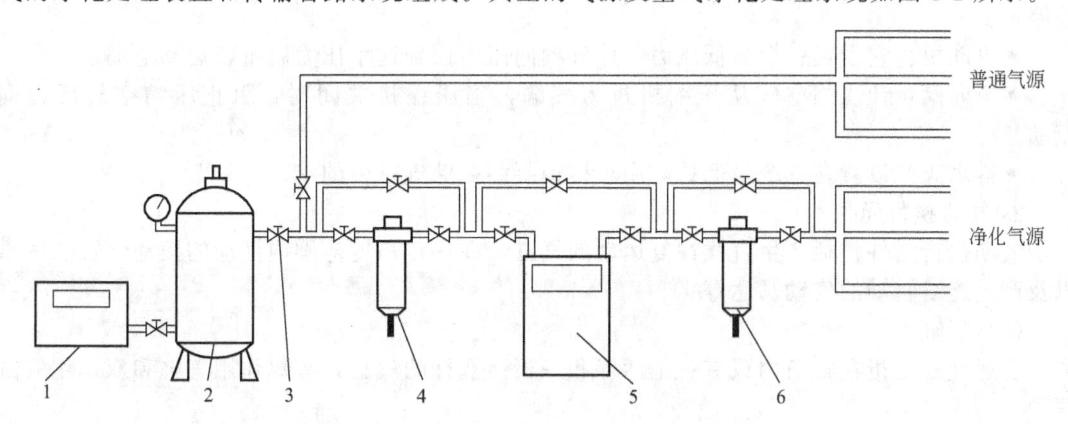

图 1-2　典型的气源及空气净化处理系统

1—空压机；2—储气罐；3—阀门；4—主管过滤器（Ⅰ）；5—干燥机；6—主管过滤器（Ⅱ）

(1) 空气压缩机

简称空压机，是气压发生装置。空压机将电机或内燃机的机械能转化为压缩空气的压力能。

按工作原理分类，空压机可分为容积式空压机和速度式空压机。容积式空压机的工作原理是使单位体积内空气分子的密度增加以提高压缩空气的压力；速度式空压机的工作原理是提高气体分子的运动速度以此增加气体的动能，然后将气体分子的动能转化为压力能以提高压缩空气的压力。

空压机在使用时应注意以下事项。

① 空压机的安装位置—空压机的安装地点必须清洁，应无粉尘、通风好、湿度小、温度低，且要留有维护保养的空间，所以一般要安装在专用机房内。

② 噪声—因为空压机一运转就产生噪声，所以必须考虑噪声的防治，如设置隔声罩、消声器，选择消声较低的空压机等。一般而言，螺杆式空压机的噪声较小。

③ 润滑—使用专用润滑油并定期更换，启动前应检查润滑油位，并用手拉动传动带使机轴转动几圈，以保证启动时的润滑。启动前和停车后都应及时排除空压机气罐中的水分。

(2) 储气罐

储气罐有如下作用。

① 使压缩空气供气平稳，减少压力脉动。

② 作为压缩空气瞬间消耗需要的存储补充。

③ 存储一定量的压缩空气，停电时可使系统继续维持一定时间。

④ 可降低空压机的启动、停止频率，其功能相当于增大了空压机的功率。

⑤ 利用储气罐的大表面积散热，使压缩空气中的一部分水蒸气凝结为水。

储气罐的尺寸大小由空压机的输出功率来决定。储气罐的容积愈大，压缩机运行时间间隔就愈长。储气罐一般为圆筒状焊接结构，有立式和卧式两种，以立式居多。

使用储气罐应注意以下事项。

① 储气罐属于压力容器，应遵守压力容器的有关规定，必须有产品耐压合格证书。

② 储气罐上必须安装如下元件。

• 安全阀：当储气罐内的压力超过允许限度时，可将压缩空气排出。

• 压力表：显示储气罐内的压力。

• 压力开关：用储气罐内的压力来控制电动机，它设置一个最高压力，达到这个压力后就停止。

• 电动机：它设置一个最低压力，储气罐内压力低到这个压力就重新启动电动机。

• 单向阀：让压缩空气从压缩机进入气罐，当压缩机关闭时，阻止压缩空气反方向流动。

• 排水阀：设置在系统最低处，用于排掉凝结在储气罐内的水。

2. 气动执行元件

气动执行元件包括产生直线往复运动的气缸，在一定角度范围内摆动的摆动气缸、气爪以及产生连续转动的气动马达等。

（1）气缸

普通气缸是指在缸筒内只有一个活塞和一根活塞杆的气缸，有单作用气缸和双作用气缸两种。

① 单杆双作用普通气缸　其基本结构和符号如图 1-3 所示，一般由缸筒、前缸盖、后缸盖、活塞、活塞杆、密封件和紧固件等零件组成。缸筒与前后缸盖之间由 4 根螺杆将其紧固锁定。缸内有与活塞杆相连的活塞，活塞上装有活塞密封圈。这种双作用气缸被活塞分成两个腔室，有活塞杆的腔室称为有杆腔，无活塞杆的腔室称为无杆腔。

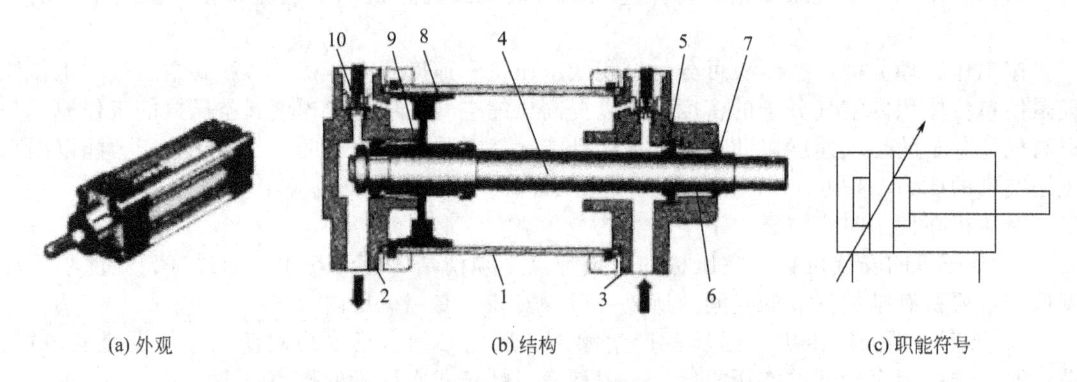

图 1-3　普通型单杆双作用气缸结构及符号

1—缸筒；2—后缸盖；3—前缸盖；4—活塞杆；5—防尘密封圈；6—导向套；7—密封圈；8—活塞；9—缓冲柱塞；10—缓冲节流阀

单杆双作用普通气缸的工作原理是：从无杆腔端的气口输入压缩空气时，若气压作用在活塞左端面上的力克服了运动摩擦力、负载等各种反作用力，则当活塞前进时，有杆腔内的空气经该端气口排出，使活塞杆伸出。同样，当从有杆腔端气口输入压缩空气时，活塞杆缩回至初始位置。通过无杆腔和有杆腔交替进气和排气，活塞杆伸出和缩回，气缸实现往复直线运动。

② 单杆单作用普通气缸　是指压缩空气仅在气缸的一端进气，推动活塞运动，而活塞的返回是借助于弹簧力、膜片张力及重力等。其结构与外观如图 1-4 所示。单作用气缸只在动作方向上需要压缩空气，故可节约一半压缩空气。主要用在夹紧、退料、阻挡、压入、举起和进给等操作上。

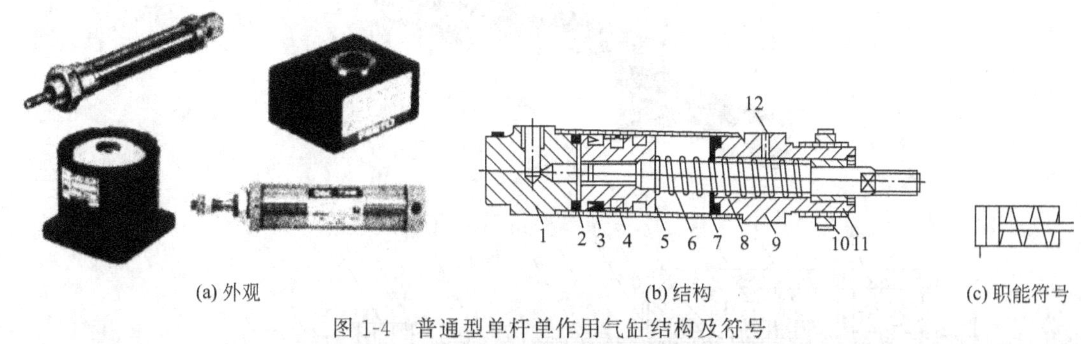

(a) 外观　　(b) 结构　　(c) 职能符号

图 1-4　普通型单杆单作用气缸结构及符号

1—后缸盖；2—橡胶缓冲垫；3—活塞密封圈；4—导向环；5—活塞；6—弹簧；7—缸筒；8—活塞杆；9—前缸盖；10—螺母；11—导向套；12—呼吸孔

根据复位弹簧位置将单作用气缸分为预缩型气缸和预伸型气缸。当弹簧在有杆腔内时，由于弹簧的作用力而使气缸活塞杆初始位置处于缩回位置，将这种气缸称为预缩型单作用气缸；当弹簧装在无杆腔内，气缸活塞杆初始位置为伸出位置的称为预伸型气缸。

③ 无杆气缸　它没有普通气缸的刚性活塞杆，利用活塞直接或间接地实现往复运动。这种气缸的最大优点是节省了安装空间，特别适用于小缸径、长行程的场合。无杆气缸现已广泛应用于数控机床、注塑机等的开门装置上及多功能坐标机械手的位置和自动输送线上工件的传送等。无杆气缸主要分机械接触式和磁性耦合式两种。磁性耦合无杆气缸也称为磁性气缸。

图 1-5 所示为机械接触式无杆气缸。在拉制而成的不等壁厚的铝制缸筒上开有管状沟槽缝，为保证开槽处的密封，设有内外侧密封带。内侧密封带靠气压力将其压在缸筒内壁上，起密封作用。外侧密封带起防尘作用。活塞轭穿过长开槽，把活塞和滑块连成一体。活塞轭又将内、外侧密封带分开，内侧密封带穿过活塞轭，外侧密封带穿过活塞轭与滑块之间，但内、外侧密封带未被活塞轭分开处，相互夹持在缸筒开槽上，以保持槽被密封。内、外侧密封带两端都固定在气缸缸盖上。与普通气缸相同，两端缸盖上带有气缓冲装置。

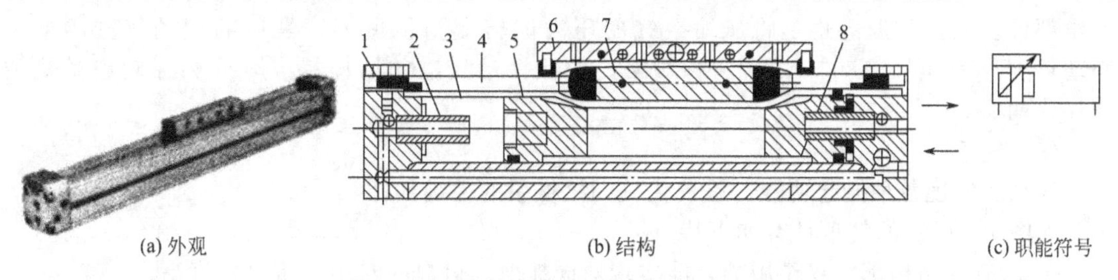

(a) 外观　　(b) 结构　　(c) 职能符号

图 1-5　机械接触式无杆气缸组成结构及符号

1—节流阀；2—缓冲柱塞；3—内侧密封带；4—外侧密封带；5—活塞；6—滑块；7—活塞轭；8—缸筒

在压缩空气作用下，活塞-滑块机械组合装置可以往复运动。这种无杆气缸通过活塞-滑块机械组合装置传递气缸输出力，缸体上管状沟槽可以防止其扭转。

图 1-6 为一种磁性耦合的无杆气缸。它是在活塞上安装了一组高磁性的永久磁环，磁力线通过薄壁缸筒（不锈钢或铝合金非导磁材料）与套在外面的另一组磁环作用。由于两组磁环极性相反，因此它们之间有很强的吸力。若活塞在一侧输入气压作用下移动，则在磁耦合力作用下带动套筒与负载一起移动。在气缸行程两端设有空气缓冲装置。

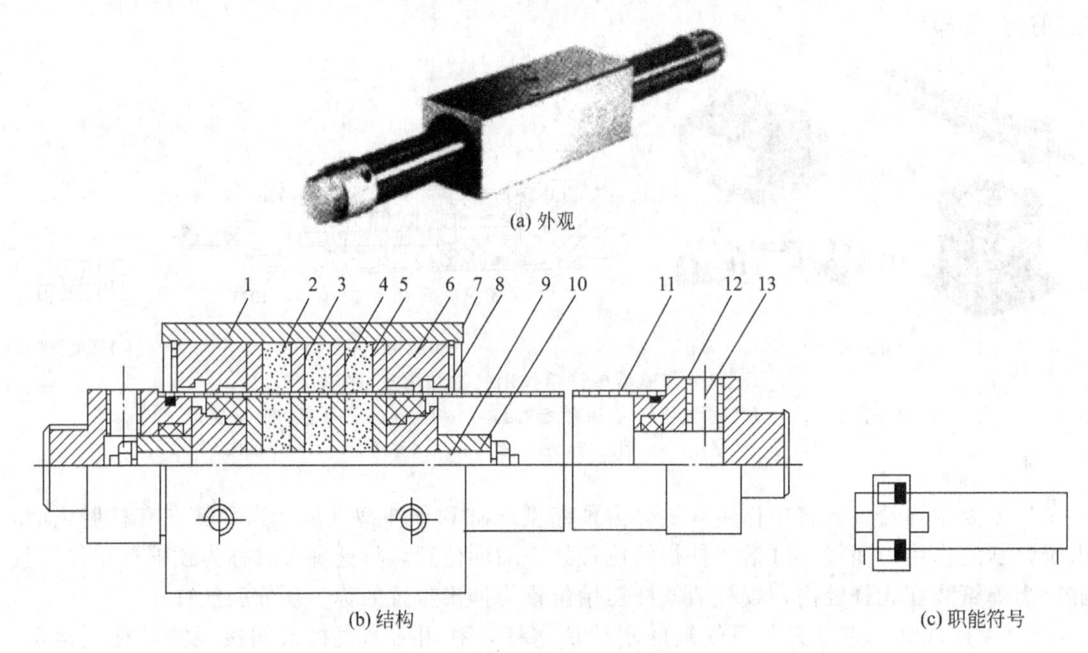

(a) 外观　(b) 结构　(c) 职能符号

图 1-6　磁性无杆气缸组成结构及符号

1—套筒（移动支架）；2—外磁环（永久磁铁）；3—外磁导板；4—内磁环（永久磁铁）；5—内导磁板；6—压盖；7—卡环；8—活塞；9—活塞轴；10—缓冲柱塞；11—气缸筒；12—端盖；13—进排气口

磁性气缸的特点是体积小，重量轻，无外部空气泄漏，维修保养方便等。当速度快、负载大时，内外磁环易脱开，即负载大小受速度影响，且磁性耦合的无杆气缸中间不能增加支撑点，最大行程受到限制。

（2）摆动气缸

摆动气缸是出力轴被限制在某个角度内做往复摆动的一种气缸，又称为旋转气缸。摆动气缸目前在工业上应用广泛，多用于安装位置受到限制或转动角度小于 360°的回转工作部件。其工作原理也是将压缩空气的压力能转变为机械能。常用的摆动气缸的最大摆动角度分为 90°，180°，270°三种规格。按照摆动气缸的结构特点可分为齿轮齿条式和叶片式两类。

（3）气爪

气爪能实现各种抓起功能，是现代气动机械手的关键部件。

如图 1-7 所示的气爪具有如下特点。

① 所有的结构都是双作用的，能实现双向抓取，可自动对中，重复精度高。

② 抓取力矩恒定。

③ 在气缸两侧可安装非接触式检测开关。

④ 有多种安装、连接方式。

图 1-7(a) 所示为平行气爪，平行气爪通过两个活塞工作，两个气爪对中心移动。这种气爪可以输出很大的抓取力，既可用于内抓取，也可用于外抓取。

图 1-7(b) 所示为摆动气爪，内、外抓取 40°摆角，抓取力大，并确保抓取力矩恒定。

图 1-7(c) 所示为旋转气爪，其动作和齿轮齿条的啮合原理相似。两个气爪可同时移动并自动对中，其齿轮齿条原理确保了抓取力矩始终恒定。

图 1-7(d) 所示为三点气爪，三个气爪同时开闭，适合夹持圆柱体工件及工件的压入工作。

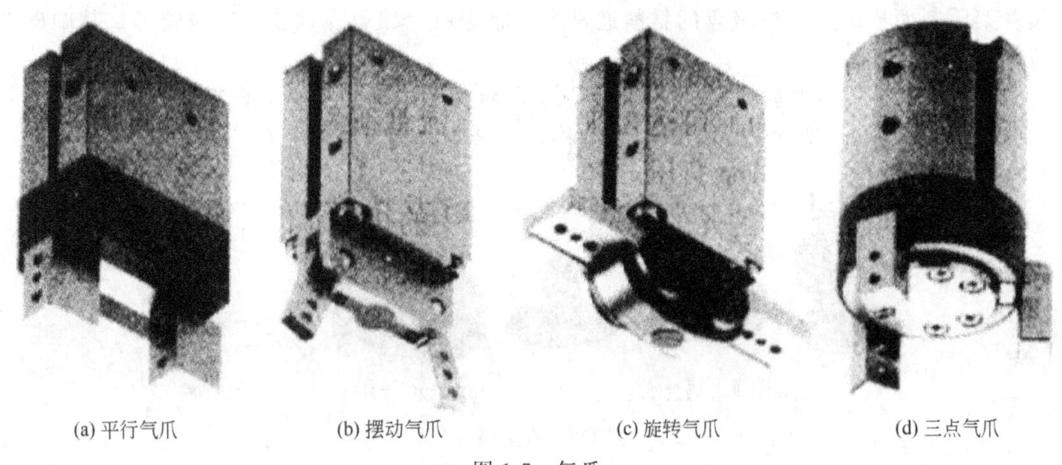

(a) 平行气爪　(b) 摆动气爪　(c) 旋转气爪　(d) 三点气爪

图 1-7　气爪

(4) 气动马达

气动马达是一种作连续旋转运动的气动执行元件，其作用是把压缩空气的压力能转换成回转机械能的能量转换装置，相当于电动机或液压马达，它输出转矩，驱动执行机构做旋转运动。在气压传动中使用广泛的有叶片式、活塞式和齿轮式气动马达。

气动马达的工作适应性较强，可用于无级调速、启动频繁、经常换向、高温潮湿、易燃易爆、负载启动、不便人工操纵及有过载可能的场合。目前，气动马达主要应用于矿山机械、专业性的机械制造、油田、化工、造纸、炼钢、船舶、航空、工程机械等行业，许多气动工具如风钻、风扳手和风砂轮等均装有气动马达。

(5) 真空发生器及真空吸盘

典型的真空发生器的工作原理如图 1-8 所示，它由先收缩后扩张的拉伐尔喷管、负压腔、接收管和消声器等组成。真空发生器是根据文丘里原理产生真空的。当压缩空气从供气

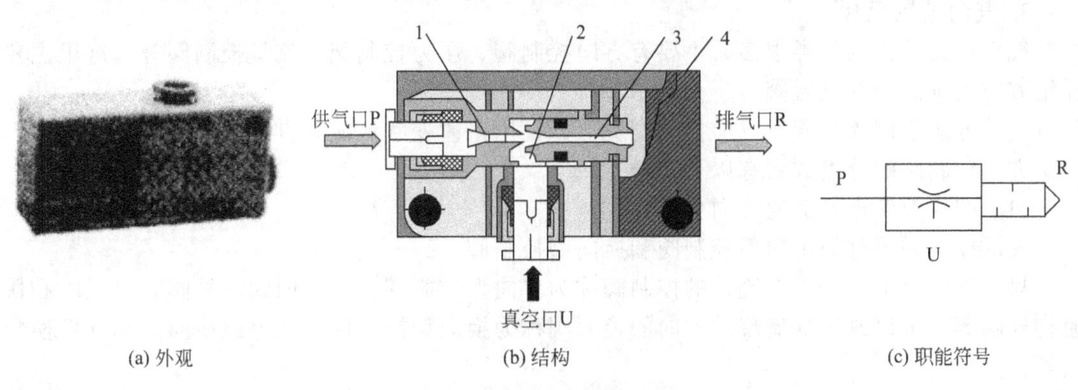

(a) 外观　(b) 结构　(c) 职能符号

图 1-8　真空发生器结构及符号

1—拉伐尔喷管；2—负压腔；3—接收管；4—消声器

口 P 流向排气口 R 时，在真空口 U 上就会产生真空。吸盘与真空口 U 连接，靠真空压力便可吸起物体。如果切断供气口 P 的压缩空气，则抽空过程就会停止。

用真空发生器产生真空有如下几个特点。

① 结构简单、体积小、使用寿命长。

② 产生的真空度（负压力）可达 88kPa，吸入流量不大，但可控、可调、稳定、可靠。

③ 瞬时开关特性好，无残余负压。

真空吸盘是直接吸吊物体的元件，是真空系统中的执行元件。吸盘通常是由橡胶材料和金属骨架压制而成的。制造吸盘的材料通常有丁腈橡胶、聚氨酯橡胶和硅橡胶等，其中硅橡胶适用于食品行业。

图 1-9 所示为常用吸盘的类型。图 1-9(a) 所示为圆形平吸盘，适合吸表面平整的工件；图 1-9(b) 所示为波纹吸盘，采用风箱型结构，适合吸表面突出的工件。

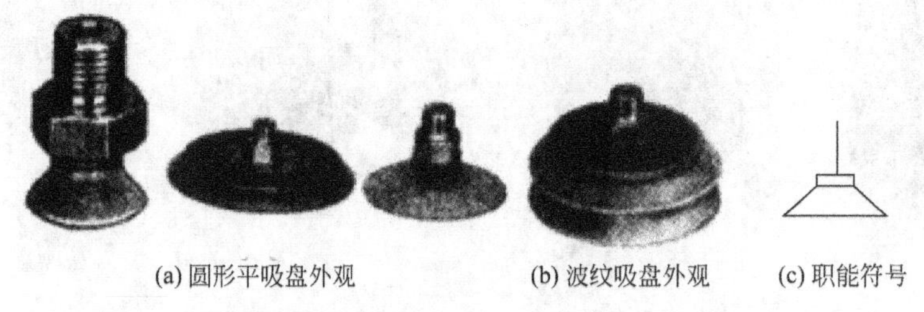

(a) 圆形平吸盘外观　(b) 波纹吸盘外观　(c) 职能符号

图 1-9　真空吸盘

真空吸盘的安装是靠吸盘上的螺纹直接与真空发生器或者真空安全阀、空心活塞杆气缸相连，如图 1-10 所示。

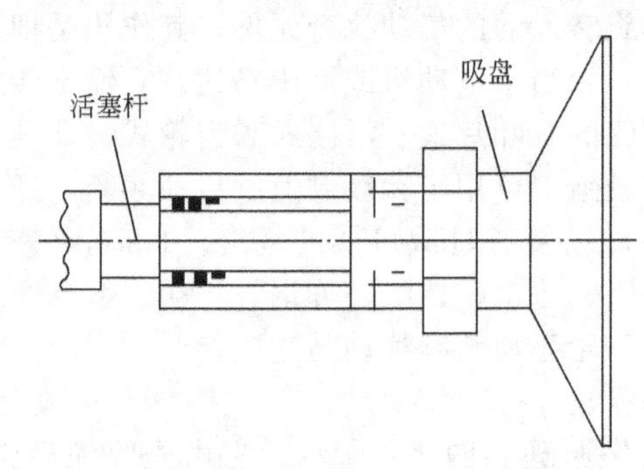

图 1-10　真空吸盘的连接

3. 气动控制元件

气动控制元件的种类很多，主要有方向控制阀、压力控制阀、流量控制阀等。这里主要介绍方向控制阀中的电磁阀。

气动方向控制阀与液压方向控制阀类似，是用来改变气流流动方向或通断的控制阀。

方向控制阀的分类方式有以下几种。

(1) 按阀内气流的流通方向分类

气动控制阀可分为单向型控制阀和换向型控制阀。

只允许气流沿一个方向流动的控制阀称为单向型控制阀，如单向阀、梭阀、双压阀和快速排气阀等。可以改变气流流动方向的控制阀称为换向型控制阀，如电磁换向阀和气控换向阀等。

(2) 按控制方式分类

表 1-1 所示为气动控制阀按控制方式分成的几种方式的职能符号。

表 1-1　气动控制阀的几种控制方式的职能符号

<table>
<tr><td rowspan="2">人力控制</td><td>一般手动操作</td><td>按钮式</td></tr>
<tr><td>手柄式、带定法</td><td>脚踏式</td></tr>
<tr><td rowspan="2">机械控制</td><td>控制轴</td><td>滚轮杠杆式</td></tr>
<tr><td>单向滚轮式</td><td>弹簧复位</td></tr>
<tr><td>气压控制</td><td>直动式</td><td>先导式</td></tr>
<tr><td rowspan="2">电磁控制</td><td>单电控</td><td>双电控</td></tr>
<tr><td>先导式双电控，带手动</td><td></td></tr>
</table>

① 电磁控制：利用电磁线圈通电后，静铁芯对动铁芯产生电磁吸力使阀切换，以改变气流方向的阀，称为电磁控制换向阀，简称电磁阀。这种阀易于实现电、气联合控制，能实现远距离操作，故得到广泛应用。

② 气压控制：利用气体压力来使主阀切换从而改变气流方向的阀，称为气压控制换向阀，简称气控阀。这种阀常用在易燃、易爆、潮湿、粉尘大的工作环境中，工作安全可靠。按控制方式不同可分为加压控制、卸压控制、差压控制和延时控制等。

加压控制是指输入的控制气压是逐渐上升的，当压力上升到某一值时，阀就被切换。

差压控制是利用阀芯两端受气压作用的有效面积不等，在气压的作用下产生的作用力之差来使阀切换。

延时控制是利用气流经过小孔或缝隙节流来向气室内充气的。当气室里的压力升至一定值时，阀被切换，从而达到信号延时输出的目的。

③ 人力控制：依靠人力使阀切换的换向阀，称为手动控制换向阀，简称人力阀。它可分为手动阀和脚踏阀两类。

人控阀与其他控制方式相比，具有可按人的意志进行操作，使用频率较低，动作较慢，操作力不大，通径较小，操作灵活等特点。人控阀在手动气动系统中，一般用来直接操纵气动执行机构。在半自动和全自动系统中，多作为信号阀使用。

④ 机械控制：用凸轮、撞块或其他机械外力使之切换的阀称为机械控制换向阀，简称机械阀。这种阀常用作信号阀使用。它可用于湿度大、粉尘多、油分多的场合，不宜用于电气行程开关的场合，但宜用于复杂的控制装置中。

(3) 按阀的切换通口数目分类

阀的通口数目包括输入口、输出口和排气口。按切换通口的数目分，有二通阀、三通阀、四通阀和五通阀等。表 1-2 为换向阀的通口数和职能符号。

表 1-2　换向阀的通口数和职能符号

名　　称	二通阀		三通阀		四通阀	五通阀
	常断	常通	常断	常通		
职能符号	A P	A P	A P R	A P R	A B P R	A B R P S

二通阀有 2 个口，即 1 个输入口（用 P 表示）和一个输出口（用 A 表示）。

三通阀有 3 个口，除 P 口、A 口外，增加 1 个排气口（用 R 或 O 表示）。三通阀既可以是 2 个输入口（用 P1、P2 表示）和一个输出口，作为选择阀（选择两个不同大小的压力值）来使用；也可以是 1 个输入口和 2 个输出口，作为分配阀来使用。

二通阀、三通阀有常通型和常断型之分。常通型是指阀的控制口未加控制信号（即零位）时，P 口和 A 口相通。反之，常断型在零位时，P 口和 A 口是断开的。

四通阀有 4 个口，除 P、A、R 外，还有 1 个输出口（用 B 表示），通路为 P-B、B-R 或 P-B、A-R。

五通阀有 5 个口，除 P、A、B 外，有 2 个排气口（用 R、S 或 O1、O2 表示）。通路为 P-A、B-S 或 P-B、A-R。五通阀也可以变成选择式四通阀，即 2 个输入口（P1 和 P2）、2 个输出口（A 和 B）和 1 个排气口 R。2 个输入口供给压力不同的压缩空气。

（4）按阀芯工作的位置数分类

阀芯的切换工作位置简称“位”，阀芯有几个切换位置就称为几位阀。

有 2 个通口的二位阀称为二位二通阀（常表示为 2/2 阀，前一位数字表示通口数，后一位数字表示工作位置数），它可以实现气路的通或断。有 3 个通口的二位阀，称为二位三通阀（常表示为 3/2 阀），在不同的工作位置，可实现 P、A 相通，或 A、R 相通。常用的还有二位五通阀（常表示为 5/2 阀），它可以用在推动双作用气缸的回路中。

阀芯具有三个工作位置的阀称为三位阀。当阀芯处于中间位置时，各通口呈关断状态，则称为中间封闭式；若输出口全部与排气口接通，则称为中间卸压式；若输出口都与输入口接通，则称为中间加压式。

换向阀处于不用工作位置时，各通口之间的通断状态是不同的。阀处于各切换位置时，各通口之间的通断状态分别表示在一个长方形的方块上，就构成了换向阀的图形符号。

电磁阀是气动控制元件中最主要的元件，其品种繁多，结构各异，按操作方式可分为直动式和先导式两类。

直动式电磁阀是利用电磁力直接驱动阀芯换向的。如图 1-11 所示的直动式电磁阀，属于小尺寸阀，故电磁力可直接吸引柱塞，从而使阀芯换向。图 1-11(b) 所示为电磁铁尚未通电状态，弹簧将柱塞压下，使 1 口和 2 口断开，2 口和 3 口接通，阀处于排气状态。如图 1-11(c)所示，当电磁铁通电后，电磁力大于弹簧力，柱塞被提上升，1 口和 2 口接通，2 口和 3 口断开，阀处于进气状态。

直动式电磁阀只适用于小型阀。如果要利用直动式电磁阀控制大流量空气，阀的体积必须大，电磁铁也要加大才能吸引柱塞，而体积和电耗都增大会带来不经济的问题，为克服这些缺点，应采用先导式结构。

先导式电磁阀是由小型直动式电磁阀和大型气控换向阀组合构成的。它是利用直动式电磁阀输出先导气压的，此先导气压再推动主阀芯换向，该阀的电控部分又称为电磁先导阀。

图 1-12 所示为先导式单电控 3/2 换向阀的工作原理。图 1-12(a) 所示为电磁线圈未通电状态，主阀的供气路 1 有一小孔通路（图中未示出）到先导阀的阀座，弹簧力使柱塞压向先导

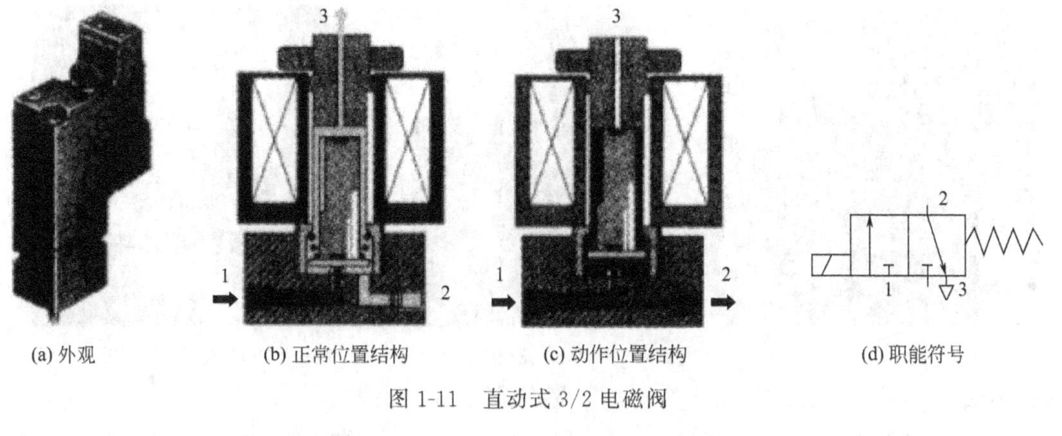

图 1-11　直动式 3/2 电磁阀

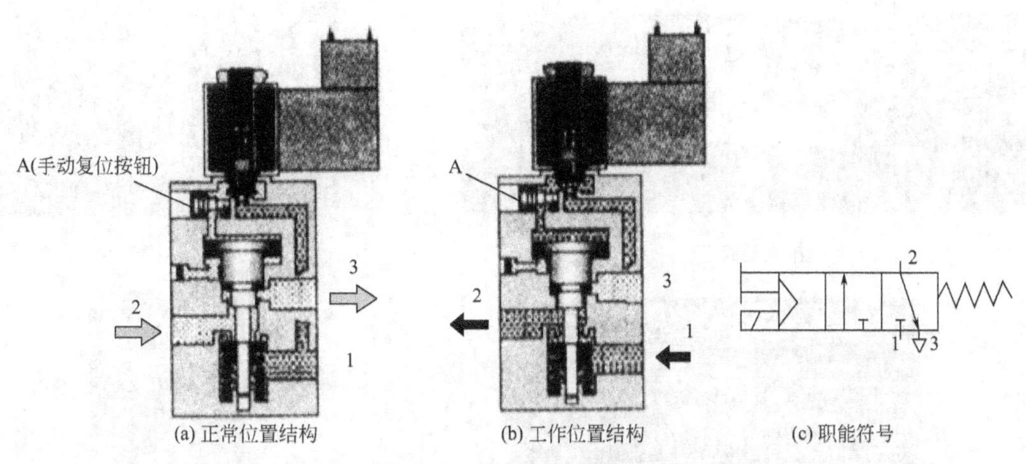

图 1-12　先导式 3/2 电磁阀

阀的阀座，1 口和 2 口断开，2 口和 3 口接通，阀处于排气状态。图 1-12(b) 所示为电磁线圈通电状态，电磁力吸引柱塞被提升，压缩空气进入主阀阀芯上端，推动阀芯向下移动，且使盘阀离开阀座，压缩空气从 1 口流向 2 口，3 口被断开。电磁铁断电，则电磁阀复位。

任务 2　自动生产线实训设备中的气动元件

在自动生产线实训设备上，安装了许多气动元件，包括气泵、过滤减压阀、单相电控气阀、双向电控气阀、气缸、汇流排等。其中气缸使用了笔型气缸、薄型气缸、回转气缸、双杆气缸、手指气缸 5 种类型共 17 个。图 1-13 所示为设备 1 使用的部分气动元件。

图 1-13 实际包括以下 4 部分：气动装置、控制元件、执行元件、辅助元件。

① 气源装置：它将原动机输出的机械能转变为空气的压力能。其主要设备是空气压缩机，如图 1-13(a) 所示气泵。

② 控制元件：是用来控制压缩空气的压力、流量和流动方向，以保证执行元件具有一定的输出力和速度并按设计的程序正常工作，如图 1-13(c)、(d) 所示电磁阀。

③ 执行元件：是将空气的压力能转变成机械能的能量转换装置，如图 1-13(e)、(f) 所示各种类型气缸。

④ 辅助元件：是用于辅助保证空气系统正常工作的一些装置。如过滤器、干燥器、空气过滤器、消声器和油雾器，如图 1-13(b) 所示。

(a) 气泵

(b) 过滤减压阀

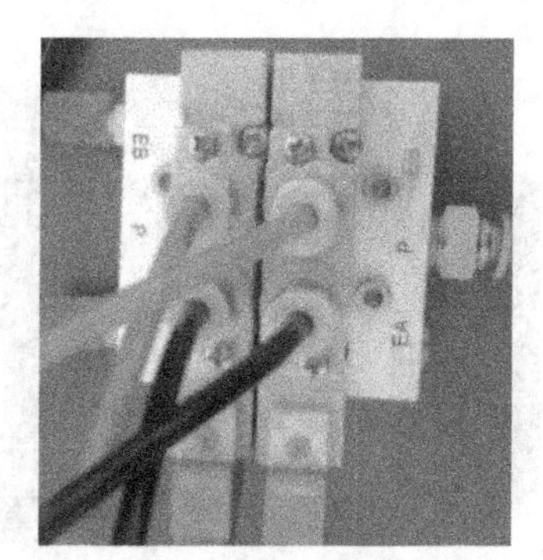

(c) 电磁阀及汇流板

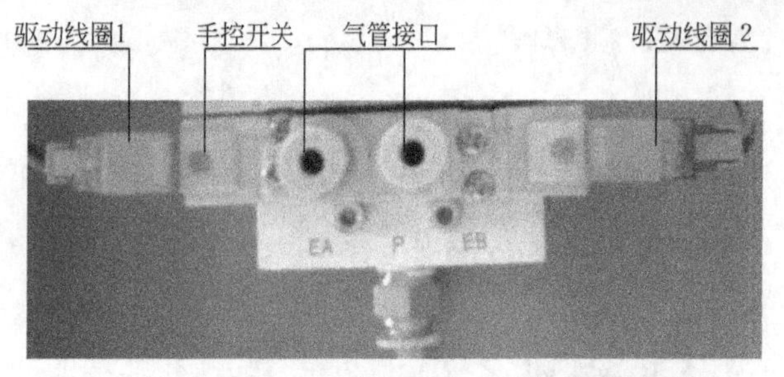

(d) 双向电磁阀

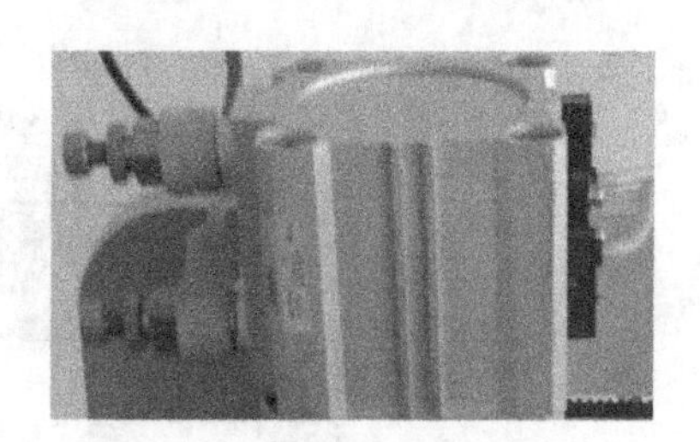

(e) 薄型气缸

(f) 双杆气缸

(g) 手指气缸

(h) 笔型气缸

(i) 回转气缸

(j) 导向气缸

图 1-13　自动生产线实训设备中使用的气动元件

【说明】

气动系统是以压缩空气为主要工作介质来进行能量与信号的传递的，它利用空气压缩机将电动机或其他原动机输出的机械能转变成空气的压力能，然后在控制元件的控制和辅助元件的配合下，通过执行元件把空气的压力能转变为机械能，从而完成直线或回转运动并对外做功。

子任务 1 气泵的认知

图 1-14 所示为产生气动力源的气泵，包括以下几个部分。

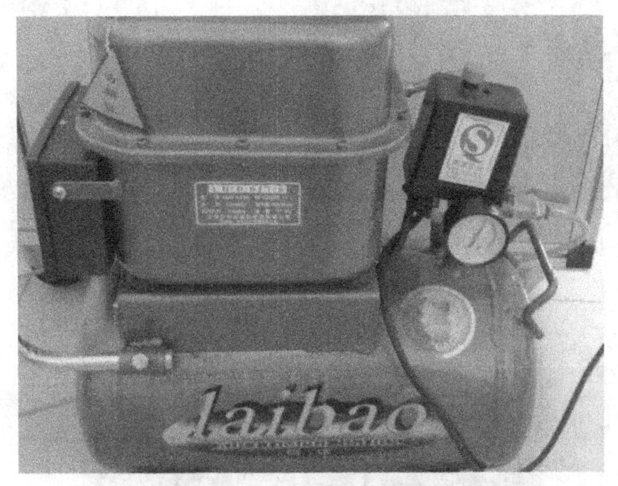

图 1-14 气泵上的元件介绍

① 空气压缩机：把电能转变为气压能。

② 压力开关：被调节到一个最高压力时，停止电动机，降至最低压力时，重新激活电动机。

③ 安全保护器：当储气罐内的压力超过允许限度时，可将压缩空气排出单向阀，阻止压缩空气反方向流动。

④ 储气罐：存储压缩空气储气罐，主要用来调节气流，减少输出气流的压力脉动，使输出气流具有流量连续性和气压稳定性。

⑤ 压力表：显示储气罐内的压力。

⑥ 气源开关：向气路中提供气源的开关，自动生产线实训设备工作时，必须打开。

⑦ 主管道过滤器：它清除主要管道内灰尘、水分和油。主管道过滤器必须具备最小的压力降和油雾分离能力。

上述气源装置是用来产生具有足够压力和流量的压缩空气并将其净化、处理及存储的一套装置。主要由以下元件组成：空气压缩机、后冷却器、除油器、储气罐、干燥器、过滤器、输气管道。

子任务 2 气动执行元件的认知

气动系统常用的执行元件为气缸和气马达。气缸用于实现直线往复运动；气马达用于实现连续回转运动。在自动生产线实训设备中只用到了气缸，包括笔型缸、薄型气缸、回转气缸、双杆气缸、手指气缸、导向气缸等，如图 1-15 所示。

(a) 薄型气缸

(b) 双杆气缸

(c) 手指气缸

(d) 笔型气缸

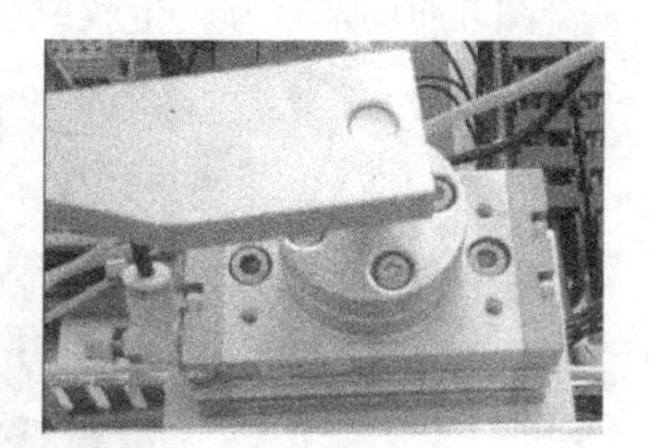

(e) 回转气缸

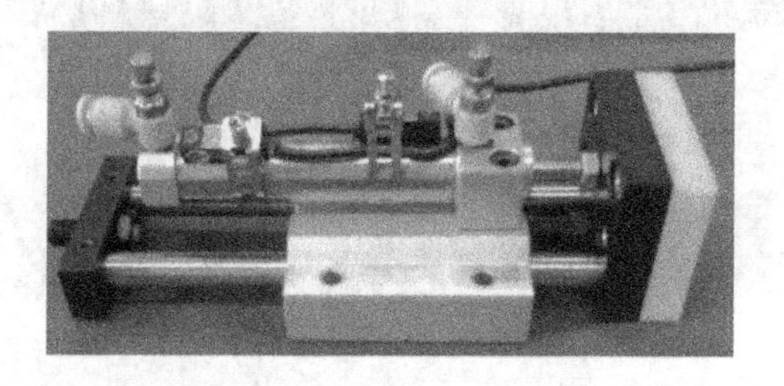

(f) 导向气缸

图 1-15　自动生产线实训设备中使用的气缸

所谓双作用是指活塞的往复运动均由压缩空气来推动。在单伸出活塞杆的动力缸中，因活塞右边面积较大，当空气压力作用在右边时，提供一个慢速和作用力大的工作行程；返回行程时，由于活塞左边的面积较小，所以速度较快而作用力变小。此类气缸的使用最为广泛，一般应用于包装机械、食品机械、加工机械等设备上。

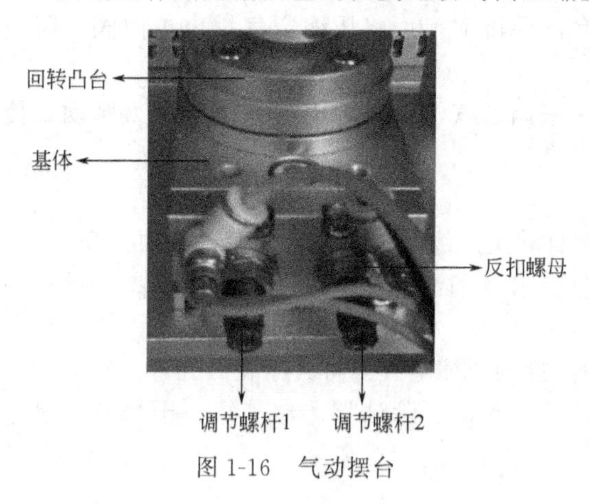

图 1-16　气动摆台

回转物料台的主要器件是气动摆台，它是由直线气缸驱动齿轮齿条实现回转运动的，回转角度能在 0°～90°和 0°～180°之间任意可调，而且可以安装磁性开关，检测旋转到位信号，它多用于方向和位置需要变换的机构，如图 1-16 所示。

自动生产线实训设备所使用的气动摆台的摆动回转角能在 0°～180°范围内任意可调。当需要调节回转角度或调整摆动位置精度时，应首先松开调节螺杆上的反扣螺母，通过旋入和旋出调节螺杆，从而改变回转凸台的回转角度，调节螺杆 1 和调节螺杆 2 分别用于左旋和右旋角度的调整。当调整好摆动角度后，应将反扣螺母与基体反扣紧锁，防止调节螺杆松动，造成回转精度降低。

子任务 3　气动控制元件的认知

在自动生产线实训设备中所使用的气动控制元件按其作用和功能分类有压力控制阀、方向控制阀、流量控制阀。

1. 控制阀简介

(1) 压力控制阀

在自动生产线实训设备中使用到的压力控制阀主要有减压阀、溢流阀。

① 减压阀的作用是降低由空气压缩机带来的压力，以适应每台气动设备的需要，并使这一部分压力保持稳定。图 1-17 所示为直动式减压阀。

② 溢流阀的作用是当系统压力超过调节值时，自动排气，使系统的压力下降，以保证系统安全，故也称为安全阀。

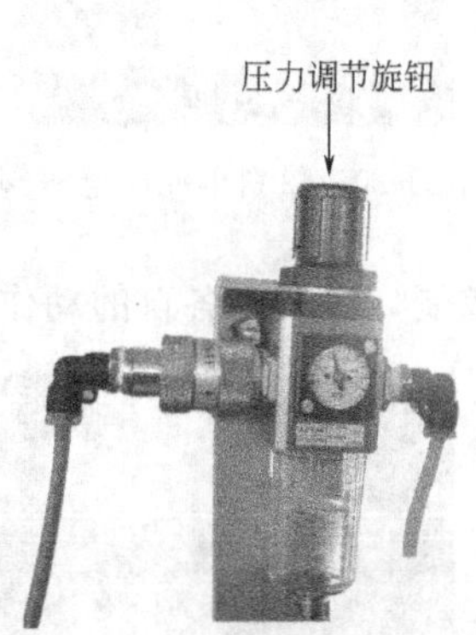

图 1-17　减压阀实物图

(2) 流量控制阀

在自动生产线实训设备中使用的流量控制阀主要有节流阀。

节流阀是将空气的流通截面缩小以增加气体的流通阻力，而降低气体的压力和流量。节流阀的阀体上有一个调整螺钉，可以调整节流阀的开口度（无级调节），并保持其开口度不变，此类阀称为可调节开口节流阀。

可调节流阀常用于调节气缸活塞运动速度，可直接安装在气缸上。这种节流阀有双向节流作用，使用节流阀时，节流面积不宜太大，因空气中的冷凝水、尘埃等塞满阻流口通路会引起节流量的变化。

为了使气缸的动作稳定可靠，气缸的作用气口都安装了限出型气缸节流阀。气缸节流阀的作用是调节气缸的动作速度。节流阀上带有气管的快速接头，只要将合适外径的气管往快速接头上一插管就连接好了，使用时十分方便。图 1-18 所示为安装了带快速接头的限出型气缸节流阀的气缸外观。

图 1-19 所示为一个双动气缸装有两个限出型气缸节流阀的连接和调节原理示意图，当调节节流阀 A 时，是调整气缸的伸出速度，而当调节节流阀 B 时，是调整气缸的缩回速度。

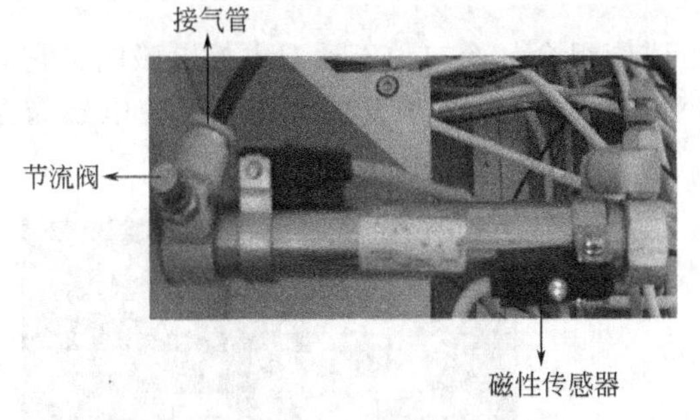

图 1-18　安装上气缸节流阀的气缸

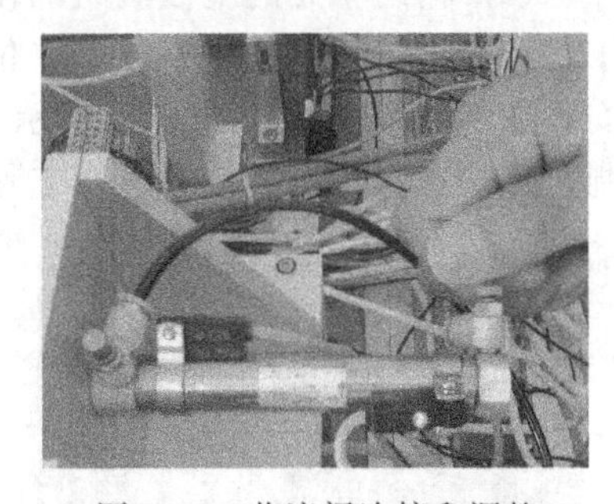
图 1-19　节流阀连接和调整

(3) 方向控制阀

用来改变气流流动方向或通断的控制阀，通常使用的是电磁阀。

电磁阀利用电磁线圈通电时，静铁芯对动铁芯产生电磁吸力使阀切换以改变气流方向的阀，称为电磁控制换向阀，简称电磁阀。

阀的连接方式有管式连接、板式连接、集装式连接和法兰连接等几种。

2. 设备 1 电磁阀组的使用

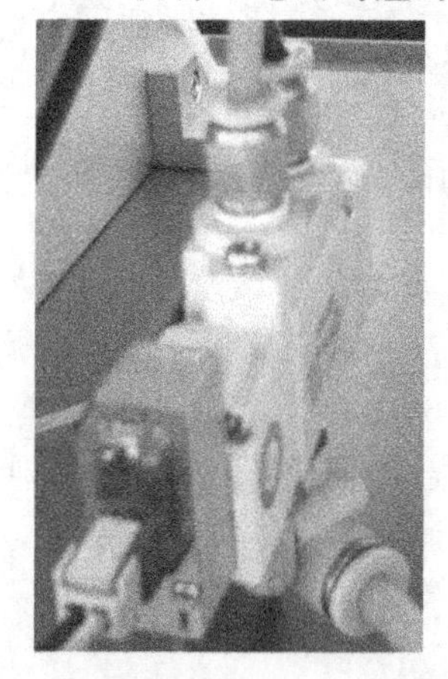

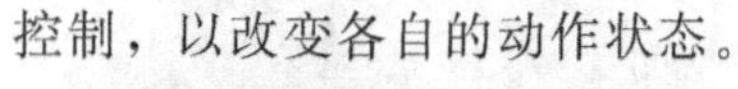

图 1-20　供料单元的电磁阀

(1) 供料单元的电磁阀组的使用

供料单元的电磁阀组只使用 1 个由二位五通的带手控开关的单电控电磁阀，该阀没有安装在汇流板上，但其排气口末端也连接了消声器，消声器的作用是减少压缩空气在向大气排放时的噪声。阀组的结构如图 1-20 所示。供料单元的两个阀分别对顶料气缸和推料气缸进行控制，以改变各自的动作状态。

(2) 加工单元的电磁阀组的使用

加工单元物料台的夹紧气缸和冲压气缸均用二位五通的带手控开关的单电控电磁阀控制，两个控制阀集中安装在带有消声器的汇流板上，如图 1-21 所示。

(3) 装配单元的电磁阀组的使用

装配单元的阀组由 3 个二位五通单电控电磁换向阀组成，如图 1-22 所示。这些阀分别对顶料气缸、落料气缸和冲压气缸进行控制，以改变各自的动作状态。

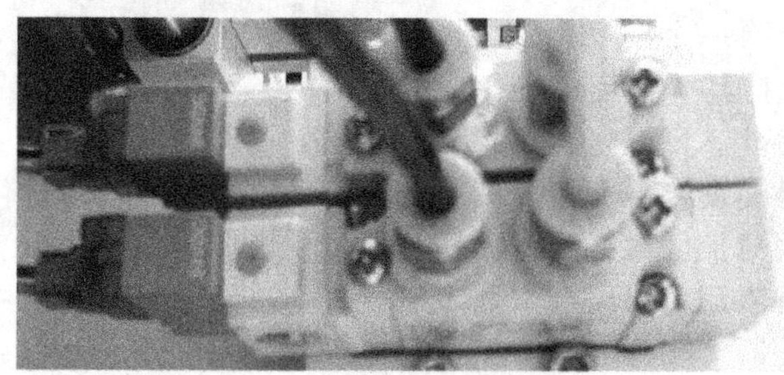

图 1-21　加工单元的电磁阀组

图 1-22　装配单元的电磁阀组

(4) 分拣单元的电磁阀组的使用

分拣单元的电磁阀组使用了两个二位五通的带手控开关的单电控电磁阀，它们安装在汇流板上，如图 1-23 所示。这两个阀分别对白料推动气缸和黑料推动气缸的气路进行控制，以改变各自的动作状态。

(5) 输送单元的电磁阀组的使用

在输送单元中使用了 3 个二位五通单电控电磁阀组合一个二位五通双电控电磁阀，它们安装在汇流板上，如图 1-24 所示。气动手爪的双作用气缸由一个二位五通双电控电磁阀控制，带状态保持功能用于各个工作站抓物搬运。

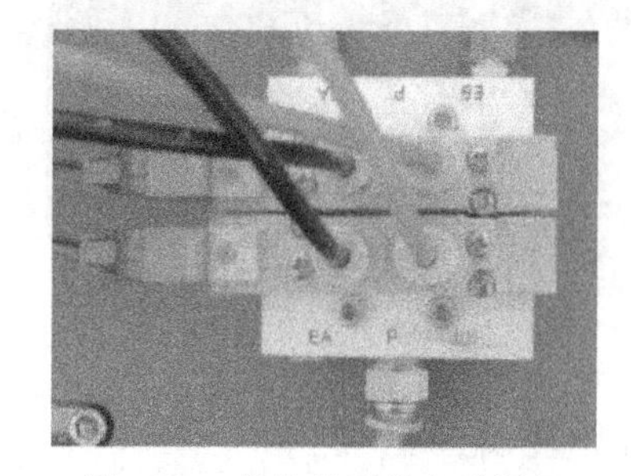

图 1-23　分拣单元的电磁阀组

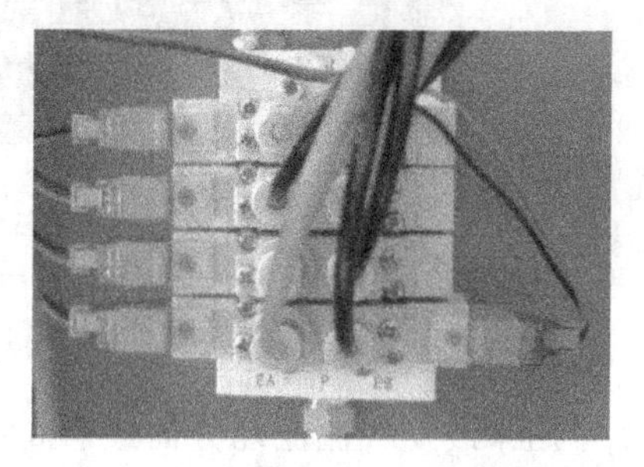

图 1-24　输送单元的电磁阀

3. 更换安装电磁阀

如有一电磁阀损坏，需要更换一个电磁阀，可按照下列步骤安装电磁阀。

① 切断气源用螺丝刀拆下已经损坏的电磁阀。

② 用螺丝刀将新的电磁阀装上。

③ 将电气控制接头插入电磁阀上。

④ 将气路管插入电磁阀上的快速接头上。

⑤ 接通气源，用手控开关进行调试，检查气缸动作情况。

子任务 4 连接气动控制回路

根据实际情况将输送单元的抓取机械手装置上的所有气缸连接的气管沿拖链敷设，并插接到电磁阀组上。如图 1-25 所示。

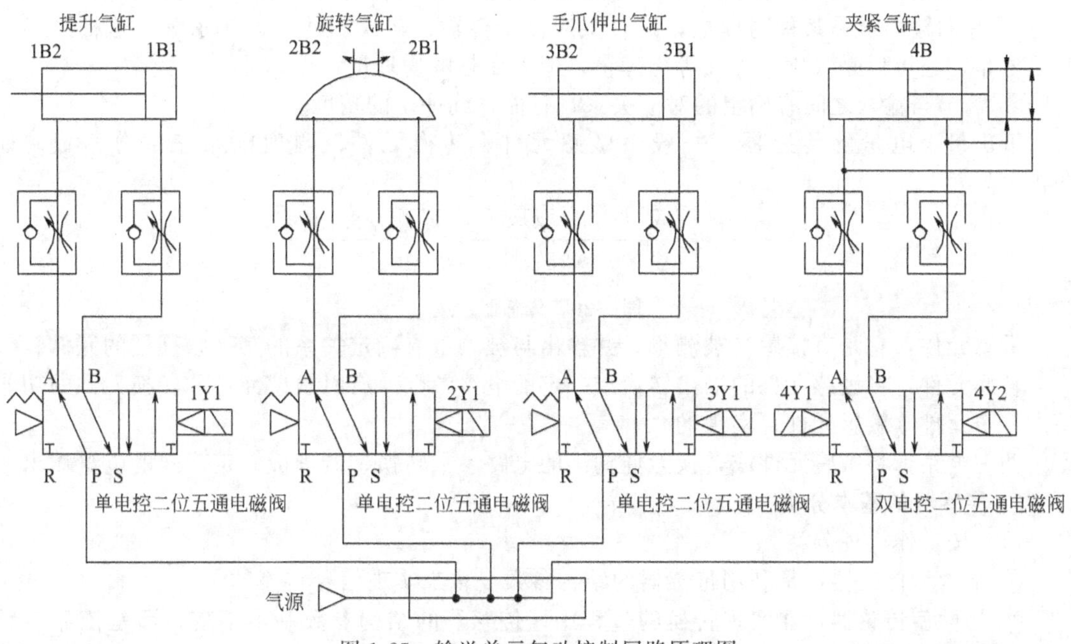

图 1-25 输送单元气动控制回路原理图

任务 3 传感器技术基础

子任务 1 传感技术概述

人是靠视觉、听觉、嗅觉、味觉和触觉这些感觉器官来接收外部信息的，而一台机电一体化的自动化设备在运行中也有大量的信息需要准确地被“感受”，而使设备能按照设计要求实现自动化控制，自动化设备用于“感受”信息的装置就是传感器。传感技术是实现自动化的关键技术之一。

目前，传感器已广泛应用到了工业、农业、环境保护、交通运输、国防以及日常工作与生活等各个领域中，并伴随着现代科技的发展而发展。尤其是新材料、新技术的不断研究与发展，对传感器的发展起到了重要的推动作用。

开发新的敏感材料是研制新型传感器的关键。功能陶瓷材料、高分子有机敏感材料、生物活性物质（如酶、激素等）和生物敏感材料（如微生物、组织切片）都是近几年来人们极为关注的具有应用潜力的新型敏感材料。

随着新的加工技术、微电子技术、微处理技术的飞速发展，微型化、多维多功能化、集成化、数字化及智能化成为了传感器的发展方向。

1. 传感器的基本概念

关于传感器的定义，众说不一。根据我国的国家标准（GB 7765—1987），传感器（transducer/sensor）的定义是："能够感受规定的被测量并按照一定规律转换成可用输出信号的器件或装置。"

这个定义包含如下的含义：

① 传感器是测量装置，能完成检测任务；

② 它的输入量是某一种被测量，可能是物理量，也可能是化学量、生物量等；

③ 它的输出量是某种物理量，这种量应便于传输、转换、处理、显示等，这种量不一定是电量，还可以是气压、光强等物理量，但主要是电物理量；

④ 输出与输入之间有确定的对应关系，且能达到一定的精度。

输出量为电量的传感器，一般由敏感元件、转换元件、调理电路三部分组成。如图 1-26所示。

图 1-26　传感器组成

敏感元件：它是直接感受被测量，并输出与被测量有确定关系的某一物理量的元件。

转换元件：将敏感元件的输出转换成一定的电路参数。有时敏感元件和转换元件的功能是由一个元件（敏感元件）实现的。

调理电路：将敏感元件或转换元件输出的电路参数转换、调理成一定形式的电量输出。

2. 传感器的基本分类

（1）按工作机理分类。

① 结构型传感器：是利用传感器的结构参数变化来实现信号转换的。

② 物性型传感器：在实现转换的过程中，传感器的结构参数基本不变，而是依靠传感器中敏感元件内部的物理量或化学性质的变化来实现检测功能的。

（2）按能量转换情况分类。

① 能量控制型传感器。如电阻式、电感式等的传感器。

② 能量转换型传感器。如基于光电效应等的传感器。

（3）按物理原理分类。

① 电路参量式传感器，包括电阻式、电感式、电容式三个基本形式。

② 磁电式传感器，包括磁电感应式、霍尔式、磁栅式等。

③ 压电式传感器。

④ 光电式传感器，包括一般光电式、光栅式、激光式、光电码盘式、光导纤维式、红外式等。

⑤ 气电式传感器。

⑥ 热电式传感器。

⑦ 波式传感器，包括超声波式、微波式等。

⑧ 射线式传感器。

⑨ 半导体式传感器等。

(4) 按用途分类。按照传感器的用途来分类，可分为：位移传感器、压力传感器、振动传感器、温度传感器、速度传感器等。

(5) 按输出电信号类型分类。根据传感器输出电信号的类型不同，可分为：模拟量传感器、数字量传感器、开关量传感器。

接近传感器是一种具有感知物体接近能力的器件。它利用位移传感器对接近的物体具有敏感特性来识别物体的接近，并输出相应开关信号。因此，通常又把接近传感器称为接近开关。

在自动生产线实训设备中主要用到了磁性接近开关、光电接近开关、光纤式接近传感器、电感式接近传感器 4 种接近传感器。

常见的接近传感器有电容式、光电式、涡流式、霍尔式、热释电式、电磁感应式等。下面对自动线中常用的一些接近传感器作简单介绍。

子任务 2 磁性开关及应用

1. 磁性开关原理

磁力式接近开关（简称磁性开关）是一种非接触式位置检测开关，这种非接触式位置检测不会磨损和损伤监测对象，响应速度快。生产线上常用的接近开关还有感应性、静电容量型、光电型等接近开关。感应型接近开关用于检测金属物体的存在，静电容量型接近开关用于检测金属及非金属物体的存在，磁性开关用于检测磁石的存在。安装方式上有导线引出型、接插件式、接插件中继型；根据安装场所环境的要求接近开关可选择屏蔽式和非屏蔽式。

在自动生产线实训设备中，磁性开关用于各类气缸的位置检测。图 1-27 所示是用两个磁性开关来检测机械手上气缸伸出和缩回到位的位置。从图 1-27 上可以看到，气缸两端分别有缩回限位和伸出限位两个极限位置，这两个极限位置都分别装有一个磁感应接近开关。磁感应接近开关的基本工作原理是：当磁性物质接近传感器时，传感器便会动作，并输出传感器信号。在实际应用中，可在被测物体（如气缸的活塞或活塞杆）上安装磁性物质，在气缸缸筒外面的两端各安装一个磁感应式接近开关，就可以用这两个传感器分别标识气缸运动的两个极限位置。

若在气缸的活塞（或活塞杆）上安装上磁性物质，在气缸缸筒外面的两端位置各安装一

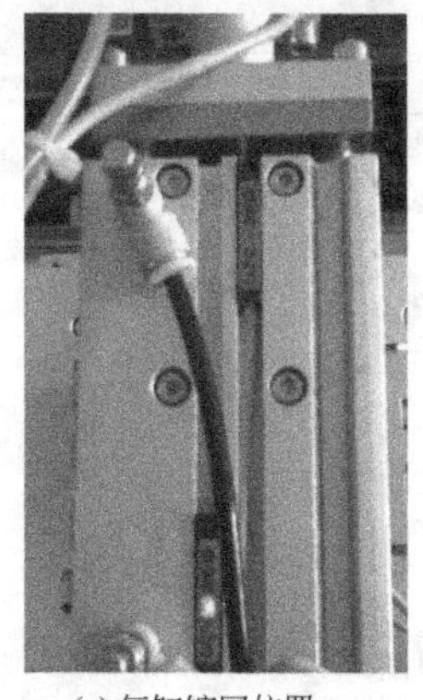

(a) 气缸缩回位置

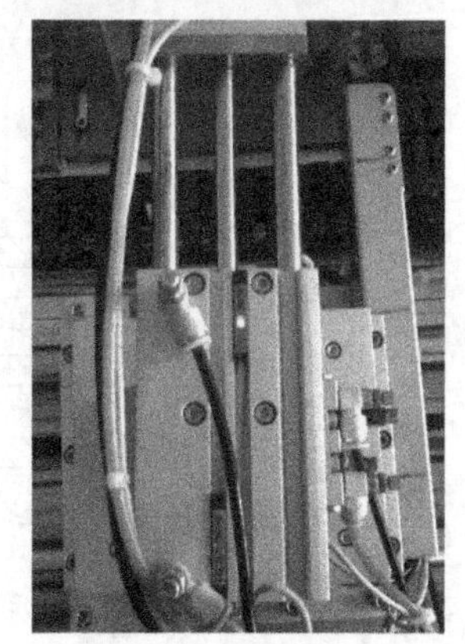

(b) 气缸伸出位置

图 1-27　磁性开关的应用实例

个磁感应式接近开关，就可以用这两个传感器分别标识气缸运动的两个极限位置。当气缸的活塞杆运动到哪一端时，哪一端的磁感应式接近开关就会动作并发出电信号。在PLC的自动控制中，可以利用该信号判断推料及顶料缸的运动状态或所处的位置，以确定工件是否被推出或气缸是否返回。

在传感器上设置有LED显示用于显示传感器的信号状态，供调试时使用。传感器动作时，输出信号“1”，LED灯亮；传感器不动作时，输出信号“0”，LED灯不亮。磁性开关的安装位置可以调整，调整方法是松开磁性开关的紧定螺栓，让磁性开关顺着气缸滑动，到达指定位置后，再旋紧紧定螺栓。

磁力式接近开关其实物图及电气图形符号如图1-28所示。

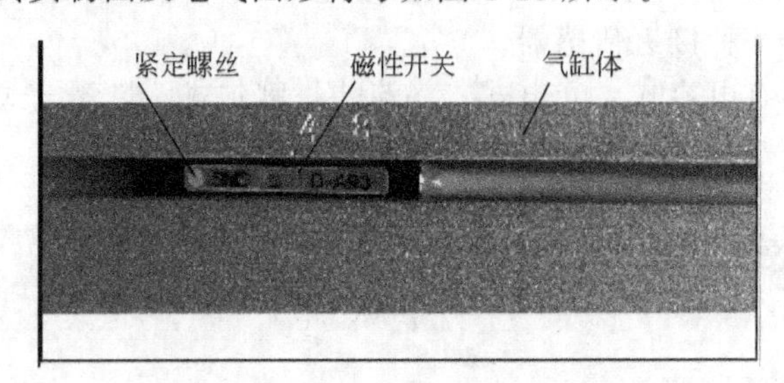

图1-28　磁性开关

磁力式接近开关（简称磁性开关）的内部电路如图1-29中点画线框内所示，为了防止因错误接线损坏接近开关，通常在使用此行开关时都串联了限流电阻和保护二极管。这样，即使引出线极性接反，磁性开关也不会烧毁，只是该磁性开关不能正常工作。

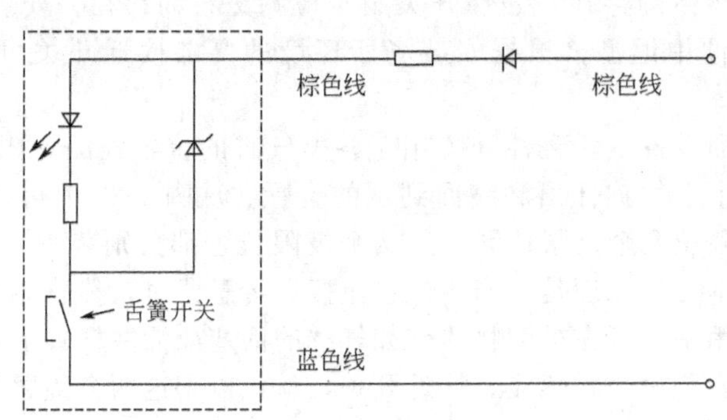

图1-29　磁性开关内部电路

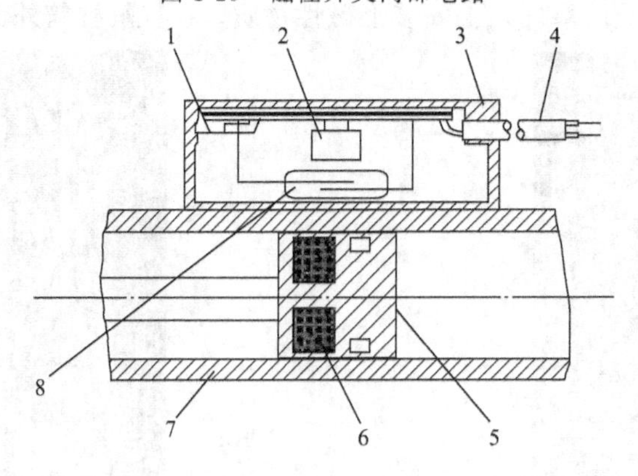

图1-30　带磁性开关气缸的工作原理图

1—动作指示灯；2—保护电路；3—开关外壳；4—导线；5—活塞；6—磁环（永久磁铁）；7—缸筒；8—舌簧开关

有触点式的磁性开关用舌簧开关作磁场检测元件。舌簧开关成型于合成树脂块内，并且一般动作指示灯、过电压保护电路也塑封在内。图 1-30 是带磁性开关气缸的工作原理图。当气缸中随活塞移动的磁环靠近开关时，舌簧开关的两根簧片被磁化而相互吸引，触点闭合；当磁环移开开关后，簧片失磁，触点断开。触点闭合或断开时发出电控信号，在 PLC 的自动控制中，可以利用该信号判断推料及顶料缸的运动状态或所处的位置，以确定工件是否被推出或气缸是否返回。

2. 磁性开关的安装与调试

(1) 电气接线与检查

重点要考虑传感器的尺寸、位置、安装方式、布线工艺、电缆长度以及周围工作环境等因素对传感器工作的影响。按照图 1-29 所示将磁性开关型开关与 PLC 的输入端口连接。

注意：如果用的是图 1-29 所示的传感器，应将棕颜色的线与电源正极相连。

在磁性开关上设置有 LED 灯，用于显示传感器的信号状态，供调试与运行监视时使用。当气缸活塞靠近，接近开关输出动作，输出“1”信号，LED 灯亮；当没有气缸活塞靠近，接近开关输出不动作，输出“0”信号，LED 灯不亮。

(2) 磁性开关在气缸上的安装与调整

磁性开关与气缸配合使用时，如果安装不合理，可能使气缸动作不正确。当气缸活塞移向磁性开关，并接近到一定距离时，磁性开关才有“感知”，开关才会动作，通常把这个距离叫“检出距离”。

在气缸上安装磁性开关时，先把磁性开关装在气缸上，磁性开关的安装位置根据控制对象的要求调整，调整方法简单，只要让磁性开关到达指定位置后，用螺丝刀旋紧固定螺钉（或螺母）即可。

磁性开关通常用于检测气缸活塞的位置，如果检测其他类型工件的位置，比如一个浅色塑料工件，这时就可以选择其他类型的接近开关，如光电开关。

子任务 3　光电式接近开关及应用

光电式传感器是用光电转换器件作敏感元件，将光信号转换为电信号的装置。光电式传感器的种类很多，按其输出信号的形式，可以分为模拟式、数字式、开关量输出式。

以开关量形式输出的光电传感器，即为光电式接近开关。光电式接近开关（简称光电开关）通常在环境条件比较好、无粉尘污染的场合下使用。光电开关工作时对被测对象几乎无任何影响。因此，在生产线上被广泛应用。

1. 光电效应

物质（主要指金属）在光的照射下释放出点子的现象，称为光电效应。其所释放的点子称为“光电子”。1887 年，德国物理学家赫兹首先发现这种效应不能简单地用光的波动理论来解释，1905 年，爱因斯坦引入光电子概念才满意地说明了这一现象。

光电效应：物质（主要指金属）在光的照射下释放出点子的现象。

外光电效应：物体在光的照射下光电子飞到物体外部的现象。

内光电效应：物体在受到光的照射时，物体内部的部分束缚电子变为自由电子，从而使物体的导电能力增强，或者在特殊结构的物体内部使电子按照一定的规律运动形成电动势的现象。

利用内光电效应可制成光敏电阻、光电池、光敏二极管、光敏三极管、结型场效应光敏管及 CCD 器件等光敏元件。

2. **光电式接近开关**

利用光电效应制成的传感器称为光电式传感器。光电式传感器的种类很多，其中输出形式为开关量的传感器为光电式接近开关。

光电式接近开关主要由光发射器和光接收器组成。光发射器用于发射红外光或可见光。光接收器用于接收发射器发射的光，并将光信号转换成电信号以开关量形式输出。

按照接收器接受光的方式不同，光电式接近开关可以分为对射式、反射式和漫射式三种。光发射器和光接收器也分为一体式和分体式两种。

（1）对射式光电接近开关

对射式光电接近开关是指光发射器（光发射器探头或光源探头）与光接收器（光接收器探头）处于相对的位置工作的光电接近开关。

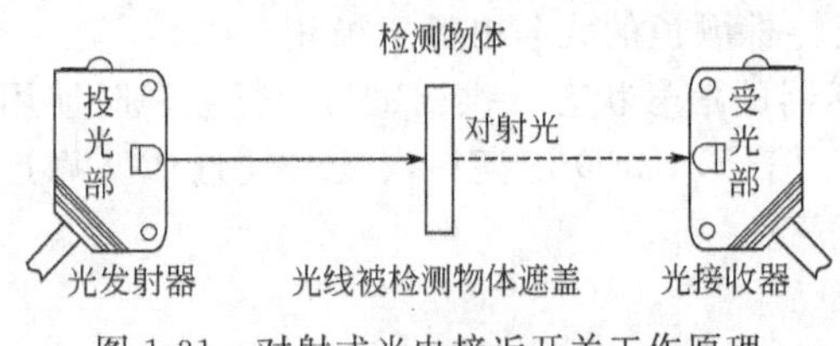

图 1-31　对射式光电接近开关工作原理

对射式光电接近开关的工作原理是：当物体通过传感器的光路时，光路被遮断，光接收器接收不到发射器发出的光，则接近开关的“触点”不动作；当光路上无物体遮断光线时，则光接收器可以接收到发射器传送的光，因而接近开关的“触点”动作，输出信号将被改变，如图 1-31 所示。

（2）反射式光电接近开关

反射式光电接近开关的光发射器与光接收器处于同一侧位置，且光发射器与光接收器为一体化结构，在其相对的位置上安置一个反光镜，光发射器发出的光经反光镜反射回来后由光接收器接收，如图 1-32 所示。

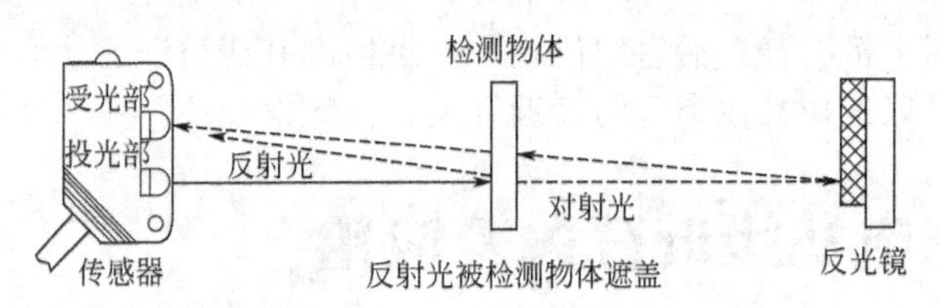

图 1-32　反射式光电接近开关工作原理

（3）漫射式（漫反射式）光电接近开关

漫射式光电接近开关是利用光照射到被测工件上后反射回来的光线工作的，由于工件反射的光线为漫射光，故称为漫射式光电开关。

它由光源（发射光）和光敏元件（接收光）两部分构成，光发射器与光接收器处于同一侧位置，且为一体化结构。在工作时，光发射器始终发射检测光，当接近开关的前方一定距离内没有物体时，则没有光被反射回来，接近开关就处于常态而不动作；反之若接近开关的前方一定距离内出现物体，只要反射回来的光强度足够，则接收器接收到足够的漫射光就会使接近开关动作而改变输出的状态。图 1-33 所示为漫射式接近开关的工作原理示意图。

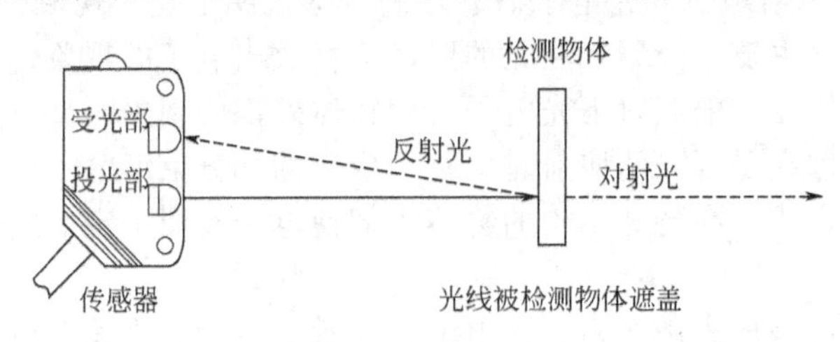

图 1-33　漫射式光电接近开关工作原理

在供料单元中，料仓中工件的检测利用的就是光电开关，如图 1-34 所示。在料仓底层和第 3 层分别装设两个光电开关，分别用于缺料和供料不足检测。如料仓内没有工件，则处于底层和第 3 层位置的两个漫射式光电接近开关均处于常态；若仅在底层起有两个工件，则底层处光电接近开关动作而次底层处光电接近开关处于常态，表明工件快用完了；这样料仓中有无储料或储料是否足够，就可以用这两个光电接近开关的信号状态反映出来。在控制程序中，就可以利用该信号的状态来判断底座和装料管中储料的情况。在供料单元中采用细小光束、放大器内置型漫反射式光电开关。

(a) 料仓中有工件

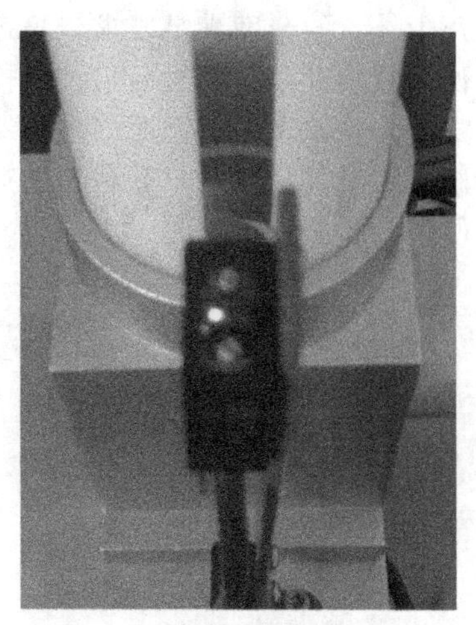

(b) 料仓中无工件

图 1-34　光电开关在供料站的应用

在自动生产线实训设备生产线的供料单元中，用来检测工件不足或工件有无的漫射式光电接近开关选用 OMRON 公司的 E3Z-L 型放大器内置型光电开关（细小光束型）。该光电开关的外形和顶端面上的调节旋钮和显示灯如图 1-35 所示。

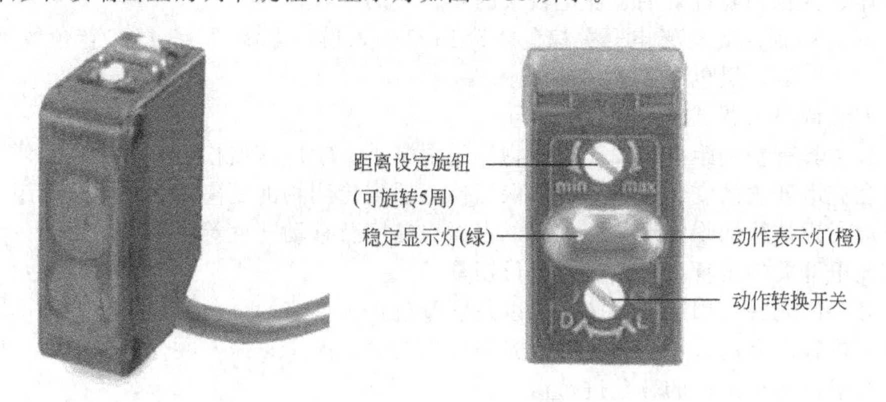

(a) E3Z-L型光电开关外形　　(b) 调节旋钮和显示灯

图 1-35　E3Z-L 光电开关的外形和调节旋钮、显示灯

在生产线上除了有漫射式光电开关，还有对射式和反射式光电开关，根据生产线上被检测物的特性、安装方式，可以选择不同类型的光电开关。

被推料缸推出的工件将落到物料台上。物料台面开有小孔，物料台下面设有一个圆柱形漫射式光电接近开关，工作时向上发出光线，从而透过小孔检测是否有工件存在，以便向系统提供本单元物料台有无工件的信号。在输送单元的控制程序中，就可以利用该信号状态来判断是否需要驱动机械手装置来抓取此工件。

3. 光电开关在分拣单元中的应用

在自动线的分拣单元中，当工件进入分拣输送带时，分拣站上光电开关发出的光线遇到工件反射回自身的光敏元件，光电开光输出信号启动输送带运转。

（1）电气与机械安装

根据机械安装图将光电开关初步安装固定，然后连接电气接线。

图 1-36 所示是自动生产线实训设备中使用的漫反射型光电开关原理图，图中光电开关具有电源极性及输出反接功能。光电开关具有自我诊断功能，当设置后的环境变化（温度、电压、灰尘等）的余度满足要求，稳定显示灯显示（如果余度足够，则灯亮）。当接受光的光敏元件接收到有效光信号后，控制输出的三极管导通，通知动作显示灯显示。光电开关能检测自身的光轴偏离、透镜面（传感器面）的污染、地面和背景对其的影响、外部干涉的状态等传感器的异常和故障，有利于进行养护，以便设备稳定工作。这也是给安装调试工作带来了方便。

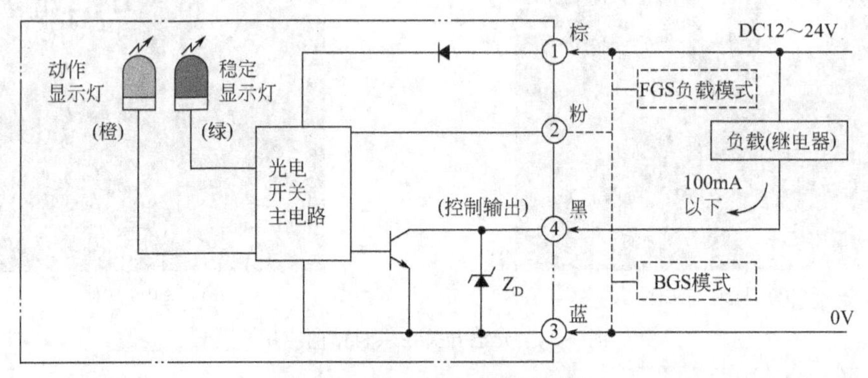

图 1-36　光电开关电路原理图

在传感器布线过程中注意避免电磁干扰，不要被阳光或其他光源直接照射，不要在产生腐蚀性气体、接触到有机溶剂、灰尘较大的场所使用。

根据图 1-36 所示，将光电开关棕色线接 PLC 输入模块电源“＋”端，蓝色线接 PLC 输入端电源“－”端，黑色线接 PLC 的输入端。

（2）安装调整与调试

光电开关具有检测距离长，对检测物体的限制小、响应速度快、分辨率高、便于调整等优点。但在光电开关的安装过程中必须保证传感器到检测物的距离必须在“检出距离”范围内，同时应考虑被检测物的形状、大小、表面粗糙度及移动速度等因素。

调试光电开关的位置，合适后将螺母锁紧。

光电开关的光源采用绿光或蓝光可以判别颜色，根据表面颜色的反射率特性不同，光电传感器可以进行产品的分拣，为了保证光的传输效率、减少衰减，在分拣单元中采用光纤式光电开关对黑白两种工件的颜色进行识别。

子任务 4　光纤式光电接近开关及应用

1. 光纤式光电接近开关简介

在分拣单元传送带上方分别安装有两个光纤式接近开光（简称光纤式光电开关），如图 1-37所示。光纤式光电开关由检测头的尾端部分分成两条光纤，使用时分别插入放大器的两个光纤孔。光纤式光电开光的输出连接到 PLC。为了能对白色和黑色的工件进行区分，使用中将两个光电开关灵敏度调成不同。

(a) 光纤检测头

(b) 光纤放大器

图 1-37　光纤式光电开关在分拣单元中的应用

光纤式接近开关也是光纤传感器的一种，光纤传感器的传感部分没有电路连接，不产生热量，只利用很少的光能这些特点使它称为危险环境下的理想选择。光纤传感器还可以用于关键生产设备的长期高可靠性和稳定性的监视。相对于传统传感器，光纤传感器具有下述优点：抗电磁干扰、可工作于恶劣环境，传输距离远，使用寿命长，此外，由于光纤头具有较小的体积，所以可以安装在空间很小的地方。光纤放大器根据需要来放置。比如有些生产过程中烟火、电火花等可能引起爆炸和火灾，而光能不会成为火源，不会引起爆炸和火灾，所以可将光线检测头设置在危险场所，将放大器单元设置在非危险场所进行使用。放大器的安装示意如图 1-38 所示。

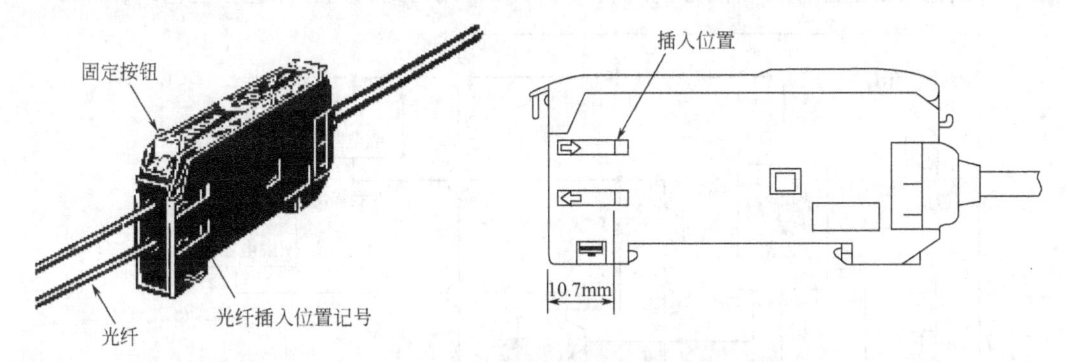

图 1-38　光纤传感器放大器单元的安装示意图

光纤传感器由光纤检测头、光纤放大器两部分组成，放大器和光纤检测头是分离的两个部分。光纤传感器分为传感型和传光型两大类。传感型是以光纤本身作为敏感元件，使光纤兼有感受和传递被测信息的作用。传光型是把由被测对象所调试的光信号输入光纤，通过输出端进行光信号处理而进行测量的，传光型光纤传感器的工作原理与光电传感器类似。在分拣单元中采用的就是传光型的光纤式光电开关，光纤仅作为被调制光的传播线路使用，因而外观如图 1-39 所示，一个是发光端、一个是光的接收端，分别连接到光纤放大器。

2. 光纤式光电开关在分拣单元中的应用

在分拣单元的传送带上方分别装有两个光纤式光电开关，光线检测头的尾端部分分成两条光纤，使用时分别插入放大器的两个光纤孔。在分拣单元中光纤式光电开关的放大器的灵敏度可以调节，当光纤传感器灵敏度调得较小时，对于反射性较差的黑色物体，光纤放大器无法接收反射信号；而对于反射性较好的白色物体，光纤放大器光电探测器就可以接收到反

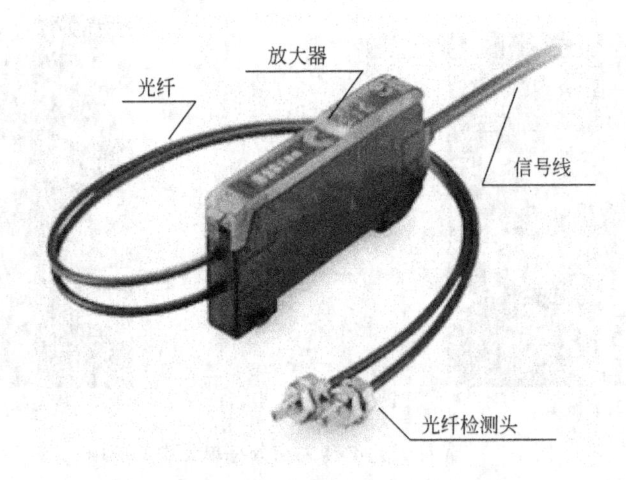

图 1-39　光纤传感器组件

射信号，从而可以通过调节光纤光电开关的灵敏度来判别黑白两种颜色物体，将两种物料区分开，从而完成自动分拣工作。

（1）电气与安装接线

安装过程中，首先将光纤检测头固定，将光纤放大器安装在导轨上，然后把光纤检测头的尾端两条光纤，分别插入放大器的两个光纤孔。自动生产线实训设备型自动线应用的是E3Z-NA11型光纤传感器。E3Z-NA11型光纤传感器电路框图如图1-40所示，接线时请注意根据导线颜色判断电源极性和信号输出线，本单元使用的是褐色、黑色和蓝色线。

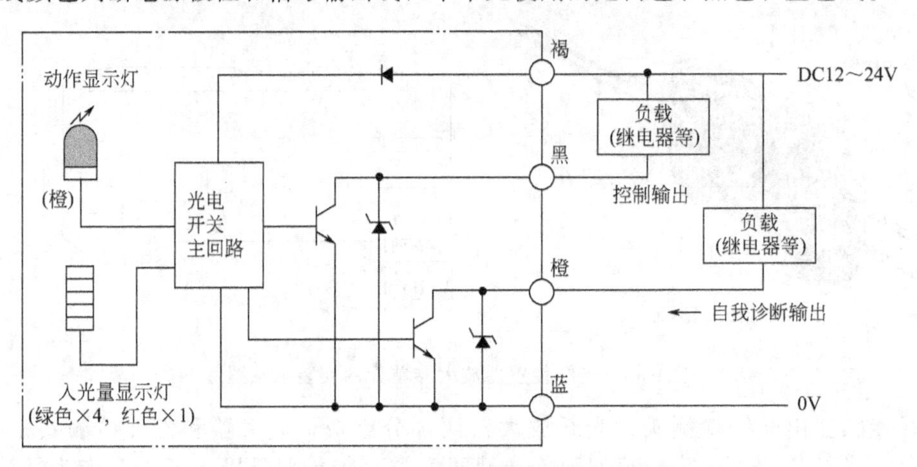

图 1-40　E3Z-NA11型光纤传感器电路框图

（2）灵敏度调整

在分拣单元中如何来进行调试呢？如图1-37(b)所示是使用螺丝刀来调节传感器灵敏度。图1-41所示为光纤放大器的俯视图，调节灵敏度旋钮就能进行放大器灵敏度调节。调节时。会看到“入光量显示灯”发光的变化。在检测距离固定后，当白色工件出现在光纤检测头下方时，“动作显示灯”亮，提示检测到工件；当黑色工件出现在光线检测头下方时，“动作显示灯”不亮，光纤式光电开光调试完成。

光纤式光电开关在生产线上应用越来越多，但在一些尘埃多、容易接触到有机溶剂及需要较高性价比的应用场所中，可以选择使用其他一些传感器来代替，如电容式接近开关、电涡流式接近开关。

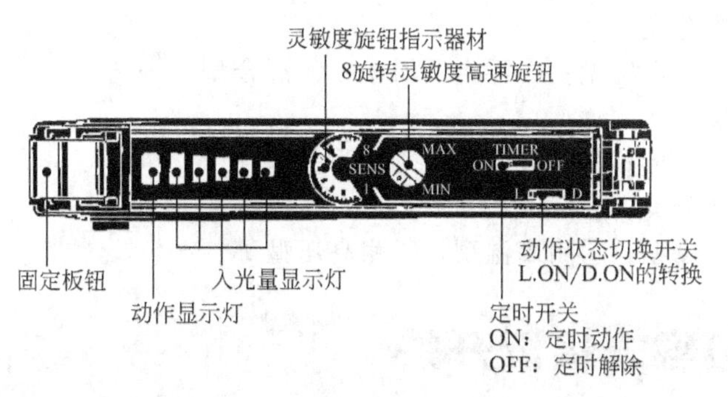

图 1-41　光纤放大器俯视图

在实际生产线中还有许多其他先进的传感器，比如在产品质检中用到的电荷耦合器件图像传感器 CCD，在直线位移检测中用到的光栅、磁栅等传感器。可以根据自动线的需要来进行选择。

子任务 5　电感式接近开关及应用

1. 电涡流效应

根据电磁感应原理可知，当金属处于一个交变的磁场中时，在金属物体内部会产生交变的电涡流，该涡流又会反作用于产生它的磁场。如果这个交变的磁场是由一个电感线圈产生的，则这个电感线圈中的电流就会发生变化，用于平衡涡流产生的磁场。

利用这一原理，通过研究电感线圈中的电流的变化情况，就可以得知是否有金属物体处于电感线圈的磁场中（接近电感线圈）。线圈的电感 L、阻抗 Z 及 Q 值都是涡流向量的函数，涡流向量取决于线圈的几何尺寸、激励电流的频率、被检测金属物体的导阻率、磁导率、几何形状、线圈与被测金属之间的距离及环境温度等因素。

2. 电感式接近开关的基本工作原理

电感式接近开关就是利用电涡流效应制造的传感器。

（1）高频振荡型电感式接近开关

它以高频振荡器（LC 振荡器）中的电感线圈作为检测元件，利用被测金属物体接近电感线圈时产生的涡流效应，引起振荡器振幅或频率的变化，由传感器的信号调理电路将该变化转换成开关量输出，从而达到检测的目的。

（2）差动线圈型电感式接近开关

它有两个电感线圈，其中一个电感线圈作为检测线圈，另一个电感线圈作为比较线圈。由于被测金属物体接近检测线圈时会产生涡流效应，从而引起检测线圈中磁通的变化，将检测线圈的磁通与比较线圈的磁通进行比较得到磁通差，经由传感器的信号调理电路将该磁通差转换成电的开关量输出，从而达到检测的目的。

3. 电感式接近开关的分类

（1）按工作电源的性质进行分类

① 交流型：采用交流电源供电，用于交流控制回路。

② 直流型：采用直流电源供电，用于直流控制回路。

（2）按接线方式进行分类

①二线制；②三线制；③四线制；④五线制；⑤六线制。

（3）按触点的性质分类

①常开式；②常闭式；③常开与常闭混合式。

(4) 按输出逻辑分类

①正逻辑型；②负逻辑型；③浮空逻辑型；④混合型。

(5) 按外形分类

①螺纹形；②圆柱形；③长方体形；④U 形等。

(6) 按防护方式分类

①防水型；②防爆型；③耐高温型；④耐高压型等。

子任务 6 电容式接近开关

在高频振荡型电容式接近开关中，以高频振荡器（LC 振荡器）中的电容作为检测元件，利用被测物体接近该电容时由于电容器的介质发生变化导致电容量 C 的变化，从而引起振荡器振幅或频率的变化，由传感器的信号调理电路将该变化转换成开关量输出，从而达到检测的目的。

电容式接近开关的分类、技术术语与主要技术指标与电感式接近开关的相同。

需要注意的是，电感式和电容式接近传感器检测的物体是金属导体，非金属导体不能用该方法测量。振幅变化随目标金属种类不同而不同，因此检测距离也随目标物金属的种类不同而不同。

子任务 7 接近传感器的应用

接近传感器主要用于检测物体的位移，在航空、航天技术以及工业生产中都有广泛的应用。在日常生活中，如宾馆、饭店、车库的自动门、自动热风机上都有应用。在安全防盗方面，如资料档案、财会、金融、博物馆、金库等重地，通常都装有由各类接近开关组成的防盗装置。在测量技术中，如长度、位置的测量；在控制技术中，如位移、速度、加速度的测量和控制，也都使用着大量的接近开关。

在接近开关的选用和安装时，必须认真考虑检测距离、设定距离，保证生产线上的传感器可靠动作。安装距离注意说明如图 1-42 所示。

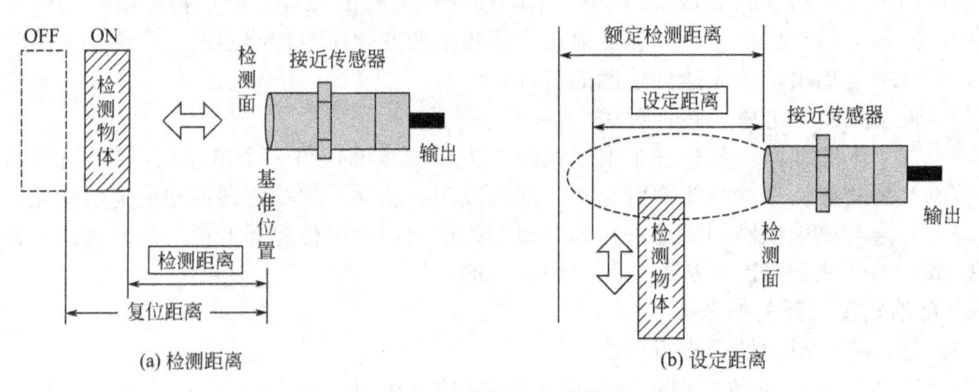

图 1-42 安装距离注意说明

总结：

各种类型的自动线上所使用的传感器种类繁多，很多时候自动线不能正常工作的原因是传感器安装调试不到位引起的，因而在机械部分安装完毕后进行电气调试时，第一步就是进行传感器的安装与调试。

任务4 电机及控制

子任务1 交流异步电动机的使用

交流异步电机是交流旋转电机的一种，另一种为交流同步电机。

按电机转子结构形式的不同，交流异步电机分为鼠笼式、绕线式和整流子式。交流同步电机分为凸极式和隐极式。

交流异步电机既可作为电动机使用也可作为发电机和电磁制动器使用。与同步电机不同，交流异步电机的定子磁场旋转速度与转子旋转的速度不同。

当电动机运行时，电机转子旋转速度小于定子旋转磁场的速度，即转差率为正。

当发电机运行时则相反，转子旋转速度大于定子磁场旋转速度，即转差率为负。

当制动机运行时，转子旋转方向与定子磁场旋转方向相反，即转差率大于1。

当异步电机定子旋转磁场的速度与转子旋转速度相等时，即转差率为0时，由于转子感应不出电势将不产生力矩，也就不产生功率。正因为这种电机在有功率产生时定子旋转磁场速度与转子旋转速度始终不同，故称其为异步电机。

在自动线中，有许多机械运动控制，就像人的手和足一样，用来完成机械运动和动作。实际上，自动线中作为动力源的传动装置有各种电动机、气动装置和液压装置。在自动生产线实训设备中，分拣单元传送带的运动控制由交流电动机来完成。自动生产线实训设备的分拣站的传送带动力为三相交流异步电动机，在运动中，它不仅可以改变速率，也需要改变方向。交流异步电动机利用电磁线圈把电能转换成电磁力，再依靠电磁力做功，从而把电能转换成转子的机械运动。交流电动机结构简单，可产生较大功率，在有交流电源的地方都可以使用。

自动生产线实训设备分拣站的传送带使用了带减速装置的三相交流电动机，如图1-43所示，使得传送带的运转速度适中。

(a) 正视图

(b) 俯视图

图1-43 三相交流减速电动机

图1-44所示是一台单机的三相交流电动机的工作原理图，当三相绕组中流过三相交流电时，各相绕组按右螺旋定则产生磁场。每一相绕组产生一对N极和S极，三相绕组的磁场合成起来，形成一对合成磁场的N极和S极。这个合成磁场是一个旋转磁场，每当绕组中的电流变化一个周期时，交流电动机就会旋转一周。

旋转磁场的转速称为交流电动机的同步转速。当绕组电流的频率为f，电动机的磁极数为p，则同步转速（r/min）可用$n=60f/p$表示。异步电动机的转子转速n为

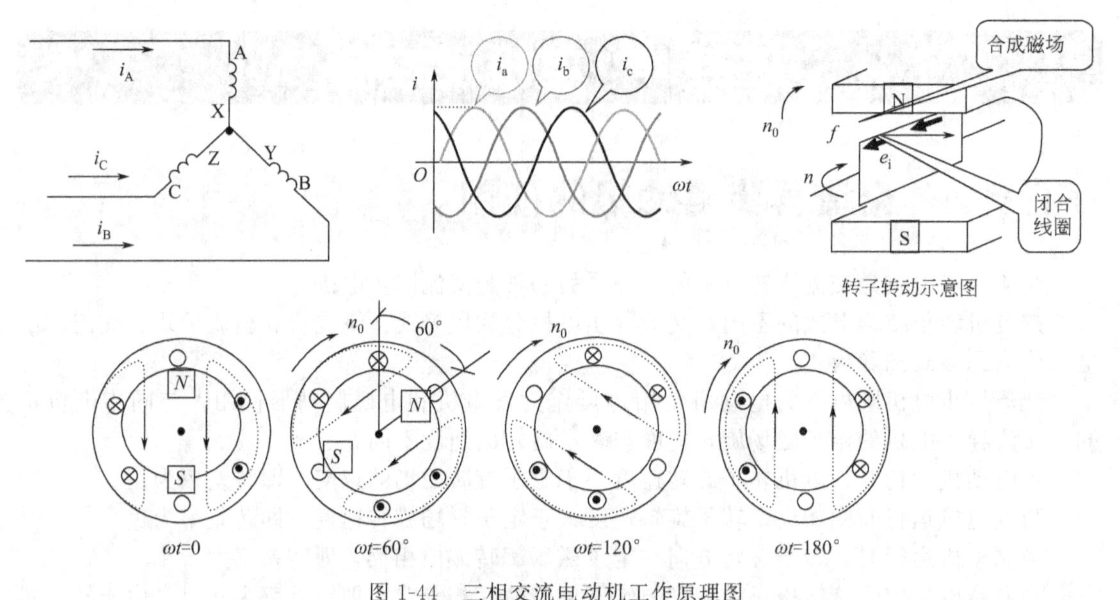

图 1-44　三相交流电动机工作原理图

$$n=\frac{60f}{p}(1-s) \tag{1-1}$$

由式（1-1）可见，改变电动机的转速方法有：①改变磁极对数 p；②改变转差率 s；③改变频率 f。

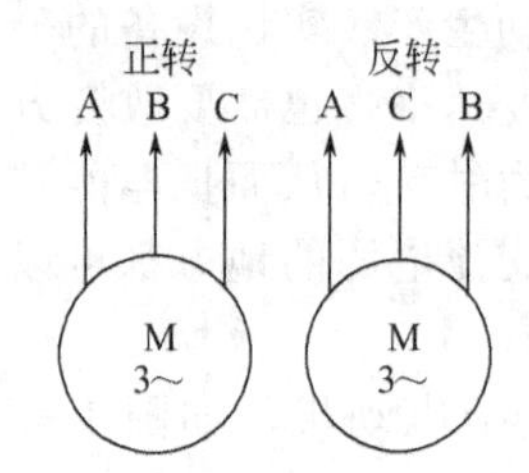

图 1-45　交流电动机的正转与反转

在自动生产线实训设备分拣站传送带的控制上，交流电动机的调速采用变频调速的方式。如图 1-45 所示，当改变交流电动机供电电源的相序，就可改变电动机的转向。电动机的速度方向控制都由变频器控制。

三相异步电动机在运行过程中需注意，若其中一相和电源断开，则变成单相运行。此时电动机仍会按原来的方向运转。但若负载不变，三相供电变为单相供电，电流将变大，导致电动机过热。使用中要特别注意这种现象。三相异步电动机若在启动前有一相断电，将不能启动。此时只能听到嗡嗡声，长时间启动不了，也会过热，必须尽快排除故障。注意外壳接地线必须可靠地接大地，防止漏电引起人身伤害。

子任务 2　步进电动机的使用

1. 步进电动机的概念

步进电动机（stepping motor）是将电脉冲信号转换为相应的角位移或直线位移的一种特殊电机。每输入一个电脉冲信号，电机就转动一个角度，它的运动形式是步进式的，所以称为步进电动机。又由于它输入的是脉冲电流，所以也叫脉冲电动机。

步进电动机在不需要变换的情况下，能直接将数字脉冲信号转换成角位移或线位移，因此它很适合作为数字控制系统的伺服元件。此外，它还具有一系列的优点，一是输出角位移量或线位移量与其输入的脉冲数成正比，而转速或线速度与脉冲的频率成正比，在负载能力范围内，这些关系不受电压的大小、负载的大小、环境条件等外界各种因素的干扰；二是它每转一周都有固定的步数，所以步进电动机在不失步的情况下运行，其步距误差不会长期积累；三是控制性能好，在开环系统中它可以在很宽的范围内通过改变脉冲的频率来调节电机的转速，并且能够快速启动、制动和反转；四是有些形式的步进电动机在停止供电的状态下还有定位转矩，有些形式步进电机在停机后某些相绕组仍保持通电状态，具有自锁能力，不需要机械制动装置等。当采用速度和位置检测装置后，它可构成闭环控制系统。

步进电动机的主要缺点是效率较低，并且需要专用电源提供电脉冲信号，带负载惯量的能力不强，在运行中会出现共振和振荡现象。

在自动线中，步进电机也是常用的驱动电动机，在自动生产线实训设备中由步进电机及驱动器来完成搬运站机械手的运动控制，本任务主要学习自动线上的步进电机及驱动装置的应用。

2. 步进电动机的应用

步进电动机由转子、定子和定子绕组组成，转子上有均匀分布的齿。当某相定子绕组由脉冲电流励磁后，便能吸引转子，使转子转动一个角度，该角度称为步距角，则有：

$$\alpha=\frac{360°}{mzk} \tag{1-2}$$

式中　α——步距角；

m——定子相数；

z——转子齿数；

k——控制方式确定的拍数与相数的比例系数。

(1) 步进电动机的工作原理

下面以一台最简单的三相反应式步进电动机为例，简介步进电机的工作原理。图 1-46 是一台三相反应式步进电动机的原理图。定子铁芯为凸极式，共有三对（六个）磁极，每两个空间相对的磁极上绕有一相控制绕组。转子用软磁性材料制成，也是凸极结构，只有四个齿，齿宽等于定子的极宽。

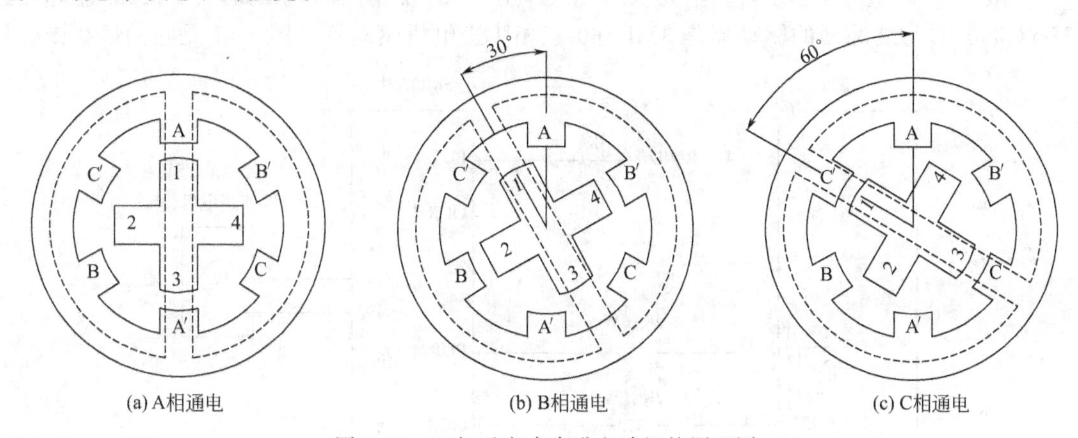

图 1-46　三相反应式步进电动机的原理图

当 A 相控制绕组通电，其余两相均不通电时，电机内建立以定子 A 相极为轴线的磁场。由于磁通具有力图走磁阻最小路径的特点，使转子齿 1、3 的轴线与定子 A 相极轴线对齐，如图 1-46(a) 所示。若 A 相控制绕组断电、B 相控制绕组通电时，转子在反应转矩的作用下，逆时针转过 30°，使转子齿 2、4 的轴线与定子 B 相极轴线对齐，即转子走了一步，如图 1-46(b) 所示。若断开 B 相，使 C 相控制绕组通电，转子逆时针方向又转过 30°，使转子齿 1、3 的轴线与定子 C 相极轴线对齐，如图 1-46(c) 所示。如此按 A—B—C—A 的顺序轮流通电，转子就会一步一步地按逆时针方向转动。其转速取决于各相控制绕组通电与断电的频率，旋转方向取决于控制绕组轮流通电的顺序。若按 A—C—B—A 的顺序通电，则电动机按顺时针方向转动。

上述通电方式称为三相单三拍。"三相"是指三相步进电动机；"单三拍"是指每次只有一相控制绕组通电。控制绕组每改变一次通电状态称为一拍，"三拍"是指改变三次通电状态为一个循环。把每一拍转子转过的角度称为步距角。三相单三拍运行时，步距角为30°。显然，这个角度太大，不能付诸使用。

如果把控制绕组的通电方式改为A—AB—B—BC—C—CA—A，即一相通电接着二相通电间隔地轮流进行，完成一个循环需要经过六次改变通电状态，称为三相单、双六拍通电方式。当A、B两相绕组同时通电时，转子齿的位置应同时考虑到两对定子极的作用，只有A相极和B相极对转子齿所产生的磁拉力相平衡的中间位置，才是转子的平衡位置。这样，单、双六拍通电方式下转子平衡位置增加了一倍，步距角为15°。进一步减少步距角的措施是采用定子磁极带有小齿、转子齿数很多的结构，分析表明，这样结构的步进电动机，其步距角可以做得很小。一般地说，实际的步进电机产品，都采用这种方法实现步距角的细分。例如加工单元所选用的三相步进电机57BYG350CL，它的步距角是在整步方式下为1.8°，半步方式下为0.9°。

（2）步进电机的使用

一是要注意正确的安装，二是正确的接线。

安装步进电机，必须严格按照产品说明的要求进行。步进电机是一精密装置，安装时注意不要敲打它的轴端，更千万不要拆卸电机。

不同的步进电机的接线有所不同，改变绕组的通电顺序就能改变步进电机的转动方向。

3. 步进电动机驱动装置的应用

步进电动机需要专门的驱动装置（驱动器）供电，驱动器和步进电动机是一个有机的整体，步进电动机的运行性能是电动机及其驱动器二者配合所反映的综合效果。

一般来说，每一台步进电机大都有其对应的驱动器，例如，三相步进电机57BYG350CL与之配套的驱动器是3MD560三相步进电机驱动器。图1-47是它的接线图。

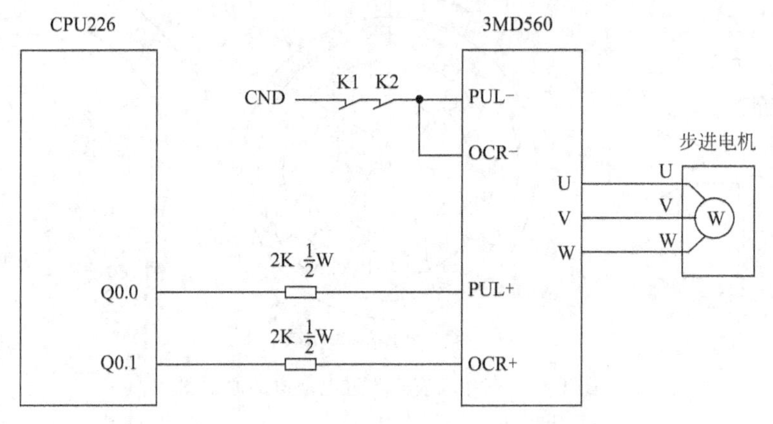

图1-47　步进电动机驱动器3MD560接线图

输出电流和输入信号规格为：

① 输出相电流为3.0～5.8A，输出相电流通过拨动开关设定。驱动器采用自然风冷的冷却方式；

② 控制信号输入电流为6～20mA，控制信号的输入电路采用光耦隔离。输送单元PLC输出公共端Vcc使用的是DC24V电压，所使用的限流电阻R1为2kΩ。

由图可见，步进电机驱动器的功能是接收来自控制器（PLC）的一定数量和频率的脉冲信号以及电机旋转方向的信号，为步进电动机输出三相功率脉冲信号。

步进电动机受脉冲的控制，其转子的角位移量和转速严格地与输入脉冲的数量和脉冲频率成正比，同时可以通过控制脉冲频率来控制电动机转动的速度，改变通电脉冲的顺序来控制步进电动机的转向。

在驱动器的侧面连接端子中间有一个蓝色的八位 DIP 功能设定开关，可以用来设定驱动器的工作方式和工作参数，包括细分设置、静态电流设置和运行电流设置。图 1-48 是该 DIP 开关功能划分说明，表 1-3(a) 和 (b) 分别为细分设置表和电流设定表。

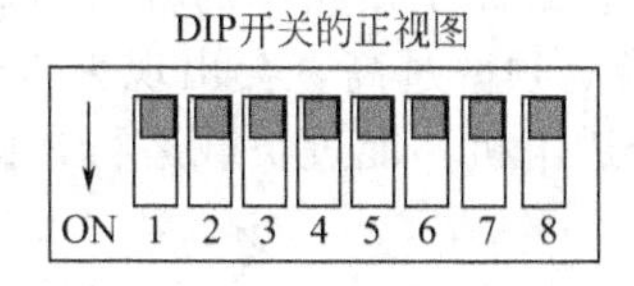

开关序号	ON功能	OFF功能
DIP1～DIP3	细分设置用	细分设置用
DIP4	静态电流全流	静态电流半流
DIP5～DIP8	电流设置用	电流设置用

图 1-48　DIP 开关功能划分说明

主机电流设定为 5.2A，细分设定为 10000。

表 1-3(a)　细分设置表

序　号	SW1	SW2	SW3	细　分
1	ON	ON	ON	200
2	OFF	ON	ON	400
3	ON	OFF	ON	500
4	OFF	OFF	ON	1000
5	ON	ON	OFF	2000
6	OFF	ON	OFF	4000
7	ON	OFF	OFF	5000
8	OFF	OFF	OFF	10000

表 1-3(b)　输出电流设置表

序　号	SW5	SW6	SW7	SW8	电流(A)
1	OFF	OFF	OFF	OFF	1.5
2	ON	OFF	OFF	OFF	1.8
3	OFF	ON	OFF	OFF	2.1
4	ON	ON	OFF	OFF	2.3
5	OFF	OFF	ON	OFF	2.6
6	ON	OFF	ON	OFF	2.9
7	OFF	ON	ON	OFF	3.2
8	ON	ON	ON	OFF	3.5
9	OFF	OFF	OFF	ON	3.8
10	ON	OFF	OFF	ON	4.1
11	OFF	ON	OFF	ON	4.4
12	ON	ON	OFF	ON	4.6
13	OFF	OFF	ON	ON	4.9
14	ON	OFF	ON	ON	5.2
15	OFF	ON	ON	ON	5.5
16	ON	ON	ON	ON	6.0

使用步进电机应注意的问题

控制步进电动机运行时，应注意防止步进电机运行中失步的问题。步进电动机失步包括丢步和越步。丢步时，转子前进的步数小于脉冲数；越步时，转子前进的步数多于脉冲数。丢步严重时，将使转子停留在一个位置上或围绕一个位置振动；越步严重时，设备将发生过冲。

由于电机绕组本身是感性负载，输入频率越高，励磁电流就越小。频率高，磁通量变化加剧，涡流损失加大。因此，输入频率增高，输出力矩降低。最高工作频率的输出力矩只能达到低频转矩的40%～50%。进行高速定位控制时，如果指定频率过高，会出现丢步现象。

此外，如果机械部件调整不当，会使机械负载增大。步进电机不能过负载运行，即使是瞬间，都会造成失步，严重时停转或不规则原地反复振动。

任务：用步进电机控制机械手，步进电动机每转的驱动步数为10000步，同步轮齿锯为5mm，共11个齿，要求机械手移动470mm，应该给多少脉冲？

操作步骤如下：

① 参照图1-47连接步进电动机与驱动器。

② 参照表1-3(a) 和表1-3(b) 设置步进电动机驱动器，使得DIP1、DIP2、DIP3全为OFF状态，即每转的细分步数为10000步/转，设定DIP6为OFF状态，DIP5、DIP7、DIP8为ON状态，使得输出的相电流为5.2A。

③ 计算脉冲数。同步轮齿锯为5mm，共11个齿，步进电动机每转1转，机械手移动55mm，驱动器细分设置为10000步/转，即每步机械手位移0.0055mm。要想移动470mm，需要的脉冲数为470/0.0055=85455。

④ 通过PLC等控制器给步进电动机驱动器85455个脉冲，测量机械手的移动距离。

步进电动机主要用于开环的位置控制，通过给步进电动机的各相绕组脉冲电流，步进电动机就转动，脉冲的频率、数量决定了步进电动机位移的速度及距离，各相绕组的通电顺序决定步进电动机的转向。

子任务3 伺服电动机的使用

伺服电动机又称为执行电动机，在自动控制系统中，用作执行元件，把所收到的电信号转换成电动机轴上的角位移或角速度输出。分为直流和交流伺服电动机两大类。

伺服电机内部的转子是永磁铁，驱动器控制的U/V/W三相电形成电磁场，转子在此磁场的作用下转动，同时电机自带的编码器反馈信号给驱动器，驱动器根据反馈值与目标值进行比较，调整转子转动的角度。伺服电机的精度决定于编码器的精度（线数）。

1. 交流伺服电动机

交流伺服电动机的结构主要可分为两部分，即定子部分和转子部分。其中定子的结构与旋转变压器的定子基本相同，在定子铁芯中也安放着空间互成90°电角度的两相绕组。其中一组为激磁绕组，另一组为控制绕组，交流伺服电动机是一种两相的交流电动机。交流伺服电动机使用时，激磁绕组两端施加恒定的激磁电压U_f，控制绕组两端施加控制电压U_k。当定子绕组加上电压后，伺服电动机很快就会转动起来。通入励磁绕组及控制绕组的电流在电机内产生一个旋转磁场，旋转磁场的转向决定了电机的转向，当任意一个绕组上所加的电压反相时，旋转磁场的方向就发生改变，电机的方向也会发生改变。为了在电机内形成一个圆形旋转磁场，要求激磁电压U_f和控制电压U_k之间应有90°的相位差，常用的方法有：

① 利用三相电源的相电压和线电压构成90°的移相；

② 利用三相电源的任意线电压；

③ 采用移相网络；

④ 在激磁相中串联电容器。

2. 交流伺服电机及其调速分类和特点

长期以来，在要求调速性能较高的场合，一直占据主导地位的是应用直流电动机的调速系统。但直流电动机都存在一些固有的缺点，如电刷和换向器易磨损，需经常维护。换向器换向时会产生火花，使电动机的最高速度受到限制，也使应用环境受到限制，而直流电动机结构复杂，制造困难，所用钢铁材料消耗大，制造成本高。交流电动机，特别是鼠笼式感应电动机没有上述缺点，且转子惯量较直流电机小，使得动态响应更好。在同样体积下，交流电动机输出功率可比直流电动机提高10%～70%，此外，交流电动机的容量可比直流电动机更大，达到更高的电压和转速。现代数控机床都倾向采用交流伺服驱动，交流伺服驱动已有取代直流伺服驱动之势。

3. 异步型交流伺服电动机

异步型交流伺服电动机指的是交流感应电动机。它有三相和单相之分，也有鼠笼式和线绕式，通常多用鼠笼式三相感应电动机。其结构简单，与同容量的直流电动机相比，质量轻1/2，价格仅为直流电动机的1/3。缺点是不能经济地实现范围很广的平滑调速，必须从电网吸收滞后的励磁电流。因而令电网功率因数变坏。

这种鼠笼转子的异步型交流伺服电动机简称为异步型交流伺服电动机，用IM表示。

4. 同步型交流伺服电动机

同步型交流伺服电动机虽较感应电动机复杂，但比直流电动机简单。它的定子与感应电动机一样，都在定子上装有对称三相绕组。而转子却不同，按不同的转子结构又分电磁式及非电磁式两大类。非电磁式又分为磁滞式、永磁式和反应式多种。其中磁滞式和反应式同步电动机存在效率低、功率因数较低、制造容量不大等缺点。数控机床中多用永磁式同步电动机。与电磁式相比，永磁式优点是结构简单、运行可靠、效率较高；缺点是体积大、启动特性欠佳。但永磁式同步电动机采用高剩磁感应，高矫顽力的稀土类磁铁后，可比直流电动机外形尺寸约小1/2，质量减轻60%，转子惯量减到直流电动机的1/5。它与异步电动机相比，由于采用了永磁铁励磁，消除了励磁损耗及有关的杂散损耗，所以效率高。又因为没有电磁式同步电动机所需的集电环和电刷等，其机械可靠性与感应（异步）电动机相同，而功率因数却大大高于异步电动机，从而使永磁同步电动机的体积比异步电动机小些。这是因为在低速时，感应（异步）电动机由于功率因数低，输出同样的有功功率时，它的视在功率却要大得多，而电动机主要尺寸是据视在功率而定的。

5. 交流伺服电机的优良性能

（1）控制精度高

步进电机的步距角一般为1.8°（两相）或0.72°（五相），而交流伺服电机的精度取决于电机编码器的精度。以伺服电机为例，其编码器为16位，驱动器每接收65 536个脉冲，电机转一圈，其脉冲当量为360°/65536＝0.0055；并实现了位置的闭环控制，从根本上克服了步进电机的失步问题。

（2）矩频特性好

步进电机的输出力矩随转速的升高而下降，且在较高转速时会急剧下降，其工作转速一般在每分钟几十转到几百转。而交流伺服电机在其额定转速（一般为2000r/min或3000r/min）以内为恒转矩输出，在额定转速以E为恒功率输出。

（3）具有过载能力

（4）加速性能好

步进电机空载时从静止加速到每分钟几百转，需要200～400ms，交流伺服电机的加速性能较好。

6. **步进电机和交流伺服电机性能比较**

步进电机是一种离散运动的装置，它和现代数字控制技术有着本质的联系。在目前国内的数字控制系统中，步进电机的应用十分广泛。随着全数字式交流伺服系统的出现，交流伺服电机也越来越多地应用于数字控制系统中。为了适应数字控制的发展趋势，运动控制系统中大多采用步进电机或全数字式交流伺服电机作为执行电动机。虽然两者在控制方式上相似(脉冲串和方向信号)，但在使用性能和应用场合上存在着较大的差异。现就二者的使用性能作一比较。

（1）控制精度不同

两相混合式步进电机步距角一般为3.6°、1.8°，五相混合式步进电机步距角一般为0.72 °、0.36°。也有一些高性能的步进电机步距角更小。如四通公司生产的一种用于慢走丝机床的步进电机，其步距角为0.09°；德国百格拉公司（BERGER LAHR）生产的三相混合式步进电机其步距角可通过拨码开关设置为1.8°、0.9°、0.72°、0.36°、0.18°、0.09°、0.072°、0.036°，兼容了两相和五相混合式步进电机的步距角。交流伺服电机的控制精度由电机轴后端的旋转编码器保证。以松下全数字式交流伺服电机为例，对于带标准2500线编码器的电机而言，由于驱动器内部采用了四倍频技术，其脉冲当量为360°/10000＝0.036°。对于带17位编码器的电机而言，驱动器每接收131072个脉冲电机转一圈，即其脉冲当量为360°/131072＝9.89s。是步距角为1.8°的步进电机的脉冲当量的1/655。

（2）低频特性不同

步进电机在低速时易出现低频振动现象。振动频率与负载情况和驱动器性能有关，一般认为振动频率为电机空载起跳频率的一半。这种由步进电机的工作原理所决定的低频振动现象对于机器的正常运转非常不利。当步进电机工作在低速时，一般应采用阻尼技术来克服低频振动现象，比如在电机上加阻尼器，或驱动器上采用细分技术等。交流伺服电机运转非常平稳，即使在低速时也不会出现振动现象。交流伺服系统具有共振抑制功能，可涵盖机械的刚性不足，并且系统内部具有频率解析机能（FFT），可检测出机械的共振点，便于系统调整。

（3）矩频特性不同

步进电机的输出力矩随转速升高而下降，且在较高转速时会急剧下降，所以其最高工作转速一般在300～600r/min。交流伺服电机为恒力矩输出，即在其额定转速（一般为2000r/min或3000r/min）以内，都能输出额定转矩，在额定转速以上为恒功率输出。

（4）过载能力不同

步进电机一般不具有过载能力。交流伺服电机具有较强的过载能力。以松下交流伺服系统为例，它具有速度过载和转矩过载能力。其最大转矩为额定转矩的三倍，可用于克服惯性负载在启动瞬间的惯性力矩。步进电机因为没有这种过载能力，在选型时为了克服这种惯性力矩，往往需要选取较大转矩的电机，而设备在正常工作期间又不需要那么大的转矩，便出现了力矩浪费的现象。

（5）运行性能不同

步进电机的控制为开环控制，启动频率过高或负载过大易出现丢步或堵转的现象，停止时转速过高易出现过冲的现象，所以为保证其控制精度，应处理好升、降速问题。交流伺服驱动系统为闭环控制，驱动器可直接对电机编码器反馈信号进行采样，内部构成位置环和速度环，一般不会出现步进电机的丢步或过冲的现象，控制性能更为可靠。

（6）速度响应性能不同

步进电机从静止加速到工作转速（一般为每分钟几百转）需要200～400ms。交流伺服系统的加速性能较好，以松下MSMA 400W交流伺服电机为例，从静止加速到其额定转速3000r/min仅需几毫秒，可用于要求快速启停的控制场合。

小结：

综上所述，交流伺服系统在许多性能方面都优于步进电机。但在一些要求不高的场合也经常用步进电机来作执行电动机。所以，在控制系统的设计过程中要综合考虑控制要求、成本等多方面的因素，选用适当的控制电机。

任务 5　S7-200PLC 基础知识

子任务 1　S7-200 系列 PLC 的型号

S7-200 系列 PLC 的基本型号通过基本单元（CPU 模块）进行区分，共有 CPU221、CPU222、CPU224、CPU224XP、CPU226 5 种基本规格。每种规格中，根据 PLC 电源的不同，还可以分为 AC 电源供电/继电器输出与 DC 电源供电/晶体管输出两种类型。因此，S7-200 系列 PLC 共有 10 种产品供用户选择，详见表 1-4 所示。

表 1-4　S7-200 CPU 的型号

CPU 型号	电源与集成 I/O 点
CPU221	DC24V 电源、DC24V 输入、DC24V 晶体管输出
	AC120～240V 电源、DC24V 输入、继电器输出
CPU222	DC24V 电源、DC24V 输入、DC24V 晶体管输出
	AC120～240V 电源、DC24V 输入、继电器输出
CPU224	DC24V 电源、DC24V 输入、DC24V 晶体管输出
	AC120～240V 电源、DC24V 输入、继电器输出
CPU224XP	DC24V 电源、DC24V 输入、DC24V 晶体管输出
	AC120～240V 电源、DC24V 输入、继电器输出
CPU226	DC24V 电源、DC24V 输入、DC24V 晶体管输出
	AC120～240V 电源、DC24V 输入、继电器输出

子任务 2　基本单元、扩展单元及系统组成

S7-200 系列 PLC 系统构成主要包括基本单元、扩展单元、相关设备和工业软件等部分。

1. 基本单元

基本单元即 CPU 模块，S7-200 系列 PLC 可提供 5 种 CPU 供选择使用，CPU 模块包括 CPU、存储器、基本输入/输出点和电源等，它们是 PLC 系统的主要部分。

S7-200 系列 PLC 中 5 种基本单元的输入、输出点数分配见表 1-5 所示。

表 1-5　基本单元的输入输出点数分配表

型　号		输　入　点	输　出　点	可扩展模块数
CPU221	本机数字量	6	4	—
CPU222	本机数字量	8	6	2
CPU224	本机数字量	14	10	7
CPU224XP	本机数字量	14	10	7
	本机模拟量	2	1	
CPU226	本机数字量	24	16	7

2. 扩展单元

当CPU的I/O点数不够或需要完成某种特殊的功能时，就需要连接扩展单元模块。除CPU221外，其他CPU模块均可以连接多个扩展模块，连接时CPU模块放在最左侧，扩展模块用扁平电缆与左侧的模块相连。不同的CPU有不同的扩展规范，比如可连接的扩展模块的数量和种类等，这些主要受CPU的限制，在使用时可参考SIEMENS的系统手册。

（1）数字量I/O扩展模块

S7-200系列PLC的主机本身提供一定数量的数字量I/O，当I/O点数不够时，就必须增加I/O扩展模块，对I/O点数进行扩充。

S7-200系列PLC可以选用的数字量I/O模块种类见表1-6所示。

表1-6　S7-200系列PLC数字量扩展模块一览表

型号	名称	主要参数
EM221	数字量输入	8点,DC24V输入
		8点,AC120/230V输入
		16点,DC24V输入
EM222	数字量输出	8点,DC24V/0.75A输出
		8点,2A继电器接点输出
		8点,AC120/230V输出
		4点,DC24V/5A输出
		4点,10A继电器接点输出
EM223	数字量输入/数字量输出混合模块	4输入/4输出,DC24V
		4点DC24V输入/4点继电器输出
		8输入/8输出,DC24V
		8点DC24V输入/8点继电器输出
		16输入/16输出,DC24V
		16点DC24V输入/16点继电器输出

（2）模拟量I/O扩展

S7-200系列PLC（CPU221除外）可以通过选用模拟量I/O扩展模块（包括温度测量模块），增加PLC的温度、转速、位置等的测量，显示与调节功能。

① 模拟量输入扩展模块EM231。模拟量输入与温度测量模块共有3种规格可供选择，其中，模拟量输入、热电阻温度测量、热电偶温度测量模块各一种。

模拟量输入可以是DC(0～10V）模拟电压，其一般规格，可以是DC(－5～＋5V)、DC(－10～＋10V)等，或（0～20mA）模拟电流输入。单个模块最大I/O点数为4点，转换位数为12位，分辨率可以达到2.5mV（电压）或5μA（电流）。

热电阻、热电偶温度测量可以与多种形式的热电阻连接使用，测量精度为±0.1℃，转换位数为16位（包括符合位）。

② 模拟量输出扩展模块EM232。只有一种规格可供选择，输出可以是DC(－10～＋10V）模拟电压或（0～20mA）模拟电流。模块I/O点数为2点，转换位数为12位（模拟电压）或11位（模拟电流）。

③ 模拟量输入/输出混口扩展模块EM235。只有一种规格可供选择，可以是DC(－10～＋10V）模拟电压，其一般规格，可以是DC(－5～＋5V)、DC(－10～＋10V）等，或（0～20mA）模拟电流输入。输出可以是DC(－10～＋10V）模拟电压或（0～20mA）模拟电流。模块I/O点数为4点输入/2点输出，输入转换位数为12位，输出转换位数为12位（模拟电

压）或11位（模拟电流）。

模拟量输入/输出模块的型号和规格见表1-7所示。

表1-7　S7-200系列模拟量扩展模块一览表

型　号	名　称	主要参数
EM231	模拟量输入	4点，DC(0～10V/0～20mA)输入，12位
		2点，热电阻输入，16位
		4点，热电偶输入，16位
EM232	模拟量输出	2点，(－10～＋10V/0～20mA)，12位
EM235	模拟量输入/模拟量输出混合模块	4输入/1输出(占用2路输出地址)， DC(0～10V/0～20mA)输入； DC(－10～＋10V/0～20mA)输出

(3) 定位扩展模块EM253

S7-200系列PLC（CPU221除外）可以通过选用定位扩展模块EM253实现高精度的运动控制。控制范围从微型步进电动机到智能伺服系统。集成的脉冲接口能产生高达200kHz的脉冲信号，并指定位置、速度和方向。集成的位置开关输入能够脱离CPU独立地完成任务。

(4) SIWAREX MS称重模块

该模块适用于所有简单称重和测力任务，其基本功能就是测量传感器电压，然后将电压值转换为重量值。该模块有两个串行接口，一个可用于连接数字式远程指示器，一个可用于和主机相连，进行串行通信。可借助于S7-200的编程软件将称重模块集成到设备软件中，与串行通信连接的称重仪表相比，该模块可省去连接到PLC所需要的成本较高的通信组件。另外，SIWAREX MS称重模块还可以和多个电子秤配合使用，这样在S7-200系列PLC控制系统中组成了一个可任意编程的模块化称重系统。

(5) 网络扩展模块

S7-200系列PLC（CPU221除外）除可以通过CPU模块的集成RS-422/485接口与外部设备进行通信外，还可以通过网络链接模块增加网络功能，以构成PLC网络控制系统。

① 调制解调器模块EM241。EM241是用于S7-200系列PLC远程维护和远程诊断的通信接口模块，可通过电话线、Modbus或PPI协议进行CPU到PC或CPU到CPU的通信。

② Profibus-DP总线链接模块EM277。通过EM277模块S7-200PLC可以完成PLC网络系统中的“从站”设置，并可与PLC网络中的S7-300/400、编程器等“主站”设备间进行任意数据的通信。

③ 工业以太网链接模块。工业以太网（Ethernet）接口模块也称通信处理器，它是将S7-200PLC通过RJ-45接口连接到工业以太网的接口模块，S7-200PLC可以通信的工业以太网链接的模块有CP243-1或CP243-11T两种规格。

④ 远程I/O链接模块CP243-2。远程I/O链接模块CP243-2（也称AS-i接口模块），是用于S7-200PLC远程I/O控制或分布式系统的接口模块，使PLC成为AS-i的“主站”。

⑤ SINAUT MD720-3调制解调器。该模块用于基于S7-200PLC和WinCC Flexible的移动无线通信，它通过GSM网络进行基于IP的数据传输，可自动建立GPRS，可以切换到CSD方式。

扩展模块性能请参见S7-200PLC系统手册。

3. 相关设备

相关设备是为了方便利用系统的硬件和软件资源而开发的，主要包括编程设备、网络设备、人机操作界面等。

4. 工业软件

工业软件是为实现系统控制功能而开发的相关配套程序。对于 S7-200 系列 PLC 来说，与其配套的软件主要有 STEP 7-Micro/WIN 编程软件和 HMI 人机界面的组态编程软件 Pro-Tool、WinCC Flexible。

子任务 3 S7-200 系列 PLC 结构与工作原理

1. S7-200 PLC 的结构特点

S7-200 系列 PLC 有 CPU21X 和 CPU22X 两代产品，外部结构如图 1-49 所示。它是整体式 PLC，它将输入/输出模块、CPU 模块、电源模块均装在一个机壳内，当系统需要扩展时，可选用需要的扩展模块与基本单元（主机）连接。CPU 负责执行程序，输入部分从现场设备中采集信号，输出部分则输出控制信号，驱动外部负载。

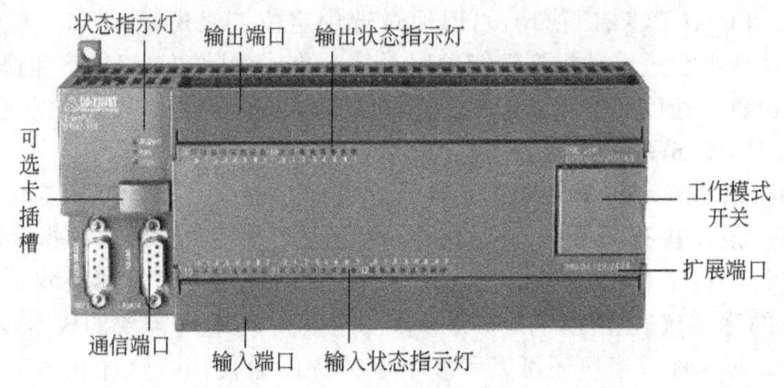

图 1-49 S7-200 系列可编程控制器外形

其各部分作用如下：

① 通信端口：用于 S7-200 系列可编程控制器与 PC 或手持编程器进行通信连接。

② 输入端口：用于连接外部控制信号，在底座端子盖下是输入接线端子和为传感器提供的 24V 直流电源。

③ 输出端口：用于连接被控设备，在顶端端子盖下是输出接线端子和 PLC 的工作电源。

④ 状态指示灯：CPU 状态指示灯有 SF、STOP、RUN3 个，其作用如下。

SF：系统故障指示灯。当系统出现严重的错误或硬件故障时亮。

STOP：停止状态指示灯。通过编程装置向 PLC 下载程序或进行系统设置时此灯亮。

RUN：运行指示灯。执行用户程序时亮。

⑤ 输入状态指示灯：用来显示是否有控制信号（如控制按钮、行程开关、光电开关等数字量信号）接入 PLC。

⑥ 输出状态指示灯：用来显示 PLC 是否有信号输出到执行设备（如接触器、电磁阀、指示灯等）。

⑦ 工作模式开关：拨开图 1-49 所示 S7-200 系列可编程控制器右边的小盖，可以看到工作模式开关。S7-200 系列可编程控制器有三档开关选择 RUN、TERM 和 STOP 三个工作状态，其状态有状态 LED 显示。其中，SF 状态 LED 亮指示系统有故障。

⑧ 扩展端口：拨开图 1-49 所示 S7-200 系列可编程控制器右边的小盖，可以看到扩展端口。扩展端口用于连接 A/D 转换、D/A 转换、扩展输入、输出等特殊功能模块。

⑨ 可选卡插槽：可将选购的 EEPROM 卡或电池卡插入槽内使用。

2. 输入/输出接线

输入/输出模块电路是 PLC 与被控设备间传递输入/输出信号的接口部件。各输入/输出点的通/断状态用 LED 显示，外部接线就接在 PLC 输入/输出接线端子上。

S7-200 系列 CPU 22X 主机的输入回路为直流双向光耦合输入电路，输出有继电器和场效应晶体管两种类型，用户可根据需要选用。

(1) 输入接线

CPU 224 的主机共有 14 个输入点（I0.0～I0.7、I1.0～I1.5）和 10 个输出点（Q0.0～Q0.7、Q1.0～Q1.1）。

(2) 输出接线

CPU 224 的输出电路有场效应晶体管输出电路和继电器输出电路两种供用户选用。在场效应晶体管输出电路中，PLC 由 24V 直流电源供电，负载采用了 MOSFET 功率器件，所以只能用直流电源为负载供电。输出端分成两组，每一组有 1 个公共端，共有 1L、2L 两个公共端，可接入不同电压等级的负载电源。输入/输出接线图如图 1-50 所示。

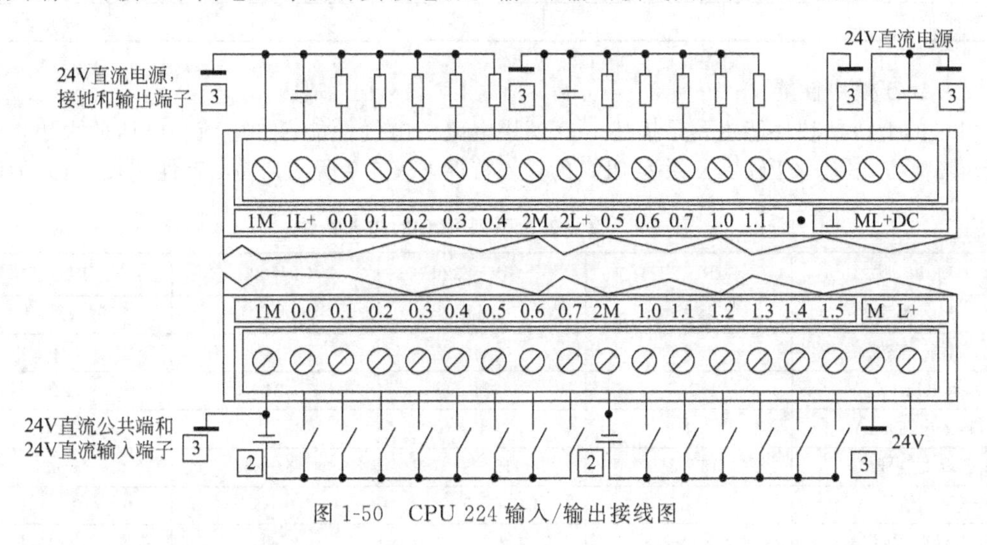

图 1-50　CPU 224 输入/输出接线图

3. S7-200 系列 PLC 的主要技术参数

(1) CPU 模块性能

PLC 的 CPU 性能主要描述 PLC 的存储器能力、指令运行时间、各种特殊功能等。这些技术性指标是选用 PLC 的依据，S7-200 PLC 的 CPU 的主要技术指标如表 1-8 所示。

表 1-8　CPU 22X 主要技术指标

型　　号	CPU 221	CPU 222	CPU 224	CPU 226
用户数据存储器类型	EEPROM	EEPROM	EEPROM	EEPROM
程序空间(永久保存)	2048 字	2048 字	4096 字	4096 字
数据后备(超级电容)典型值/H	50	50	190	190
用户存储器类型	1024	1024	2560	2560
主机 I/O 点数	4/6	8/6	14/10	24/16
可扩展模块/个	无	2	7	7
本机 I/O 点数	6/4	8/6	14/10	24/16
扩展模块数量/个	无	2	7	7

续表

型　　号	CPU 221	CPU 222	CPU 224	CPU 226
24V 传感器电源最大电流/电流限制/mA	180/600	180/600	280/600	～400/1500
数字量 I/O 映像区大小	256	256	256	256
模拟量 I/O 映像区大小	无	16/16	32/32	32/32
AC 240V 电源 CPU 输入电流/最大负载电流/mA	25/180	25/180	35/220	40/160
DC 24V 电源 CPU 输入电流/最大负载电流/mA	70/600	70/600	120/900	150/1050
为扩展模块提供的 DC 5V 电源输出的电流/mA	—	最大 340	最大 660	最大 1000
内置高速计数器(30kHz)	4	4	6	6
定时器计数器	256/256	256/256	256/256	256/256
高速脉冲输出(20kHz)	2	2	2	2
布尔指令执行时间/μs	0.37	0.37	0.37	0.37
模拟量调节电位器	1	1	2	2
实时时钟	有(时钟卡)	有(时钟卡)	有(内置)	有(内置)
RS-485 通信口	1	1	1	2

(2) I/O 模块性能

PLC 的 I/O 模块性能主要是描述 I/O 模块电路的电气性能，如电流、电压的大小，通断时间，隔离方式等。CPU 22X 系列 PLC 的输入特性如表 1-9 所示，输出特性如表 1-10 所示。

表 1-9　CPU 22X 系列 PLC 的输入特性

项　目	CPU 221	CPU 222	CPU 224	CPU 226
输入类型	汇型/源型	汇型/源型	源型/汇型	漏型/源型
输入点数	8	8	14	24
输入电压 DC/V	24	24	24	24
输入电流/mA	4	4	4	4
逻辑 1 信号/V	15～35	15～35	15～35	15～35
逻辑 0 信号/V	0～5	0～5	0～5	0～5
输入延迟时间/ms	0.2～12.8	0.2～12.8	0.2～12.8	0.2～12.8
高速输入频率/kHz	30	30	30	20～30
隔离方式	光电	光电	光电	光电
隔离组数	2/4	4	6/8	11/13

表 2-10　CPU 22X 系列 PLC 的输出特性

项　目		CPU 221		CPU 222		CPU 224		CPU 226	
输出类型		晶体管	继电器	晶体管	继电器	晶体管	继电器	晶体管	继电器
输出点数		4	4	6	6	10	10	16	16
负载电压/V		DC 20.4～28.8	DC 5～30/AC 5～250	DC 20.4～28.8	DC 5～30/AC5～250	DC 20.4～28.8	DC 5～30/AC 5～250	DC 20.4～28.8	DC 5～30/AC5～250
输出电流	1 信号/A	0.75	2	0.75	2	0.75	2	0.75	2
	0 信号	10	—	10	—	10^{-2}	—	10^{-2}	—
公共端输出电流总和/A		3.02	6.0	4.5	6.0	3.75	8.0	6	10
接通延时	标准脉冲/μs	15	10^4	15	10^4	15	10^4	15	10^4
		2	—	2	—	2	—	2	—

续表

项目		CPU 221		CPU 222		CPU 224		CPU 226	
关断延时	标准脉冲/μs	100	10^4	100	10^4	100	10^4	100	10^4
		10	—	10	—	10	—	10	—
隔离方式		光电	电磁	光电	电磁	光电	电磁	光电	电磁
隔离组数		4	1/3	6	3	5	3/4	8	4/5/7

子任务4 S7-200 PLC内部继电器

S7-200系列PLC数据区可分为输入继电器区I、输出继电器区Q、变量寄存器区V、辅助继电器区M、特殊标志位SM、定时器T、计数器C、高速计数器HC、累加器AC、顺序控制继电器S、模拟量输入/输出（AIW/AQW）及局部存储器区L，共13个区。

1. 输入继电器（I）

输入继电器位于PLC存储器的输入过程映像寄存器区，其外部有一个物理的输入端子与之对应，该触点用于接收外部的开关信号，比如按钮、行程开关、光电开关等传感器的信号都是通过输入继电器的物理端子接入到PLC的。当外部的开关信号闭合，则输入继电器的线圈得电，在程序中其常开触点闭合，常闭触点断开。这些触点可以在编程时任意使用，使用次数不受限制。

每个输入继电器都对应一个映像寄存器，在每个扫描周期的开始，PLC对各输入点进行采样，并把采样值通过输入继电器送到输入映像寄存器。PLC在接下来的本周期各阶段不再改变输入映像寄存器中的值，直到下一个扫描周期的输入采样阶段。可以按位、字节、字或双字来存取输入映像寄存器中的数据。

CPU221、CPU222、CPU224、CPU224XP、CPU226五种CPU模块的输入映像寄存器范围均为I0.0～I15.7。实际输入点数不能超过PLC所提供的具有外部接线端子的输入继电器的数量，具有地址而未使用的输入映像区可能剩余，它们可以作其他编程元件使用，但为了程序的清晰和规范，建议不把这些未用的输入继电器作为它用。

2. 输出继电器（Q）

输出继电器位于PLC存储器的输出过程映像寄存器区，其外部有一个物理的输入端子与之对应。当通过程序使得输出继电器线圈得电时，PLC上的输出端开关闭合，可以作为控制外部负载的开关信号。同时在程序中其常开触点闭合，常闭触点断开。这些内部的触点可以在编程时任意使用，使用次数不受限制。

在每个扫描周期的输入采样、程序执行等阶段，并不把输出结果信号直接送到输出继电器中，而只是送到输出映像寄存器；只有在每个扫描周期的最后阶段才将输出映像寄存器中的结果送到输出锁存器，对输出点进行刷新。可以按位、字节、字或双字来存取输出映像寄存器中的数据。

CPU221、CPU222、CPU224、CPU224XP、CPU226五种CPU模块的输入映像寄存器范围均为Q0.0～Q15.7。实际输出点数不能超过PLC所提供的具有外部接线端子的输出继电器的数量，未用的输出映像寄存器可作它用，但为了程序的清晰和规范，建议不适用这些未用的输出继电器。

3. 辅助继电器（M）

辅助继电器（或中间继电器）位于PLC存储器的位存储器区，其作用和继电器接触器控制系统中的中间继电器相同，它在PLC中没有外部的输入端子或输出端子与之对应，因此它不能受外部信号的直接控制，其触点也不能直接驱动外部负载。它主要用来在程序设计中处理逻辑控制任务。可以按位、字节、字或双字来存取其中的数据。

CPU221、CPU222、CPU224、CPU224XP、CPU226 五种 CPU 模块的辅助继电器范围均为 M0.0～M31.7。

4. 变量存储器（V）

变量存储器 V 用来存储程序执行过程中控制逻辑操作的中间结果，也可以用来保存工序或任务相关的其他数据。在进行数据处理或使用大量的存储单元时，变量存储器 V 会经常用到。可以按位、字节、字或双字来存取变量存储器 V 中的数据。

CPU221、CPU222 变量存储器范围均为 VB0～VB2047，CPU224 变量存储器范围为 VB0～VB8191，CPU224XP、CPU226 变量存储器范围均为 VB0～VB10239。

5. 特殊标志位（SM）

SM 位为 CPU 与用户程序之间传递信息提供了一种手段。这些位可以用来选择和控制 S7-200CPU 的一些特殊功能。例如，首次扫描标志位、按照固定频率开关的标志位或者显示数学运算或操作指令状态的标志位等。它可以按位、字节、字或双字来存取。

CPU221 特殊标志位 SM 的范围为 SM0.0～SM179.7，CPU222 特殊标志位 SM 的范围为 SM0.0～SM299.7，CPU224、CPU224XP、CPU226 三种 CPU 模块特殊标志位 SM 的范围均为 SM0.0～SM549.7。其中 5 种 CPU 模块中的 SM0.0～SM29.7 均为只读区域，只读区域的特殊标志位，用户只能利用其触点。

主要的特殊继电器有以下几类。

① 表示状态：SMB0、SMB1 和 SMB5。

② 存储扫描时间：SMW22、SMW26。

③ 存储模拟电位器值：SMB28、SMB29。

④ 用于通信：

SMB2、SMB3、SMB30、SMB130 用于自由口通信。

SMB86～SMB94、SMB186～SMB194 接收信息控制。

⑤ 用于高速计数：SMB36～SMB65、SMB131～SMB165。

⑥ 用于脉冲输出：SMB66～SMB85、SMB166～SMB185。

⑦ 用于中断：SMB4、SMB34、SMB35。

常用的 SMB0 和 SMB1 的状态位信息见表 1-11 所示。

表 1-11 常用特殊继电器 SMB0 和 SMB1 的位信息

SM0.0	该位始终为 1，即常 ON	SM1.0	当执行某些指令，其结果为 0 时，将该位置 1
SM0.1	该位在首次扫描时为 ON	SM1.1	当执行某些指令时，其结果溢出或查出非法数值时，该位置 1
SM0.2	若保持数据丢失，则该位在一个扫描周期中为 ON	SM1.2	当执行数学运算，其结果为负数时，该位置 1
SM0.3	开机后进入 RUN 方式，该位将 ON 一个扫描周期	SM1.3	除以零时，将该位置 1
SM0.4	时钟脉冲，30s 为 ON，30s 为 OFF，周期为 1min	SM1.4	当执行 ATT 指令，超出范围时，该位置 1
SM0.5	时钟脉冲，0.5s 为 ON，0.5s 为 OFF，周期为 1s	SM1.5	当执行 LIFO 或 FIFO 指令，从空表中读数时，将该位置 1
SM0.6	该位为扫描时钟，本次扫描时置 ON，下次扫描时置 OFF	SM1.6	把一个非 BCD 数转换为二进制数时，将该位置 1
SM0.7	该位指示 CPU 工作方式开关的位置，在 RUN 位置时该位为 1，在 TERM 位置时该位为 0	SM1.7	当 ASCII 码不能转换为有效的十六进制数时，将该位置 1

6. **定时器（T）**

S7-200 系列 PLC 中，定时器与继电器接触器控制系统中的时间继电器作用类似，可进行时间控制。定时器的预设值由程序赋予，每个定时器有一个 16 位的当前值寄存器及一个状态位。它可以用定时器地址来存取这两种形式的定时器数据。

究竟使用哪种形式的数据取决于所使用的指令，如果使用位操作指令则是存取定时器状态位，如果使用字操作指令则是存取定时器的当前值。

S7-200 系列 PLC 中为用户提供了 3 种类型的定时器，有记忆接通延时定时器（TONR）、接通延时定时器（TON）和断开延时定时器（TOF）。定时器的分辨率（或定时精度）有 1ms、10ms 和 100ms 3 种。

CPU221、CPU222、CPU224、CPU224XP、CPU226 五种 CPU 模块均有 256 个定时器，定时器的类型、分辨率及定时器的编号分配见表 1-12 所示。

表 1-12　定时器的类型及分辨率和编号

定时器类型	分辨率/ms	最大当前值/s	定时器编号
TONR	1	32.767	T0,T64
	10	327.67	T1～T4,T65～T68
	100	3276.7	T5～T31,T69～T95
TON,TOF	1	32.767	T32,T96
	10	327.67	T33～T36,T97～T100
	100	3276.7	T37～T63,T101～T255

7. **计数器（C）**

计数器可以用于累计输入脉冲的个数，常用于对产品进行计数。计数器的设定值由程序赋予，每个计数器有一个 16 位的当前值寄存器及一个状态位。它可以用计数器地址来存取这两种形式的计数器数据。

究竟使用哪种形式的数据取决于所使用的指令，如果使用位操作指令则是存取计数器位，如果使用字操作指令则是存取计数器的当前值。

CPU221、CPU222、CPU224、CPU224XP、CPU226 五种 CPU 模块均有 256 个计数器，其计数器范围为 C0～C255。

8. **高速计数器（HSC）**

高速计数器的工作原理与普通计数器基本相同，只不过高速计数器是用来累计比主机扫描速率更快的高速脉冲。高速计数器当前值为一个 32 位的有符号整数且为只读值。若要读取高速计数器中的值，则应给出高速计数器的地址，即存储器类型（HSC）加上计数器号，且仅可以作为双字（32 位）来寻址。

CPU221、CPU222 有 4 个高速计数器，它们是 HSC0 和 HSC3～HSC5；CPU224、CPU224XP、CPU226 有 6 个高速计数器，其范围为 HSC0 ～HSC5。

9. **累加器（AC）**

累加器是可以像存储器那样使用的读写设备。例如，可以用它来向子程序传递参数，也可以从子程序中返回参数，以及用来存储计算的中间结果。S7-200 系列 PLC 提供 4 个 32 位累加器（AC0，AC1，AC2 和 AC3），并且可以按字节、字或双字的形式来存取累加器中的数据。被访问的数据长度取决于存取累加器时所使用的指令。当以字节或者字的形式存取累加器时，使用的是数值的低 8 位或低 16 位。当以双字的形式存取累加器时，使用全部 32 位。

CPU221、CPU222、CPU224、CPU224XP、CPU226 五种 CPU 模块均有 4 个累加器，其范围为 AC0～AC3。

10. 顺序控制继电器（S）

顺序控制继电器又称作状态器，用于顺序控制或步进控制中。如果未被用于顺序控制中，也可以作为一般的辅助继电器使用，并且可以按位、字节、字或双字来存取。

CPU221、CPU222、CPU224、CPU224XP、CPU226 五种 CPU 模块顺序控制继电器的范围均为 S0.0～S31.7。

11. 模拟量输入/输出（AIW/AQW）

S7-200 系列 PLC 将模拟量（如温度或电压）转换成 1 个字长（16 位）的数字量，可以用区域标识符（AI）、数据长度（W）及字节的起始地址来读取这些值。因为模拟输入量为 1 个字长，且从偶数位字节（如 0，2，4）开始，所以必须用偶数字节地址（如 AIW0，AIW2，AIW4）来读取这些值。模拟量输入值为只读数据。

CPU222 模块的模拟量输入范围为 AIW0～AIW30；CPU224、CPU224XP、CPU226 三种 CPU 模块的模拟量输入范围均为 AIW0～AIW62。

S7-200 系列 PLC 可以将 1 个字长（16 位）的数字值按比例转换为电流或电压信号，可以用区域标识符（AQ）、数据长度（W）及字节的起始地址来改变这些值。因为模拟输入量为 1 个字长，且从偶数位字节（如 0，2，4）开始，所以必须用偶数字节地址（如 AQW0，AQW2，AQW4）来改变这些值。模拟量输出值为只写数据。

CPU222 模块的模拟量输出范围为 AQW0～AQW30；CPU224、CPU224XP、CPU226 三种 CPU 模块的模拟量输出范围均为 AQW0～AQW62。

12. 局部变量存储器（L）

局部变量存储器 L 和变量存储器 V 很相似，主要区别是变量存储器是全局有效的，而局部变量存储器只在局部有效。全局有效是指同一个变量可以被任何程序存取（包括主程序、子程序和中断服务程序），而局部有效是指变量只和特定的程序相关联。

S7-200 系列 PLC 提供了 64 个字节的局部变量存储器，不同程序的局部变量存储器不能相互访问。其可以按位、字节、字或双字来存取。

CPU221、CPU222、CPU224、CPU224XP、CPU226 五种 CPU 模块局部存储器的范围均为 LB0～LB63。

S7-200 系列 PLC 存储器范围及存取格式见表 1-13 所示。

表 1-13　S7-200 系列 PLC 存储器范围及存取格式

描　述	范　围					存取格式			
	CPU221	CPU222	CPU224	CPU224XP	CPU226	位	字节	字	双字
输入映像寄存器	I0.0～I15.7					Ix.y	IBx	IWx	IDx
输出映像寄存器	Q0.0～Q15.7					Qx.y	QBx	QWx	QDx

续表

<table>
<tr><td colspan="2" rowspan="2">描　述</td><td colspan="5">范　围</td><td colspan="4">存取格式</td></tr>
<tr><td>CPU221</td><td>CPU222</td><td>CPU224</td><td>CPU224XP</td><td>CPU226</td><td>位</td><td>字节</td><td>字</td><td>双字</td></tr>
<tr><td colspan="2">变量存储器</td><td colspan="2">VB0～VB2047</td><td>VB0～VB8191</td><td colspan="2">VB0～VB10239</td><td>Vx.y</td><td>VBx</td><td>VWx</td><td>VDx</td></tr>
<tr><td colspan="2">辅助寄存器</td><td colspan="5">M0.0～M31.7</td><td>Mx.y</td><td>MBx</td><td>MWx</td><td>MDx</td></tr>
<tr><td colspan="2" rowspan="2">特殊存储器</td><td>SM0.0～SM179.7</td><td>SM0.0～SM299.7</td><td colspan="3">SM0.0～SM549.7</td><td rowspan="2">SMx.y</td><td rowspan="2">SMBx</td><td rowspan="2">SMWx</td><td rowspan="2">SMDx</td></tr>
<tr><td colspan="5">SM0.0～SM29.7 只读</td></tr>
<tr><td rowspan="6">定时器</td><td rowspan="3">有记忆接通延时</td><td colspan="2">1ms</td><td colspan="3">T0,T64</td><td rowspan="6">Tx</td><td rowspan="6">—</td><td rowspan="6">Tx</td><td rowspan="6">—</td></tr>
<tr><td colspan="2">10ms</td><td colspan="3">T1～T4,T65～T68</td></tr>
<tr><td colspan="2">100ms</td><td colspan="3">T5～T31,T69～T95</td></tr>
<tr><td rowspan="3">接通/断开延时</td><td colspan="2">1ms</td><td colspan="3">T32,T96</td></tr>
<tr><td colspan="2">10ms</td><td colspan="3">T33～T36,T97～T100</td></tr>
<tr><td colspan="2">100ms</td><td colspan="3">T37～T63,T101～T255</td></tr>
<tr><td colspan="2">计数器</td><td colspan="5">C0～C255</td><td>Cx</td><td>—</td><td>Cx</td><td>—</td></tr>
<tr><td colspan="2">高速计数器</td><td colspan="2">HSC0、HSC3～HSC5</td><td colspan="3">HSC0 ～HSC5</td><td>—</td><td>—</td><td>—</td><td>HCx</td></tr>
<tr><td colspan="2">累加器</td><td colspan="5">AC0～AC3</td><td>—</td><td>ACx</td><td>ACx</td><td>ACx</td></tr>
<tr><td colspan="2">顺序控制继电器</td><td colspan="5">S0.0～S31.7</td><td>Sx.y</td><td>SBx</td><td>SWx</td><td>SDx</td></tr>
<tr><td colspan="2">模拟量输入</td><td>—</td><td>AIW0～AIW30</td><td colspan="3">AIW0～AIW62</td><td>—</td><td>—</td><td>AIWx</td><td>—</td></tr>
<tr><td colspan="2">模拟量输出</td><td>—</td><td>AQW0～AQW30</td><td colspan="3">AQW0～AQW62</td><td>—</td><td>—</td><td>AQWx</td><td>—</td></tr>
<tr><td colspan="2">局部存储器</td><td colspan="5">LB0～LB63</td><td>Lx.y</td><td>LBx</td><td>LWx</td><td>LDx</td></tr>
</table>

子任务 5　建立 PLC 与计算机的连接

1. 连接多主站电缆 RS-232/PPI

将 PLC 的供电电源连接上，检查无误后上电，检查 PLC 的工作状态是否正常。在设备无电状态下，连接 PLC 与个人计算机。连接 S7-200 与个人计算机的电缆为“RS-232/PPI 多主站电缆”，简称 PPI 电缆。

按下面步骤操作：将 RS-232/PPI 多主站电缆的 RS-232 端（PC）连接到个人计算机的通信口上，如 COM1。连接 RS-232/PPI 多主站电缆的 RS-485 端（标识为 PPI）到 S7-200 的端口 0 或端口 1 上。硬件连接简单，个人计算机与 PLC 连接的目的就是要在个人计算机上完成 PLC 程序的编写与调试。编程调试软件为 STEP7-Micro/WIN。

2. 连接 PLC 与编程软件 STEP7-Micro/WIN

双击 STEP7-Micro/WIN 图标，新建项目，单击“系统块”弹出如图 1-51 所示对话框。通过图 1-51 所示对话框为 STEP7-Micro/WIN 设置通信参数。详细说明见“实现 PPI 通信的步骤”。

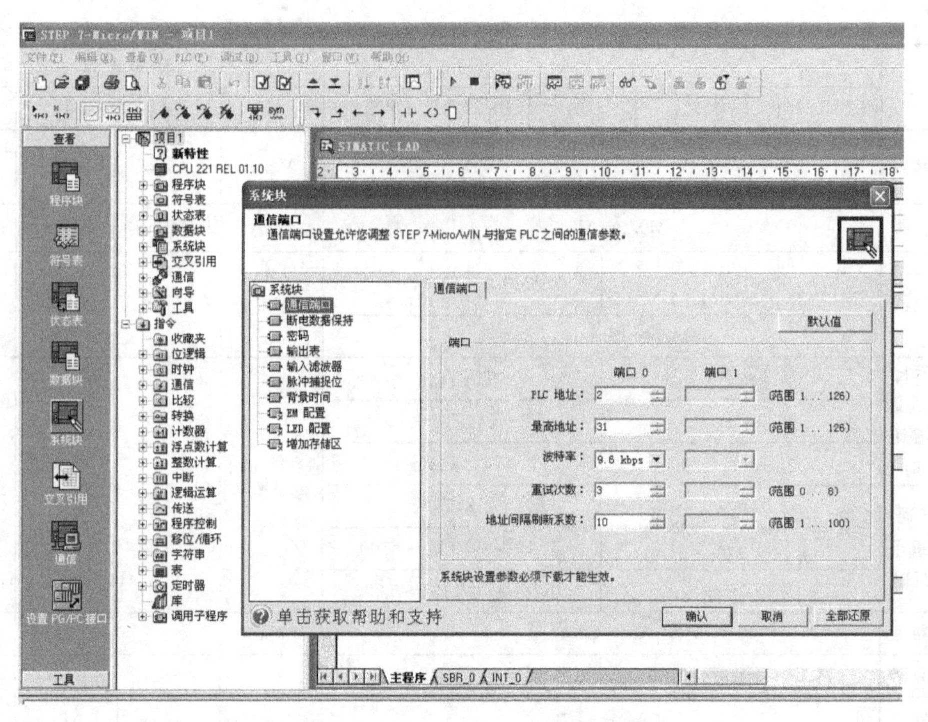

图 1-51 STEP7-Micro/WIN 窗口

子任务 6 指令系统与程序结构

1. 编程语言

由于各厂家 PLC 的编程语言和指令的功能和表达方式均不一样，有的甚至有相当大的差异，因此各厂家的 PLC 互不兼容。IEC 于 1994 年 5 月公布了 PLC 标准 IEC 61131，它由 5 部分组成，其中第三部分（IEC 61131-3）是 PLC 的编程语言标准。

IEC 61131-3 详细地说明了下述 5 种编程语言，如图 1-52 所示。

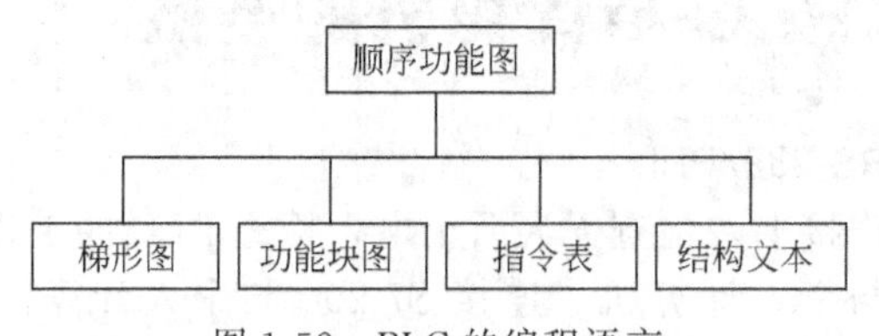

图 1-52 PLC 的编程语言

标准中有两种图形语言——梯形图和功能块图，还有两种文字语言——指令表和结构文本，而顺序功能图是一种结构块控制程序流程图。

（1）顺序功能图（Sequential Function Chart，SFC）

这是一种位于其他编程语言之上的图形语言，用来编制顺序控制程序。顺序功能图提供了一种组织程序的图形方法，步、转换和动作是顺序功能图中的 3 种主要组件。

（2）梯形图（Ladder Diagram，LD）

梯形图是使用最多的 PLC 图形编程语言。梯形图与继电器—接触器控制系统的电路图相似，具有直观易懂的优点，非常容易被熟悉继电器控制的技术人员所掌握，特别适用于数字量逻辑控制。

梯形图由触点、线圈和用方框表示的功能块组成。触点代表逻辑输入条件，如外部的开关、按钮、内部条件等。线圈通常代表逻辑输出结果，用来控制外部的指示灯、接触器、内部的输出条件等。功能块用来表示定时器、计数器或数学运算等指令。

在分析梯形图的逻辑关系时，为了借用继电器电路图的分析方法，可以想象左右两侧垂直电源线之间有一个左正右负的直流电源电压，S7-200PLC 的梯形图中省略了右侧的垂直电源线，如图 1-53 所示。

当图 1-53 中的 I0.0 或 M0.0 的触点接通时，有一个假想的“能流”流过 Q0.0 线圈。利用能流这一概念，可以帮助我们更好地理解和分析梯形图，而能流只能是从左向右流动。

触点和线圈等组成的独立电路称为网络（Network），用编程软件生成的梯形图和指令表程序中有网络编号，允许以网络为单位，给梯形图加注释。在网络中，程序的逻辑运算按从左至右的方向执行，与能流的方向一致。各网络按从上至下的顺序执行，当执行完所有的网络后，下一个扫描周期返回到最上面的网络重新执行。使用编程软件可以直接生成和编辑梯形图。

（3）功能块图（Function Block Diagram，FBD）

功能块图是一种类似于数字逻辑电路的编程语言，该编程语言用类似与门、或门的方框来表示逻辑运算关系，方框的左侧为逻辑运算的输入变量，右侧为输出变量，输入、输出端的小圆圈表示“非”运算，方框用导线连接在一起，能流从左向右流动。图 1-54 中的控制逻辑与图 1-53 中的控制逻辑完全相同。

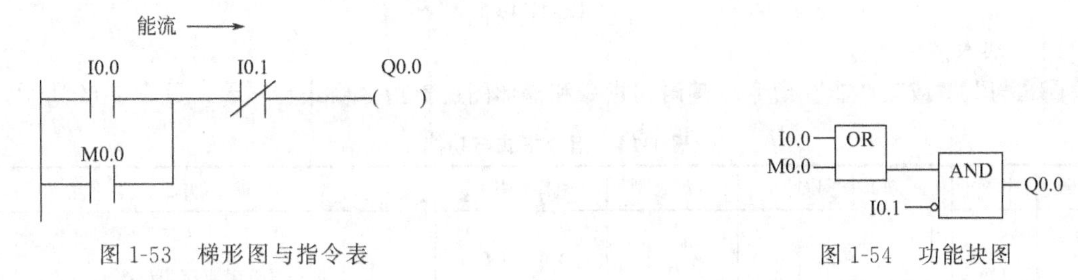

图 1-53　梯形图与指令表

图 1-54　功能块图

（4）指令表（Instruction List，IL）

S7 系列 PLC 将指令表又称为语句表。语句表是一种与计算机的汇编语言中的指令相似的助记符表达式，由指令组成语句表程序。

（5）结构文本（Structured Text，ST）

结构文本是一种专用的高级编程语言，与梯形图相比，它能实现复杂的数学运算，编写的程序非常简洁和紧凑。

（6）编程语言的相互转换和选用

在 S7-200 PLC 编程软件中，用户常选用梯形图和语句表编程，编程软件可以自动切换用户程序使用的编程语言。

2. 程序结构

S7-200 PLC 的程序结构由三部分构成：用户程序、数据块和参数块。

（1）用户程序

在一个控制系统中用户程序是必须有的，用户程序在存储器空间中也称作组织块，它处于最高层次，可以管理其他块，可以使用各种语言编写用户程序。不同机型的 CPU 其程序空间容量也不同，即对用户程序的长短有规定，但程序存储器的容量对一般场合使用来说已绰绰有余了。

用户控制程序可以包含一个主程序、若干个子程序和若干个中断程序。主程序是必须的，而且也只能有一个，子程序和中断程序的有无和多少是可选的，它们的使用要根据具体

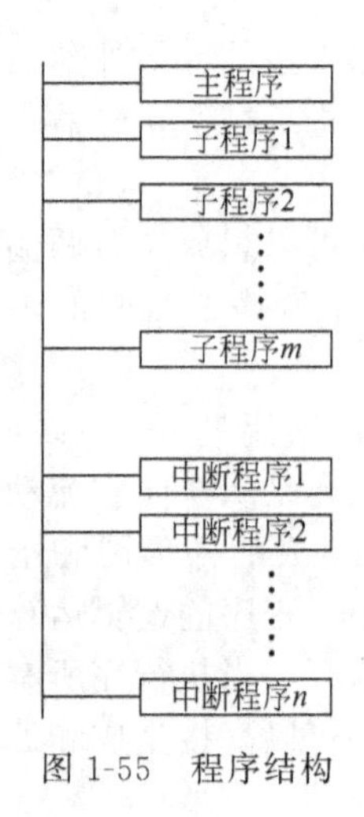

图 1-55　程序结构

情况来决定。在重复执行某项功能的时候，子程序是非常有用的；当特定的情况发生需要及时执行某项控制任务时，中断程序又是必不可少的。程序结构示意如图 1-55 所示。

（2）数据块

数据块为可选部分，它主要存放控制程序运行所需的数据。数据块不一定在每个控制系统的程序设计中都使用，但使用数据块可以完成一些有特定数据处理功能的程序设计，比如为变量存储器 V 指定初始值。

（3）参数块

参数块存放的是 CPU 组态数据，如果在编程软件或其他编程工具上未进行 CPU 的组态，则系统以默认值进行自动配置。在有特殊需要时，用户可以对系统的参数块进行设定，比如有特殊要求的输入、输出设定，掉电保持设定等，但大部分情况下使用默认值。

3. 基本指令

基本指令：
- 基本逻辑指令
- 定时器指令
- 计数器指令
- 程序控制指令

（1）基本逻辑指令

①“与”、“或”、“非”指令　其语句指令和梯形图逻辑指令格式与功能，见表 1-14 所示。

表 1-14　指令格式与功能

类别	指令	梯形图符合	数据类型	操作数	指令功能
常开	LD	X	位	I、Q、V、M、SM、S、T、C	将一常开触点接到母线上
	A	X	位	I、Q、V、M、SM、S、T、C	一个常开触点与另一个电路的串联
	O	X	位	I、Q、V、M、SM、S、T、C	一个常开触点与一个电路的并联
常闭	LDN	X /	位	I、Q、V、M、SM、S、T、C	将一个常闭触点接到母线上
	AN	X /	位	I、Q、V、M、SM、S、T、C	一个常闭触点与另一个电路的串联
	ON	X /	位	I、Q、V、M、SM、S、T、C	一个常闭触点与一个电路的并联
取反	NOT	NOT	位	无	取反此前电路的逻辑状态

② 边沿指令　其语句指令和梯形图逻辑指令格式与功能，见表 1-15 所示。

表 1-15　指令格式与功能

边沿跳变	EU	─┤P├─	位	无	上升沿输出一个周期脉冲
	ED	─┤N├─	位	无	下降沿输出一个周期脉冲

③ 线圈（输出）指令　其语句指令和梯形图逻辑指令格式与功能，见表 1-16 所示。

表 1-16　指令格式与功能

指令	助记符	梯形图	数据类型	操作数	指令功能
输出	=	Y ─(　)	位	Q、V、M、SM、S、T、C	运算结果输出到继电器
立即输出	=I	Y ─(I)	位	Q、V、M、SM、S、T、C	立即将运算结果输出到继电器
置位	S	Y ─(S) n	位 n 为字节变量、常数	Q、V、M、SM、S、T、C	将指定位开始的 n 个元件置位
复位	R	Y ─(R) n	位 n 为字节变量、常数	Q、V、M、SM、S、T、C	将指定位开始的 n 个元件复位
立即置位	SI	Y ─(SI) n	位 n 为字节变量、常数	Q、V、M、SM、S、T、C	立即将指定位开始的 n 个元件置位
立即复位	RI	Y ─(RI) n	位 n 为字节变量、常数	Q、V、M、SM、S、T、C	立即将指定位开始的 n 个元件复位
SR 触发器	SR	Y S1　OUT SR R	位	Q、V、M、SM、S、T、C	输入同时为 1 时，置位优先
RS 触发器	RS	Y S　OUT RS R1	位	Q、V、M、SM、S、T、C	输入同时为 1 时，复位优先

④ 比较指令　作用：比较指令是将两个数值或字符串按指定条件进行比较，条件成立时，触点就闭合。所以比较指令实际上也是一种位指令。其指令形式见表 1-17。

类型：字节比较、整数比较、双字整数比较、实数比较和字符串比较。

数值比较指令的运算符有：＝、＞＝、＜、＜＝、＞和＜＞6 种，字符串比较指令有＝和＜＞两种。

对比较指令可进行 LD、A 和 O 编程。

比较指令属于“位指令”

表 1-17　比较指令的 LAD 和 STL 形式

	字节比较	整数比较	双字整数比较	实数比较	字符串比较
LAD （以==为例）	IN1 —| ==B |— IN2	IN1 —| ==I |— IN2	IN1 —| ==D |— IN2	IN1 —| ==R |— IN2	IN1 —| ==S |— IN2
	LDB=IN1,IN2 AB=IN1,IN2 OB=IN1,IN2	LDW=IN1,IN2 AW=IN1,IN2 OW=IN1,IN2	LDD=IN1,IN2 AD=IN1,IN2 OD=IN1,IN2	LDR=IN1,IN2 AR=IN1,IN2 OR=IN1,IN2	LDS=IN1,IN2 AS=IN1,IN2 OS=IN1,IN2

（2）定时器指令

① 种类　S7-200 PLC 为用户提供了三种类型的定时器：接通延时定时器（TON）、有记忆接通延时定时器（TONR）和断开延时定时器（TOF）。

② 分辨率与定时时间的计算　单位时间的时间增量称为定时器的分辨率。S7-200 PLC 定时器有 3 个分辨率等级：1ms、10ms 和 100ms。

定时器定时时间 T 的计算：$T=PT\times S$。式中：T 为实际定时时间，PT 为设定值，S 为分辨率。

例如：TON 指令使用 T97（为 10ms 的定时器），设定值为 100，则实际 定时时间为

$$T=100\times 10\text{ms}=1000\text{ms}$$

定时器的设定值 PT，数据类型为 INT 型。操作数可为：VW、IW、QW、MW、SW、SMW、LW、AIW、TC、AC、*VD、*AC、*LD 或常数，其中常数最为常用。

③ 定时器的编号　定时器的编号用定时器的名称和它的常数编号（最大数为 255）来表示，即 T***。如 T40。

定时器的编号包含两方面的变量信息：定时器位和定时器当前值。

定时器位：与其他继电器的输出相似，当定时器的当前值达到设定值 PT 时，定时器的触点动作。

定时器当前值：存储定时器当前所累计的时间，用 16 位符合整数来表示，最大计数值为 32767。

定时器的编号一旦确定后，其对应的分辨率也就随之确定。定时器的分辨率和编号如表 1-18所示。

表 1-18　定时器分辨率和编号

定时器类型	分辨率/ms	最大当前值/s	定时器编号
TONR	1	32.767	T0,T64
	10	327.67	T1～T4,T65～T68
	100	3276.7	T5～T31,T69～T95
TON、TOF	1	32.767	T32,T96
	10	327.67	T33～T36,T97～T100
	100	3276.7	T37～T63,T101～T255

从表中可以看出 TON 和 TOF 使用相同范围的定时器编号。需要注意的是，在同一个 PLC 程序中决不能把同一个定时器编号同时用作 TON 或 TOF。

④ 定时器指令　三种定时器指令的 LAD 和 STL 格式如表 1-19 所示。在梯形图的指令盒中的右下角，标出了该定时器的分辨率。

表 1-19　定时器指令的 LAD 和 STL 形式

格式	名称		
	接通延时定时器	有记忆接通定时器	断开延时定时器
LAD	???? IN　TON ???? - PT　???ms	???? IN　TONR ???? - PT　???ms	???? IN　TOF ???? - PT　???ms
STL	TON　T***,PT	TONR　T***,PT	TOF　T***,PT

a. 接通延时定时器。接通延时定时器用于单一时间间隔的定时。上电周期或首次扫描时，定时器位为 OFF，当前值为 0。输入端接通时，定时器位为 OFF，当前值从 0 开始计时。当前值达到设定值时，定时器位为 ON，当前值仍连续计数到 32767。输入端断开，定时器自动复位，即定时器位为 OFF，当前值为 0。

b. 记忆接通延时定时器。记忆接通定时器具有记忆功能，它用于对许多间隔的累计定时。上电周期或首次扫描时，定时器位为掉电前的状态，当前值保持在掉电前的值。当输入端接通时，当前值从上次的保持值继续计时。当前值累计达到设定值时，定时器位为 ON，当前值可继续计数到 32767。需要注意的是，TONR 定时器只能用复位指令 R 对其进行复位操作。TONR 复位后，定时器位为 OFF，当前值为 0。掌握对 TONR 的复位及启动是使用好 TONR 指令的关键。

c. 断电延时定时器。断电延时定时器用于断电后的单一时间间隔的定时。上电周期或首次扫描时，定时器位为 OFF，当前值为 0。输入端接通时，定时器位为 ON，当前值为 0。当输入端由接通到断开时，定时器开始计时。当达到设定值时，定时器位为 OFF，当前值等于设定值，停止计时。输入端再次由 OFF 到 ON 时，TOF 复位，这时 TOF 的位为 ON，当前值为 0。如果输入端再从 ON 到 OFF，则 TOF 可实现再次启动。

（3）计数器指令

计数器用来累计输入脉冲的次数，在实际应用中用来对产品进行计数或完成复杂的逻辑控制任务。计数器的使用和定时器的使用基本相似，编程时输入它的计数设定值，计数器累计它的脉冲输入端信号上升沿的个数。当计数值达到设定值时，计数器发生动作，以便完成计数控制任务。

① 种类　S7-200 系列 PLC 的计数器有 3 种：增计数器 CTU、增减计数器 CTUD 和减计数器 CTD。

② 编号　计数器的编号用计数器名称和数字（0～255）组成，即 C***，如 C6。

计数器的编号包含两方面的信息：计数器的位和计数器当前值。

计数器位：计数器位和继电器同样是一个开关量，表示计数器是否发生动作的状态。当计数器的当前值达到设定值时，该位被置位为 ON。

计数器当前值：其值是一个存储单元，它用来存储计数器当前所累计的脉冲个数，用 16 位符号整数来表示，最大数值为 32767。

③ 计数器的输入端和操作数　设定值输入：数据类型为 INT 型。寻址范围：VW、IW、QW、MW、SW、SMW、LW、AI、W、T、C、AC、*VD、*AC、*LD 和常数。一般情况下使用常数作为计数器的设定值。

④ 计数器指令　计数器指令的 LAD 和 STL 格式如表 1-20 所列。

表 1-20　计数器的指令格式

格式＼名称	增计数器	增减计数器	减计数器
LAD	???? CU CTU R ???? PV	???? CU CTUD CD R ???? PV	???? CD CTD LD ???? PV
STL	CTU　C***,PV	CTUD　C***,PV	CTD　C***,PV

a. 增计数器 CTU（Count Up）。首次扫描时，计数器位为 OFF，当前值为 0。在计数脉冲输入端 CU 的每个上升沿，计数器计数 1 次，当前值增加 1 个单位。当前值达到设定值时，计数器位为 ON，当前值可继续计数到 32 767 后停止计数。复位输入端有效或对计数器执行复位指令后，计数器自动复位，即计数器位为 OFF，当前值为 0。图 1-56 所示为增计数器的用法。

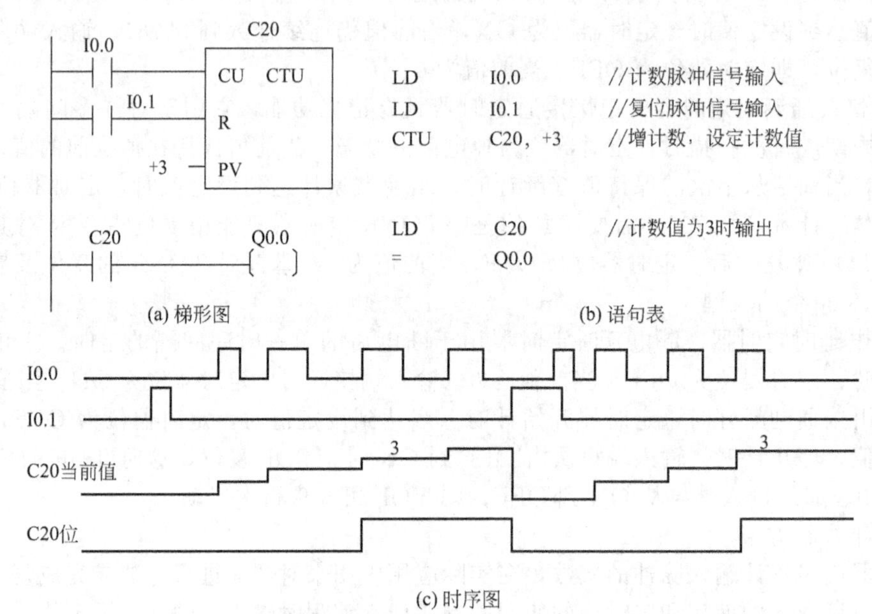

(c) 时序图

图 1-56　增计数器用法举例

注意：在语句表中，CU、R 的编程顺序不能错误。

b. 增减计数器 CTUD（Count Up/Down）。增减计数器有两个计数脉冲输入端：CU 输入端用于递增计数，CD 输入端用于递减计数。首次扫描时，计数器位为 OFF，当前值为 0。CU 输入的每个上升沿，计数器当前值增加 1 个单位；CD 输入的每个上升沿，都使计数器当前值减小 1 个单位，当前值达到设定值时，计数器位置位为 ON。增减计数器当前值计数到 32 767（最大值）后，下一个 CU 输入的上升沿将使当前值跳变为最小值（－32 768）；当前值达到最小值－32 768 后，下一个 CD 输入的上升沿将使当前值跳变为最大值 32767。复位输入端有效或使用复位指令对计数器执行复位操作后，计数器自动复位，即计数器位为 OFF，当前值为 0。图 1-57 所示为增减计数器的用法。

注意：在语句表中，CU、CD、R 的顺序不能错误。

c. 减计数器 CTD（Count Down）。首次扫描时，计数器位为 ON，当前值为预设定值 PV。对 CD 输入端的每个上升沿计数器计数 1 次，当前值减少 1 个单位，当前值减小到 0 时，计数器位置位为 ON。复位输入端有效或对计数器执行复位指令后，计数器自动复位，

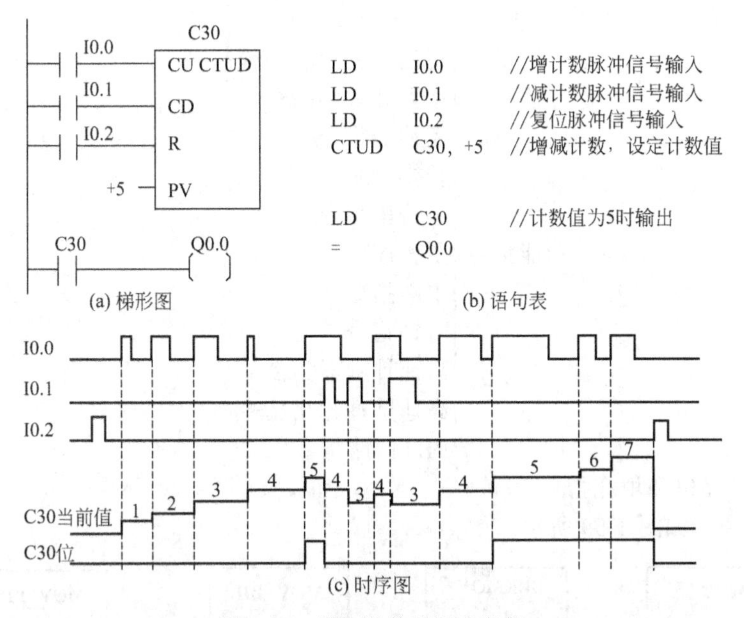

图 1-57 增加计数器用法举例

即计数器位 OFF，当前值复位为设定值。图 1-58 所示为减计数器的用法。

注意：减计数器的复位端是 LD，而不是 R。在语句表中，CD、LD 的顺序不能错误。

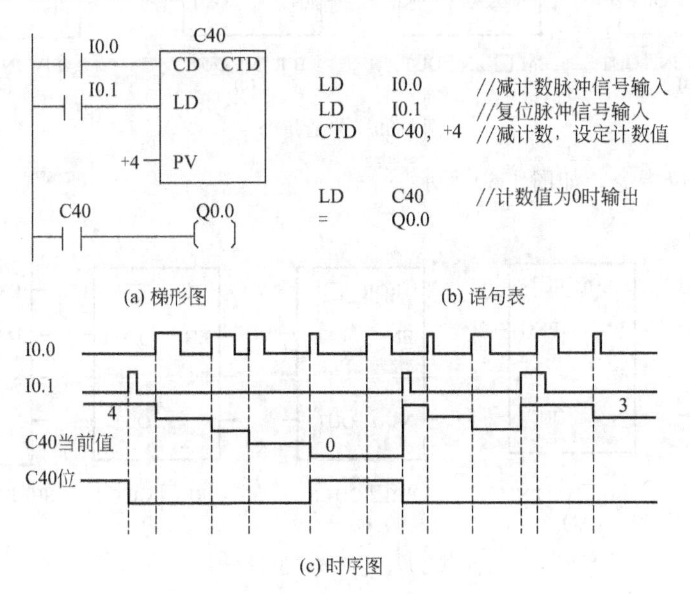

图 1-58 减计数器用法举例

（4）程序控制指令

程序控制指令：
- 结束指令 END 和 MEND
- 停止指令 STOP
- 看门狗复位指令 WDR
- 跳转指令 JMP 和标号指令 LBL
- 循环指令
- 诊断 LED 指令

4. **功能指令**

功能指令：
- 传送、移位和填充指令
- 运算和数学指令
- 表功能指令
- 转换指令
- 字符串指令
- 子程序
- 中断指令
- 时钟指令
- 高速计数器指令
- 高速脉冲输出指令
- PID 回路指令

（1）传送、移位和填充指令

① 传送指令，如图 1-59 所示。

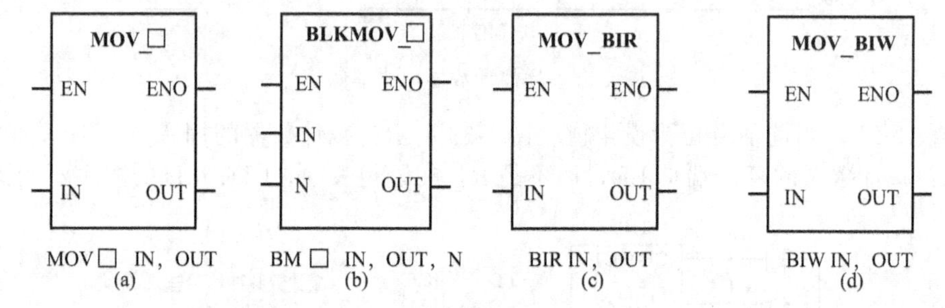

图 1-59 传送指令

② 循环与移位指令，如图 1-60 所示。

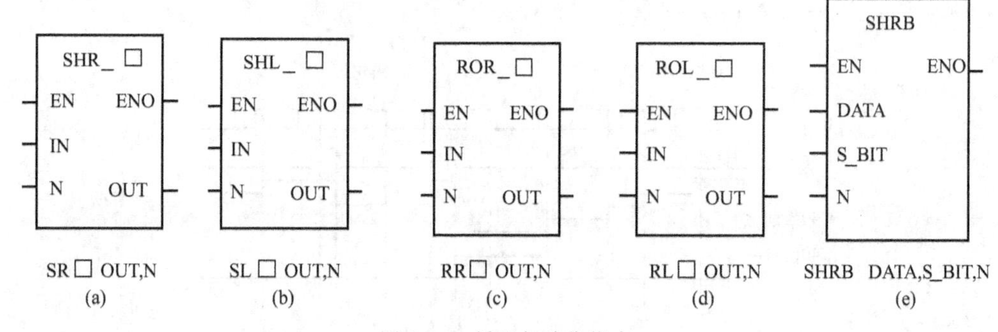

图 1-60 循环与移位指令

③ 字节交换与填充指令，如图 1-61 所示。

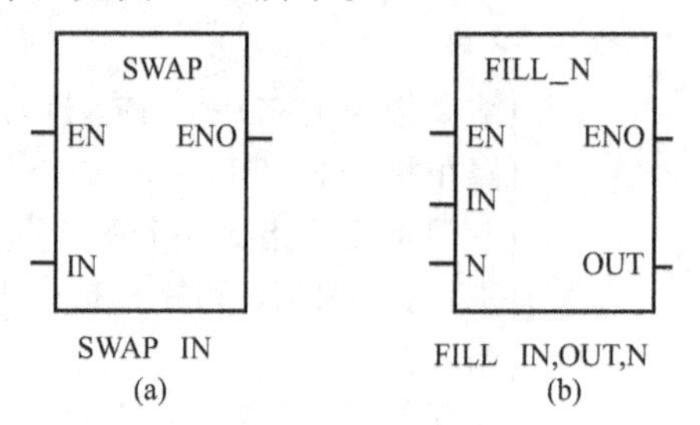

图 1-61 字节交换与填充指令

（2）运算和数学指令

① 运算指令，如图 1-62 所示。

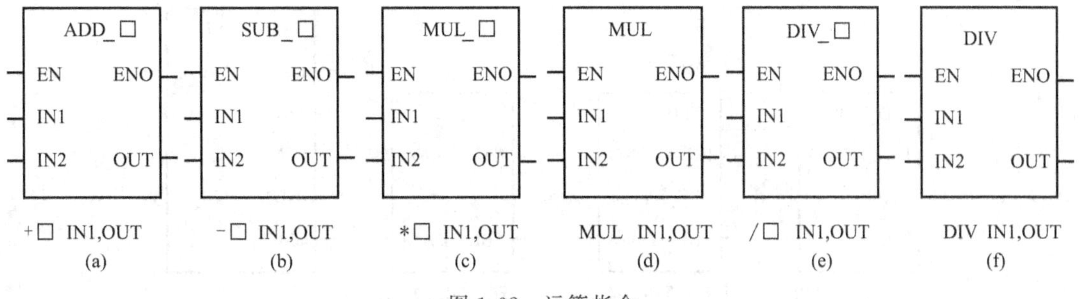

图 1-62 运算指令

使用注意事项

- LAD 和 STL 中的不同。
- 尽量使用不同的存储单元来存放不同的数据。

② 数学函数指令，如图 1-63 所示。

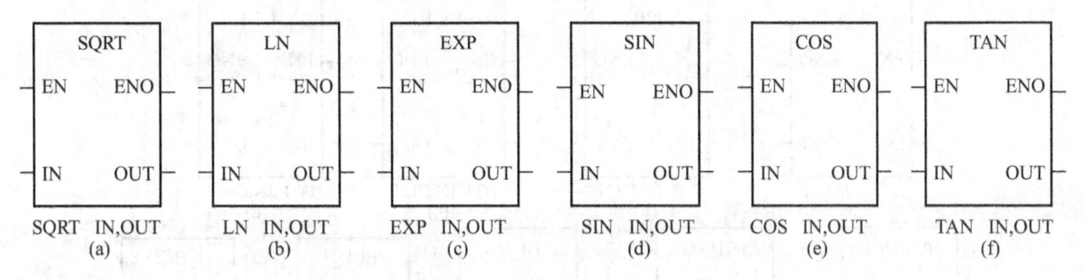

图 1-63 数学函数指令

③ 增减指令，如图 1-64 所示。

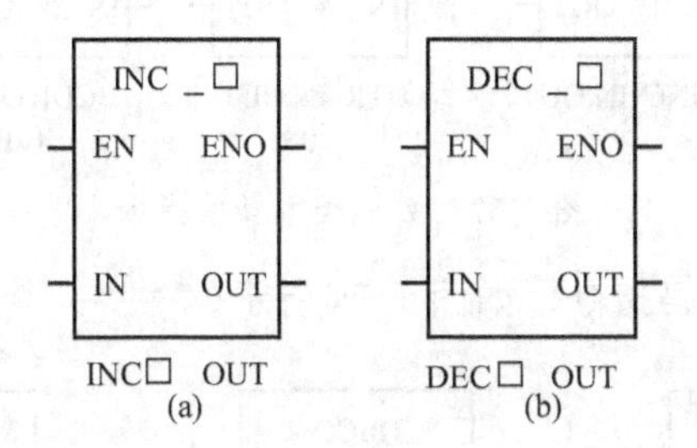

图 1-64 增/减指令

④ 逻辑运算指令，如图 1-65 所示。

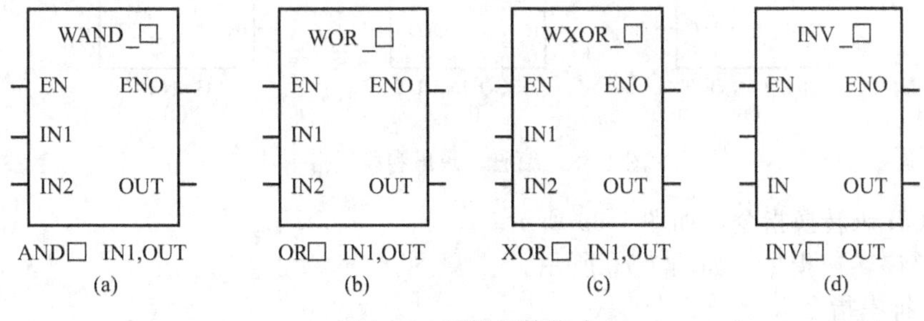

图 1-65 逻辑运算指令

（3）表功能指令

表功能指令如图 1-66 所示。

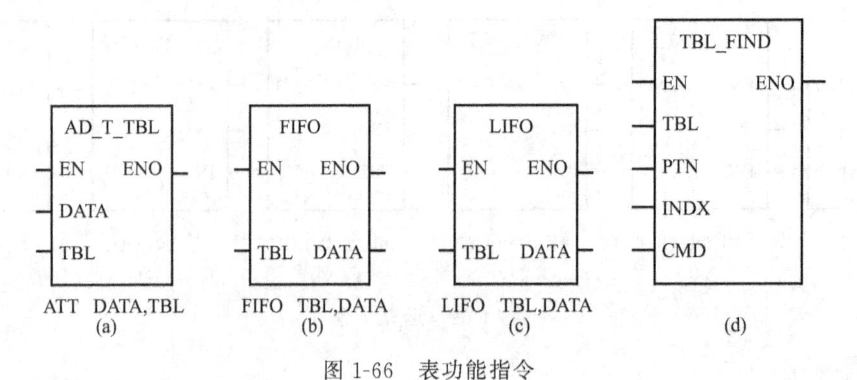

图 1-66 表功能指令

（4）转换指令

① 数据类型转换指令，如图 1-67 所示。

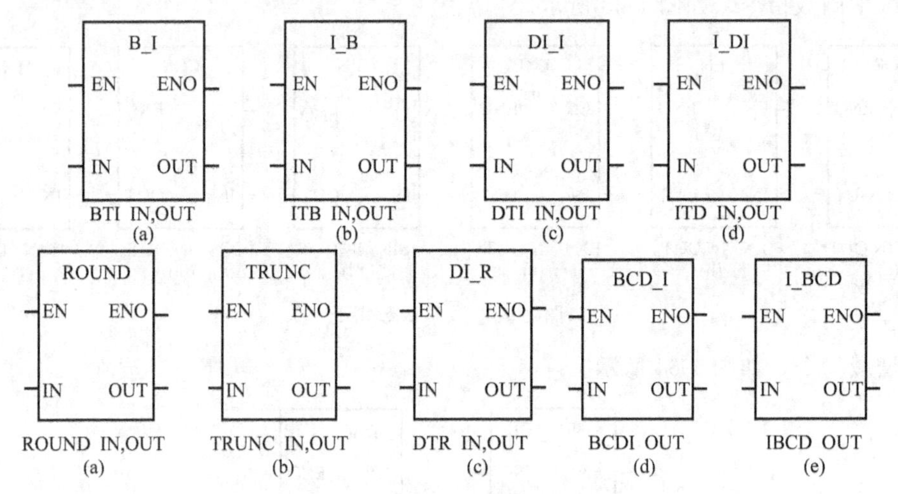

图 1-67 数据类型转换指令

② 编码、译码指令和段码指令，如图 1-68 所示。

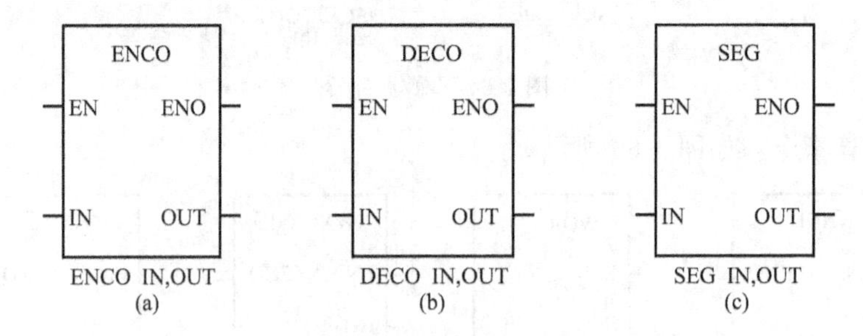

图 1-68 编码、译码和段码指令

③ ASCII 码转换指令，如图 1-69 所示。

④ 字符串转换指令，如图 1-70 所示。

（5）字符串指令

指令如图 1-71 所示。

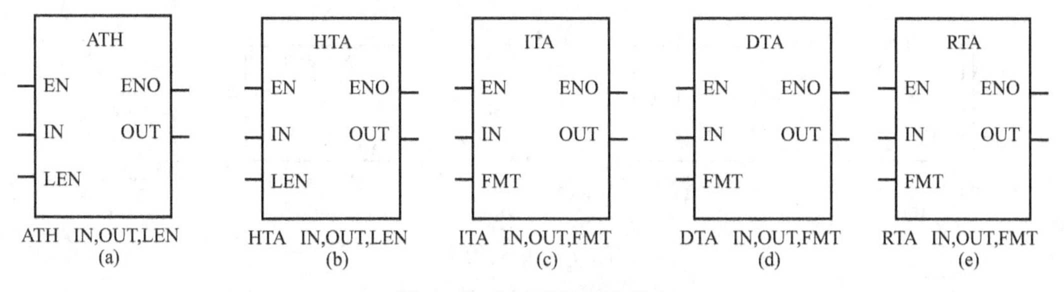

图 1-69 ASCII 码转换指令

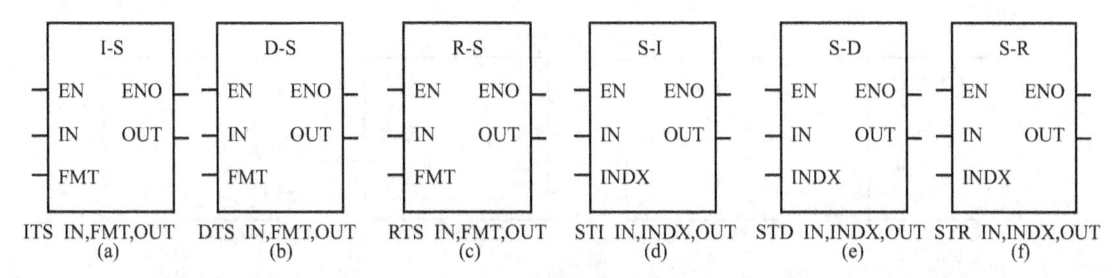

图 1-70 字符串转换指令

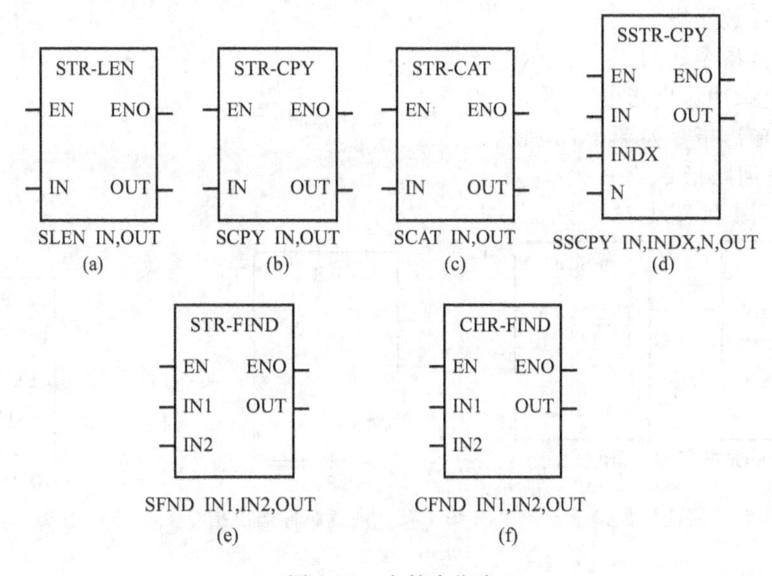

图 1-71 字符串指令

（6）子程序

子程序指令见表 1-21 所示。

表 1-21 子程序指令

	子程序调用指令	子程序条件返回指令
LAD	SBR_0 EN	----(RET)
STL	CALL SBR _ 0	CRET

（7）中断指令

中断指令如图 1-72 所示。

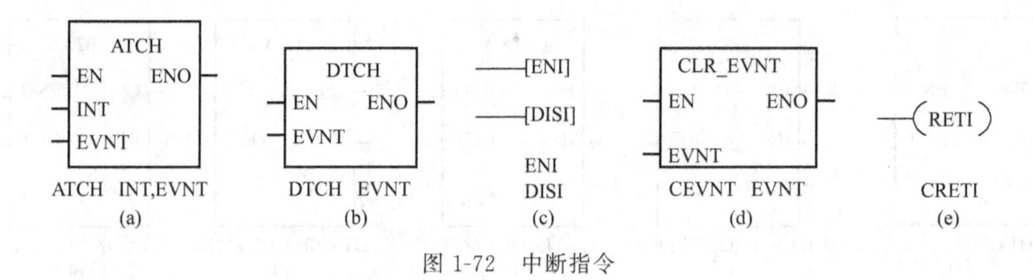

图 1-72　中断指令

(8) 时钟指令

指令如图 1-73 所示。

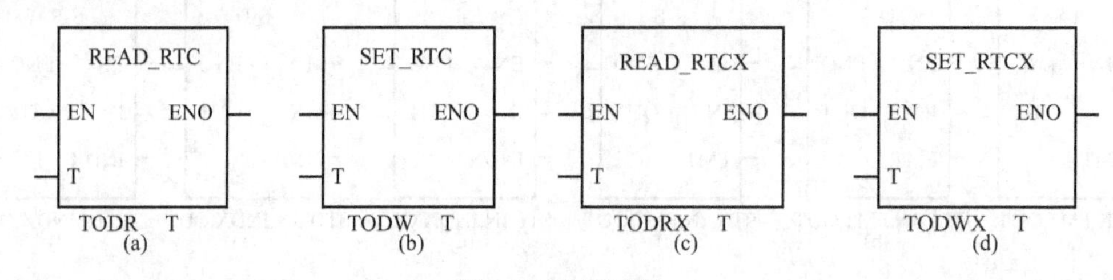

图 1-73　时钟指令

(9) 高速计数器指令

高速计数器指令如图 1-74 所示。

(10) 高速脉冲输出指令

高速脉冲输出指令如图 1-75 所示。

(11) PID 回路指令

PID 回路指令如图 1-76 所示。

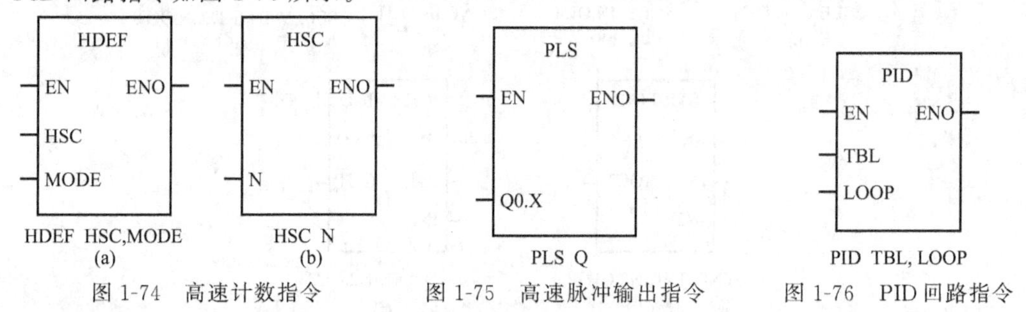

图 1-74　高速计数指令　　图 1-75　高速脉冲输出指令　　图 1-76　PID 回路指令

5. 顺序功能指令

指令形式如表 1-22 所示。

表 1-22　顺序功能指令

STL	LAD	功能	操作对象
LSCR bit (Load Sequential Control Relay)	bit SCR	顺序状态开始	S(位)
SCRT bit (Sequential Control Relay Transition)	—(SCRT)	顺序状态转移	S(位)
SCRE (Sequential Control Relay End)	—(SCRE)	顺序状态结束	无
CSCRE (Conditional Sequence Control Relay End)		条件顺序状态结束	无

任务 6 PLC 网络控制方案

子任务 1 S7-200 之间的 PPI 通信

1. 概述

PPI 协议是专门为 S7-200 开发的通信协议。S7-200 CPU 的通信口支持 PPI 通信协议，S7-200 的一些通信模块也支持 PPI 协议。Micro/WIN 与 CPU 进行编程通信也通过 PPI 协议来实现。

S7-200 CPU 的 PPI 网络通信是建立在 RS-485 网络的硬件基础上的，因此其连接属性和需要的网络硬件设备与其他的 RS-485 网络一致。

S7-200 CPU 之间的 PPI 网络通信只需要两条简单的指令，它们是网络读（NETR）和网络写（NETW）指令。在网络读/写通信中，只有主站需要调用 NETR/ NETW 指令，从站只需要编程处理数据缓冲区（取用或准备数据）即可。

PPI 网络上的所有站点都应当具有各自不同的网络地址，否则通信不会正常进行。

可以用两种方法编程实现 PPI 网络读/写通信。

① 使用 NETR/ NETW 指令编程。

② 使用 Micro/WIN 中的 Instruction Wizard（指令向导）中的 NETR/ NETW 向导。

在本节中用 Instruction Wizard（指令向导）来实现 PPI 通信操作。

2. 系统连接

（1）网络的硬件组成

在 S7-200 系统中，无论是组成 PPI、MPI 还是 Profibus-DP 网络，用到的主要设备部件都是一样的。

Profibus 电缆：电缆型号有多种，其中最基本的是 Profibus FC（Fast Connect 快速连接）Standard 电缆。

Profibus 网络连接器：网络连接器也有多种形式，如出线角度不同等。

（2）连接网络连接器

① 电缆和剥线器。使用 FC 技术不用剥出裸露的铜线。

② 打开 Profibus 网络连接器。首先打开电缆张力释放压块，然后掀开芯线锁。

③ 去除 Profibus 电缆芯线外的保护层，将芯线按照相应的颜色标记插入芯线锁，再将锁块用力压下，使之与内部导体接触。注意应使电缆剥出的屏蔽层与屏蔽连接压片接触。

由于通信频率比较高，因此通信电缆采用双端接地。电缆两头都要连接屏蔽层。

④ 复位电缆压块，拧紧螺丝，消除外部拉力对内部连接的影响。

（3）网络连接器

网络连接器主要分为两种类型：带编程口的和不带编程口的。不带编程口的插头用于一般联网，带编程口的插头可以在联网的同时仍然提供一个编程连接端口，用于编程或者连接 HMI 等。

（4）线型网络结构

通过 Profibus 电缆连接网络插头，构成总线型网络结构。

网络连接器 A、B、C 分别插到三个通信站点的通信口上；电缆 a 把插头 A 和 B 连接起来，电缆 b 连接插头 B 和 C。线型结构可以照此扩展。

注意圆圈内的“终端电阻”开关设置。网络终端的插头，其终端电阻开关必须放在

"ON"的位置；中间站点的插头其终端电阻开关应放在"OFF"位置。

(5) 终端电阻和偏置电阻

一个正规的总线网络应使用终端电阻和偏置电阻。在网络连接线非常短、临时或实验室测试时也可以不使用终端电阻和偏置电阻。

终端电阻：在线型网络两端（相距最远的两个通信端口），并联在一对通信线上的电阻。根据传输线理论，终端电阻可以吸收网络上的反射波，有效地增强信号强度。两个终端电阻并联后的值应当基本等于传输线在通信频率上德尔特性阻抗。

偏置电阻：偏置电阻用于在电气情况复杂时确保A、B信号的相对关系，保证"0"、"1"信号可靠性。

西门子的Profibus网络连接器已经内置了终端电阻和偏置电阻，通过一个开关方便地接通或断开。终端电阻和偏置电阻的值完全符合西门子通信端口和Profibus电缆的要求。合上网络中的网络插头的终端电阻开关，可以非常方便地切断插头后面的部分网络的信号传输。西门子网络插头中的终端电阻、偏置电阻的大小与西门子Profibus电缆的特性阻抗相匹配。建议配套使用西门子的Profibus电缆和网络插头，如此，可以避免许多麻烦。

(6) PPI网络联结示意图

图1-77为PPI网络联结示意图。

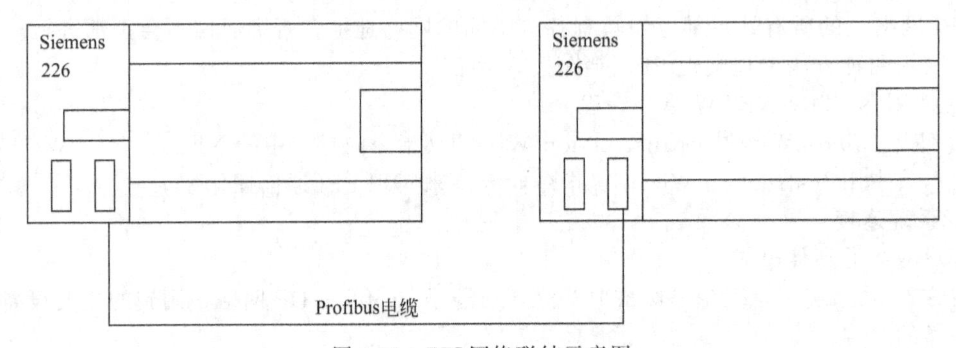

图1-77 PPI网络联结示意图

子任务2 使用Instruction Wizard（指令向导）

在Micro/WIN中的命令菜单中单击Tools→Instruction Wizard命令，然后再指令向导窗口中选择NETR/NETW指令，如图1-78所示。

在使用向导时必须对项目进行编译，在随后弹出的对话框中选择"Yes"，确认编译。如果已有的程序中存在错误，或者有尚未编完的指令，编译不能通过。

如果项目中已经存在一个NETR/NETW的配置，则必须选择是编译已经存在的NETR/NETW的配置还是另创建一个新的配置。

(1) 定义用户所需网络操作的数目

如图1-79所示。

向导允许用户最多配置24个网络操作，程序自动调配这些通信操作。

(2) 定义通信口和子程序名

如图1-80所示。

① 选择应用哪个通信口进行PPI通信：Port0或Port1。

注意：一旦选择了通信口，则向导中所有网络操作都将通过该口通信，即通过向导定义的网络操作，只能一直使用一个口与其他CPU进行通信。

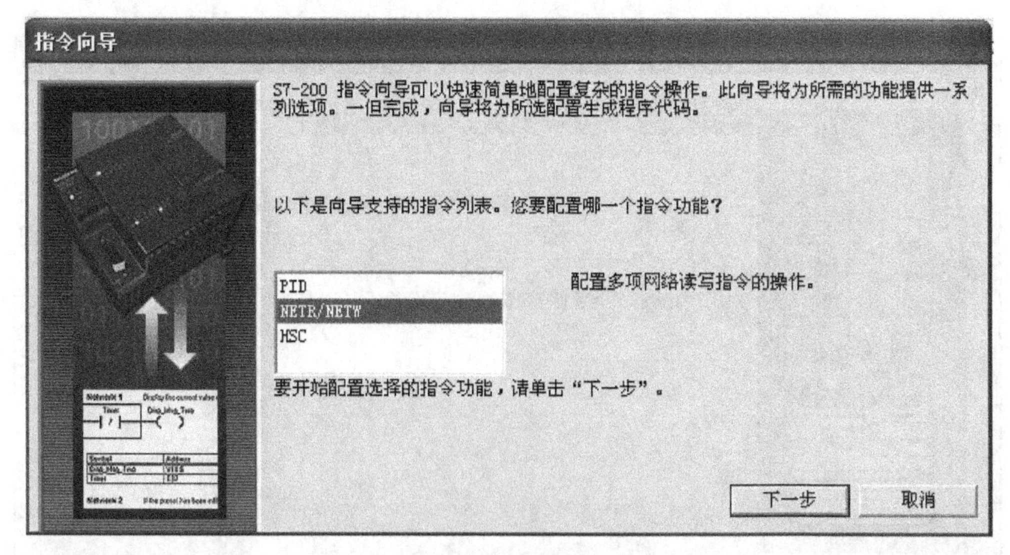

图 1-78　选择 NETR/NETW 指令向导

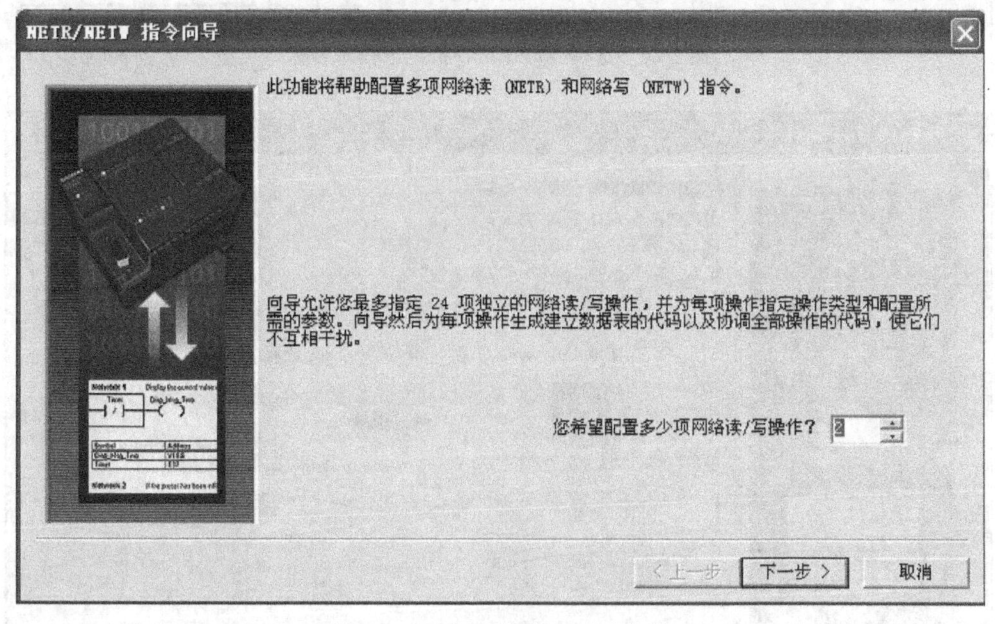

图 1-79　选择网络读/写指令条数

② 向导为子程序定义了一个默认名。也可以修改这个默认名。

(3) 定义网络操作

如图 1-81 所示，每个网络操作，都要定义以下信息。

a. 定义该网络操作是一个 NETR 还是一个 NETW。

b. 定义应该从远程 PLC 读取多少个数据字节（NETR）或者应该写到远程 PLC 多少个数据字节（NETW）。每条网络读/写命令最多可以发送或接收 14 个字节的数据。

c. 定义想要通信的远程 PLC 地址。

d. 如果定义的是 NETR（网络读）操作，则需定义读取的数据在本地 PLC 的地址区，有效的操作数为 VB、IB、QB、MB、LB。

如果定义的是 NETW（网络写）操作，则需定义写入远程 PLC 的本地 PLC 数据地址

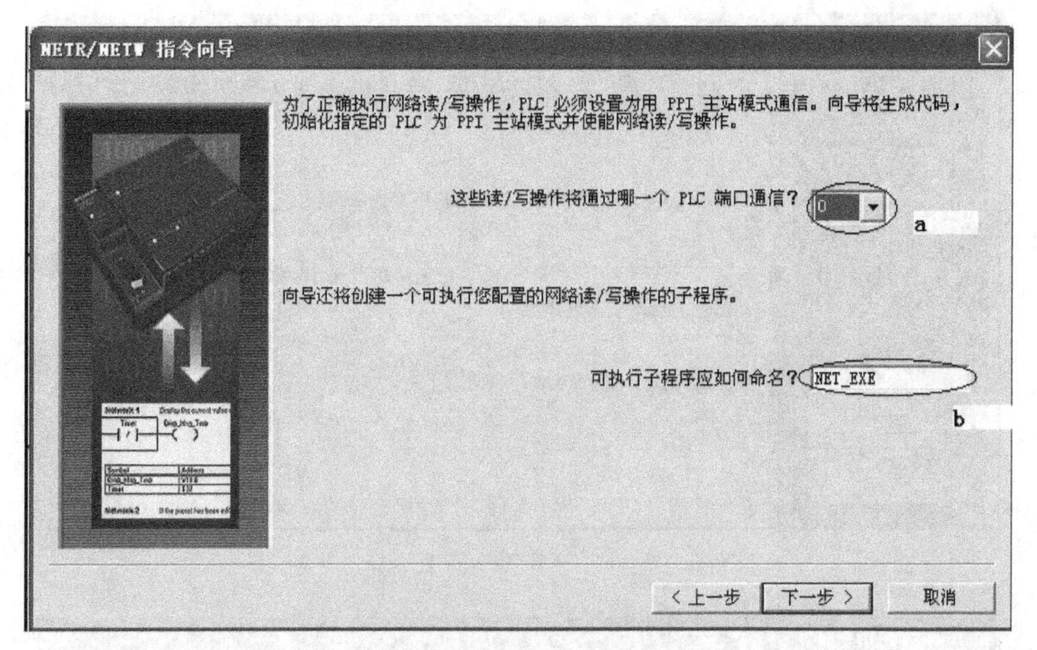

图 1-80　选择通信端口，指定子程序名称

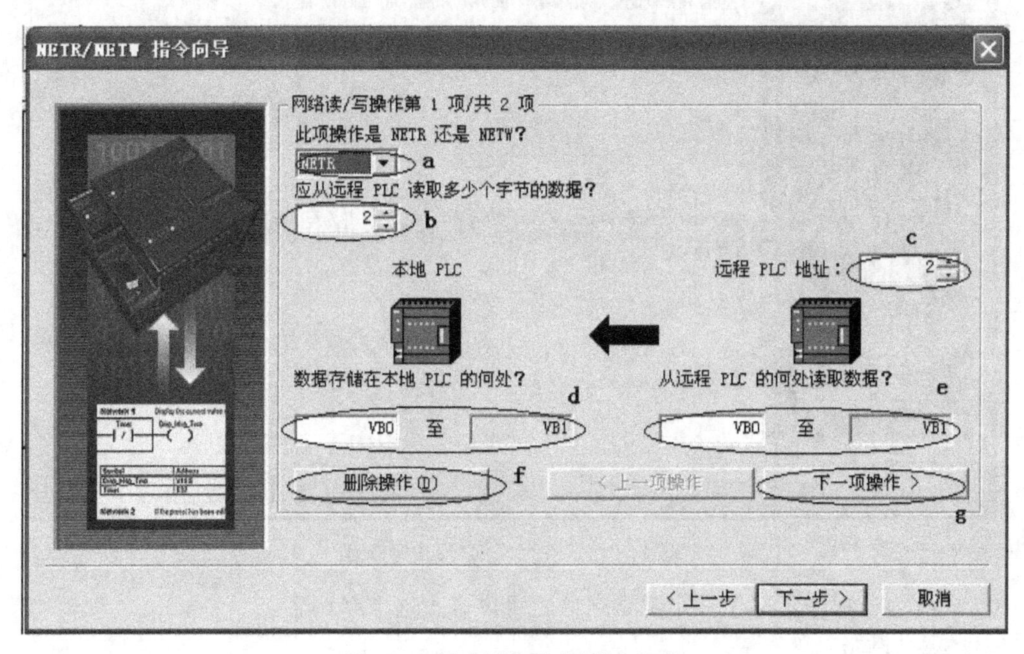

图 1-81　设定网络读/写操作细节

区，有效的操作数为 VB、IB、QB、MB、LB。

e. 如果定义的是 NETR（网络读）操作，则需定义从远程 PLC 的哪个地址区读取数据，有效的操作数为 VB、IB、QB、MB、LB。

如果定义的是 NETW（网络写）操作，则需定义在远程 PLC 中写入哪个地址区，有效的操作数为 VB、IB、QB、MB、LB。

f. 操作此按钮可以删除当前定义的操作。

g. 操作此按钮可以进入下一步网络操作的定义。

(4) 分配 V 存储区地址

配置的每一个网络操作需要 12 字节的 V 区地址空间，上例中配置了两个网络操作，因此占用了 24 个字节的 V 区地址空间。向导自动为用户提供了建议地址，用户也可以自己定义 V 区地址空间的起始地址，如图 1-82 所示。

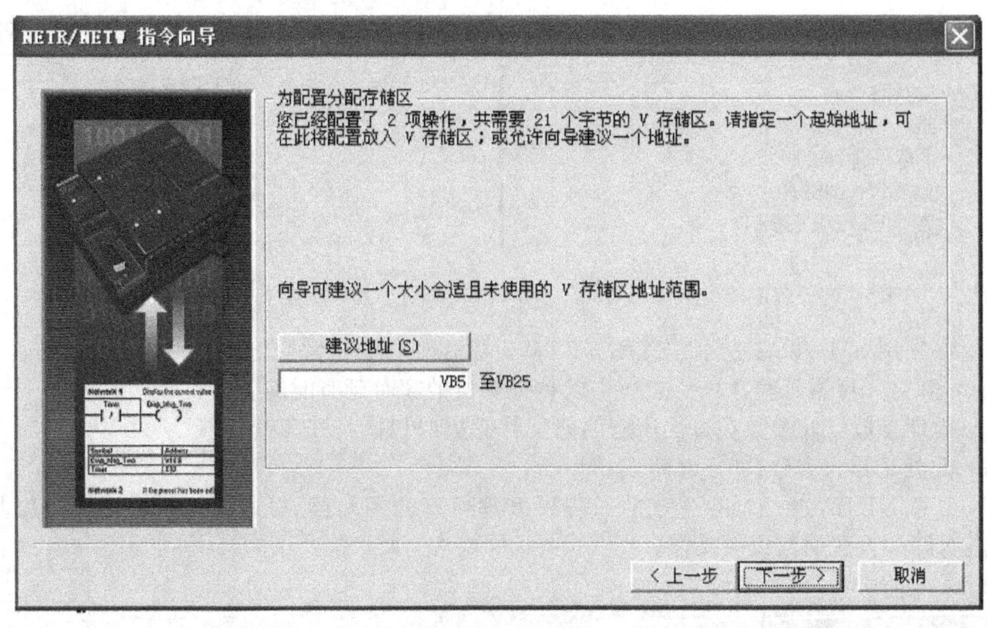

图 1-82　分配数据区地址

注意：要保证用户程序中已经占用的地址、网络操作中读/写区所占用的地址以及此处向导所占用的 V 区地址空间不能重复使用，否则将导致程序不能正常工作。

(5) 生成子程序及符号表

图 1-83 显示了 NETR/NETW 向导生成的子程序、符号表，一旦单击“完成”按钮，上述显示的内容将在项目中生成。

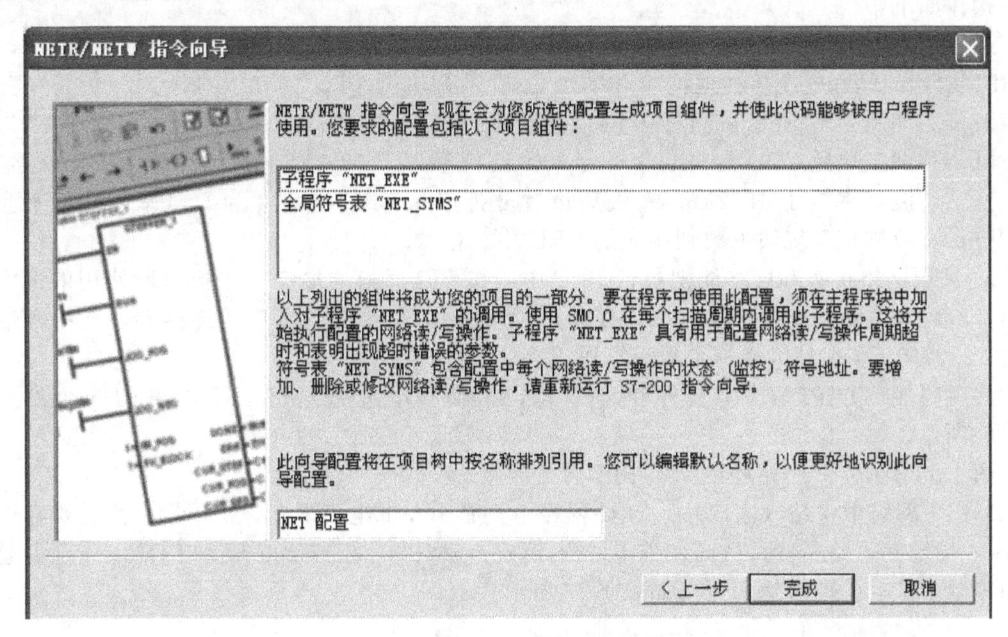

图 1-83　生成子程序和符号表

(6) 配置完 NETR/NETW 向导

需要在程序中调用向导生成的 NETR/NETW 参数化子程序，网络读/写子程序如图 1-84所示，调用子程序后的结果如图 1-85 所示。

图 1-84　网络读写子程序

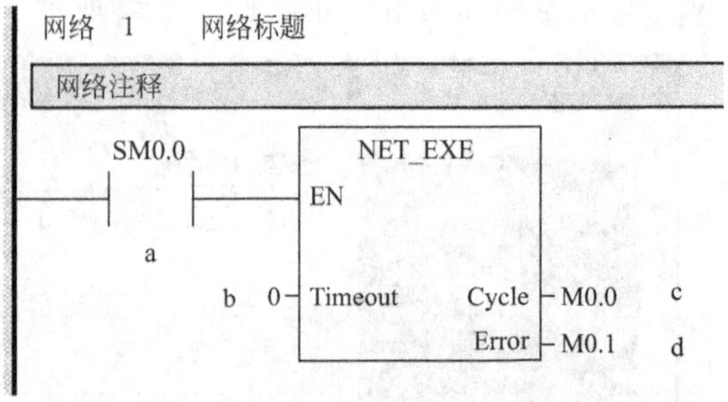

网络 1　网络标题

网络注释

SM0.0　NET_EXE

EN

a

b　0 - Timeout　Cycle - M0.0　c

Error - M0.1　d

图 1-85　调用子程序后生成的程序

a. 必须用 SM0.0 来使用 NETR/NETW，以保证它的正常运行。

b. 超时：0＝不延时；1～36767＝以秒为单位的超时延时时间。

c. 周期参数：此参数在每次所有网络操作完成时切换其开关量状态。

d. 此处是错误参数：0＝无错误；1＝错误。

NETR/NETW 指令向导生成的子程序管理所有的网络读/写通信。用户不必再编其他程序进行诸如设置通信口的操作。

子任务 3　举例

下面以自动生产线实训设备各工作站 PLC 实现 PPI 通信的操作步骤为例，说明使用 PPI 协议实现通信的步骤。

1. 对网络上每一台 PLC，设置其系统块中的通信端口参数，作为 PPI 通信的端口 (PORT0 或 PORT1)，指定其地址（站号）和波特率。设置后把系统块下载到该 PLC 中。具体操作如下：

运行个人电脑上的 STEP7 V4.0（SP5）程序，打开设置端口界面，如图 1-86 所示。利用 PPI/RS485 编程电缆单独地把输送单元 CPU 系统块里端口设置 0 为 1 号站，波特率为了 19.2kbps，如图 1-87 所示。同样方法设置供料单元 CPU 端口 0 为 2 号站，波特率为了 19.2kbps；加工单元 CPU 端口 0 为 3 号站，波特率为了 19.2kbps；装配单元 CPU 端口 0 为 4 号站，波特率为了 19.2kbps；最后设置分拣单元 CPU 端口 0 为 5 号站，波特率为了 19.2kbps。分别把系统块下载到相应的 CPU 中。

2. 利用网络接头和网络线把各台 PLC 中用作 PPI 通信的端口 0 连接，所使用的网络接头中，2#～5#站用的是标准网络连接器，1#站用的是带编程接口的连接器，该编程口通过 RS-232/PPI 多主站电缆与个人计算机连接。

然后利用 STEP7 V4.0 软件和 PPI/RS485 编程电缆搜索出 PPI 网络的 5 个站。如图 1-88所示。

图 1-88 表明，5 个站已经完成 PPI 网络连接。

3. PPI 网络中主站（输送站）PLC 程序中，必须在上电第 1 个扫描周期，用特殊存储器 SMB30 指定其主站属性，从而使能其主站模式。SMB30 是 S7-200 PLC PORT-0 自由通信口的控制字节，各位表达的意义如表 1-23 所示。

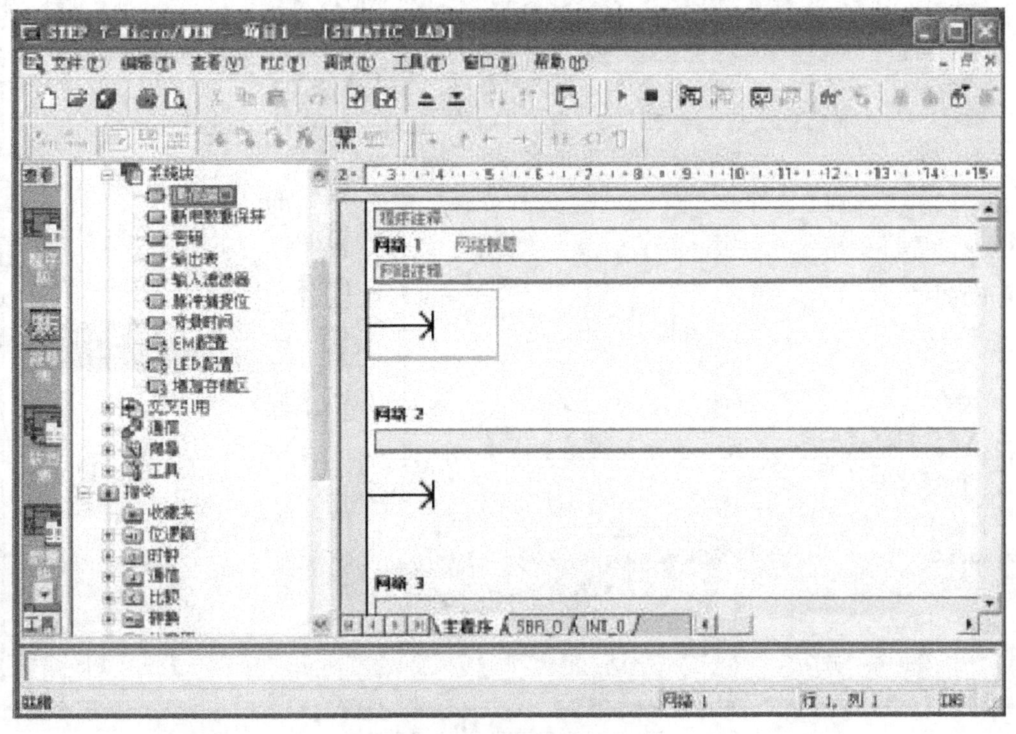

图 1-86　打开设置端口画面

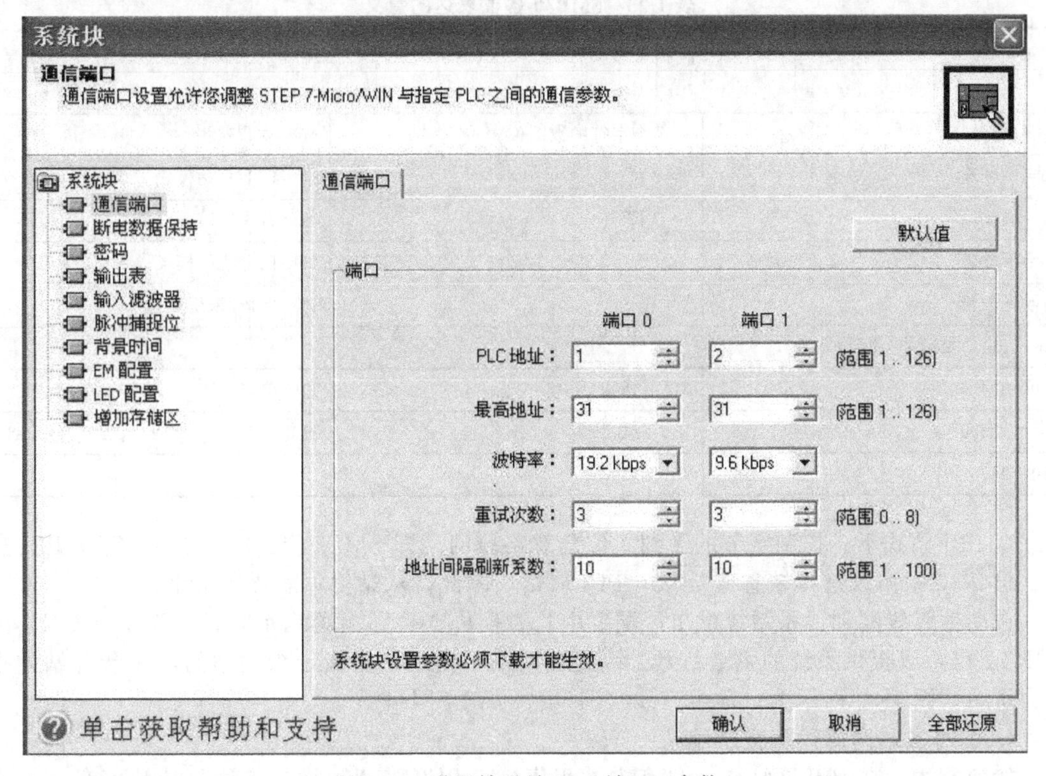

图 1-87　设置输送站 PLC 端口 0 参数

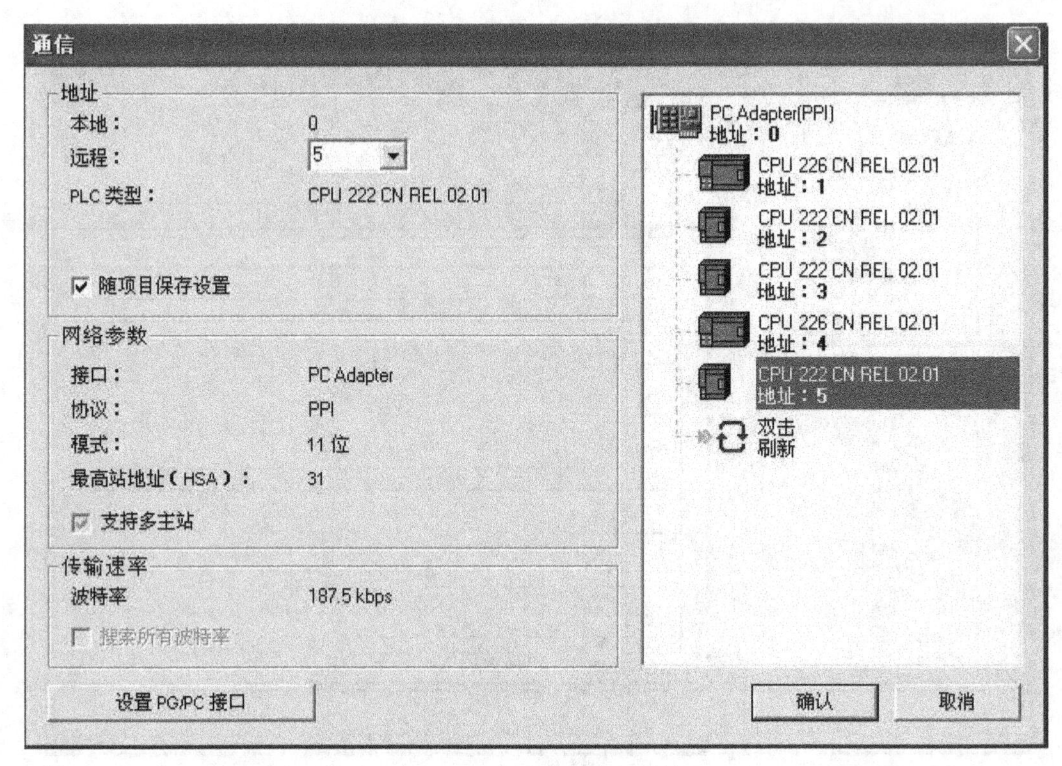

图 1-88　PPI 网络上的 5 个站

表 1-23　SMB30 各位表达的意义

bit7	bit6	bit5	bit4	bit3	bit2	bit1	bit0
p	p	d	b	b	b	m	m

pp：校验选择	d：每个字符的数据位	mm：协议选择
00=不校验	0=8 位	00=PPI/从站模式
01=偶校验	1=7 位	01=自由口模式
10=不校验		10=PPI/主站模式
11=奇校验		11=保留（未用）
bbb：自由口波特率（单位：波特）		
000=38400	011=4800	110=115.2k
001=19200	100=2400	111=57.6k
010=9600	101=1200	

在 PPI 模式下，控制字节的 2 到 7 位是忽略掉的。即 SMB30=0000 0010，定义 PPI 主站。SMB30 中协议选择缺省值是 00=PPI 从站，因此，从站侧不需要初始化。

自动生产线实训设备系统的出厂配置中，触摸屏连接到输送单元 PLC（S7-226 CN）的 PORT1 口，以提供系统的主令信号。因此在网络中输送站是指定为主站的，其余各站均指定为从站。图 1-89 所示为自动生产线实训设备的 PPI 网络。

4. 编写主站网络读写程序段

如前所述，在 PPI 网络中，只有主站程序中使用网络读写指令来读写从站信息。而从站程序没有必要使用网络读写指令。在编写主站的网络读写程序前，应预先规划好下面

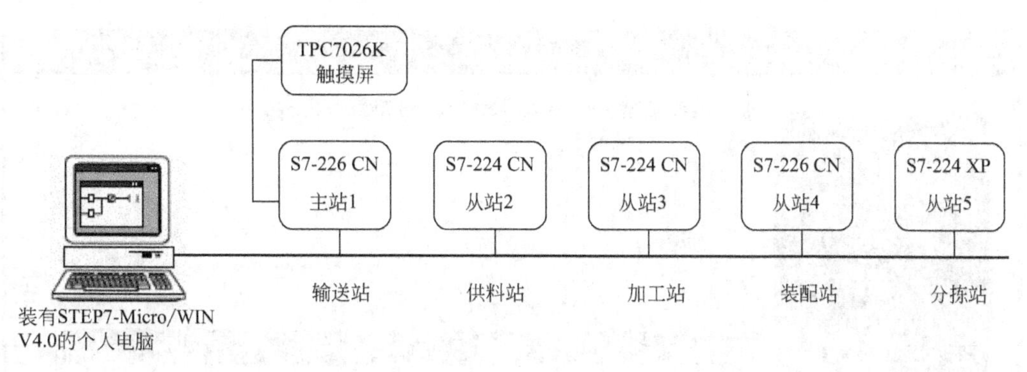

图 1-89 自动生产线实训设备的 PPI 网络

数据。

① 主站向各从站发送数据的长度（字节数）。

② 发送的数据位于主站何处。

③ 数据发送到从站的何处。

④ 主站从各从站接收数据的长度（字节数）。

⑤ 主站从从站的何处读取数据。

⑥ 接收到的数据放在主站何处。

以上数据，应根据系统工作要求，信息交换量等统一筹划。考虑自动生产线实训设备中，各工作站 PLC 所需交换的信息量不大，主站向各从站发送的数据只是主令信号，从从站读取的也只是各从站状态信息，发送和接收的数据均 1 个字（2 个字节）已经足够。作为所规划的数据如表 1-24 所示。

表 1-24 网络读写数据规划实例

输送站	供料站	加工站	装配站	分拣站
1＃站(主站)	2＃站(从站)	3＃站(从站)	4＃站(从站)	5＃站(从站)
发送数据的长度	2 字节	2 字节	2 字节	2 字节
从主站何处发送	VB1000	VB1000	VB1000	VB1000
发往从站何处	VB1000	VB1000	VB1000	VB1000
接收数据的长度	2 字节	2 字节	2 字节	2 字节
数据来自从站何处	VB1010	VB1010	VB1010	VB1010
数据存到主站何处	VB1200	VB1204	VB1208	VB1212

网络读写指令可以向远程站发送或接收 16 个字节的信息，在 CPU 内同一时间最多可以有 8 条指令被激活。自动生产线实训设备有 4 个从站，因此考虑同时激活 4 条网络读指令和 4 条网络写指令。

根据上述数据，即可编制主站的网络读写程序。但更简便的方法是借助网络读写向导程序。这一向导程序可以快速简单地配置复杂的网络读写指令操作，为所需的功能提供一系列选项。一旦完成，向导将为所选配置生成程序代码。并初始化指定的 PLC 为 PPI 主站模式，同时使能网络读写操作。

要启动网络读写向导程序，在 STEP7 V4.0 软件命令菜单中选择工具→指令导向，并且在指令向导窗口中选择 NETR/NETW（网络读写），单击“下一步”后，就会出现 NETR/NETW 指令向导界面，如图 1-90 所示。

本界面和紧接着的下一个界面，将要求用户提供希望配置的网络读写操作总数、指定进

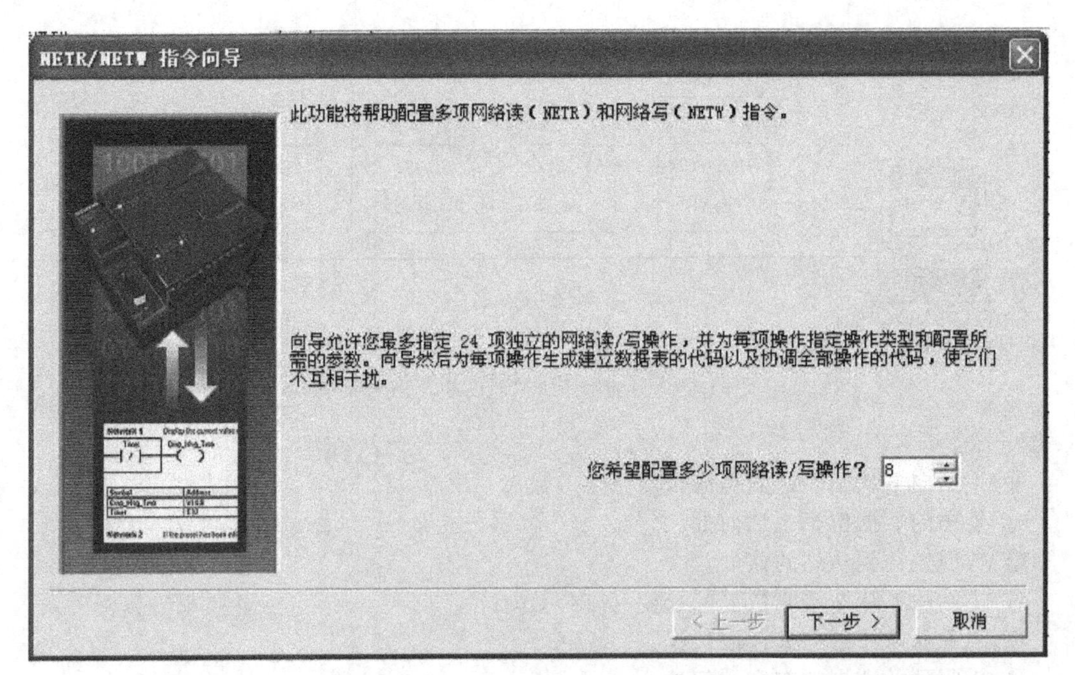

图 1-90　NETR/NETW 指令向导界面

行读写操作的通信端口、指定配置完成后生成的子程序名字，完成这些设置后，将进入对具体每一条网络读或写指令的参数进行配置的界面。

在本例子中，8 项网络读写操作如下安排：第 1～4 项为网络写操作，主站向各从站发送数据；第 5～8 项为网络读操作，主站读取各从站数据。图 1-91 为第 1 项操作配置界面，选择 NETW 操作，按表 1-24，主站（输送站）向各从站发送的数据都位于主站 PLC 的 VB1000～VB1001 处，所有从站都在其 PLC 的 VB1000～VB1001 处接收数据。所以前 4 项填写都是相同的，仅站号不一样。

完成前 4 项数据填写后，再单击“下一项操作”，进入第 5 项配置，5～8 项都是选择网络读操作，按表 1-24 中各站规划逐项填写数据，直至 8 项操作配置完成。图 1-92 是对 2# 从站（供料单元）的网络写操作配置。

8 项配置完成后，单击“下一步”，导向程序将要求指定一个 V 存储区的起始地址，以便将此配置放入 V 存储区中。这时若在选择框中填入一个 VB 值（例如，VB100），或单击“建议地址”，程序自动建议一个大小合适且未使用的 V 存储区地址范围。如图 1-93 所示。

单击“下一步”，全部配置完成，向导将为所选的配置生成项目组件，如图 1-94 所示。修改或确认图中各栏目后，点击“完成”，借助网络读写向导程序配置网络读写操作的工作结束。这时，指令向导界面将消失，程序编辑器窗口将增加 NET _ EXE 子程序标记。

要在程序中使用上面所完成的配置，须在主程序块中加入对子程序“NET _ EXE”的调用。使用 SM0.0 在每个扫描周期内调用此子程序，将开始执行配置的网络读/写操作。梯形图如图 1-95 所示。

由图可见，NET _ EXE 有 Timeout、Cycle、Error 等几个参数，它们的含义如下。

Timeout：设定的通信超时时限，1～32767s，若=0，则不计时。

Cycle：输出开关量，所有网络读/写操作每完成一次切换状态。

Error：发生错误时报警输出。

本例中 Timeout 设定为 0，Cycle 输出到 Q1.6，故网络通信时，Q1.6 所连接的指示灯将闪烁。Error 输出到 Q1.7，当发生错误时，所连接的指示灯将亮。

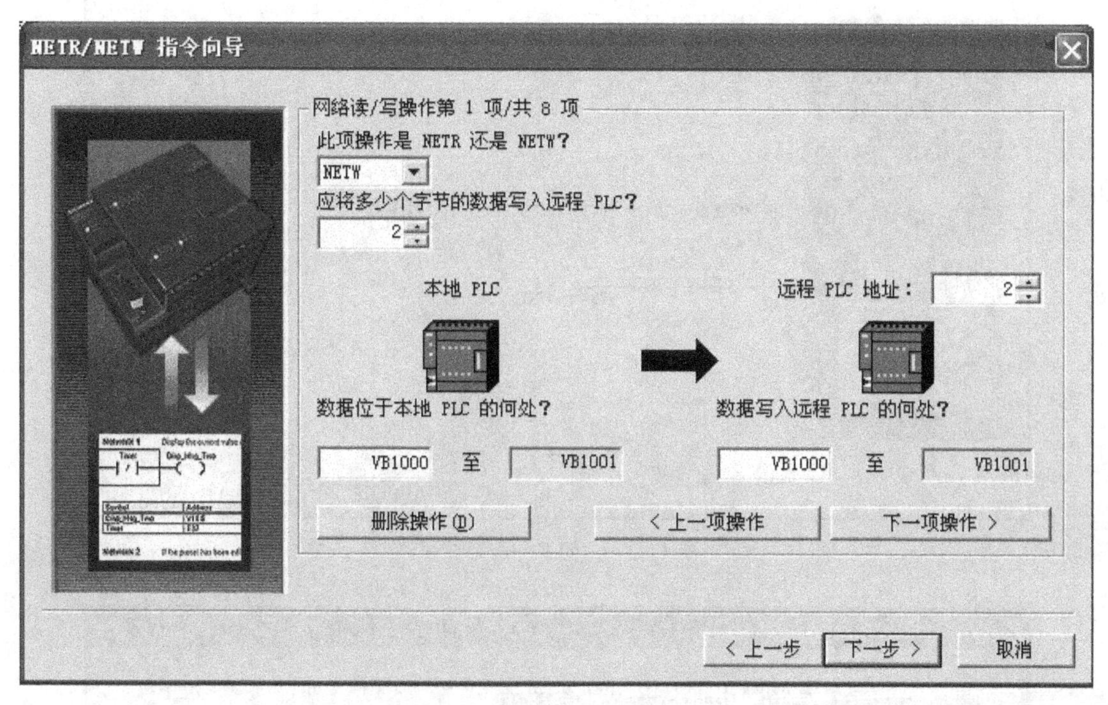

图 1-91　对供料单元的网络写操作

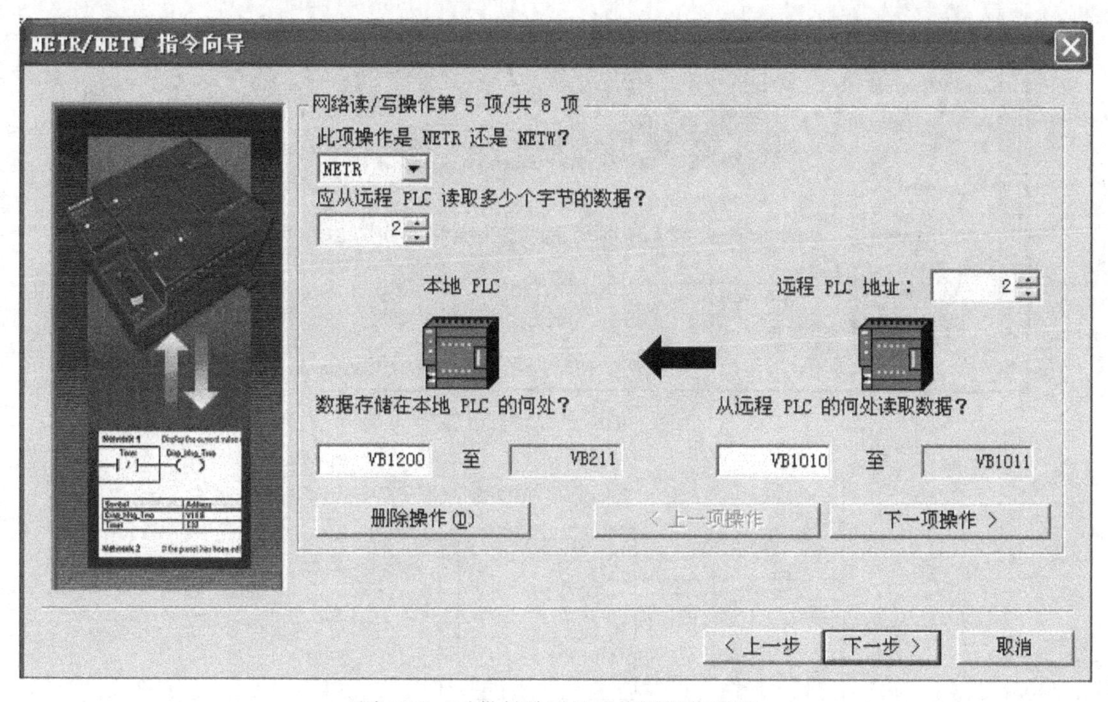

图 1-92　对供料单元的网络写操作配置

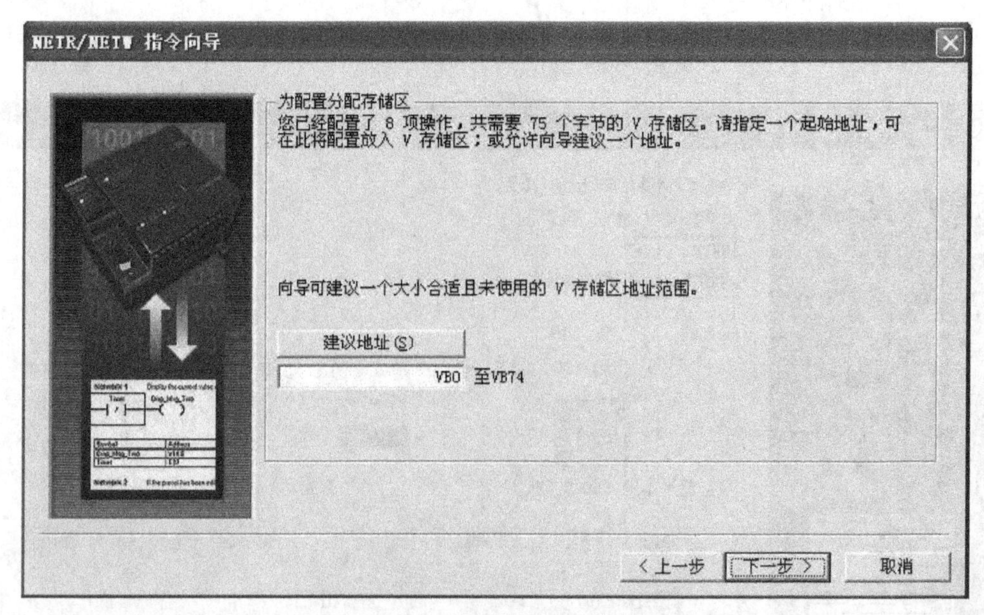

图 1-93　为配置分配存储区

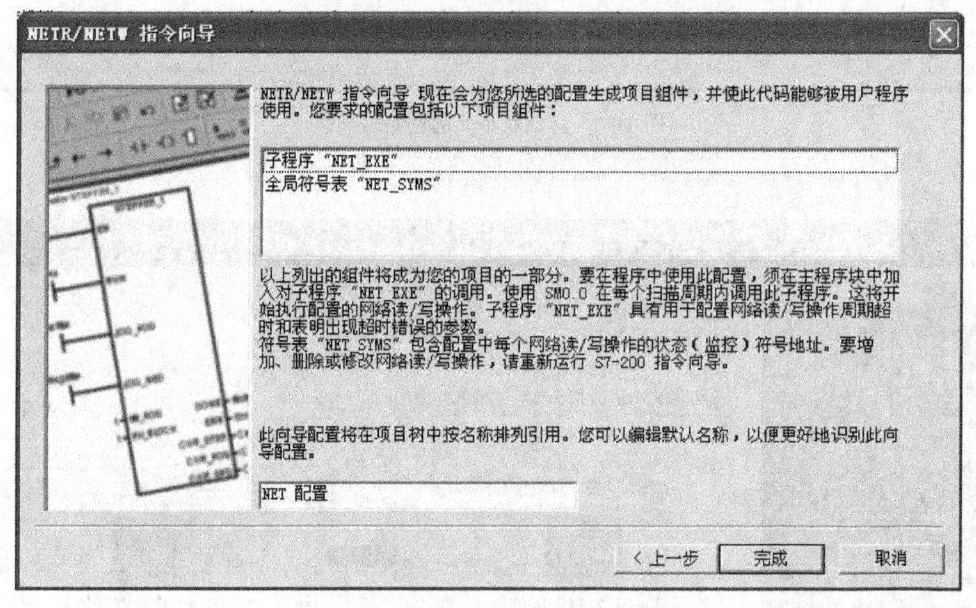

图 1-94　生成项目组件

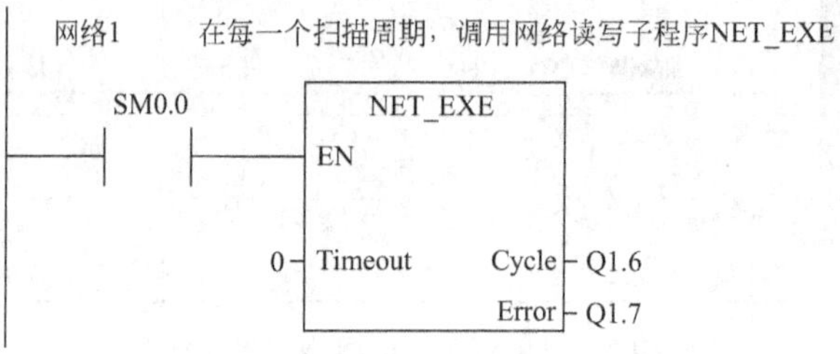

网络1　　在每一个扫描周期，调用网络读写子程序NET_EXE

SM0.0　NET_EXE

EN

0 - Timeout　　Cycle - Q1.6

Error - Q1.7

图 1-95　子程序 NET _ EXE 的调用

实训篇

项目2　供料单元控制系统安装与调试

学习目标

① 掌握光电式接近开关的原理
② 掌握磁力式接近开关的原理
③ 掌握气缸的工作原理
④ 掌握供料单元的功能及工作过程

能力目标

① 掌握光电式接近开关的调试方法
② 掌握磁力式接近开关的调试方法
③ 掌握气缸的调试方法
④ 掌握供料单元的调试技能

任务1　供料单元控制系统安装技能训练

子任务1　设备1供料单元安装技能训练

【任务要求】

将供料单元拆开成组件和零件的形式，然后再组装成原样，安装内容包括机械部分的装配、气路的连接和调整及电气接线。

【相关知识】

供料单元是自动线中的起始单元，向系统中的其他单元提供原料，相当于实际生产线中的自动上料系统。其主要由大工件装料管（料仓）、推料气缸、顶料气缸、磁感应接近开关、漫射式光电传感器组成。

1. 供料单元的功能

（1）供料单元功能

其功能主要是按照需要将放置在料仓中待加工工件（原料）自动推到物料台上，以便输送单元的机械手将其抓取，输送到其他单元上。

（2）供料单元动作过程

当设备接通电源与气源、PLC运行后，首先执行复位动作，推料气缸缩回到位，然后进入工作模式，在料仓中有工件、各个执行机构都在初始位置的情况下，当按动开始按钮后，供料单元的执行机构将把存放在料仓中的工件推出等待机械手搬运。在运行过程中，当按动停止按钮后或者料仓中无工件时，供料单元在完成当前的工作循环之后停止运行，并且各个执行机构回到初始位置。

2. 供料单元的结构组成

图2-1所示为供料单元实物图。

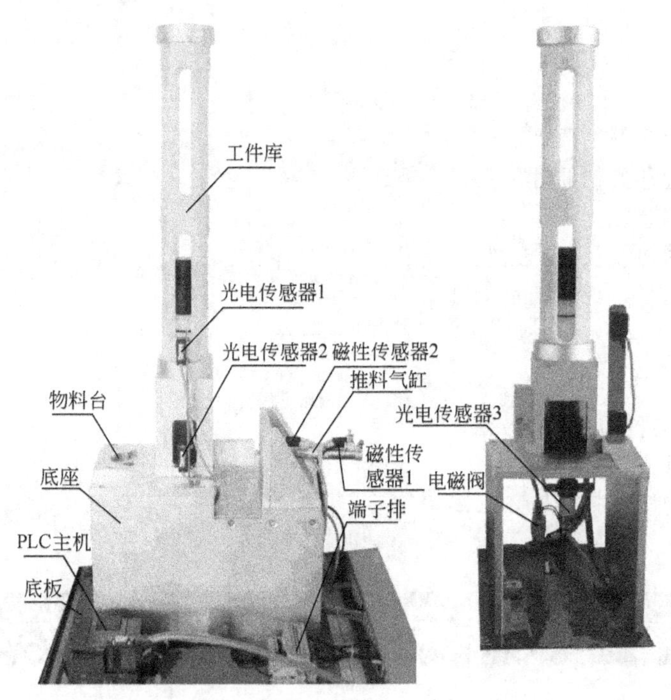

图2-1　设备1供料单元实物全貌

① 井式工件库：存放黑白两种工件。

② PLC主机：控制端子与端子排相连。

③ 光电传感器1：用于检测工件库物料是否不足。当工件库有物料时给PLC提供输入信号。物料的检测距离可由光电传感器头的旋钮调节，调节检测范围为1～9cm。

④ 光电传感器2：用于检测工件库是否有物料。当工件库有物料时给PLC提供输入信号。物料的检测距离可由光电传感器头的旋钮调节，调节检测范围为1～9cm。

⑤ 光电传感器3：用于检测物料台上是否有物料。当工件库与物料台上有物料时给

PLC提供输入信号。物料的检测距离可由光电传感器头的旋钮调节，调节检测范围为5～30cm。

⑥ 磁性传感器：用于气缸的位置检测，当检测气缸准确到位后给PLC发出一个到位信号。

⑦ 电磁阀：用于控制气缸伸缩，当PLC给电磁阀一个信号，电磁阀动作，气缸推出。失电退回。

⑧ 推料气缸：由单控电磁阀控制。当电磁阀得电，气缸伸出，同时将物料送至物料台上。失电缩回。

⑨ 端子排：用于连接PLC输入输出端口与各传感器和电磁阀。

3. 气动控制回路分析

气动控制回路是本工作单元的执行机构，方向控制阀的控制方式为电磁控制或手动控制。各执行机构的逻辑控制功能是通过PLC实现的。气动控制回路的工作原理见图2-2所示。1B1、1B2为安装在推料气缸上的两个极限工作位置的磁性传感器。1Y1为控制推料气缸的电磁阀。

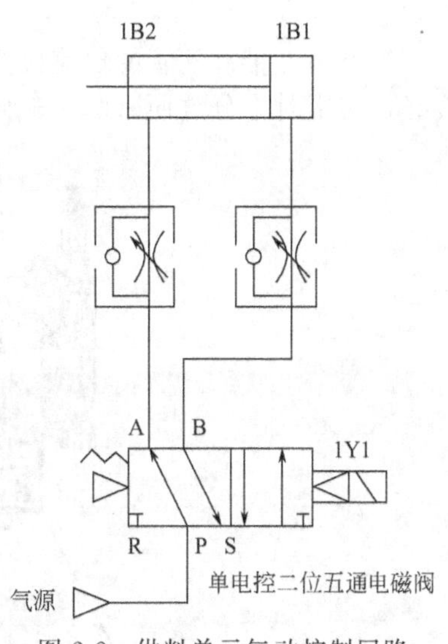

图2-2 供料单元气动控制回路

4. 供料单元的气动元件

（1）标准双作用直线气缸

标准气缸是指气缸的功能和规格是普遍使用的、结构容易制造的，制造厂通常作为通用产品供应市场的气缸。

双作用气缸是指活塞的往复运动均由压缩空气来推动。图2-3所示是标准双作用直线气缸的半剖面图。图中气缸的两个端盖上都设有进排气通口，从无杆侧端盖气口进气时，推动活塞向前运动；反之，从杆侧端盖气口进气时，推动活塞向后运动。

双作用气缸具有结构简单，输出力稳定，行程可根据需要选择的优点，但由于是利用压缩空气交替作用于活塞上实现伸缩运动的，回缩时压缩空气的有效作用面积较小，所以产生的力要小于伸出时产生的推力。

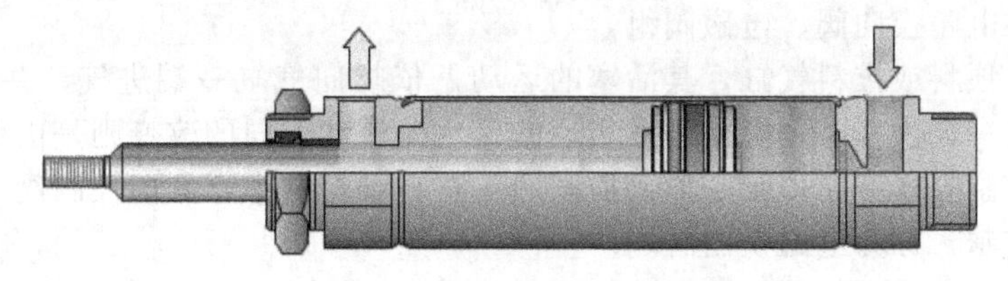
图2-3 双作用气缸工作示意图

为了使气缸的动作平稳可靠，应对气缸的运动速度加以控制，常用的方法是使用单向节流阀来实现。

单向节流阀是由单向阀和节流阀并联而成的流量控制阀，常用于控制气缸的运动速度，所以也称为速度控制阀。

图2-4所示给出了在双作用气缸装上两个单向节流阀的连接示意图，这种连接方式称为排气节流方式。即当压缩空气从A端进气、从B端排气时，单向节流阀A的单向阀开启，向气缸无杆腔快速充气。由于单向节流阀B的单向阀关闭，有杆腔的气体只能经节

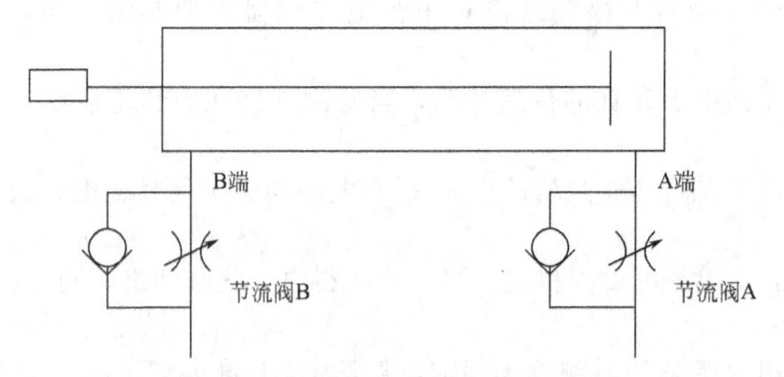

图 2-4　节流阀连接和调整原理示意图

流阀排气，调节节流阀 B 的开度，便可改变气缸伸出时的运动速度。反之，调节节流阀 A 的开度则可改变气缸缩回时的运动速度。这种控制方式活塞运行稳定，是最常用的方式。

节流阀上带有气管的快速接头，只要将合适外径的气管往快速接头上一插就可以将管连接好，使用时十分方便。图 2-5 所示是安装了带快速接头的限出型气缸节流阀的气缸外观。

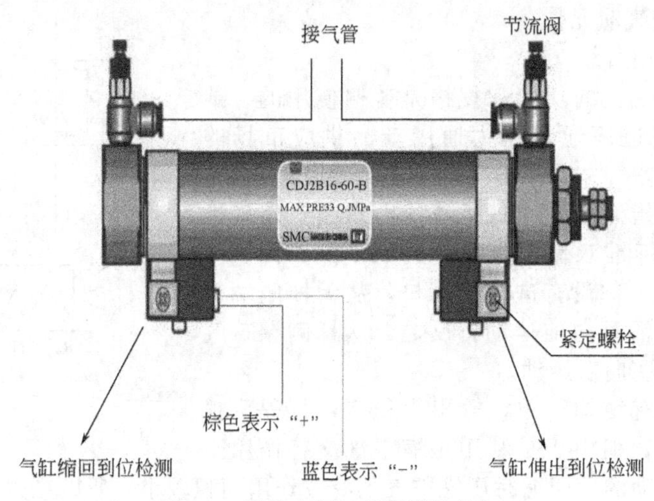

图 2-5　安装上气缸节流阀的气缸

（2）单电控电磁换向阀、电磁阀组

如前所述，顶料或推料气缸，其活塞的运动是依靠向气缸一端进气，并从另一端排气，再反过来，从另一端进气，一端排气来实现的。气体流动方向的改变则是由能改变气体流动方向或通断的控制阀即方向控制阀加以控制的。在自动控制中，方向控制阀常采用电磁控制方式实现方向控制，称为电磁换向阀。

电磁换向阀是利用其电磁线圈通电时，静铁芯对动铁芯产生电磁吸力使阀芯切换，达到改变气流方向的目的。图 2-6 所示是一个单电控二位三通电磁换向阀的工作原理示意图。

所谓“位”指的是为了改变气体方向，阀芯相对于阀体所具有的不同的工作位置。“通”的含义则指换向阀与系统相连的通口，有几个通口即为几通。图 2-6 中，只有两个工作位置，具有供气口 P、工作口 A 和排气口 R，故为二位三通阀。图 2-7 所示分别给出二位三通、二位四通和二位五通单控电磁换向阀的图形符号，图形中有几个方格就是几位，方格中的“┬”和“┴”符号表示各接口互不相通。

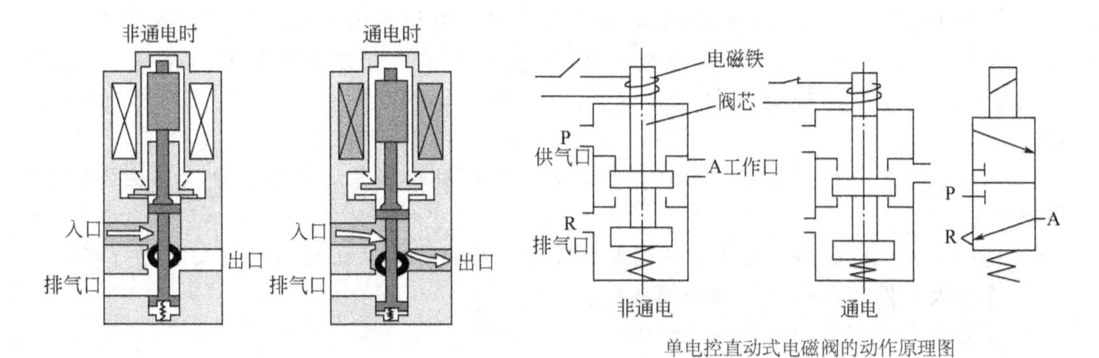

图 2-6　单电控电磁换向阀的工作原理

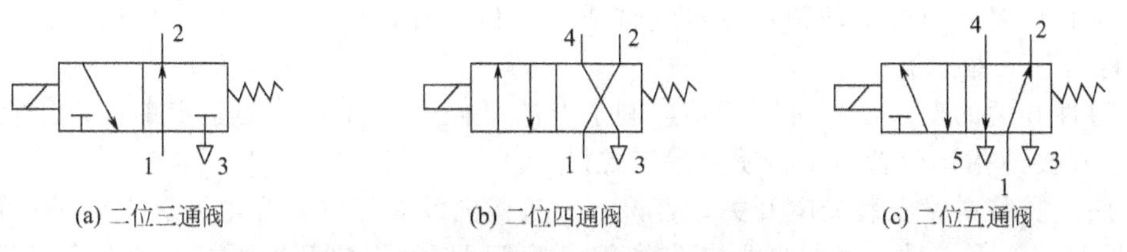

(a) 二位三通阀　　(b) 二位四通阀　　(c) 二位五通阀

图 2-7　部分单电控电磁换向阀的图形符号

【任务实施】

1. 制定工作计划表

具体计划表，如表 2-1 所示。

表 2-1　工作计划表

步骤	内容	计划时间/h	实际时间/h	完成情况
1	制订工作计划	0.25		
2	制订安装计划	0.25		
3	任务描述和任务执行图纸程序	1		
4	机械部分安装、调试	1		
5	传感器安装、调试	0.25		
6	按照图纸进行电路安装	0.5		
7	气路安装	0.25		
8	气源、电源安装	0.25		
9	按质量要求要点检查整个设备	0.25		
10	任务各部分设备的通电、通气测试	0.25		
11	对老师发现和提出的问题进行回答	0.25		
12	排除故障(依实际情况)	1		
13	该任务成绩评估	0.5		

2. 供料单元安装与调试

（1）供料单元机械部分安装步骤

① 在教师指导下，现场观察了解本单元结构。在实际观察时，不要用力扯导线、气管；不要拆卸元器件和其他装置。有问题及时提出。

② 开始安装时，首先把传感器支架安装在落料支撑板下方，把底座装在支撑板上，然后安装两个传感器支架，把以上整体装在落料支撑架上。注意底座出料口方向朝前，与挡料板方向一致，支撑架的横架方向是在后面，螺钉先不要拧紧，安装气缸支撑板后再进行固定。

③ 先后在气缸支撑架上安装推料气缸，装节流阀和推料头，然后再把支撑板固定在落料板支架上。

④ 把以上整体安装到底板上，将底板固定于工作台上，在工作台槽口安装螺钉固定。

⑤ 安装大工件装料箱（俗称料筒或料仓）。

⑥ 安装 3 个传感器和 2 个磁性开关。

(2) 供料单元机械部分调试注意

供料单元机械部分调试应注意：

① 推料位置要通过手动调整推料气缸或者挡板位置，调整后再固定螺栓。否则，位置不到位将引起工件推偏。

② 磁性开关的安装位置可以调整，调整方法是松开磁性开关的紧定螺栓，让它沿着气缸滑动，在到达指定位置后，再旋紧紧定螺栓。

③ 底座及装料管安装光电开关，若该部分机构内没有工件，光电开关上的指示灯不亮；若在底层起有 3 个工件，底层处光电开关亮，而第四层处光电开关不亮；若在底层起有 4 个工件或者以上，2 个光电开关都亮。否则，需调整光电开关位置或光强度。

④ 物料台下面开有小孔，物料台下面也设有一个光电开关，上电工作时向上发出光线，从而透过小孔检测是否有工件存在，以便向系统提供本单元物料台有无工件信号。

⑤ 所采用的电磁阀，带手动换向、加锁钮，有锁定（LOCK）和开启（PUSH）两个位置。用螺丝刀把加锁钮旋到 LOCK 位置时，手控开关向下凹，不能进行手控操作。只有在 PUSH 位置时，用工具向下按，信号为“1”，等同于该侧的电磁信号为“1”；常态时，手控开关的信号为“0”。在进行设备调试时，可以使用手控开关对阀进行控制，从而实现对相应气路的控制，以改变推料气缸等执行机构的控制，从而达到调试的目的。

(3) 供料单元电路部分安装调试注意事项

供料单元的端子接线图如图 2-8 所示。

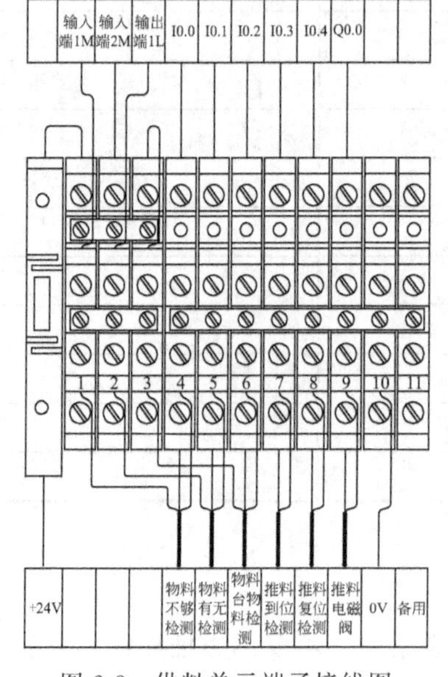

图 2-8 供料单元端子接线图

【说明】

① 光电传感器引出线：棕色接“+24V”电源，蓝色接“0V”，黑色接 PLC 输入。

② 磁性传感器引出线：蓝色接“0V”，棕色接 PLC 输入。

③ 电磁阀引出线：黑色接“0V”，红色接 PLC 输出。

【注意事项】

① 在通电之前先检查供料站的 220V 电源线和 24V 电源线是否接正确，在确认没有问题后再通电。

② 在通电前检查气路是否畅通和供料站的汽缸是否处于到位状态。

③ 在上电之后检查各个输入和输出点是否有信号，如果对应的输入和输出的指示灯不亮，则检查对应的传感器的接线。

实训操作技能训练测试记录如表 2-2 所示。

表 2-2　实训操作技能训练测试记录

学生姓名		学号	
专业		班级	
课程		指导教师	
下列清单为测评依据，用于判断学生是否通过测评已到达所需能力标准			
第一阶段　测量数据			
测评项目		分值	得分
是否遵守实训室的各项规章制度		10	
是否熟悉原理图中各气动元件的基本工作原理		10	
是否熟悉原理图的基本工作原理		10	
是否正确搭建搬运单元控制回路		15	
气源开关、控制按钮的条件是否正确（开、闭、调节）		20	
控制回路是否正常运行		10	
是否正确拆卸所搭建的气动回路		10	
第二阶段　处理、分析、整理数据			
测评项目		分值	得分
是否利用现有元件拟定其他方案，并进行比较		15	
实训技能训练评估记录			
实训技能训练评估等级：优秀（90 分以上）□ 良好（80 分以上）□ 一般（70 分以上）□ 及格（60 分以上）□ 不及格（60 分以下）□			
指导教师签字________日期________			

子任务 2　设备 2 供料单元安装技能训练

【任务要求】

将供料单元拆开成组件和零件的形式，然后再组装成原样，安装内容包括机械部分的装配、气路的连接及调整及电气接线。

【相关知识】

1. 供料单元的结构及工作过程

供料单元的主要结构组成为：工件装料管，工件推出装置，支撑架，阀组，端子排组件，PLC，急停按钮和启动/停止按钮，走线槽、底板等。其中，机械部分结构组成如图 2-9 所示。

其中，管形料仓和工件推出装置用于储存工件原料，并在需要时将料仓中最下层的工件推出到出料台上。它主要由管形料仓、推料气缸、顶料气缸、磁感应接近开关、漫射式光电传感器组成。

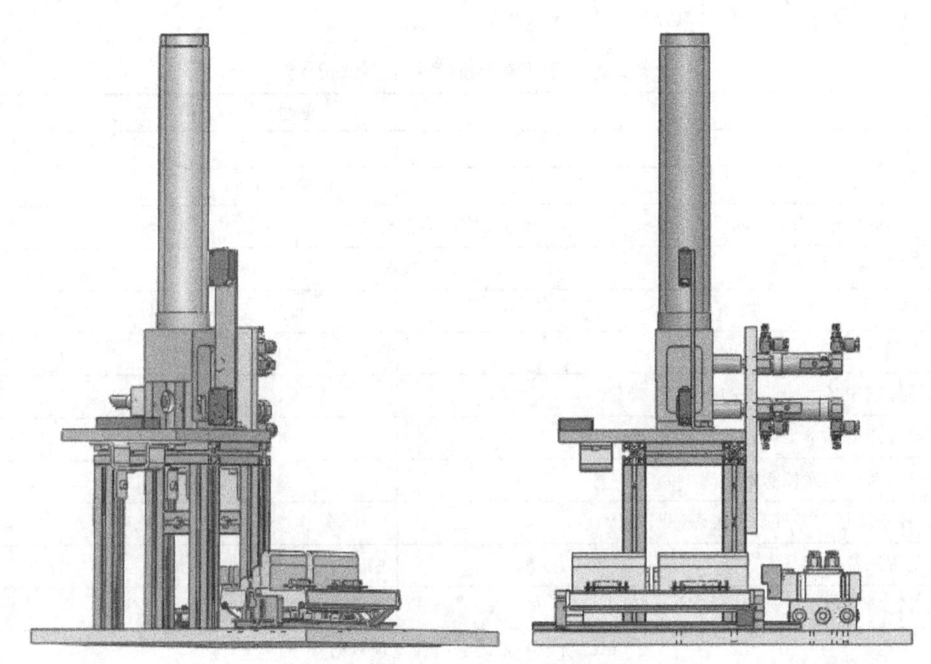

图 2-9　供料单元的主要结构组成

该部分的工作原理是：工件垂直叠放在料仓中，推料缸处于料仓的底层并且其活塞杆可从料仓的底部通过。当活塞杆在退回位置时，它与最下层工件处于同一水平位置，而顶料气缸则与次下层工件处于同一水平位置。在需要将工件推出到物料台上时，首先使夹紧气缸的活塞杆推出，压住次下层工件；然后使推料气缸活塞杆推出，从而把最下层工件推到物料台上。在推料气缸返回并从料仓底部抽出后，再使夹紧气缸返回，松开次下层工件。这样，料仓中的工件在重力的作用下，就自动向下移动一个工件，为下一次推出工件作好准备。如图 2-10所示。

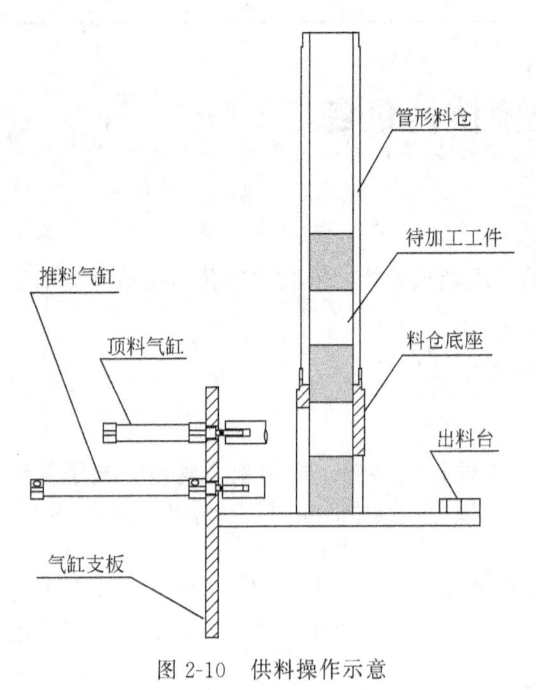

图 2-10　供料操作示意

在底座和管形料仓第 4 层工件位置，分别安装一个漫射式光电开关。它们的功能是检测料仓中有无储料或储料是否足够。若该部分机构内没有工件，则处于底层和第 4 层位置的两个漫射式光电接近开关均处于常态；若仅在底层起有 3 个工件，则底层处光电接近开关动作而第 4 层处光电接近开关常态，表明工件已经快用完了。这样，料仓中有无储料或储料是否足够，就可用这两个光电接近开关的信号状态反映出来。

推料缸把工件推出到出料台上。出料台面开有小孔，出料台下面设有一个圆柱形漫射式光电接近开关，工作时向上发出光线，从而透过小孔检测是否有工件存在，以便向系统提供本单元出料台有无工件的信号。在输送单元的控制程序中，就可以利用该信号状态来判断是否需要驱动机械手装置来抓取此工件。

供料单元用了两个二位五通的单电控电磁阀。这两个电磁阀带有手动换向和加锁钮，有锁定（LOCK）和开启（PUSH）2个位置。用小螺丝刀把加锁钮旋到在LOCK位置时，手控开关向下凹进去，不能进行手控操作。只有在PUSH位置时，可用工具向下按，信号为“1”，等同于该侧的电磁信号为“1”；常态时，手控开关的信号为“0”。在进行设备调试时，可以使用手控开关对阀进行控制，从而实现对相应气路的控制，以改变推料缸等执行机构的控制，达到调试的目的。

两个电磁阀是集中安装在汇流板上的。汇流板中两个排气口末端均连接了消声器，消声器的作用是为了减少压缩空气在向大气排放时的噪声。这种将多个阀与消声器、汇流板等集中在一起构成一组控制阀的集成称为阀组，而每个阀的功能是彼此独立的。阀组的结构如图2-11所示。

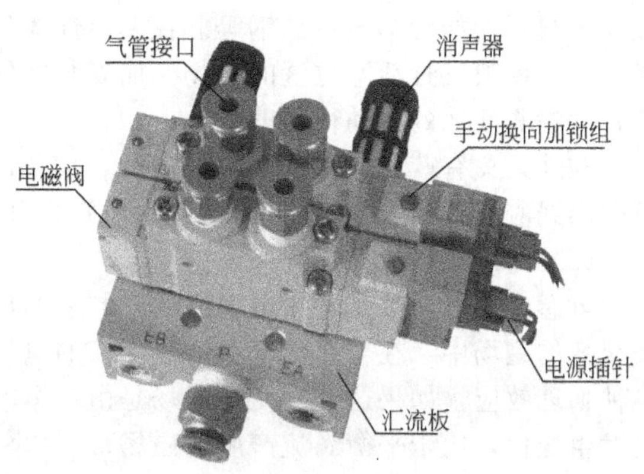

图2-11 电磁阀组

2. 气动控制回路

气动控制回路是本工作单元的执行机构，该执行机构的控制逻辑控制功能是由PLC实现的。气动控制回路的工作原理如图2-12所示。图中1A和2A分别为推料气缸和顶料气缸。1B1和1B2为安装在推料缸上的两个极限工作位置的磁感应接近开关，2B1和2B2为安装在顶料缸上的两个极限工作位置的磁感应接近开关。1Y1和2Y1分别为控制推料缸和顶料缸的电磁阀的电磁控制端。通常，这两个气缸的初始位置均设定在缩回状态。

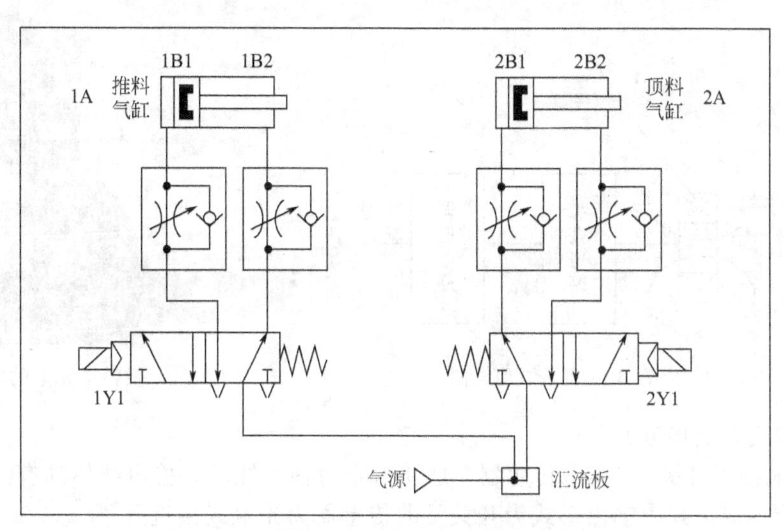

图2-12 供料单元气动控制回路工作原理图

3. 供料单元有关传感器（接近开关）

YL-335B各工作单元所使用的传感器都是接近传感器，它利用传感器对所接近的物体具有的敏感特性来识别物体的接近，并输出相应开关信号，因此，接近传感器通常也称为接近开关。

接近传感器有多种检测方式，包括利用电磁感应引起检测对象的金属体中产生的涡电流的方式、捕捉检测体的接近引起的电气信号的容量变化的方式、利用磁石和引导开关的方式、利用光电效应和光电转换器件作为检测元件等等。YL-335B所使用的是磁感应式接近开关（或称磁性开关）、电感式接近开关、漫反射光电开关和光纤型光电传感器等。这里只介绍磁性开关、电感式接近开关和漫反射光电开关，光纤型光电传感器留待在装配单元实训项目中介绍。

（1）磁性开关

YL-335B所使用的气缸都是带磁性开关的气缸。这些气缸的缸筒采用导磁性弱、隔磁性强的材料，如硬铝、不锈钢等。在非磁性体的活塞上安装一个永久磁铁的磁环，这样就提供了一个反映气缸活塞位置的磁场。而安装在气缸外侧的磁性开关则是用来检测气缸活塞位置，即检测活塞的运动行程的。

磁性开关有蓝色和棕色2根引出线，使用时蓝色引出线应连接到PLC输入公共端，棕色引出线应连接到PLC输入端。磁性开关的内部电路如图2-14中虚线框内所示。

（2）电感式接近开关

电感式接近开关是利用电涡流效应制造的传感器。电涡流效应是指，当金属物体处于一个交变的磁场中，在金属内部会产生交变的电涡流，该涡流又会反作用于产生它的磁场这样一种物理效应。如果这个交变的磁场是由一个电感线圈产生的，则这个电感线圈中的电流就会发生变化，用于平衡涡流产生的磁场。

利用这一原理，以高频振荡器（LC振荡器）中的电感线圈作为检测元件，当被测金属物体接近电感线圈时产生了涡流效应，引起振荡器振幅或频率的变化，由传感器的信号调理电路（包括检波、放大、整形、输出等电路）将该变化转换成开关量输出，从而达到检测目的。电感式接近传感器工作原理框图如图2-13所示。供料单元中，为了检测待加工工件是否为金属材料，在供料管底座侧面安装了一个电感式传感器，如图2-14所示。

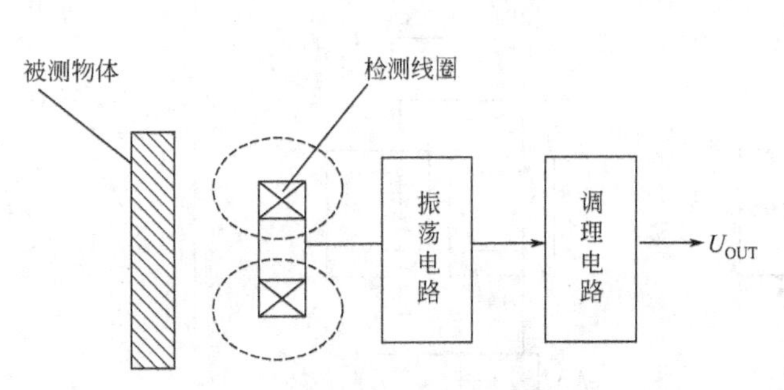

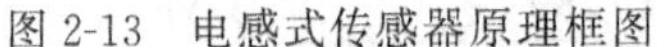
图2-13　电感式传感器原理框图

图2-14　供料单元上的电感式传感器

（3）漫射式光电接近开关

① 光电式接近开关　“光电传感器”是利用光的各种性质，检测物体的有无和表面状态的变化等的传感器。其中输出形式为开关量的传感器为光电式接近开关。

光电式接近开关主要由光发射器和光接收器构成。如果光发射器发射的光线因检测物体不同而被遮掩或反射，到达光接收器的量将会发生变化。光接收器的敏感元件将检测出这种变化，并转换为电气信号，进行输出。大多使用可视光（主要为红色，也用绿色、蓝色来判断颜色）和红外光。

按照接收器接收光的方式的不同，光电式接近开关可分为对射式、反射式和漫射式3种。

② 漫射式光电开关　供料单元中，用来检测工件不足或工件有无的漫射式光电接近开关选用神视或OMRON公司的CX-441或E3Z-L61型放大器内置型光电开关（细小光束型，NPN型晶体管集电极开路输出）。

图中动作选择开关的功能是选择受光动作（Light）或遮光动作（Drag）模式。即，当此开关按顺时针方向充分旋转时（L侧），则进入检测-ON模式；当此开关按逆时针方向充分旋转时（D侧），则进入检测-OFF模式。

距离设定旋钮是5回转调节器，调整距离时注意逐步轻微旋转，若充分旋转距离调节器会空转。调整的方法是，首先按逆时针方向将距离调节器充分旋到最小检测距离（E3Z-L61约20mm），然后根据要求距离放置检测物体，按顺时针方向逐步旋转距离调节器，找到传感器进入检测条件的点；拉开检测物体距离，按顺时针方向进一步旋转距离调节器，找到传感器再次进入检测状态，一旦进入，向后旋转距离调节器直到传感器回到非检测状态的点。两点之间的中点为稳定检测物体的最佳位置。

用来检测物料台上有无物料的光电开关是一个圆柱形漫射式光电接近开关，工作时向上发出光线，从而透过小孔检测是否有工件存在，该光电开关选用SICK公司产品MHT15-N2317型，其外形如图2-15所示。

图2-15　MHT15-N2317光电开关外形

4. 接近开关的图形符号

部分接近开关的图形符号如图2-16所示。图中（a）（b）（c）三种情况均使用NPN型三极管集电极开路输出。如果是使用PNP型的，正负极性应相反。

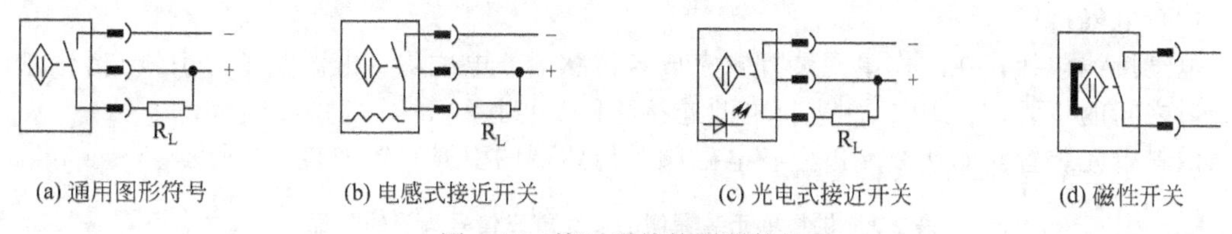

(a) 通用图形符号　(b) 电感式接近开关　(c) 光电式接近开关　(d) 磁性开关

图2-16　接近开关的图形符号

【任务实施】

（1）机械部分安装

首先把供料站各零件组合成整体安装时的组件，然后对组件进行组装。所组合成的组件包括①铝合金型材支撑架组件，②出料台及料仓底座组件，③推料机构组件。如图2-17所示。

各组件装配好后，用螺栓把它们连接为总体，再用橡皮锤把装料管敲入料仓底座。然后将连接好的供料站机械部分以及电磁阀组、PLC和接线端子排固定在底板上，最后固定底板完成供料站的安装。

在安装过程中应注意。

① 装配铝合金型材支撑架时，注意调整好各条边的平行及垂直度，锁紧螺栓。

② 气缸安装板和铝合金型材支撑架的连接是靠预先在特定位置的铝型材“T”型槽中放

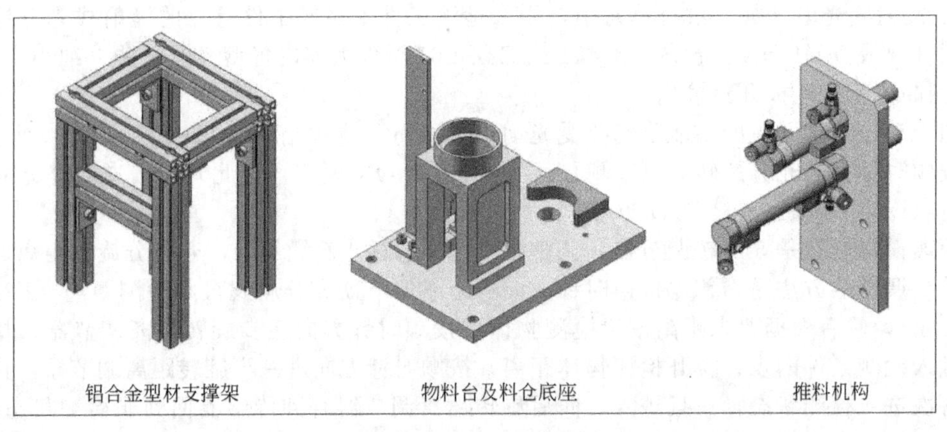

图 2-17　供料单元组件

置预留与之相配的螺母来实现的，因此在对该部分的铝合金型材进行连接时，一定要在相应的位置放置对应的螺母。如果没有放置螺母或没有放置足够多的螺母，将造成无法安装或安装不可靠。

③ 机械机构固定在底板上的时候，需要将底板移动到操作台的边缘，螺栓从底板的反面拧入，将底板和机械机构部分的支撑型材连接起来。

（2）气路连接和调试

连接步骤：从汇流排开始，按图 2-12 所示的气动控制回路原理图连接电磁阀、气缸。连接时注意气管走向应按序排布，均匀美观，不能交叉、打折；气管要在快速接头中插紧，不能够有漏气现象。

气路调试包括：①用电磁阀上的手动换向加锁钮验证顶料气缸和推料气缸的初始位置和动作位置是否正确。②调整气缸节流阀以控制活塞杆的往复运动速度，伸出速度以不推倒工件为准。

（3）电气接线

电气接线包括，在工作单元装置侧完成各传感器、电磁阀、电源端子等引线到装置侧接线端口之间的接线；在 PLC 侧进行电源连接、I/O 点接线等。

供料单元装置侧的接线端口上各电磁阀和传感器的引线布置如表 2-3 所示。

表 2-3　供料单元装置侧的接线端口信号端子的分配

输入端口中间层			输出端口中间层		
端子号	设备符号	信号线	端子号	设备符号	信号线
2	1B1	顶料到位	2	1Y	顶料电磁阀
3	1B2	顶料复位	3	2Y	推料电磁阀
4	2B1	推料到位			
5	2B2	推料复位			
6	SC1	出料台物料检测			
7	SC2	物料不足检测			
8	SC3	物料有无检测			
9	SC4	金属材料检测			
10＃～17＃端子没有连接			4＃～14＃端子没有连接		

【注意事项】

① 在通电之前先检查供料站的 220V 电源线和 24V 电源线是否接正确，在确认没有问题后再通电。

② 在通电前检查气路是否畅通和供料站的汽缸是否处于到位状态。

③ 在上电之后检查各个输入和输出点是否有信号，如果对应的输入和输出的指示灯不亮，则检查对应传感器的接线。

④ 接线时应注意，装置侧接线端口中，输入信号端子的上层端子（+24V）只能作为传感器的正电源端，切勿用于电磁阀等执行元件的负载。电磁阀等执行元件的正电源端和 0V 端应连接到输出信号端子的下层相应端子上。装置侧接线完成后，应用扎带绑扎，力求整齐美观。

⑤ PLC 侧的接线，包括电源接线，PLC 的 I/O 点和 PLC 侧接线端口之间的连线，PLC 的 I/O 点与按钮指示灯模块的端子之间的连线。具体接线要求与工作任务有关。

⑥ 电气接线的工艺应符合国家职业标准的规定，例如，导线连接到端子时，采用压紧端子压接方法；连接线须有符合规定的标号；每一端子连接的导线不超过两根等。

安装完成后，认真填写评分表 2-4 所示。

表 2-4 评分表

学生姓名		学号	
专业		班级	
课程		指导教师	
下列清单为测评依据，用于判断学生是否通过测评已到达所需能力标准			
第一阶段 测量数据			
测 评 项 目		分 值	得 分
是否遵守实训室的各项规章制度		10	
是否熟悉原理图中各气动元件的基本工作原理		10	
是否熟悉原理图的基本工作原理		10	
是否正确搭建输送单元控制回路		15	
气源开关、控制按钮的条件是否正确（开、闭、调节）		20	
控制回路是否正常运行		10	
是否正确拆卸所搭建的气动回路		10	
第二阶段 处理、分析、整理数据			
测 评 项 目		分 值	得 分
是否利用现有元件拟定其他方案，并进行比较		15	
实训技能训练评估记录			

实训技能训练评估等级： 优秀（90 分以上） ☐

良好（80 分以上） ☐

一般（70 分以上） ☐

及格（60 分以上） ☐

不及格（60 分以下） ☐

指导教师签字________日期________

任务 2　供料单元控制系统设计

子任务 1　设备 1 供料单元程序设计

【任务要求】

在自动连续控制模式下，在料仓中有工件，各个执行机构都在初始位置情况下，当按下启动按钮后，供料单元执行机构推料气缸将把存放在料仓中的工件推出到物料台上。在推料气缸返回后，料仓中的工件下移。只要料仓中有工件，物料台工件被取走，此工作就继续进行。

在启动前，供料单元的执行机构如果不在初始位置，或料仓中无工件，不允许启动。料仓中工件少于 4 个，可设计提示报警。

【任务实施】

1. PLC 的 I/O 接线及 PLC 选型

供料单元在底座和装料管第四层工件位置分别装有漫射式光电开关，用来判断料仓中有无储料或储料是否足够。物料台面开有小孔，物料台下面也设有一个漫射式光电接近开关，向系统提供物料台有无工件的信号。

传感器信号（3 个光电传感器和 2 个磁性开关）占用 2 个输入点，则所需的 PLC I/O 点数为 5 点输入、1 点输出。为此只要选用西门子 S7-222 主单元，共 8 点输入和 6 点继电器输出即可。图 2-18 所示为供料单元的 PLC 控制原理图。

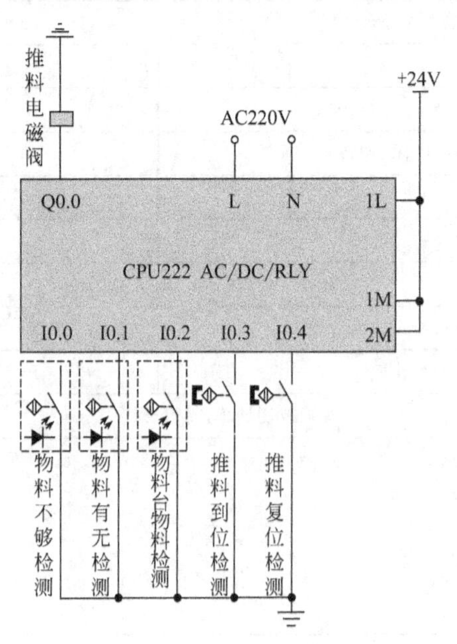

图 2-18　供料单元 PLC 的控制原理图

供料单元 I/O 设备编号与说明如表 2-5 所示。

表 2-5　供料单元 I/O 端口分配说明表

序号	设备名称	设备用途	信号特征
1	光电传感器 1	检测工件库物料是否不够	信号为 1:工件库工件够 信号为 0:工件库工件不够
2	光电传感器 2	检测工件库物料是否有料	信号为 1:工件库有工件 信号为 0:工件库无工件
3	光电传感器 3	检测物料台上是否有物料	信号为 1:物料台有工件 信号为 0:物料台无工件
4	磁性传感器 1	检测推料缸的位置	信号为 1:推料缸推出到位
5	磁性传感器 2	检测推料缸的位置	信号为 1:推料缸返回到位
6	电磁阀	控制推料气缸的动作	信号为 1:推料缸推出工件 信号为 0:推料缸返回

2. 参考控制程序

在编写满足控制要求、满足安全要求的控制程序时，首先要了解设备的基本结构，其次要清楚各个执行机构之间的准确动作关系，也就是清楚生产工艺，再次要考虑安全、效率等因素，最后才是通过编程实现控制功能。供料单元流程图如图 2-19 所示。供料单元网络控制参考主程序如图 2-20 所示。

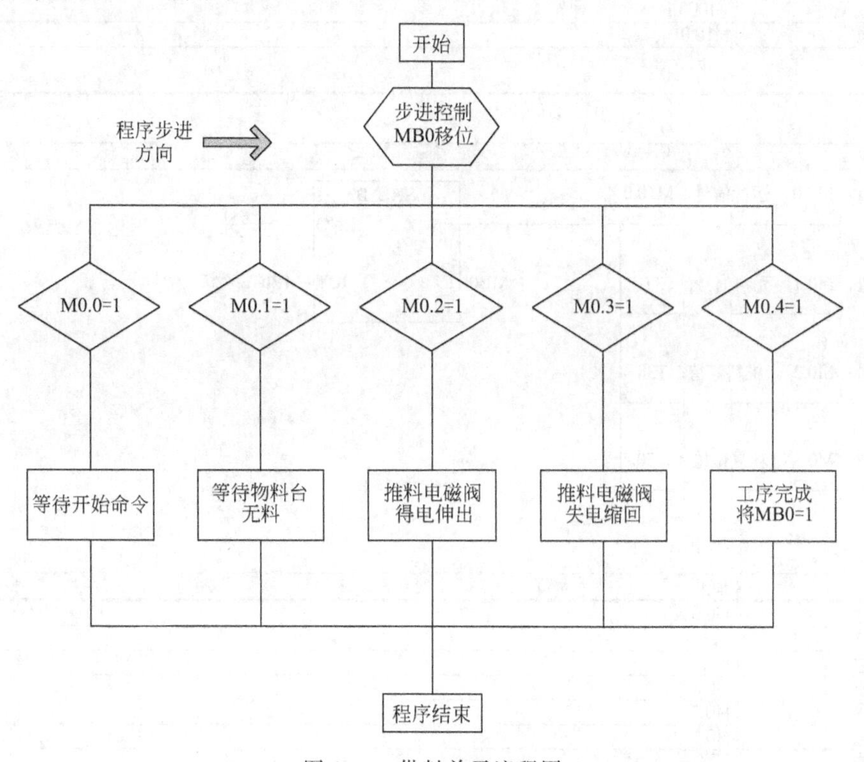

图 2-19　供料单元流程图

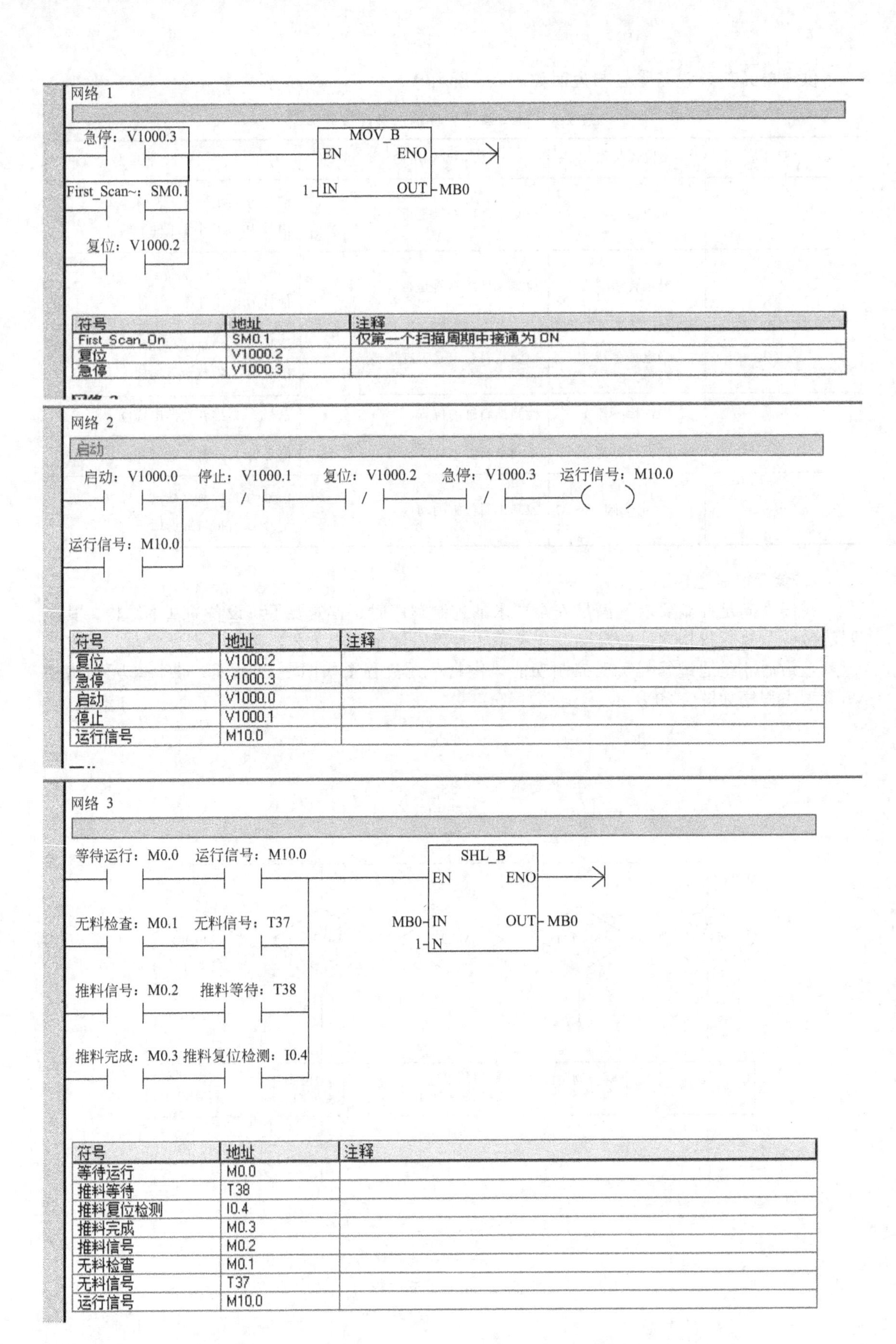

符号	地址	注释
First_Scan_On	SM0.1	仅第一个扫描周期中接通为 ON
复位	V1000.2	
急停	V1000.3	

符号	地址	注释
复位	V1000.2	
急停	V1000.3	
启动	V1000.0	
停止	V1000.1	
运行信号	M10.0	

符号	地址	注释
等待运行	M0.0	
推料等待	T38	
推料复位检测	I0.4	
推料完成	M0.3	
推料信号	M0.2	
无料检查	M0.1	
无料信号	T37	
运行信号	M10.0	

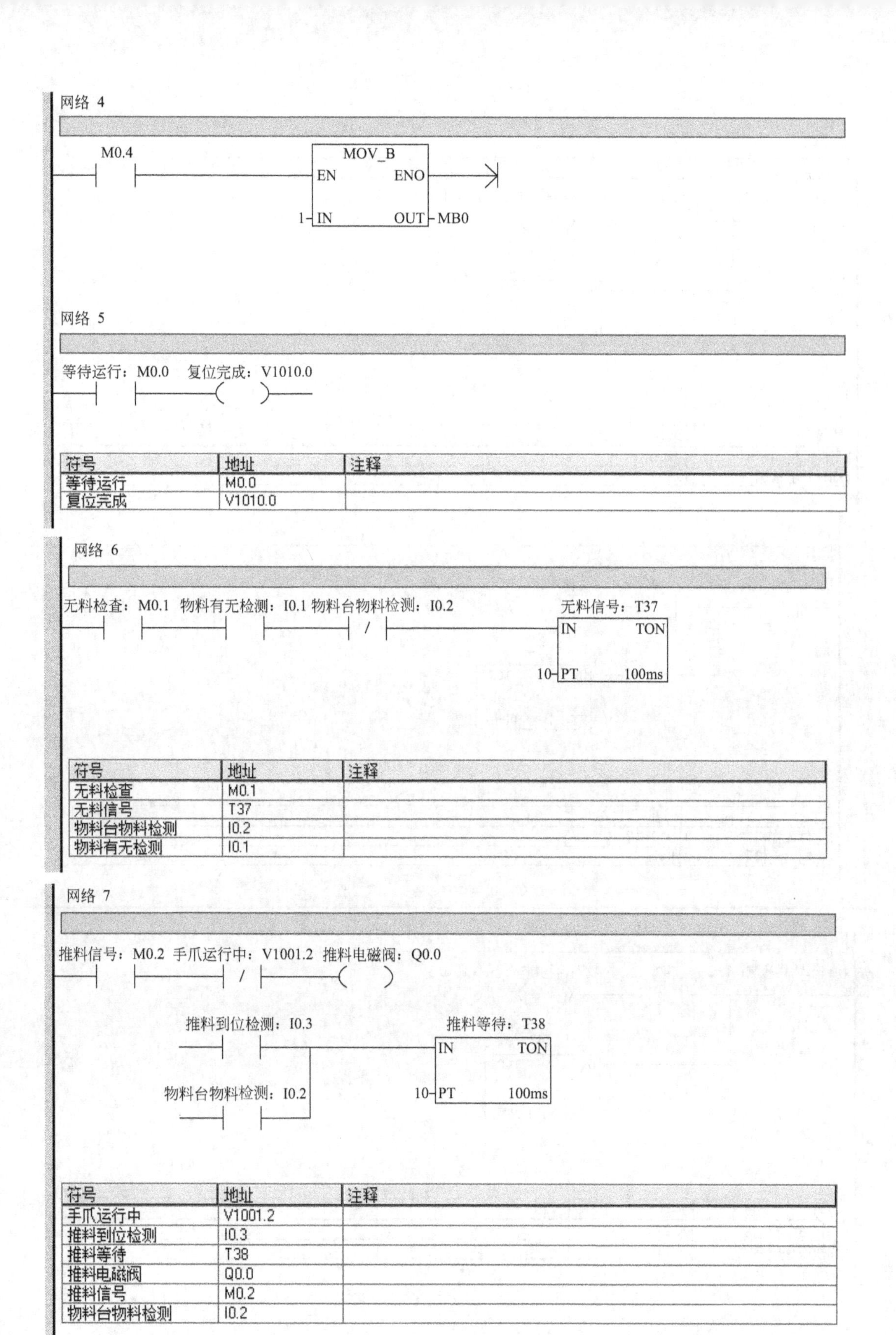

符号	地址	注释
等待运行	M0.0	
复位完成	V1010.0	

符号	地址	注释
无料检查	M0.1	
无料信号	T37	
物料台物料检测	I0.2	
物料有无检测	I0.1	

符号	地址	注释
手爪运行中	V1001.2	
推料到位检测	I0.3	
推料等待	T38	
推料电磁阀	Q0.0	
推料信号	M0.2	
物料台物料检测	I0.2	

图 2-20

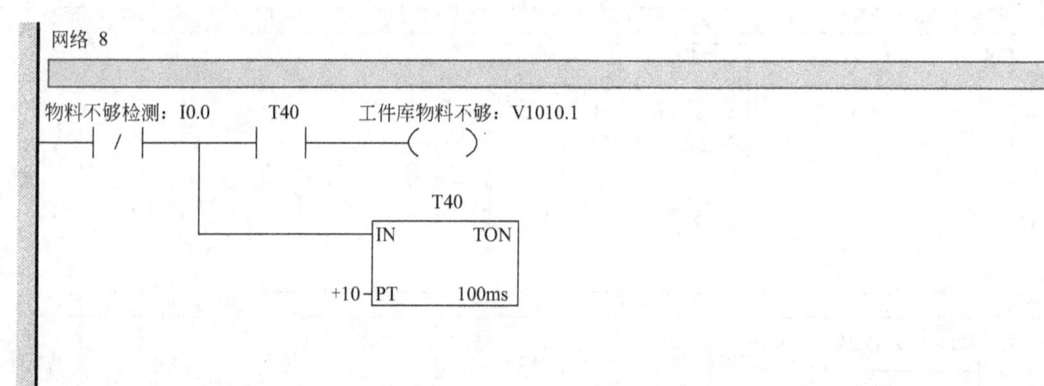

符号	地址	注释
工件库物料不够	V1010.1	
物料不够检测	I0.0	

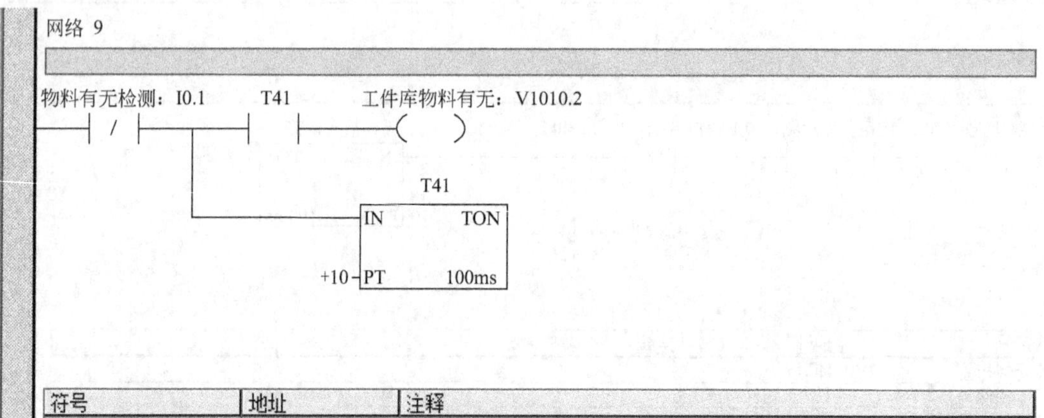

符号	地址	注释
工件库物料有无	V1010.2	
物料有无检测	I0.1	

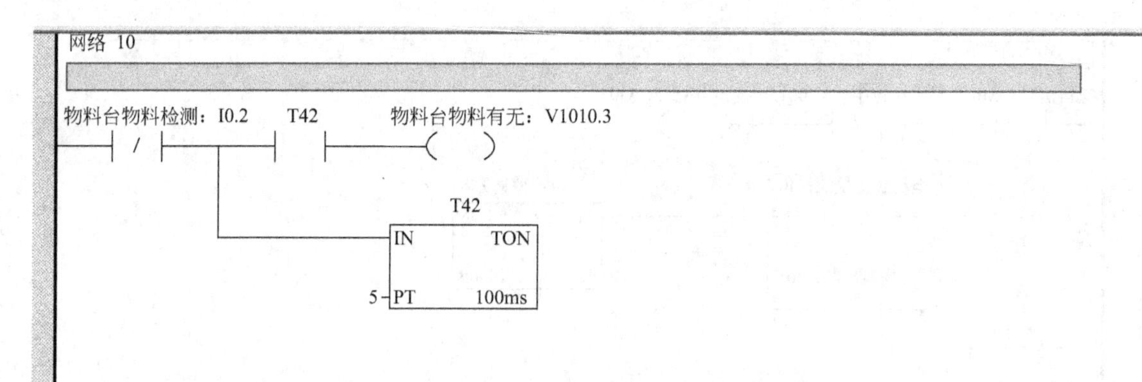

符号	地址	注释
物料台物料检测	I0.2	
物料台物料有无	V1010.3	

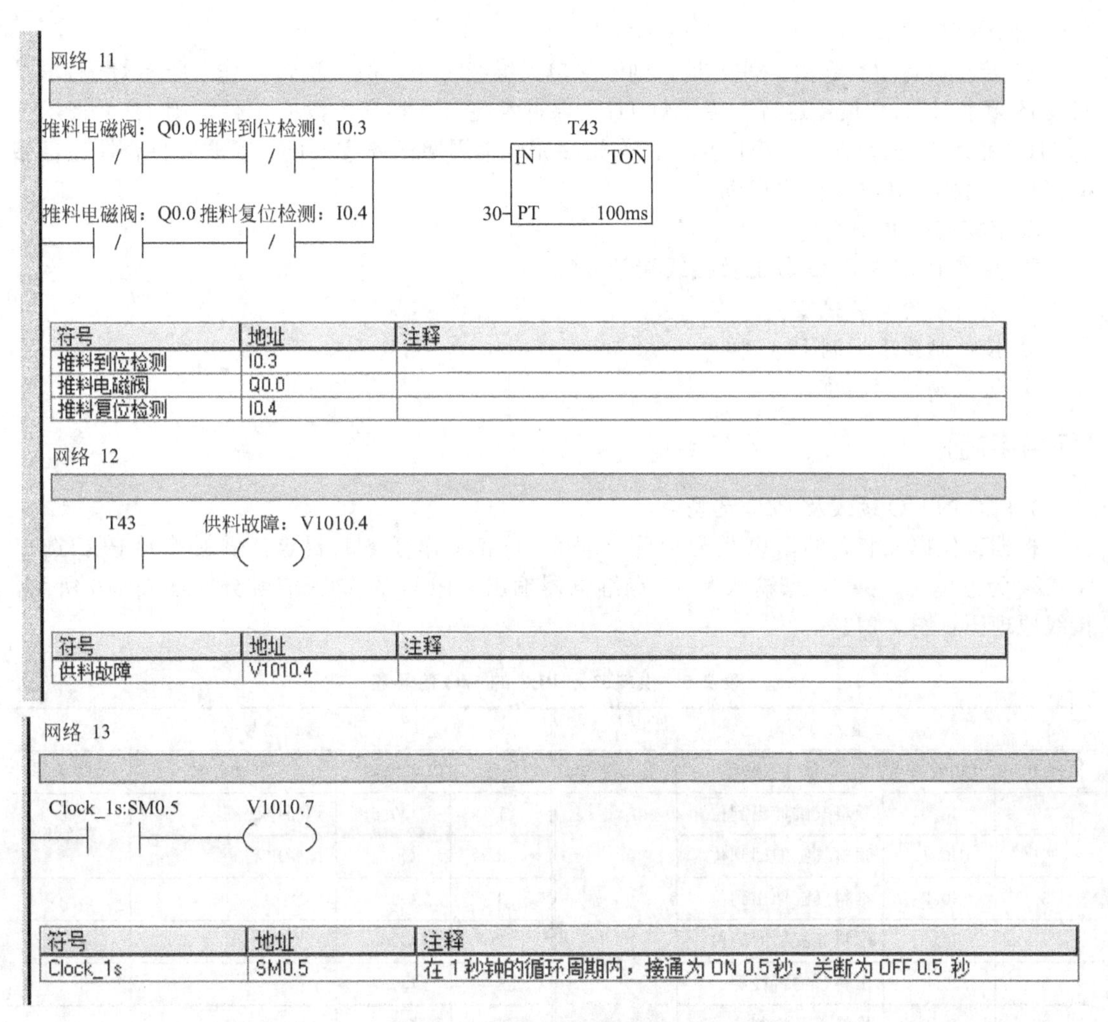

图 2-20 供料单元参考主程序

子任务 2 设备 2 供料单元程序设计

【任务要求】

本任务只考虑供料单元作为独立设备运行时的情况，单元工作的主令信号和工作状态显示信号来自 PLC 旁边的按钮/指示灯模块。并且，按钮/指示灯模块上的工作方式选择开关 SA 应置于“单站方式”位置。具体的控制要求为：

① 设备上电和气源接通后，若工作单元的两个气缸均处于缩回位置，且料仓内有足够的待加工工件，则“正常工作”指示灯 HL1 常亮，表示设备准备好。否则，该指示灯以 1Hz 频率闪烁。

② 若设备准备好，按下启动按钮，工作单元启动，“设备运行”指示灯 HL2 常亮。启动后，若出料台上没有工件，则应把工件推到出料台上。出料台上的工件被人工取出后，若没有停止信号，则进行下一次推出工件操作。

③ 若在运行中按下停止按钮，则在完成本工作周期任务后，各工作单元停止工作，

HL2 指示灯熄灭。

④ 若在运行中料仓内工件不足，则工作单元继续工作，但“正常工作”指示灯 HL1 以 1Hz 的频率闪烁，“设备运行”指示灯 HL2 保持常亮。若料仓内没有工件，则 HL1 指示灯和 HL2 指示灯均以 2Hz 频率闪烁。工作站在完成本周期任务后停止。除非向料仓补充足够的工件，否则工作站不能再启动。

要求完成如下任务。

① 规划 PLC 的 I/O 分配及接线端子分配。

② 进行系统安装接线。

③ 按控制要求编制 PLC 程序。

④ 进行调试与运行。

【任务实施】

1. PLC 的 I/O 接线及 PLC 选型

根据工作单元装置的 I/O 信号分配（表 2-1）和工作任务的要求，供料单元 PLC 选用 S7-224 为主单元，共 14 点输入和 10 点继电器输出。PLC 的 I/O 信号分配如表 2-6 所示，接线原理图见图 2-21。

表 2-6　供料单元 PLC 的 I/O 信号表

输入信号				输出信号			
序号	PLC 输入点	信号名称	信号来源	序号	PLC 输出点	信号名称	信号来源
1	I0.0	顶料气缸伸出到位	装置侧	1	Q0.0	顶料电磁阀	装置侧
2	I0.1	顶料气缸缩回到位		2	Q0.1	推料电磁阀	
3	I0.2	推料气缸伸出到位		3	Q0.2		
4	I0.3	推料气缸缩回到位		4	Q0.3		
5	I0.4	出料台物料检测		5	Q0.4		
6	I0.5	供料不足检测		6	Q0.5		
7	I0.6	缺料检测		7	Q0.6		
8	I0.7	金属工件检测		8	Q0.7	工件不足指示	按键/指示灯模块
9	I1.0			9	Q1.0	正常工作指示	
10	I1.1			10	Q1.1	运行指示	
11	I1.2	停止按钮	按钮/指示灯模块				
12	I1.3	启动按钮					
13	I1.4						
14	I1.5	工作方式选择					

2. 供料单元单站控制的编程思路

① 程序结构：有两个子程序，一个是系统状态显示子程序，另一个是供料控制子程序。主程序在每一扫描周期都调用系统状态显示子程序，仅当在运行状态已经建立才可能调用供料控制子程序。

② PLC 上电后应首先进入初始状态检查阶段，确认系统已经准备就绪后，才允许投入运行，这样可及时发现存在的问题，避免出现事故。例如，若两个气缸在上电和气源接入时不在初始位置，这是气路连接错误的缘故，显然在这种情况下不允许系统投入运行。通常的

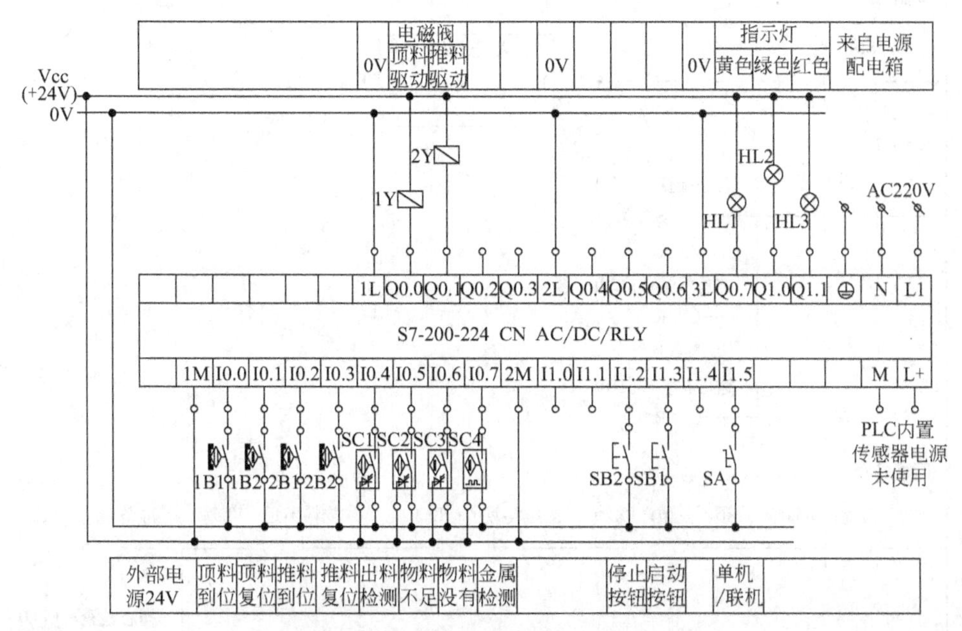

图 2-21　供料单元 PLC 的 I/O 接线原理图

PLC 控制系统往往有这种常规的要求。

③ 供料单元运行的主要过程是供料控制，它是一个步进顺序控制过程。

④ 如果没有停止要求，顺控过程将周而复始地不断循环。常见的顺序控制系统正常停止要求是，接收到停止指令后，系统在完成本工作周期任务即返回到初始步后才停止。

⑤ 当料仓中最后一个工件被推出后，将有缺料报警。推料气缸复位到位，亦即完成本工作周期任务即返回到初始步后，也应停止下来。按上述分析，可画出如图 2-22 所示的系统主程序梯形图。

供料控制子程序的步进顺序流程则如图 2-23 所示。图中，初始步 S0.0 在主程序中，当系统准备就绪且接收到启动脉冲时被置位。

3. 供料单元系统调试

① 调整气动部分，检查气路是否正确，气压是否合理、恰当，气缸的动作速度是否合适。

② 检查磁性开关的安装位置是否到位，磁性开关工作是否正常。

③ 检查 I/O 接线是否正确。

④ 检查光电传感器安装是否合理，灵敏度是否合适，保证检测的可靠性。

⑤ 放入工件，运行程序，观察加工单元动作是否满足任务要求。

⑥ 调试各种可能出现的情况，比如在任何情况下都有可能加入工件，系统都要能可靠工作。

⑦ 优化程序。

⑧ 总结经验，把调试过程中遇到的问题、解决的方法记录下来。

⑨ 在运行过程中，应该时刻注意现场设备的运行情况，一旦发生执行机构互相冲突情况，应及时采取措施，如急停、切断执行机构控制信号、切断气源或切断总电源等，以避免造成设备的损毁。

操作过程的评分表如表 2-7 所示。

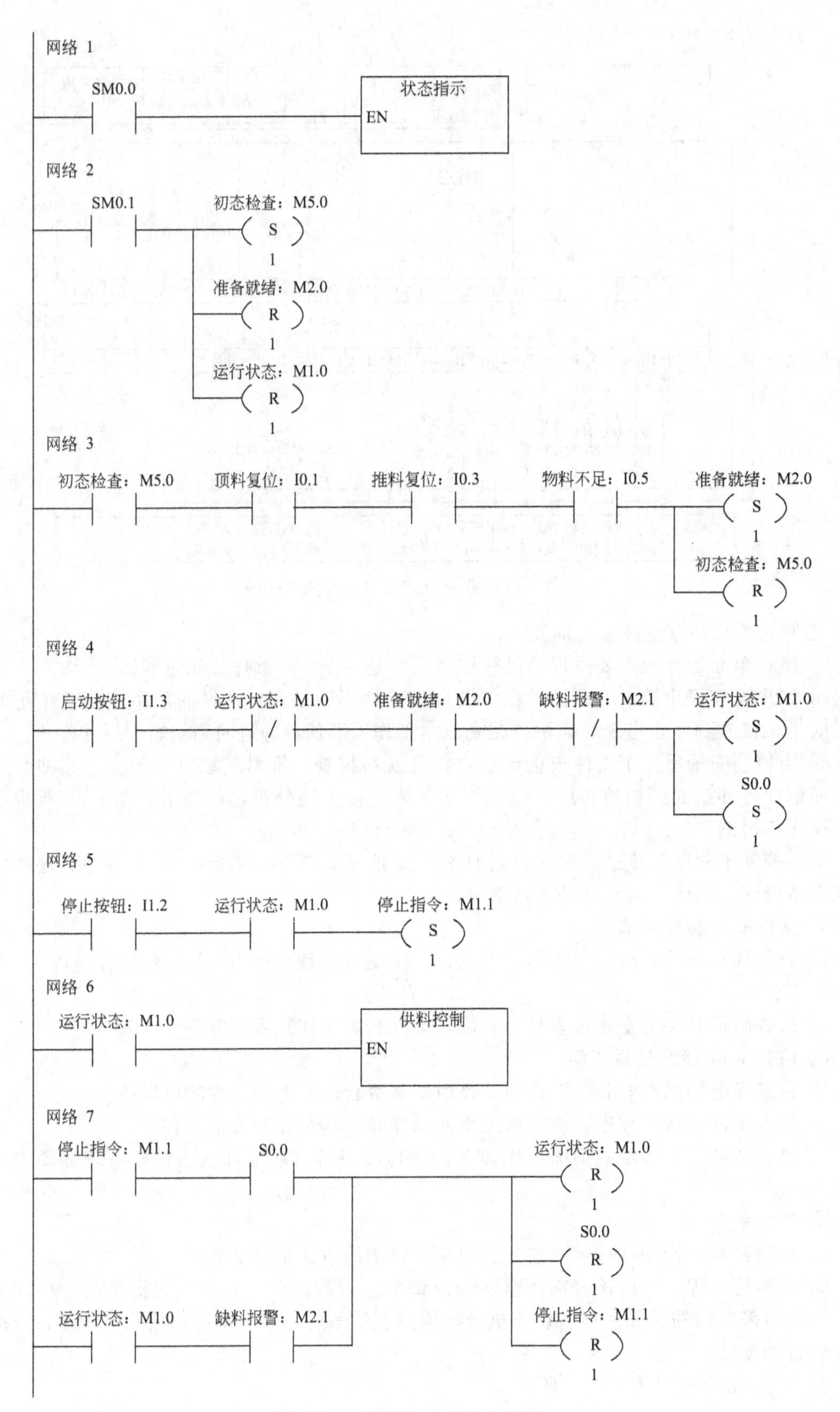

图 2-22　供料单元主程序梯形图

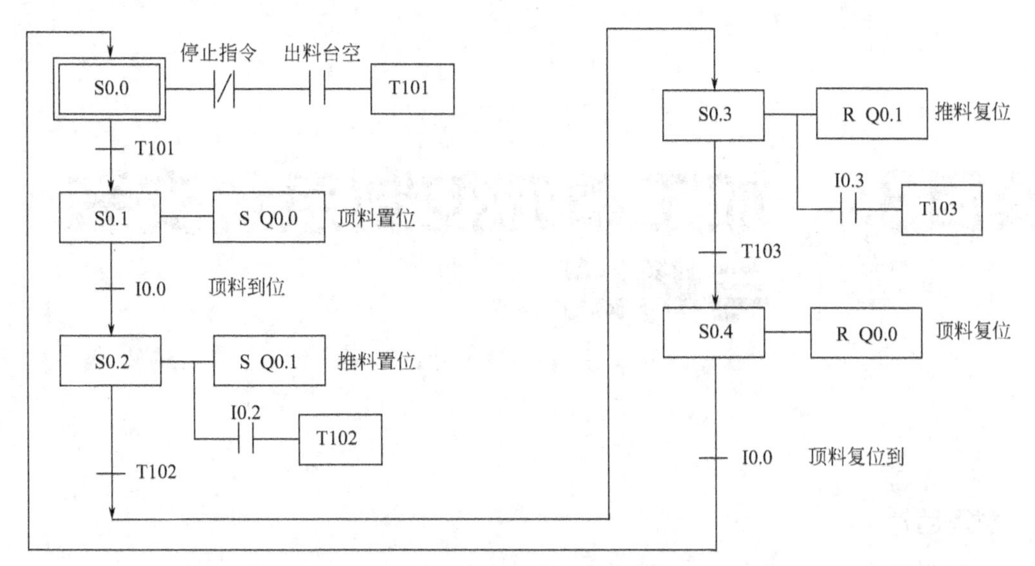

图 2-23 供料单元子程序流程图

表 2-7 评分表

______学年 评 分 表		工作形式 □个人 □小组分工 □小组	实际工作时间 ______	
训练项目	训练内容	训练要求	学生自评	教师评分
供料单元	1. 工作计划和图纸 30 分 ——工作计划 ——气路图 ——电路图 ——程序清单	气路、电路绘制有错误，每处扣 3 分；电路图符号不规范，每处扣 1 分，最多扣 5 分		
	2. 机械安装及装配工艺 20 分	装配未能完成，扣 10 分；装配完成，但有紧固件松动现象，每处扣 1 分		
	3. 连接工艺 20 分 ——电路连接工艺 ——气路连接工艺	端子连接，插针压接不牢或超过 2 根导线，每处扣 1 分，端子连接处没有线号，每处扣 0.5 分，两项最多扣 5 分；电路接线没有绑扎或电路接线凌乱，扣 2 分；气路连接有漏气现象，每处扣 1 分；气缸节流阀调整不当，每处扣 1 分；气管没有绑扎或气路连接凌乱，扣 2 分		
	4. 测试与功能 20 分 ——推料功能 ——报警功能	启动/停止方式不按控制要求，扣 3 分；运行测试不满足要求，每处扣 3 分；传感器调试不当，每处扣 3 分；磁性开关调试不当，每处扣 1 分		
	5. 职业素质与安全意识 10 分	现场操作安全，保护符合安全操作规程；工具摆放、包装物品、导线线头等的处理符合职业岗位的要求；团队中有分工有合作，配合紧密；遵守纪律，尊重教师，爱惜设备和器材，保持工位的整洁		

【问题与思考】

① 总结与学会检查气动连线、传感器接线、I/O 检测及故障排除方法。

② 如果在加工过程中出现意外情况如何处理。

③ 思考如果采用网络控制如何实现。

④ 思考加工单元各种可能会出现的问题。

项目3 加工单元控制系统安装与调试

学习目标

① 了解步进电动机的原理
② 掌握传感器的原理
③ 掌握加工单元的功能及工作过程

能力目标

① 掌握步进电动机的控制方法
② 掌握传感器的调试方法
③ 掌握加工单元的调试方法

任务1 加工单元控制系统安装技能训练

子任务1 设备1加工单元安装技能训练

【任务要求】

将加工单元的机械部分拆开成组件和零件的形式，然后再组装成原样。要求着重掌握机械设备的安装、调整方法与技巧。

【相关知识】

1. 加工单元的结构

加工单元主要由物料台、物料夹紧装置、龙门式二维运动装置、主轴电机、刀具以及相应的传感器、磁性开关、电磁阀、步进电机及驱动器、滚珠丝杆、支架、机械零部件构成。主要完成工件模拟钻孔、切屑加工。

2. 加工单元的功能

(1) 加工单元功能

加工单元的功能是把待加工的工件从物料台移送到加工区域冲压气缸的正下方，在完成对工件的冲压加工后，把加工好的工件重新送回物料台的过程。

（2）加工单元动作过程

在系统正常工作后移动物料台的初始状态为物料台在原点位置，物料台气动手爪张开的状态。当输送机构把物料送到物料台上，物料检测传感器检测到工件后，PLC 控制程序驱动气动手指将工件夹紧→物料台在步进电机作用下移动到加工区域冲压气缸下方→冲压气缸活塞杆向下伸出冲压工件→完成冲压动作后向上缩回→物料台重新返回原点位置→到位后气动手指松开，最后完成工件加工工序，并向系统发出加工完成信号，为下一次工件到来加工作准备。

3. 加工单元结构组成

图 3-1 所示为加工单元实物图。

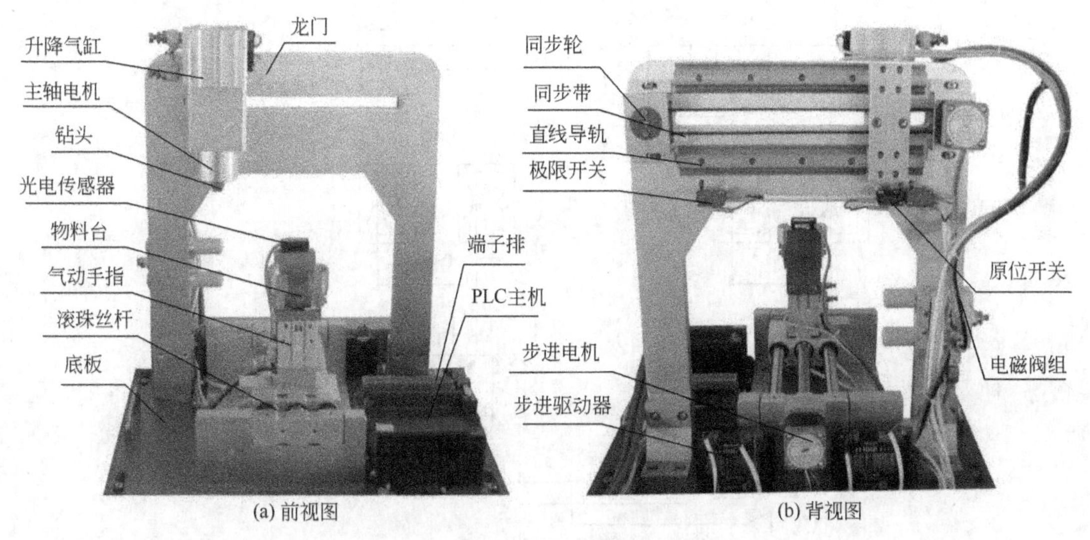

图 3-1　加工单元

① PLC 主机（CPU224 DC/DC/DC）：供电电源采用 DC24V，控制端子与端子排相连。

② 步进电机及驱动器（42J1834-810、M415B）：用于驱动龙门式二维装置运动。

③ 光电传感器（ZD-L09N）：用于检测物料台是否有物料。当物料台有物料时给 PLC 提供输入信号。物料的检测距离可由光电传感器头的旋钮调节，调节检测范围 1～9cm。

④ 磁性传感器 1（D-Z73）：用于气动手指的位置检测，当检测到气动手指夹紧后给 PLC 发出一个到位信号。

⑤ 磁性传感器 2（D-Z73）：用于升降气缸的位置检测，当检测到升降气缸准确到位后给 PLC 发出一个到位信号。

⑥ 行程开关（RV-165-1C25）：X 轴 Y 轴装有六个行程开关，其中两个给 PLC 提供两轴的原点信号，另外四个用于硬件保护，当任何一轴运行过头，碰到行程开关时断开步进电机控信号公共端。

⑦ 电磁阀（SY5120）：气动手指、升降气缸均用二位五通的带手控开关的单控电磁阀控制，两个单控电磁阀集中安装在带有消声器的汇流板上。当 PLC 给电磁阀一个信号，电磁阀动作，对应气缸动作。

⑧ 气动手指（MHZ2-20D）：由单控电磁阀控制。当气动电磁阀得电，气动手指夹紧工件。

⑨ 升降气缸（CDQ2B50-20）：由单控电磁阀控制。当气动电磁阀得电，气缸伸出，带动主轴电机上下运动。

⑩ 主轴电机：用于驱动模拟钻头。

⑪ 滚珠丝杆：用于带动气动手指沿 Y 轴移动，并实现精确定位。

⑫ 同步轮同步带：用于带动主轴沿 X 轴移动，并实现精确定位。

⑬ 端子排：用于连接 PLC 输入输出端口与各传感器和电磁阀。其中下排 1～4 和上排 1～4 号端子短接经过带保险的端子与＋24V 相连。上排 5～19 号端子短接与 0V 相连。

4. 加工单元气动控制回路

气动控制回路是本工作单元的执行机构，该执行机构的逻辑控制功能是由 PLC 实现的。气动控制回路的工作原理如图 3-2 所示。1B、2B1、2B2 为安装在气缸极限工作位置的磁性传感器。1Y1、2Y1 为控制气缸的电磁阀。

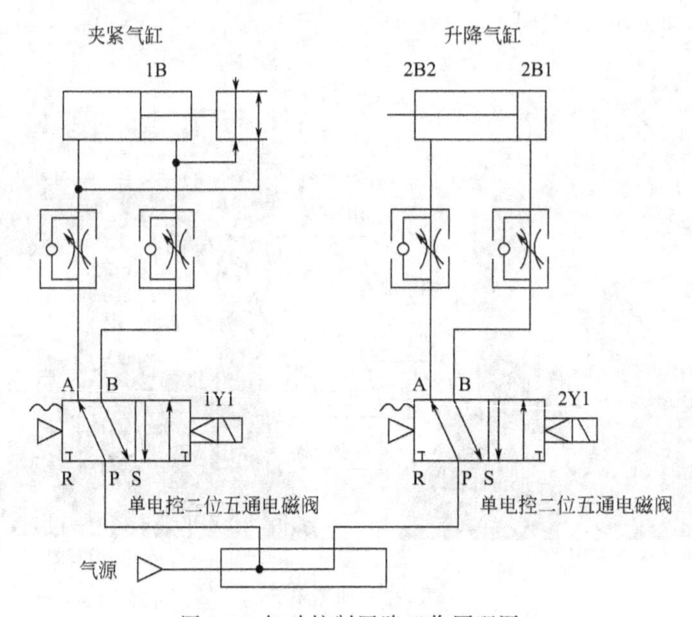

图 3-2 气动控制回路工作原理图

【任务实施】

1. 加工单元训练目标

按照加工单元工艺要求，先按计划进行机械安装与调试，再分别设计手动单步控制、单周期控制和自动连续控制程序，并分别对其进行调试。计划在 4h 内完成该训练。

2. 加工单元训练要求

① 熟悉加工单元的功能及结构组成，并能正确安装。

② 能够根据控制要求设计气动控制回路原理图，安装执行器件并调试。

③ 安装所使用的传感器并能调试。

④ 查明 PLC 各端口地址，根据要求编写控制程序，并调试。

3. 安装与调试工作计划表

加工单元安装与调试工作计划表如表 3-1 所示。加工单元安装与调试时间为 4h，计划时间为参考时间，请学生填写实际时间。

表 3-1 工作计划表

步骤	内容	计划时间/min	实际时间/min	完成情况
1	制订练习工作计划	30		课外
2	制订安装计划	30		课外

续表

步骤	内容	计划时间/min	实际时间/min	完成情况
3	项目描述和项目执行图纸	60		课外
4	机械部分安装、调试	60		课内
5	按照图纸进行气路、电路安装	30		课内
6	按质量要求要点检查整个设备	30		课内
7	项目各部分设备的通电、通气测试	15		课内
8	对老师发现和提出的问题进行回答	15		课内
9	整个装置的功能调试(程序)	60		课内
10	排除故障(依实际情况)	30		课内
11	该任务成绩评估	30		课内

4. 加工单元安装与调试

(1) 加工单元机械部分安装步骤

① 在教学现场结合实物观看视频，培养自己的观察能力。例如，学生在观察气动控制回路的组成情况时，可通过观察有无节流阀，气缸进排气推断气动控制回路；通过手动操作控制阀，控制气缸动作，观察执行机构的动作特征；认识所使用的传感器类型、安装位置、作用及与PLC的接口地址；查明PLC的I/O接口地址和输入/输出控制信号。

② 在工作台上，先安装X、Y轴支架，再安装气缸的安装板，然后安装气阀安装板。

③ 将导轨固定在导轨滑板上后，再按顺序安装前后气缸、气爪、气缸支架，之后整体连接到气缸滑板上，最后将传感器安装板安装到手爪气缸上。

(2) 调试注意点

① 导轨一定要灵活，否则须调整导轨固定螺钉或滑板固定螺钉。

② 气缸位置要安装正确，否则要进行调试。

③ 传感器位置和灵敏度要调整正确，以免产生误动作。

(3) 加工单元I/O接线图

端子接线如图3-3所示。

说明：

① 光电传感器引出线：棕色接“+24V”电源，蓝色接“0V”，黑色接PLC输入。

② 磁性传感器引出线：蓝色接“0V”，棕色接PLC输入。

③ 电磁阀引出线：黑色接“0V”，红色接PLC输出。

④ 步进电机及驱动器（西门子）。

a. M415B两相步进电机驱动器的主要参数如下。

供电电压：直流12～40V

输出相电流：0.21～1.5A

控制信号输入电流：6～20mA

b. 参数设定。

在驱动器的侧面连接端子中间有六位SW功能设置开关，用于设定电流和细分。见表3-2所示。该单元X轴、Y轴驱动器电流都设定为0.84A，细分设定为16。

表3-2 功能说明

序号	SW1	SW2	SW3	电流(A)	序号	SW1	SW2	SW3	细分
1	OFF	ON	ON	0.21	1	ON	ON	ON	1
2	ON	OFF	ON	0.42	2	OFF	ON	ON	2

续表

序号	SW1	SW2	SW3	电流(A)	序号	SW1	SW2	SW3	细分
3	OFF	OFF	ON	0.63	3	ON	OFF	ON	4
4	ON	ON	OFF	0.84	4	OFF	OFF	ON	8
5	OFF	ON	OFF	1.05	5	ON	ON	OFF	16
6	ON	OFF	OFF	1.26	6	OFF	ON	OFF	32
7	OFF	OFF	OFF	1.50	7	ON	OFF	OFF	64

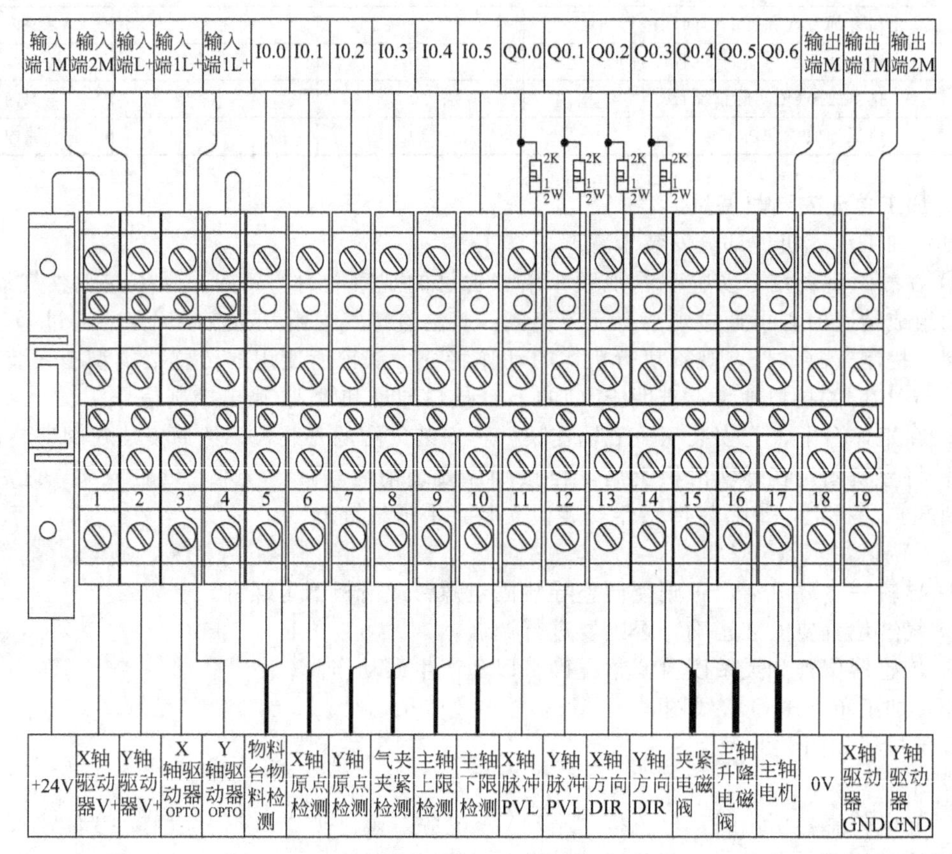

图 3-3 PLC 端子接线图

c. 步进电机接线图，如图 3-4 所示。

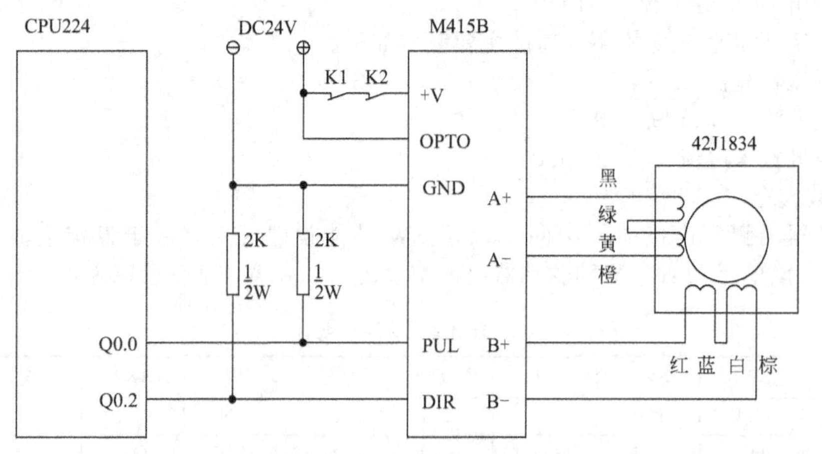

图 3-4 步进电动机接线图

【注意事项】

① 在通电之前先检查加工单元的 24V 电源线是否接正确，在确认没有问题后通电。

② 在通电前检查气路是否畅通和加工单元的气缸是否处于到位状态。

③ 在上电之后检查各个输入和输出点是否有信号，如果对应的指示灯不亮，则检查对应的传感器的接线。

(4) 尤其要注意 X 和 Y 方向的接线问题。它所对应有两个步进电机驱动模块，必须对它的细分进行相应的设置。

实训操作技能训练测试记录如表 3-3 所示。

表 3-3　实训操作技能训练测试记录

学生姓名		学号	
专业		班级	
课程		指导教师	
下列清单为测评依据，用于判断学生是否通过测评已到达所需能力标准			
第一阶段　测量数据			
测评项目		分值	得分
是否遵守实训室的各项规章制度		10	
是否熟悉原理图中各气动元件的基本工作原理		10	
是否熟悉原理图的基本工作原理		10	
是否正确搭建加工单元控制回路		15	
气源开关、控制按钮的条件是否正确（开、闭、调节）		20	
控制回路是否正常运行		10	
是否正确拆卸所搭建的气动回路		10	
第二阶段　处理、分析、整理数据			
测评项目		分值	得分
是否利用现有元件拟定其他方案，并进行比较		15	
实训技能训练评估记录			
实训技能训练评估等级：优秀（90 分以上）□ 良好（80 分以上）□ 一般（70 分以上）□ 及格（60 分以上）□ 不及格（60 分以下）□			
指导教师签字________日期________			

子任务 2　设备 2 加工单元安装技能训练

【任务要求】

将加工单元的机械部分拆开成组件和零件的形式，然后再组装成原样。要求着重掌握机械设备的安装、调整方法与技巧。

【相关知识】

加工单元的功能是完成把待加工工件从物料台移送到加工区域冲压气缸的正下方；完成

对工件的冲压加工，然后把加工好的工件重新送回物料台的过程。加工单元装置侧主要结构组成为：加工台及滑动机构，加工（冲压）机构，电磁阀组，接线端口，底板等。其中，该单元机械结构组成如图 3-5 所示。

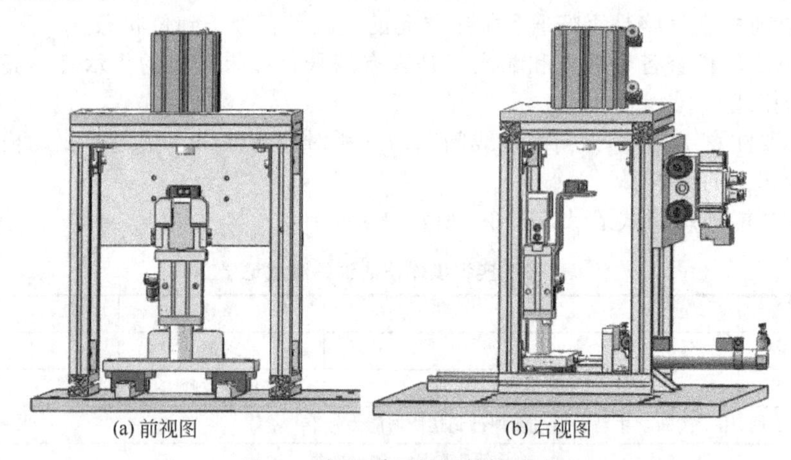

(a) 前视图　　(b) 右视图

图 3-5　加工单元机械结构总成

1. 物料台及滑动机构

加工台及滑动机构如图 3-6 所示。加工台用于固定被加工工件，并把工件移到加工（冲压）机构正下方进行冲压加工。它主要由气动手爪、手指、加工台伸缩气缸、线性导轨及滑块、磁感应接近开关、漫射式光电传感器组成。

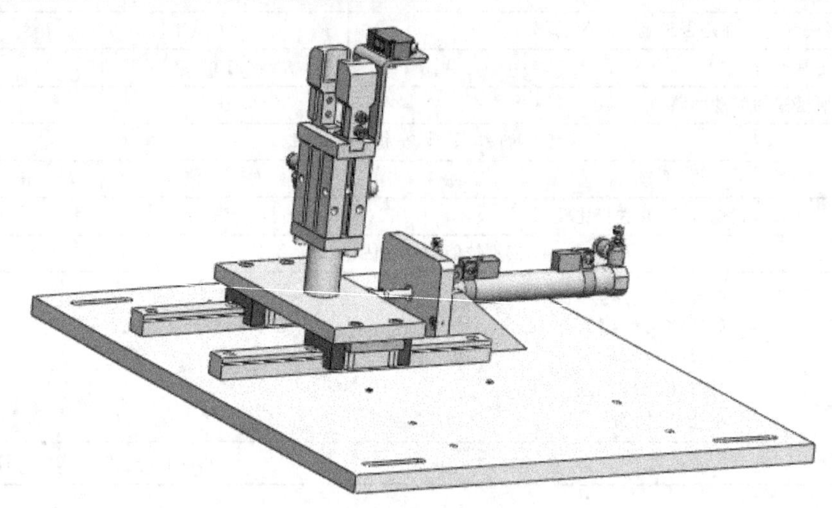

图 3-6　加工台及滑动机构

滑动加工台的工作原理：在系统正常工作后滑动加工台的初始状态为伸缩气缸伸出，加工台气动手指张开的状态。当输送机构把物料送到料台上，物料检测传感器检测到工件后，PLC 控制程序驱动气动手指将工件夹紧→加工台回到加工区域冲压气缸下方→冲压气缸活塞杆向下伸出冲压工件→完成冲压动作后向上缩回→加工台重新伸出→到位后气动手指松开，顺序完成工件加工工序，并向系统发出加工完成信号。为下一次工件到来加工作准备。

在移动料台上安装一个漫射式光电开关。若加工台上没有工件，则漫射式光电开关处于常态；若加工台上有工件，则光电接近开关动作，表明加工台上已有工件。该光电传感器的输出信号送到加工单元 PLC 的输入端，用以判别加工台上是否有工件需进行加工。当加工过程结束，加工台伸出到初始位置。同时，PLC 通过通信网络，把加工完成信号回馈给系统，以协调控制。

移动料台上安装的漫射式光电开关仍选用 E3Z-L61 型放大器内置型光电开关（细小光束型），该光电开关的原理和结构以及调试方法在前面已经介绍过了。移动料台伸出和返回到位的位置是通过调整伸缩气缸上两个磁性开关位置来定位的。要求缩回位置位于加工冲头正下方，伸出位置应与输送单元的抓取机械手装置配合动作，确保输送单元的抓取机械手能顺利地把待加工工件放到料台上。

2. 加工（冲压）机构

加工（冲压）机构如图 3-7 所示。加工机构用于对工件进行冲压加工。它主要由冲压气缸、冲压头、安装板等组成。

冲压台的工作原理是：当工件到达冲压位置时，即伸缩气缸活塞杆缩回到位，冲压缸伸出对工件进行加工，完成加工动作后冲压缸缩回，为下一次冲压作准备。冲头根据工件的要求对工件进行冲压加工，冲头安装在冲压缸头部。安装板用于安装冲压缸，对冲压缸进行固定。

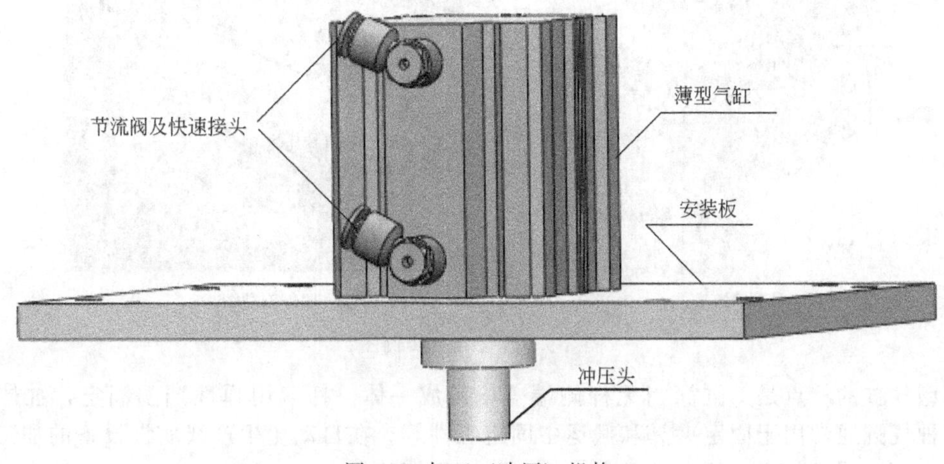

图 3-7　加工（冲压）机构

3. 直线导轨

直线导轨是一种滚动导轨，它由钢珠在滑块与导轨之间作无限滚动循环，使得负载平台能沿着导轨以高精度作线性运动，其摩擦系数可降至传统滑动导轨的 1/50，使之能达到很高的定位精度。在直线传动领域中，直线导轨副一直是关键性的产品，目前已成为各种机床、数控加工中心、精密电子机械中不可缺少的重要功能部件。直线导轨副通常按照滚珠在导轨和滑块之间的接触牙型进行分类，主要有两列式和四列式两种。YL-335A 上均选用普通级精度的两列式直线导轨副，其接触角在运动中能保持不变，刚性也比较稳定。图 3-8(a) 给出导轨副的截面示意图，图（b）装配好的直线导轨副。

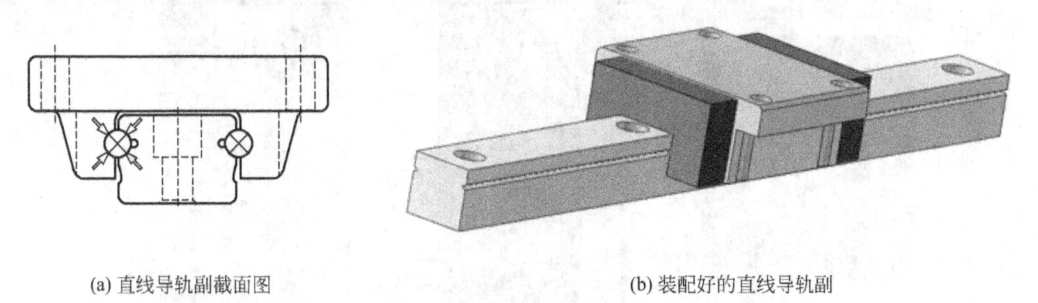

(a) 直线导轨副截面图　　(b) 装配好的直线导轨副

图 3-8　两列式直线导轨副

安装直线导轨副时应注意：①要小心轻拿轻放，避免磕碰以影响导轨副的直线精度。②不要将滑块拆离导轨或超过行程又推回去。加工单元移动料台滑动机构由两个直线导轨副和导轨安装构成，安装滑动机构时要注意调整两直线导轨的平行。

4. 加工单元的气动元件

加工单元所使用的气动执行元件包括标准直线气缸、薄型气缸和气动手指，下面只介绍前面尚未提及的薄型气缸和气动手指。

(1) 薄型气缸

薄型气缸属于省空间气缸类，即气缸的轴向或径向尺寸比标准气缸小的气缸。具有结构紧凑、重量轻、占用空间小等优点。图 3-9 是薄型气缸的实例图。

(a) 薄型气缸实例

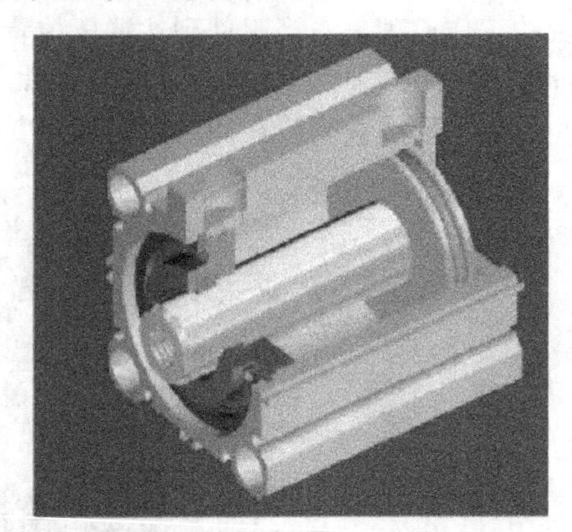

(b) 工作原理剖视图

图 3-9 薄型气缸实例图

薄型气缸的特点是：缸筒与无杆侧端盖压铸成一体，杆盖用弹性挡圈固定，缸体为方形。这种气缸通常用于固定夹具和搬运中固定工件等。在自动化生产线实训设备的加工单元中，薄型气缸用于冲压，这主要是考虑该气缸行程短的特点。

(2) 气动手指（气爪）

气爪用于抓取、夹紧工件。气爪通常有滑动导轨型、支点开闭型和回转驱动型等工作方式。自动化生产线实训设备的加工单元所使用的是滑动导轨型气动手指，如图 3-10(a) 所示。其工作原理可从其中剖面图 (b) 和 (c) 看出。

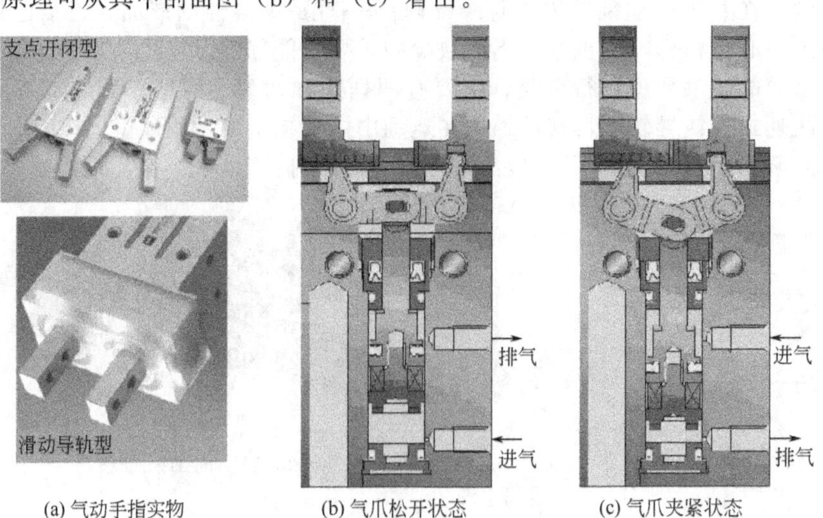

(a) 气动手指实物　(b) 气爪松开状态　(c) 气爪夹紧状态

图 3-10 气动手指实物和工作原理

5. **气动控制回路**

加工单元的气动控制元件均采用二位五通单电控电磁换向阀，各电磁阀均带有手动换向和加锁钮。它们集中安装成阀组固定在冲压支撑架后面。

气动控制回路的工作原理如图 3-11 所示。1B1 和 1B2 为安装在冲压气缸上两个极限工作位置的磁感应接近开关，2B1 和 2B2 为安装在加工台伸缩气缸上两个极限工作位置的磁感应接近开关，3B1 为安装在手爪气缸工作位置的磁感应接近开关。1Y1、2Y1 和 3Y1 分别为控制冲压气缸、加工台伸缩气缸和手爪气缸的电磁阀的电磁控制端。

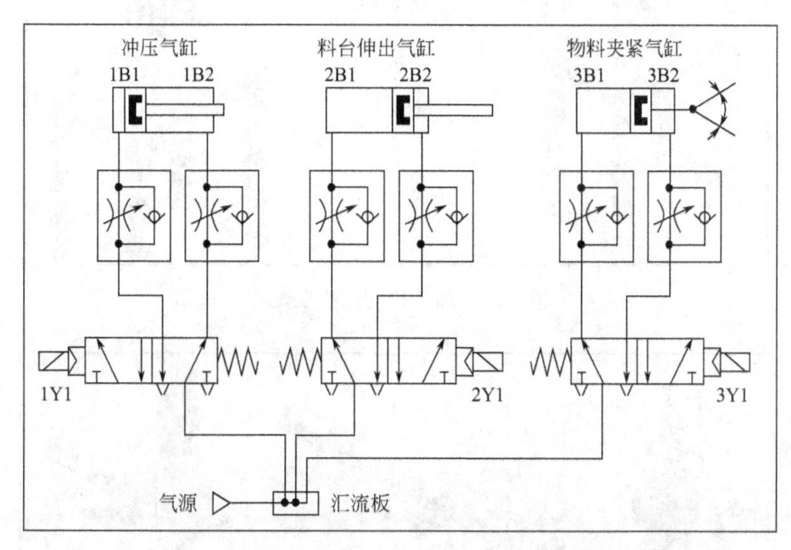

图 3-11 加工单元气动控制回路工作原理图

【任务实施】

1. **制定工作计划表**

安装与调试工作计划表如表 3-4 所示，加工单元控制系统安装时间计划为 4h，该时间为参考时间，请学生填写时间时间。

表 3-4 工作计划表

步骤	内容	计划时间/h	实际时间/h	完成情况
1	制订练习工作计划	0.25		课外
2	制订安装计划	0.25		课外
3	项目描述和项目执行图纸	1		课外
4	机械部分安装、调试	1		课内
5	按照图纸进行气路、电路安装	0.5		课内
6	按质量要求要点检查整个设备	0.25		课内
7	项目各部分设备的通电、通气测试	0.25		课内
8	对老师发现和提出的问题进行回答	0.25		课内
9	整个装置的功能调试(程序)	1		课内
10	排除故障(依实际情况)	0.25		课内
11	该任务成绩评估	0.5		课内

2. **加工单元安装步骤和方法**

(1) 加工单元机械部分安装步骤

加工单元的装配过程包括两部分，一是加工机构组件装配，二是滑动加工台组件装配。

然后进行总装，图 3-12 是加工机构组件装配图，图 3-13 是滑动加工台组件装配图，图 3-14 是整个加工单元的组装图。

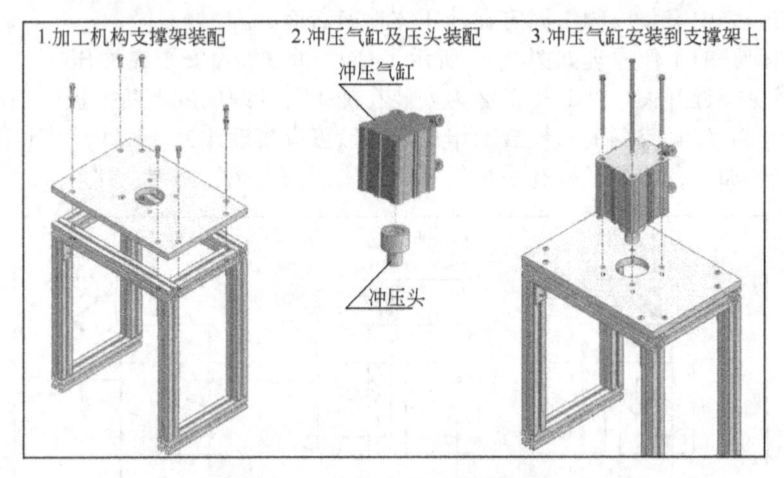

图 3-12　加工机构组件装配图

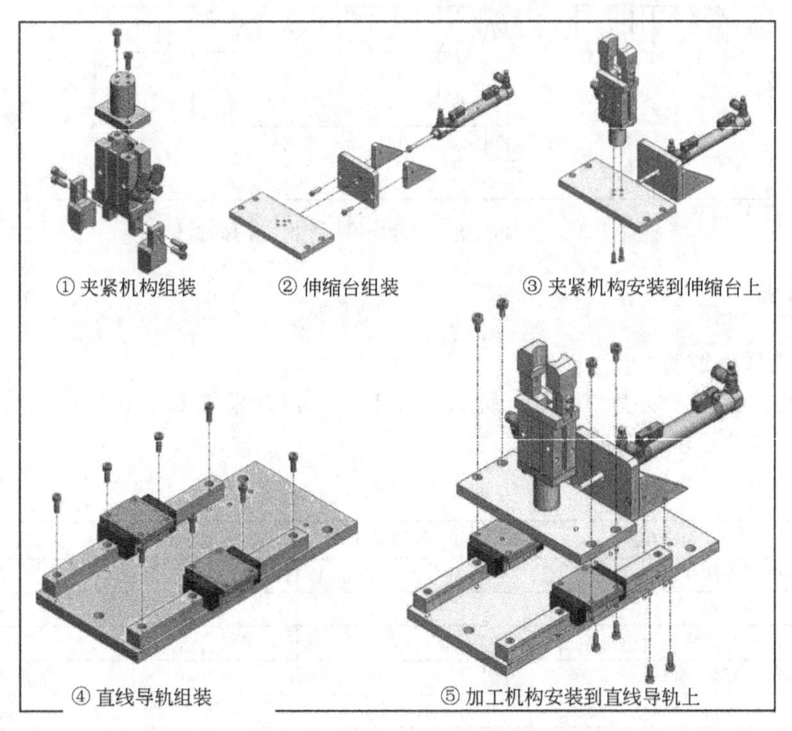

图 3-13　加工台机械装配过程

① 在教学现场结合实物观看视频，培养自己的观察能力。例如，学生在观察气动控制回路的组成情况时，可通过观察有无节流阀、气缸进排气推断气动控制回路；通过手动操作控制阀，控制气缸动作，观察执行机构的动作特征；认识所使用的传感器类型、安装位置、作用及与 PLC 的接口地址；查明 PLC 的 I/O 接口地址和输入/输出控制信号。

② 在工作台上，先安装 X、Y 轴支架，再安装气缸的安装板，最后安装气阀安装板。

③ 将导轨固定在导轨滑板上，再按顺序安装前后气缸、气爪、气缸支架，之后整体连接到气缸滑板上，最后将传感器安装板安装到手爪气缸上。

在安装时的注意事项。

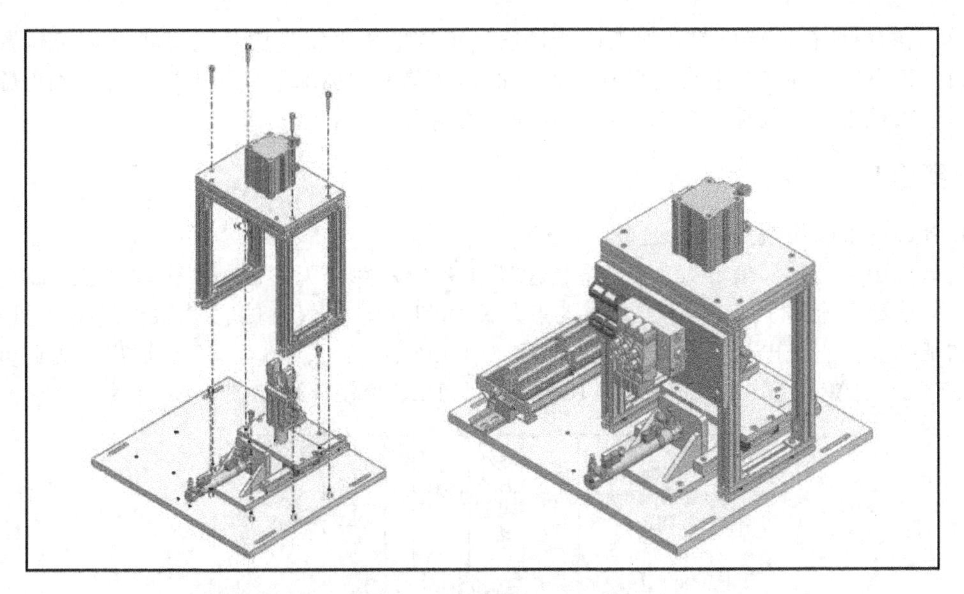

图 3-14　加工单元组装图

① 调整两直线导轨的平行时，要一边移动安装在两导轨上的安装板，一边拧紧固定导轨的螺栓。

② 如果加工组件部分的冲压头和加工台上的工件的中心没有对正，可以通过调整推料气缸旋入两导轨连接板的深度来进行校正。

(2) 调试注意点

① 导轨一定要灵活，否则须调整导轨固定螺钉或滑板固定螺钉。

② 气缸位置要安装正确，否则要进行调试。

③ 传感器位置和灵敏度要调整正确，以免产生误动作。

【问题与思考】

① 按上述方法装配完成后，直线导轨的运动依旧不是特别顺畅，应该对物料夹紧及运动送料部分作何调整？

② 安装完成后，但运行时间不长便造成物料夹紧及运动送料部分的直线气缸密封损伤或损坏，试想由哪些原因造成？

任务 2　加工单元控制系统设计

子任务 1　设备 1 程序设计

【任务要求】

在移动物料台上安装一个漫射式光电开关，若物料台上没有工件，则漫射式光电开光处于常态；若物料台上有工件，则光电开关动作，表明物料台上已有工件。该光电传感器的输出信号送到加工单元 PLC 的输入端，用以判断物料台上是否有工件需要进行加工。当加工过程结束后，物料台返回到原点位置。

移动物料台上安装的漫射式光电开关选用 CX-441 型放大器内置型光电开关（细小光束

型）。移动物料台在原点位置和加工位置是通过步进电机来实现定位的。要求加工位置位于加工钻头正下方；原点位置应与整体状态下的输送单元的抓取机械手装置配合，确保输送单元的抓取机械手能顺利地把待加工工件放到该物料台上。

【任务实施】

1. PLC 的 I/O 接线及 PLC 选型

本单元中，传感器信号（1 个光电传感器和 3 个磁性开关）占用 4 个输入点，2 个行程开关（X 轴和 Y 轴原点）占用 2 个输入点，X 轴和 Y 轴上气缸的移动靠步进电动机实现，模拟加工钻头由直流电机控制，则所需的 PLC I/O 点数为 6 点输入、7 点输出。为此选用西门子 S7-224 主单元，共 14 点输入和 10 点输出。PLC 控制原理如图 3-15 所示。

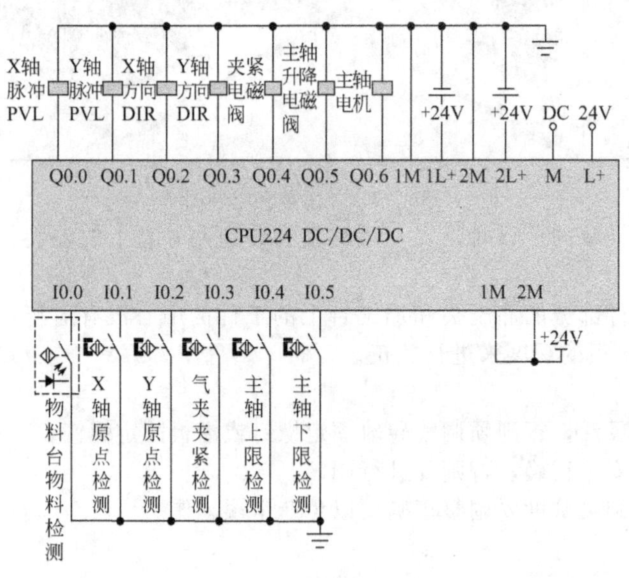

图 3-15　PLC 控制原理图

加工单元 I/O 设备编号与说明如表 3-5 所示。

表 3-5　加工单元 I/O 端口分配说明表

序号	设备名称	设备用途	信号特征
1	光电传感器	检测物料台上是否有物料	信号为 1：物料台有工件 信号为 0：物料台无工件
2	行程开关（X 轴原点检测）	检测加工钻头是否回到原点	信号为 1：回到原点 信号为 0：未到原点
3	行程开关（Y 轴原点检测）	检测移动物料台是否回到原点	信号为 1：回到原点 信号为 0：未到原点
4	磁性开关（手指气缸）	检测手指气缸是否夹紧	信号为 1：手指气缸夹紧
5	磁性开关（主轴气缸）	检测主轴气缸的位置	信号为 1：主轴气缸缩回到位
6	磁性开关（主轴气缸）	检测主轴气缸的位置	信号为 1：主轴气缸伸出到位
7	步进电机驱动器	X、Y 轴脉冲信号	信号为 1：给步进电机脉冲 信号为 0：不给步进电机脉冲
8	步进电机驱动器	X、Y 轴方向信号	信号为 1：前进 信号为 0：返回
9	电磁阀	控制手指气缸状态	信号为 1：手指气缸夹紧
10	电磁阀	控制主轴气缸位置	信号为 1：伸出到位 信号为 0：缩回到位
11	电机	控制钻头转动	信号为 1：加工钻头转动

2. 程序设计

（1）I/O 地址分配

加工单元地址分配表如表 3-6 所示，根据实际情况填写地址分配表。

表 3-6　PLC 的 I/O 地址分配表

序号	地址	设备编号	设备名称	设备用途

（2）程序设计

① 加工单元控制要求　加工单元物料台的物料检测传感器检测到工件后，把待加工工件从物料台移送到加工区域冲压气缸的正下方，完成对工件的冲压加工。然后把加工好的工件重新送回物料台。操作完成后，向系统发出加工完成信号。

② 网络控制（联机控制）　THJDAL-2 采用 RS-485 串行通信实现网络控制方案，系统的启动信号、停止信号、复位信号均从连接到搬运单元（主单元）的按钮/指示灯模块或触摸屏发出，经搬运单元 PLC 程序处理后，向各从单元发送控制要求，以实现各单元的复位、启动、停止等操作。各从单元在运行过程中的状态信号，应存储到该单元 PLC 规划好的数据缓冲区，以实现整个系统的协调运行。程序流程图如图 3-16 所示。

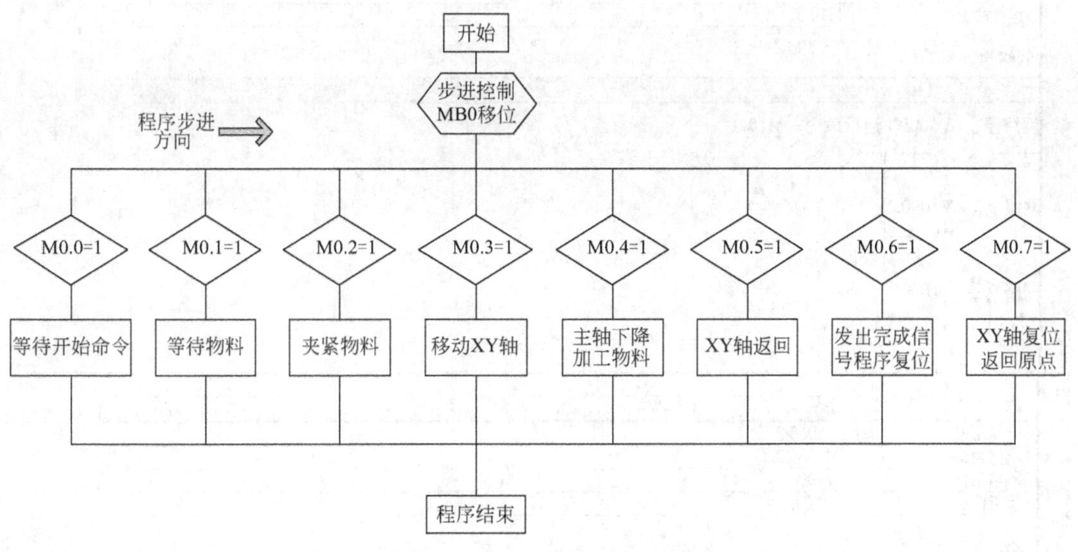

图 3-16　加工单元程序流程图

加工单元参考主程序如图 3-17 所示。

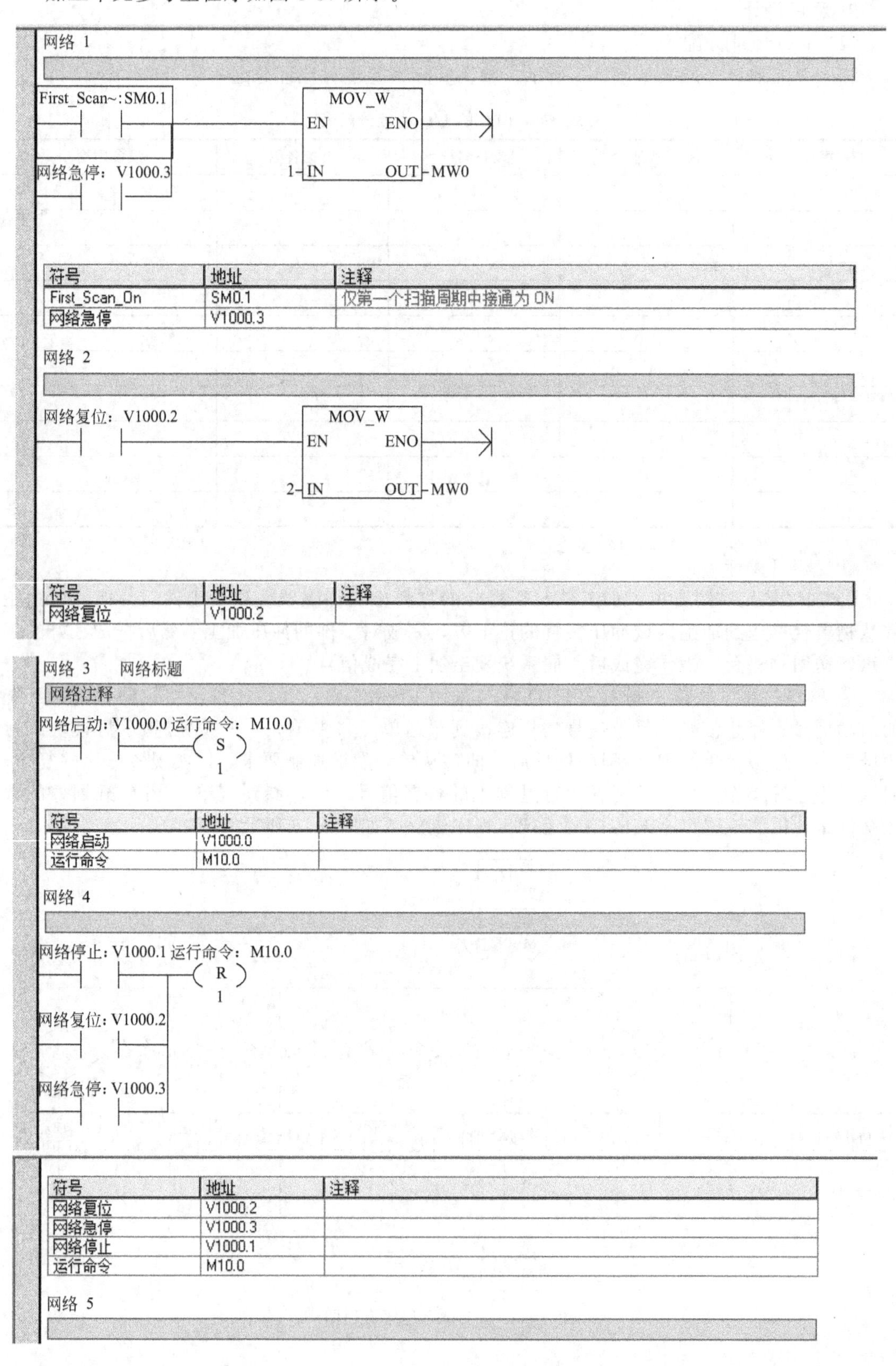

符号	地址	注释
First_Scan_On	SM0.1	仅第一个扫描周期中接通为 ON
网络急停	V1000.3	

符号	地址	注释
网络复位	V1000.2	

符号	地址	注释
网络启动	V1000.0	
运行命令	M10.0	

符号	地址	注释
网络复位	V1000.2	
网络急停	V1000.3	
网络停止	V1000.1	
运行命令	M10.0	

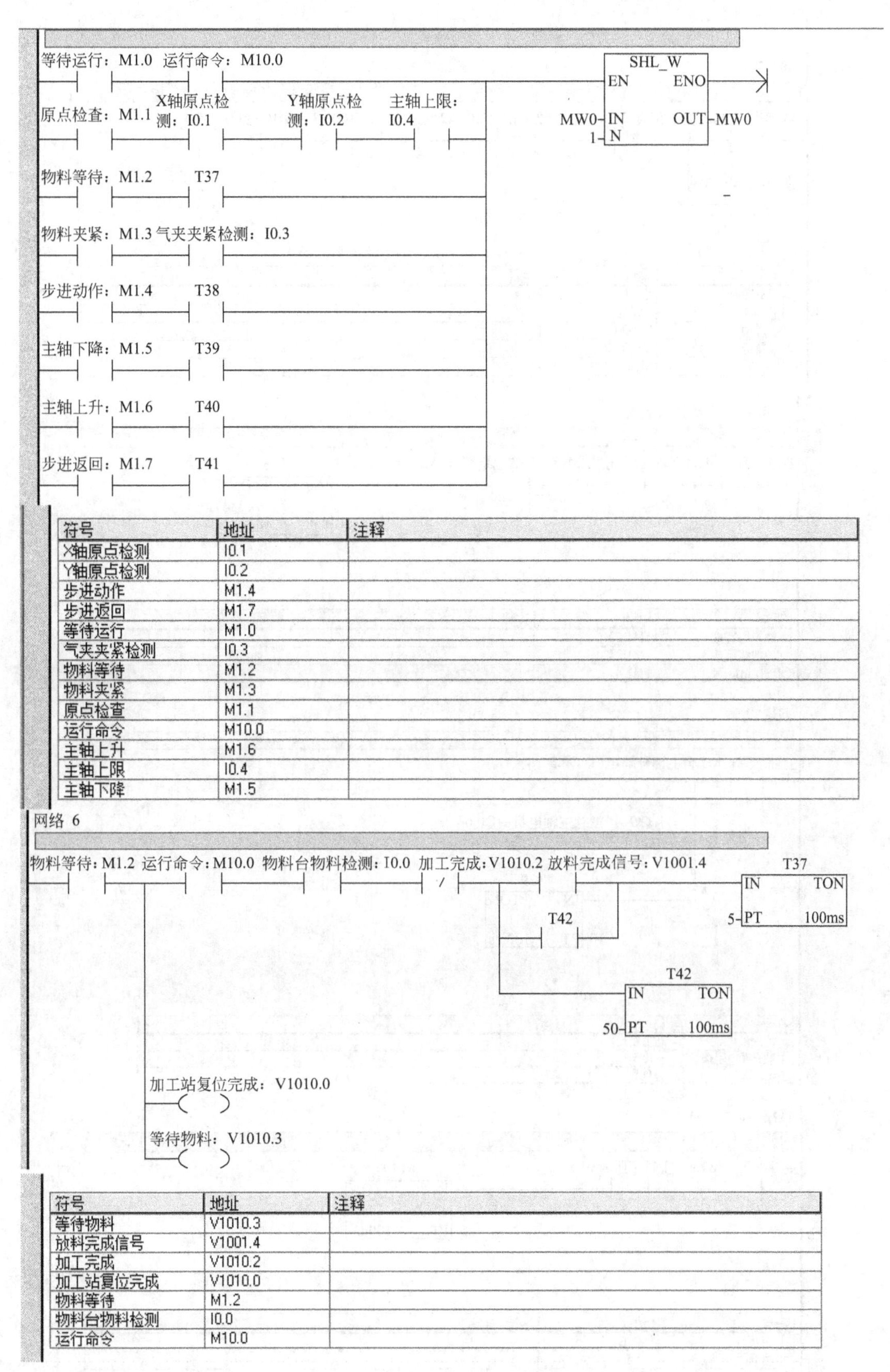

符号	地址	注释
X轴原点检测	I0.1	
Y轴原点检测	I0.2	
步进动作	M1.4	
步进返回	M1.7	
等待运行	M1.0	
气夹夹紧检测	I0.3	
物料等待	M1.2	
物料夹紧	M1.3	
原点检查	M1.1	
运行命令	M10.0	
主轴上升	M1.6	
主轴上限	I0.4	
主轴下降	M1.5	

符号	地址	注释
等待物料	V1010.3	
放料完成信号	V1001.4	
加工完成	V1010.2	
加工站复位完成	V1010.0	
物料等待	M1.2	
物料台物料检测	I0.0	
运行命令	M10.0	

图 3-17

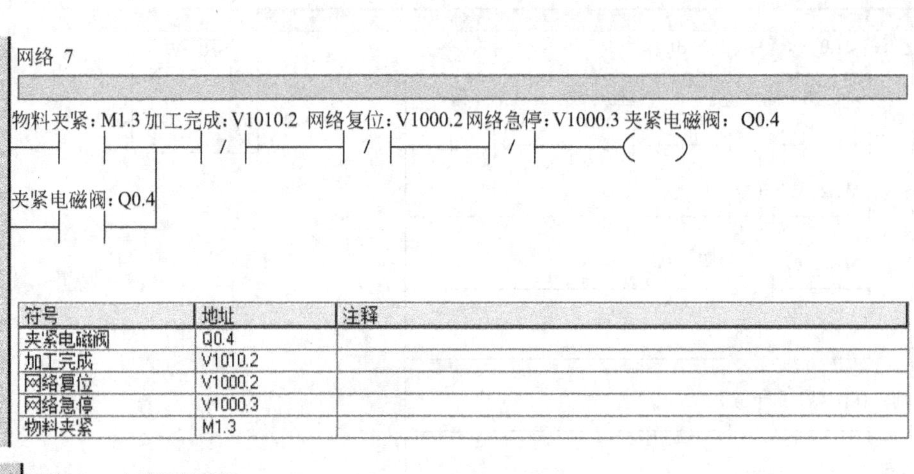

符号	地址	注释
夹紧电磁阀	Q0.4	
加工完成	V1010.2	
网络复位	V1000.2	
网络急停	V1000.3	
物料夹紧	M1.3	

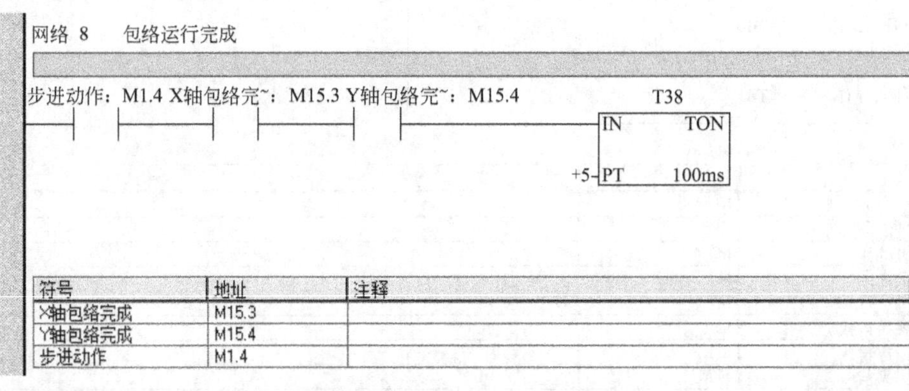

符号	地址	注释
X轴包络完成	M15.3	
Y轴包络完成	M15.4	
步进动作	M1.4	

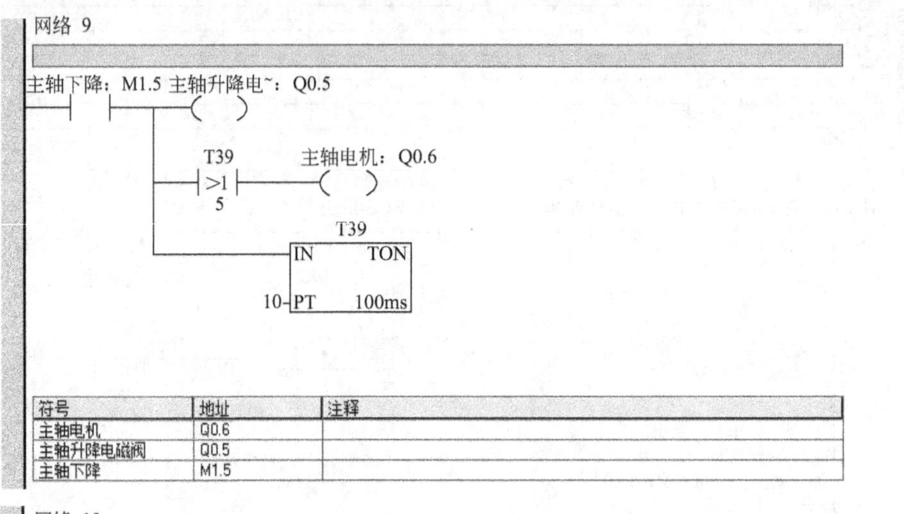

符号	地址	注释
主轴电机	Q0.6	
主轴升降电磁阀	Q0.5	
主轴下降	M1.5	

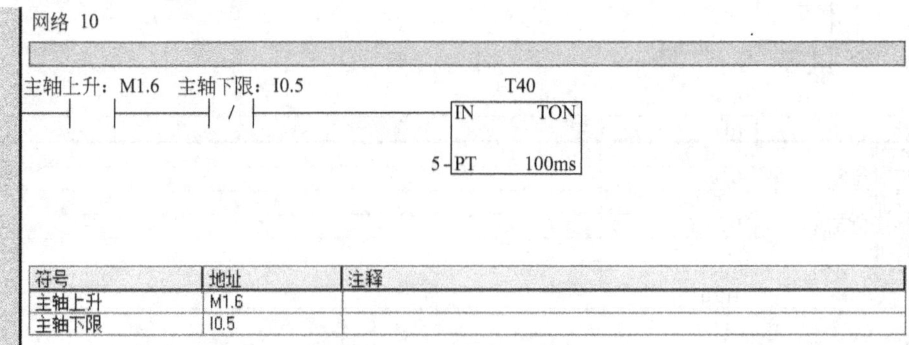

符号	地址	注释
主轴上升	M1.6	
主轴下限	I0.5	

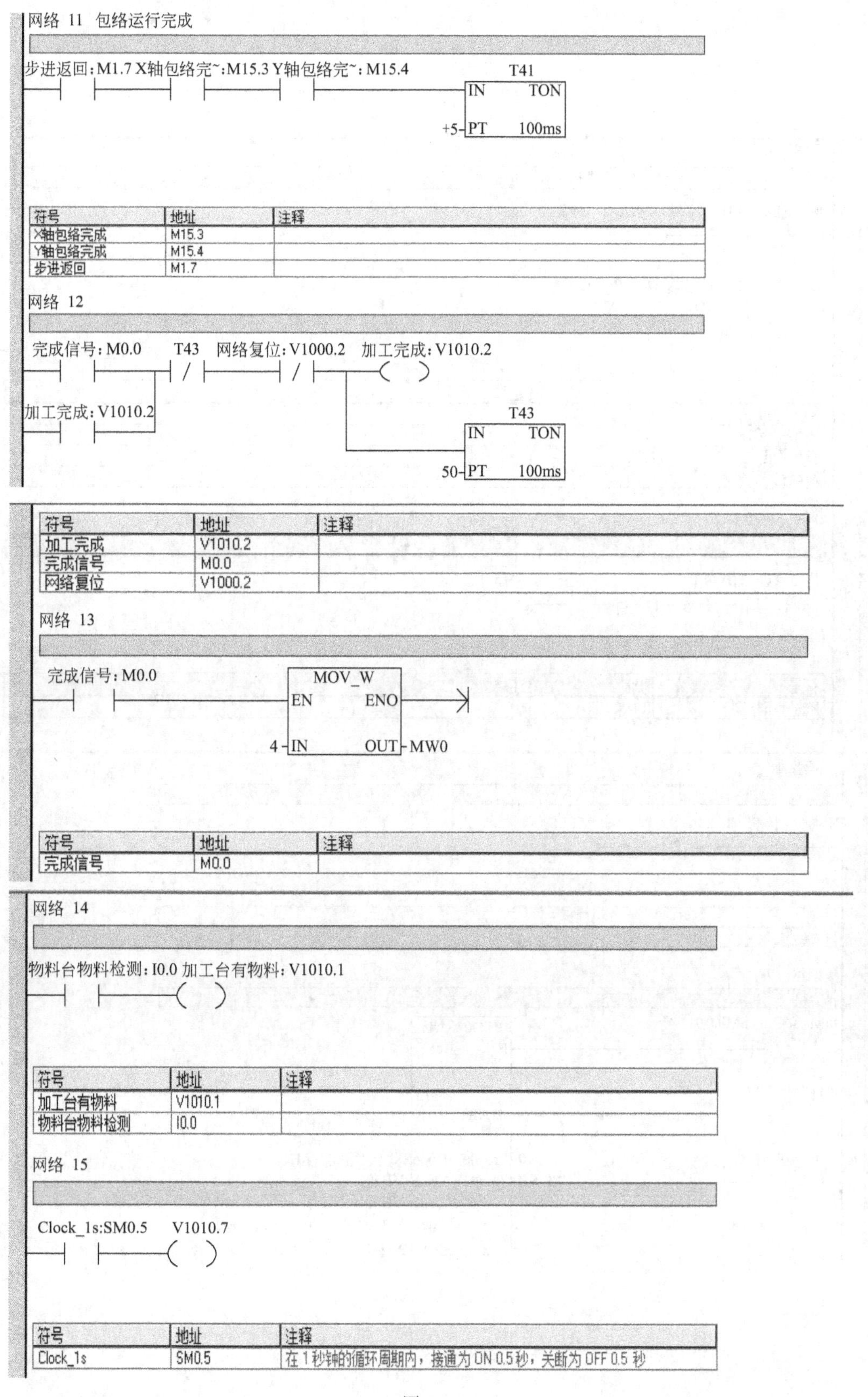

符号	地址	注释
X轴包络完成	M15.3	
Y轴包络完成	M15.4	
步进返回	M1.7	

符号	地址	注释
加工完成	V1010.2	
完成信号	M0.0	
网络复位	V1000.2	

符号	地址	注释
完成信号	M0.0	

符号	地址	注释
加工台有物料	V1010.1	
物料台物料检测	I0.0	

符号	地址	注释
Clock_1s	SM0.5	在1秒钟的循环周期内，接通为ON 0.5秒，关断为OFF 0.5秒

图 3-17

网络 16

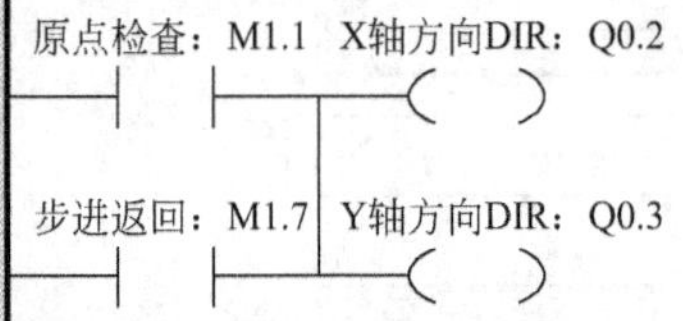

原点检查：M1.1　X轴方向DIR：Q0.2

步进返回：M1.7　Y轴方向DIR：Q0.3

符号	地址	注释
X轴方向DIR	Q0.2	
Y轴方向DIR	Q0.3	
步进返回	M1.7	
原点检查	M1.1	

网络 17

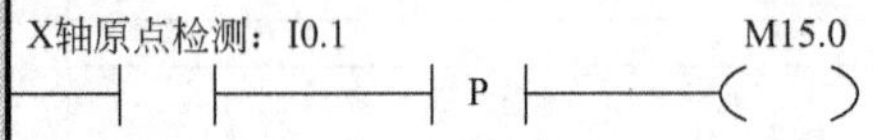

X轴原点检测：I0.1　P　M15.0

符号	地址	注释
X轴原点检测	I0.1	

网络 18

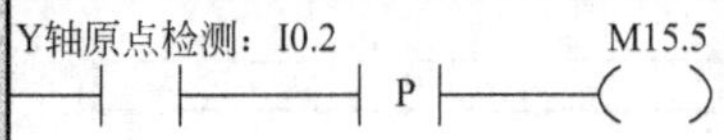

Y轴原点检测：I0.2　P　M15.5

符号	地址	注释
Y轴原点检测	I0.2	

网络 19

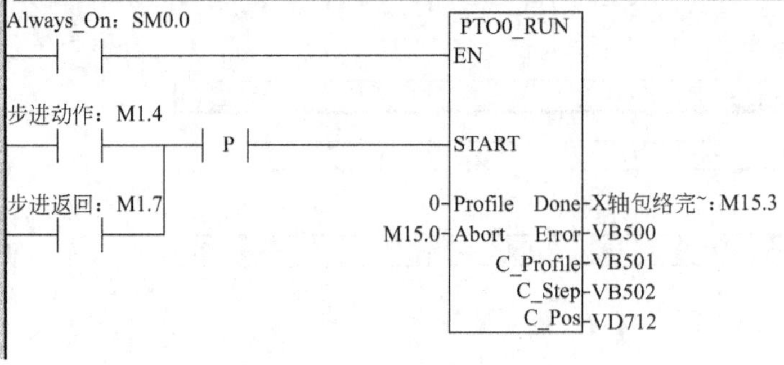

Always_On：SM0.0　PTO0_RUN　EN

步进动作：M1.4　P　START

步进返回：M1.7

0-Profile　Done-X轴包络完~：M15.3

M15.0-Abort　Error-VB500

C_Profile-VB501

C_Step-VB502

C_Pos-VD712

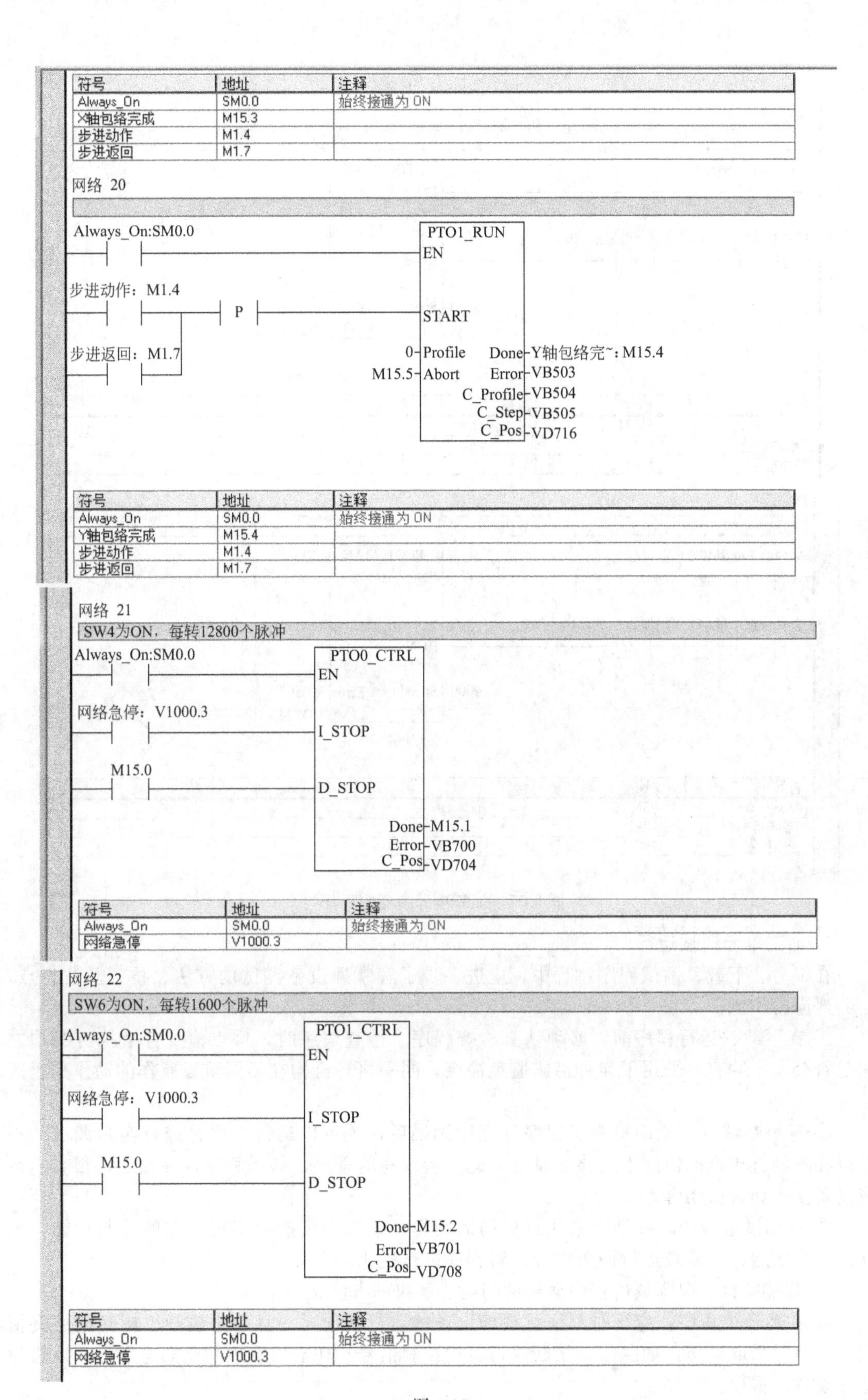

符号 地址 注释
Always_On SM0.0 始终接通为ON
X轴包络完成 M15.3
步进动作 M1.4
步进返回 M1.7
网络 20
Always_On:SM0.0
PTO1_RUN
EN
步进动作：M1.4
P
START
步进返回：M1.7
0 Profile
M15.5 Abort
Done Y轴包络完~：M15.4
Error VB503
C_Profile VB504
C_Step VB505
C_Pos VD716
符号 地址 注释
Always_On SM0.0 始终接通为ON
Y轴包络完成 M15.4
步进动作 M1.4
步进返回 M1.7
网络 21
SW4为ON，每转12800个脉冲
Always_On:SM0.0
PTO0_CTRL
EN
网络急停：V1000.3
I_STOP
M15.0
D_STOP
Done M15.1
Error VB700
C_Pos VD704
符号 地址 注释
Always_On SM0.0 始终接通为ON
网络急停 V1000.3
网络 22
SW6为ON，每转1600个脉冲
Always_On:SM0.0
PTO1_CTRL
EN
网络急停：V1000.3
I_STOP
M15.0
D_STOP
Done M15.2
Error VB701
C_Pos VD708
符号 地址 注释
Always_On SM0.0 始终接通为ON
网络急停 V1000.3

图 3-17

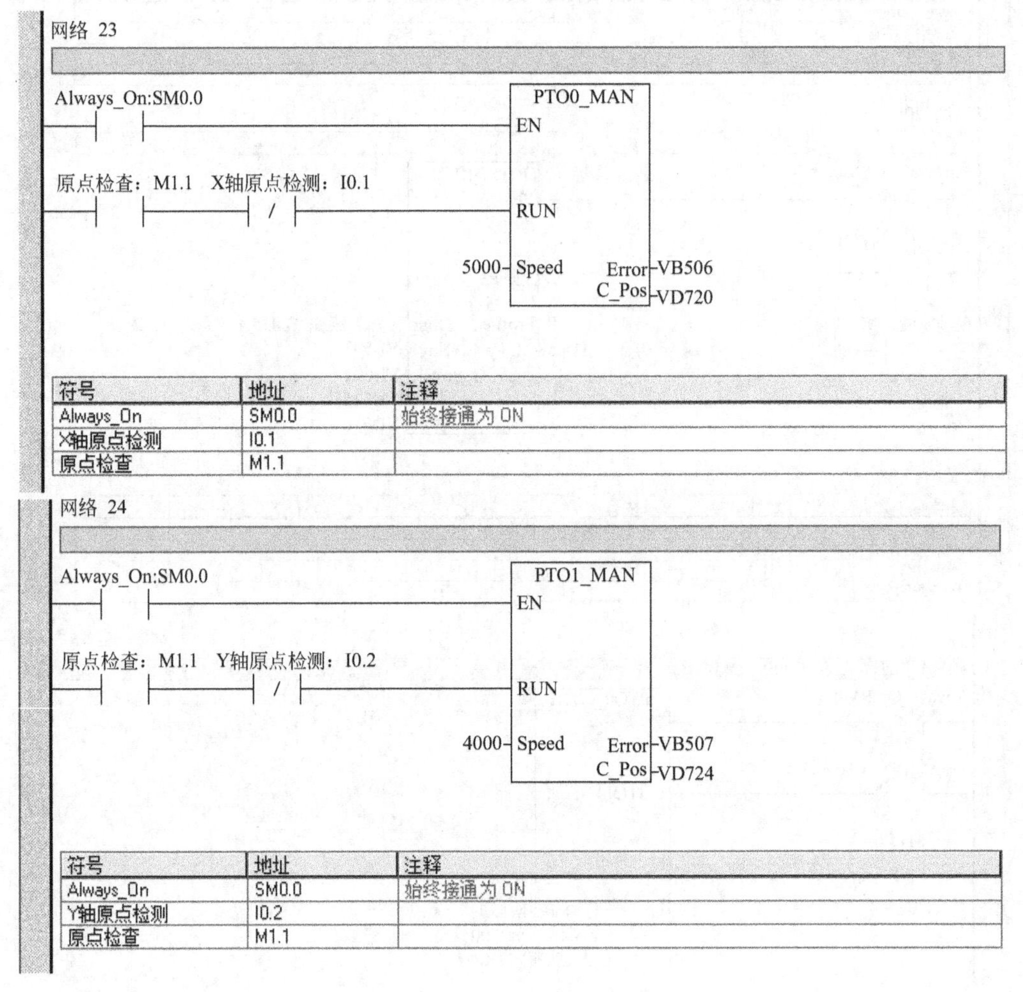

符号	地址	注释
Always_On	SM0.0	始终接通为 ON
X轴原点检测	I0.1	
原点检查	M1.1	

符号	地址	注释
Always_On	SM0.0	始终接通为 ON
Y轴原点检测	I0.2	
原点检查	M1.1	

图 3-17　加工单元参考主程序

3. 加工单元调试运行

在编写、下载、调试程序过程中，应进一步了解掌握设备调试的方法、技巧及注意点，培养严谨的作风。

① 在下载、运行程序前，必须认真检查程序。检查程序时，重点检查各个执行机构之间是否会发生冲突，采用了何种措施避免冲突，同一执行机构在不同阶段所作的动作是否区分开。

② 只有在认真、全面检查了程序且程序无误后，才可以运行程序并进行实际调试。不可以在不经过检查的情况下直接在设备上运行所编写的程序，如果程序存在问题，很容易造成设备损毁和人员伤害。

③ 在调试过程中，仔细观察执行机构的动作，如果程序能够实现预期的控制功能，则应进行多次运行，检查运行的可靠性并对程序进行优化。

④ 总结经验，把调试过程中遇到的问题、解决的方法记录下来。

⑤ 在运行过程中，应该时刻注意现场设备的运行情况，一旦发生执行机构互相冲突情况，应及时采取措施，如急停、切断执行机构控制信号、切断气源或切断总电源等，以避免造成设备的损毁。

子任务 2　设备 2 程序设计

【任务要求】

只考虑加工单元作为独立设备运行时的情况，本单元的按钮/指示灯模块上的工作方式选择开关应置于“单站方式”位置。具体的控制要求为如下。

① 初始状态：设备上电和气源接通后，滑动加工台伸缩气缸处于伸出位置，加工台气动手爪处于松开的状态，冲压气缸处于缩回位置，急停按钮没有按下。

若设备在上述初始状态，则“正常工作”指示灯 HL1 常亮，表示设备已准备好。否则，该指示灯以 1Hz 频率闪烁。

② 若设备已准备好，按下启动按钮，设备启动，“设备运行”指示灯 HL2 常亮。当待加工工件送到加工台上并被检出后，设备执行将工件夹紧，送往加工区域冲压，完成冲压动作后返回待料位置的加工工序。如果没有停止信号输入，当再有待加工工件送到加工台上时，加工单元又开始下一周期工作。

③ 在工作过程中，若按下停止按钮，加工单元在完成本周期的动作后停止工作。HL2 指示灯熄灭。

要求完成如下任务。

① 规划 PLC 的 I/O 分配及接线端子分配。

② 进行系统安装接线和气路连接。

③ 编制 PLC 程序。

④ 进行调试与运行。

【任务实施】

1. PLC 的 I/O 分配及系统安装接线

装置侧接线端口信号分配如表 3-7 所示。

表 3-7　加工单元装置侧的接线端口信号端子的分配

输入端口中间层			输出端口中间层		
端子号	设备符号	信号线	端子号	设备符号	信号线
2	SC1	加工台物料检测	2	3Y	夹紧电磁阀
3	3B2	工件夹紧检测	3		
4	2B2	加工台伸出到位	4	2Y	伸缩电磁阀
5	2B1	加工台缩回到位	5	1Y	冲压电磁阀
6	1B1	加工压头上限			
7	1B2	加工压头下限			
8＃～17＃端子没有连接			6＃～14＃端子没有连接		

加工单元选用 S7-224 AC/DC/RLY 主单元，共 14 点输入和 10 点继电器输出。PLC 的 I/O 信号表如表 3-8 所示，接线原理图如图 3-18 所示。

表 3-8 加工单元 PLC 的 I/O 信号表

输入信号				输出信号			
序号	PLC输入点	信号名称	信号来源	序号	PLC输出点	信号名称	信号来源
1	I0.0	加工台物料检测	装置侧	1	Q0.0	夹紧电磁阀	装置侧
2	I0.1	工件夹紧检测		2	Q0.1		
3	I0.2	加工台伸出到位		3	Q0.2	料台伸缩电磁阀	
4	I0.3	加工台缩回到位		4	Q0.3	加工压头电磁阀	
5	I0.4	加工压头上限		5	Q0.4		
6	I0.5	加工压头下限		6	Q0.5		
7	I0.6			7	Q0.6		
8	I0.7			8	Q0.7	工件不足指示	按钮/指示灯模块
9	I1.0			9	Q1.0	正常工作指示	
10	I1.1			10	Q1.1	运行指示	
11	I1.2	停止按钮	按钮/指示灯模块				
12	I1.3	启动按钮					
13	I1.4	急停按钮					
14	I1.5	单站/全线					

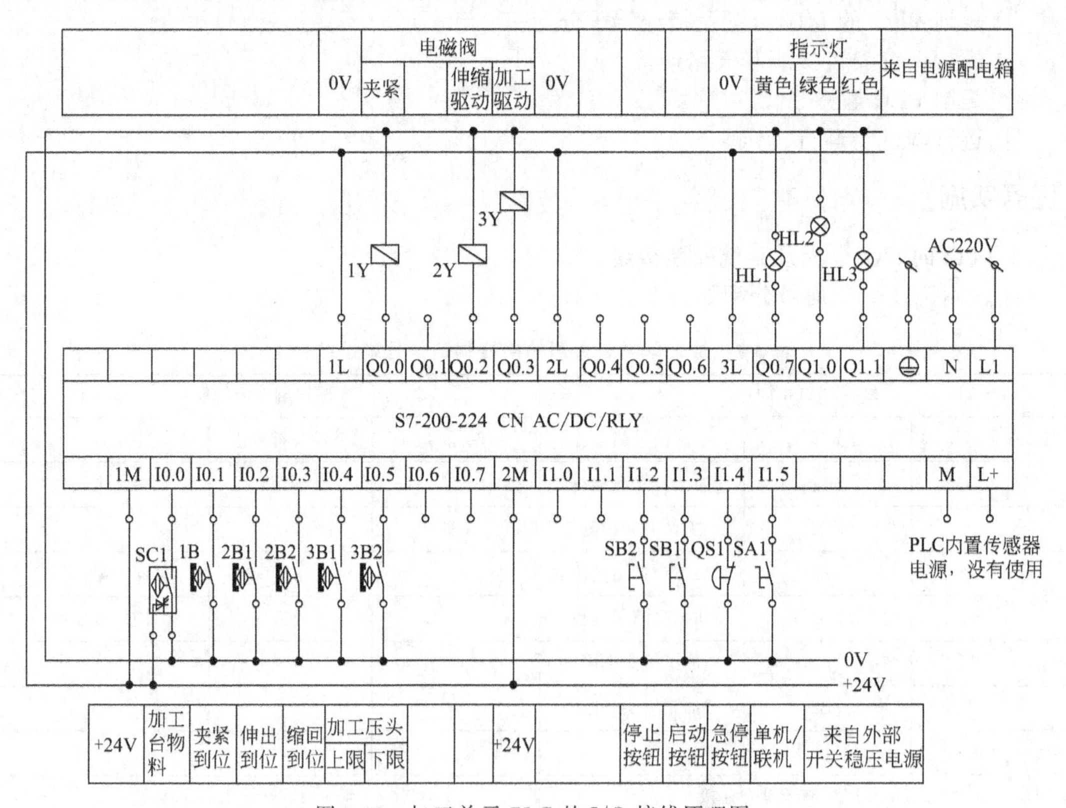

图 3-18 加工单元 PLC 的 I/O 接线原理图

2. 编写和调试 PLC 控制程序

(1) 编写程序的思路

加工单元主程序流程与供料单元类似，也是 PLC 上电后应首先进入初始状态自检阶段，确认系统已经准备就绪后，才允许接收启动信号投入运行。但加工单元工作任务中增加了急停功能。为此，调用加工控制子程序的条件应该是“单元在运行状态”和“急停按钮未按”两者同时成立。如图 3-19 所示。

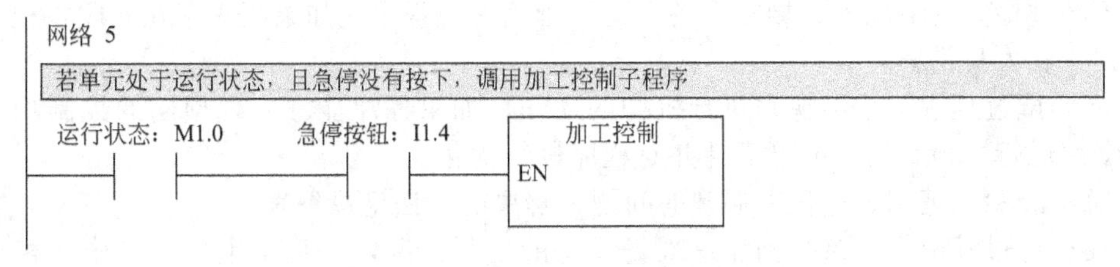

图 3-19　加工控制子程序的调用

这样，当在运行过程中按下急停按钮时，立即停止调用加工控制子程序，但急停前当前步的 S 元件仍在置位状态，急停复位后，就能从断点开始继续运行。加工过程也是一个顺序控制，其步进流程图如图 3-20 所示。

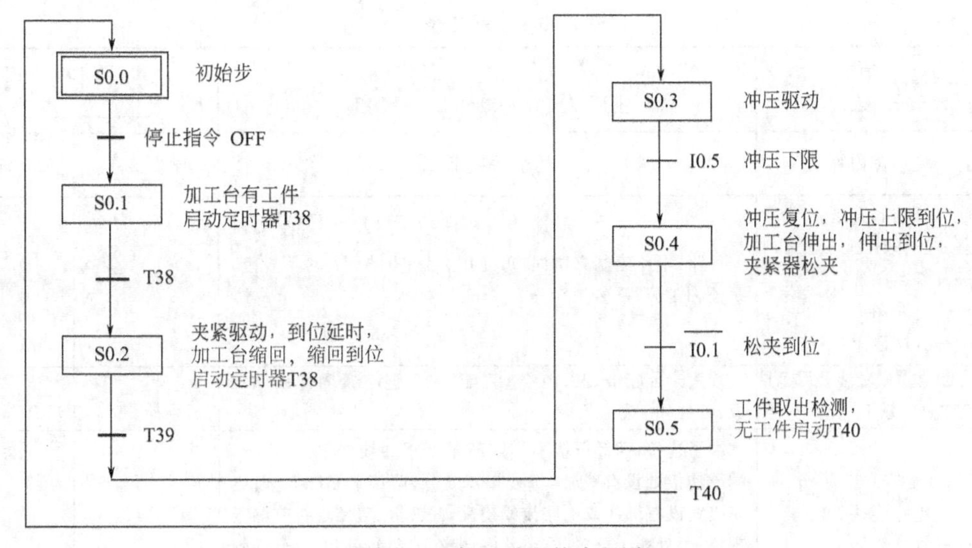

图 3-20　加工过程的流程图

从流程图可以看到，当一个加工周期结束，只有加工完成的工件被取走后，程序才能返回 S0.0 步，这就避免了重复加工的可能。

（2）调试与运行

① 调整气动部分，检查气路是否正确，气压是否合理、恰当，气缸的动作速度是否合适。

② 检查磁性开关的安装位置是否到位，磁性开关工作是否正常。

③ 检查 I/O 接线是否正确。

④ 检查光电传感器安装是否合理，灵敏度是否合适，保证检测的可靠性。

⑤ 放入工件，运行程序，观察加工单元动作是否满足任务要求。

⑥ 调试各种可能出现的情况，比如在任何情况下都有可能加入工件，系统都要可靠工作。

⑦ 优化程序。

【注意事项】

① 在下载、运行程序前，必须认真检查程序。检查程序时，重点检查各个执行机构之

间是否会发生冲突，采用何种措施避免冲突，同一执行机构在不同阶段所作的动作是否区分开。

② 只有在认真、全面检查了程序且程序无误后，才可以运行程序并进行实际调试。不可以在不经过检查的情况下直接在设备上运行所编写的程序，如果程序存在问题，很容易造成设备损毁和人员伤害。

③ 在调试过程中，仔细观察执行机构的动作，如果程序能够实现预期的控制功能，则应进行多次运行，检查运行的可靠性并对程序进行优化。

④ 总结经验，把调试过程中遇到的问题、解决的方法记录下来。

⑤ 在运行过程中，应该时刻注意现场设备的运行情况，一旦发生执行机构互相冲突情况，应及时采取措施，如急停、切断执行机构控制信号、切断气源或切断总电源等，以避免造成设备的损毁。

(3) 技能评分

实训评分表如表 3-9 所示。

表 3-9　评分表

______学年 评　分　表		工作形式 □个人　□小组分工　□小组	实际工作时间 ______	
训练项目	训练内容	训练要求	学生自评	教师评分
加工单元	工作计划和图纸 30 分 ——工作计划 ——气路图 ——电路图 ——程序清单(单站)	气路、电路绘制有错误，每处扣 3 分；电路图符号不规范，每处扣 1 分，最多扣 5 分		
	2. 机械安装及装配工艺 20 分	装配未能完成，扣 10 分；装配完成，但有紧固件松动现象，每处扣 1 分		
	3. 连接工艺 20 分 ——电路连接工艺 ——气路连接工艺	端子连接，插针压接不牢或超过 2 根导线，每处扣 1 分，端子连接处没有线号，每处扣 0.5 分，两项最多扣 5 分；电路接线没有绑扎或电路接线凌乱，扣 2 分；气路连接有漏气现象，每处扣 1 分；气缸节流阀调整不当，每处扣 1 分；气管没有绑扎或气路连接凌乱，扣 2 分		
	4. 测试与功能 20 分 ——夹料测试 ——物料台移动测试	启动/停止方式不按控制要求，扣 3 分；运行测试不满足要求，每处扣 3 分；传感器调试不当，每处扣 3 分；磁性开关调试不当，每处扣 1 分		
	5. 职业素质与安全意识 10 分	现场操作安全、保护符合安全操作规程；工具摆放、包装物品、导线线头等的处理符合职业岗位的要求；团队中有分工有合作，配合紧密；遵守纪律，尊重教师，爱惜设备和器材，保持工位的整洁		

【问题与思考】

① 总结与学会检查气动连线、传感器接线、I/O 检测及故障排除方法。

② 如果在加工过程中出现意外情况如何处理。

③ 思考如果采用网络控制如何实现。

④ 思考加工单元各种可能会出现的问题。

项目4　装配单元控制系统安装与调试

学习目标

① 了解伺服电机的原理
② 了解编码器的原理
③ 掌握装配单元的功能及工作过程

能力目标

① 掌握伺服电机参数的设置方法
② 掌握装配单元的调试方法
③ 掌握回转气缸的安装方法

任务1　装配单元控制系统安装技能训练

子任务1　设备1安装技能训练

【任务要求】

将装配单元的机械部分拆开成组件和零件的形式，然后再组装成原样。着重掌握机械设备的安装、调整方法与技巧。

【相关知识】

1. 装配单元的功能

（1）装配单元的功能

装配单元是将该生产线中分散的两个物料进行装配的过程，即完成将料仓中的圆环工件套在物料台上的半成品上的过程，圆环工件如图4-1所示。

（2）装配单元的工作过程

装配站旋转工作台的传感器检测到工件到来后，旋转工作台顺时针旋转，将工件旋转到井式供料单元下方，井式供料单元顶料气缸伸出顶住倒数第二个工件。挡料气缸缩回，工件

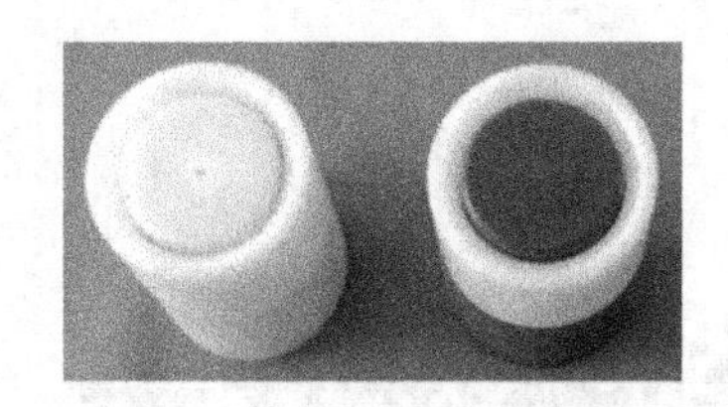
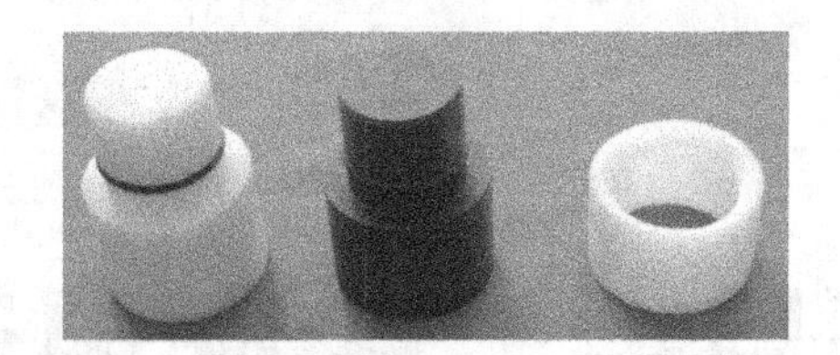

图 4-1　圆环工件

库中底层的工件落到待装配工件上，挡料气缸伸出到位，顶料气缸缩回，物料落到工件库底层。同时旋转工作台顺时针旋转，将工件旋转到冲压装配单元下方，冲压气缸下压，完成工件紧合装配后，气缸回到原位，旋转工作台顺时针旋转到待搬运位置，操作结束，向系统发出装配完成信号。

如果装配站的工件库没有工件或工件不足时，向系统发出报警信号。

2. 装配单元的结构组成

装配单元可以模拟两个物料装配过程，并通过旋转工作台模拟物流传送过程。图 4-2 所示为装配单元实物图。

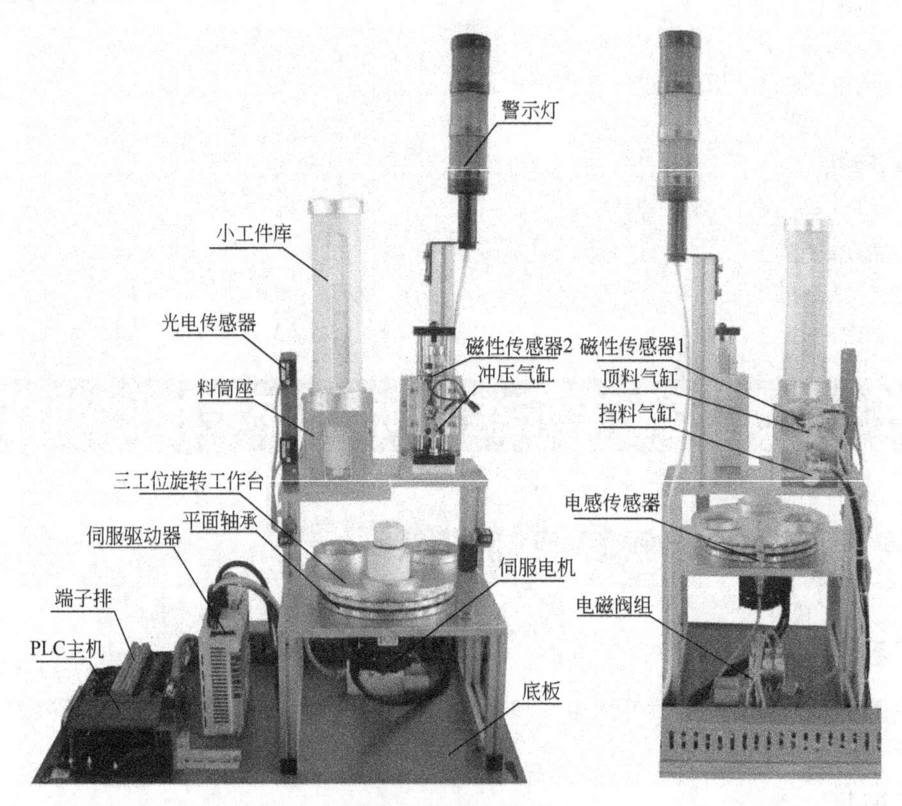

图 4-2　装配单元实物图

装配单元由井式供料站、三工位旋转工作台、平面轴承、冲压装配单元、光电传感器、电感传感器、磁性开关、电磁阀、交流伺服电机及驱动器、警示灯、支架、机械零部件构成。主要完成工件紧合装配。

① PLC 主机：CPU224 DC/DC/DC，供电电源采用 DC24V，控制端子与端子排相连。

② 伺服电机及驱动器（MR-E-20A）：用于控制三工位旋转工作台。根据 PLC 发出的脉冲数量实现三工位旋转工作台精确定位。

③ 光电传感器：用于检测工件库、物料台是否有物料。当工件库或物料台有物料时向

PLC 发出输入信号。物料的检测距离可由光电传感器头的旋钮调节，调节检测范围为1～9cm。

④ 电感传感器：用于检测工作台是否回到原点，检测距离为 4mm±20%。

⑤ 磁性传感器 1：用于顶料气缸的位置检测，当检测到气缸准确到位后给 PLC 发出一个到位信号。

⑥ 磁性传感器 2：用于冲压气缸的位置检测，当检测到冲压气缸准确到位后给 PLC 发出一个到位信号。

⑦ 警示灯：用于指示系统工作状态和工件库是否缺料。系统启动，绿灯亮；系统停止，红灯亮；系统缺料，黄灯亮。

⑧ 电磁阀：顶料气缸、挡料气缸、冲压气缸均用二位五通的带手控开关的单控电磁阀控制，三个单控电磁阀集中安装在带有消声器的汇流板上。当 PLC 给电磁阀一个信号后，电磁阀动作，对应气缸动作。

⑨ 顶料气缸：由单控电磁阀控制。当气动电磁阀得电，气缸伸出，顶住倒数第二个物料。

⑩ 挡料气缸：由单控电磁阀控制。当气动电磁阀得电，气缸缩回，倒数第一个物料落下。

⑪ 冲压气缸：由单控电磁阀控制。当气动电磁阀得电，气缸伸出，实现两工件紧合装配。

⑫ 端子排：用于连接 PLC 输入输出端口与各传感器和电磁阀。其中下排 1～4 和上排 1～4 号端子短接经过带保险的端子后与+24V 相连。上排 5～26 号端子短接后与 0V 相连。

3. 装配单元的气动控制回路

气动控制系统是本工作站的执行机构，该执行机构的逻辑控制功能是由 PLC 实现的。如图 4-3 所示。在进行气路连接时，应注意各气缸的初始位置。

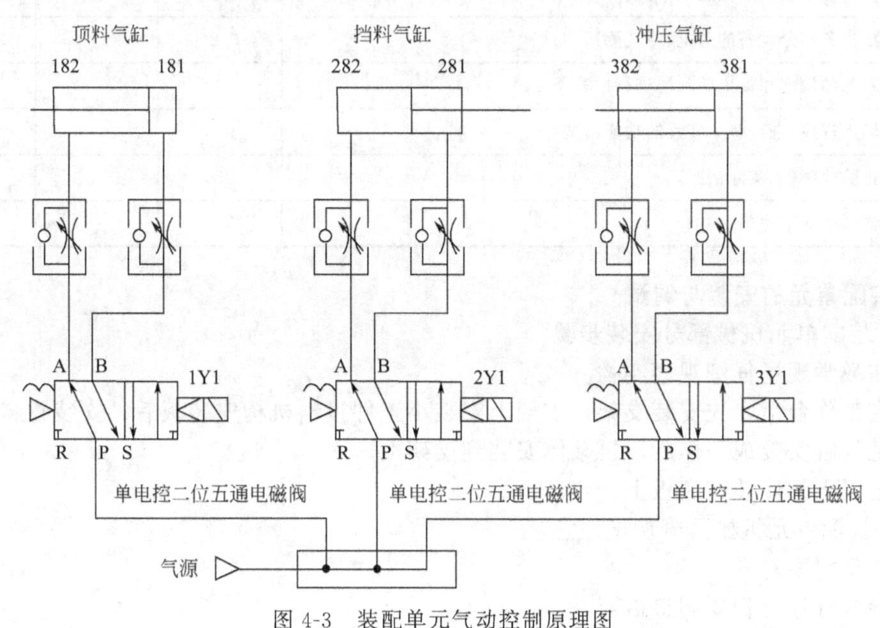

图 4-3　装配单元气动控制原理图

【任务实施】

1. 训练目标

按照本站单步控制、单周期控制和连续控制要求，在规定时间内完成机械、传感器、气路安装与调试，并掌握伺服驱动器参数设置的方法。

2. 训练要求

① 熟悉装配单元的功能及结构组成，并且能够进行正确安装与调试。

② 能够根据控制要求设计气动控制回路原理图，安装气动执行器件并调试。

③ 安装所使用的传感器并能调试。

④ 查明 PLC 各端口地址，根据电路图正确接线，尤其是伺服驱动器。

3. 装配单元安装与调试工作计划表

装配单元安装与调试工作计划表如表 4-1 所示。装配单元安装与调试时间为 6h，计划时间为参考时间，请学生填写实际时间。

表 4-1　工作计划表

步骤	内　容	计划时间/h	实际时间/h	完成情况
1	制订工作计划	0.25		
2	制订安装计划	0.25		
3	项目描述和项目执行图纸程序	1		
4	机械部分安装、调试	1		
5	传感器安装、调试	0.25		
6	按照图纸进行电路安装	0.5		
7	气路安装	0.25		
8	气源、电源安装	0.25		
9	按质量要求要点检查整个设备	0.25		
10	项目各部分设备的通电、通气测试	0.25		
11	对老师发现和提出的问题进行回答	0.25		
12	输入程序，进行整个装置的功能调试	0.5		
13	排除故障(依实际情况)	0.5		
14	该任务成绩评估	0.5		

4. 装配单元的安装与调试

(1) 装配单元机械部分安装步骤

① 在教学现场仔细观察实物。

② 在工作台上，先安装支架，支架上安装小工件投料机构安装板后，安装物料仓。

③ 把气缸安装成一体后，再整体安装到支架上。

④ 把以上整体装在底板上。

(2) 装配单元机械部分调试注意

① 铝型材要对齐。

② 导杆气杠行程要调整恰当。

③ 挡料气缸和顶料气缸位置要适当。

④ 传感器位置和灵敏度要调整适当。

(3) 装配单元电路部分安装注意

装配单元 PLC 端子接线图如图 4-4 所示。

实训操作技能训练测试记录如表 4-2 所示。

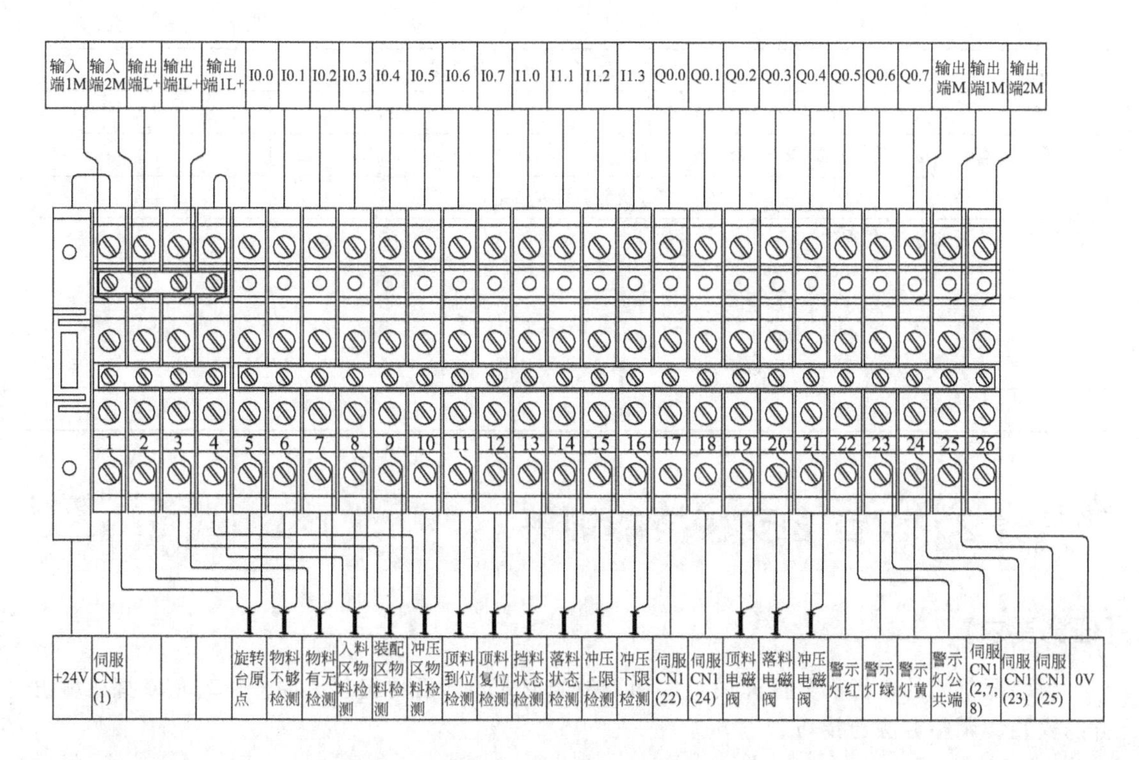

图 4-4　PLC 端子接线图

说明：

① 光电传感器引出线：棕色接“+24V”电源，蓝色接“0V”，黑色接 PLC 输入。

② 电感传感器：棕色接“+24V”电源，蓝色接“0V”，黑色接 PLC 输入。

③ 磁性传感器引出线：蓝色接“0V”，棕色接 PLC 输入。

④ 电磁阀引出线：红色接“+24V”，黑色接 PLC 输出。

⑤ 警示灯：黄绿线接“+24V”，黑色线接 PLC 输出的 Q0.5，蓝色线接 PLC 输出的 Q0.6，棕色线接 PLC 输出的 Q0.7。

表 4-2　实训操作技能训练测试记录

学生姓名		学号	
专业		班级	
课程		指导教师	

下列清单为测评依据，用于判断学生是否通过测评已到达所需能力标准

第一阶段　测量数据

测评项目	分值	得分
是否遵守实训室的各项规章制度	10	
是否熟悉原理图中各气动元件的基本工作原理	10	
是否熟悉原理图的基本工作原理	10	
是否正确搭建装配单元控制回路	15	
气源开关、控制按钮的条件是否正确（开、闭、调节）	20	
控制回路是否正常运行	10	
是否正确拆卸所搭建的气动回路	10	

续表

第二阶段　处理、分析、整理数据		
测评项目	分值	得分
是否利用现有元件拟定其他方案，并进行比较	15	
实训技能训练评估记录		
实训技能训练评估等级：优秀(90分以上) □ 良好(80分以上) □ 一般(70分以上) □ 及格(60分以上) □ 不及格(60分以下) □		
指导教师签字＿＿＿＿日期＿＿＿＿		

子任务2　设备2安装技能训练

【任务要求】

将装配单元的机械部分拆开成组件和零件的形式，然后再组装成原样。着重掌握机械设备的安装、调整方法与技巧。

【相关知识】

1. 装配单元的结构与工作过程

装配单元的功能是完成将该单元料仓内的黑色或白色小圆柱工件嵌入到放置在装配料斗的待装配工件中的装配过程。

装配单元的结构组成包括：管形料仓，供料机构，回转物料台，机械手，待装配工件的定位机构，气动系统及其阀组，信号采集及其自动控制系统，以及用于电气连接的端子排组件，整条生产线状态指示的信号灯和用于其他机构安装的铝型材支架及底板，传感器安装支架等其他附件。其中，机械装配图如图4-5所示。

（1）管形料仓

管形料仓用来存储装配用的金属、黑色和白色小圆柱零件。它由塑料圆管和中空底座构成。塑料圆管顶端放置加强金属环，以防止破损。工件竖直放入料仓的空心圆管内，由于二者之间有一定的间隙，使其能在重力作用下自由下落。

为了能对料仓供料不足和缺料时报警，在塑料圆管底部和底座处分别安装了2个漫反射光电传感器（E3Z-L型），并在料仓塑料圆柱上纵向铣槽，以使光电传感器的红外光斑能可靠照射到被检测的物料上。光电传感器的灵敏度调整应以能检测到黑色物料为准则。

（2）落料机构

图4-6给出了落料机构剖视图。图中，料仓底座的背面安装了两个直线气缸。上面的气缸称为顶料气缸，下面的气缸称为挡料气缸。

系统气源接通后，顶料气缸的初始位置在缩回状态，挡料气缸的初始位置在伸出状态。这样，当从料仓上面放下工件时，工件将被挡料气缸活塞杆终端的挡块阻挡而不能落下。

需要进行落料操作时，首先使顶料气缸伸出，把次下层的工件夹紧，然后挡料气缸缩回，工件掉入回转物料台的料盘中。之后挡料气缸复位伸出，顶料气缸缩回，次下层工件跌落到挡料气缸终端挡块上，为再一次供料作准备。

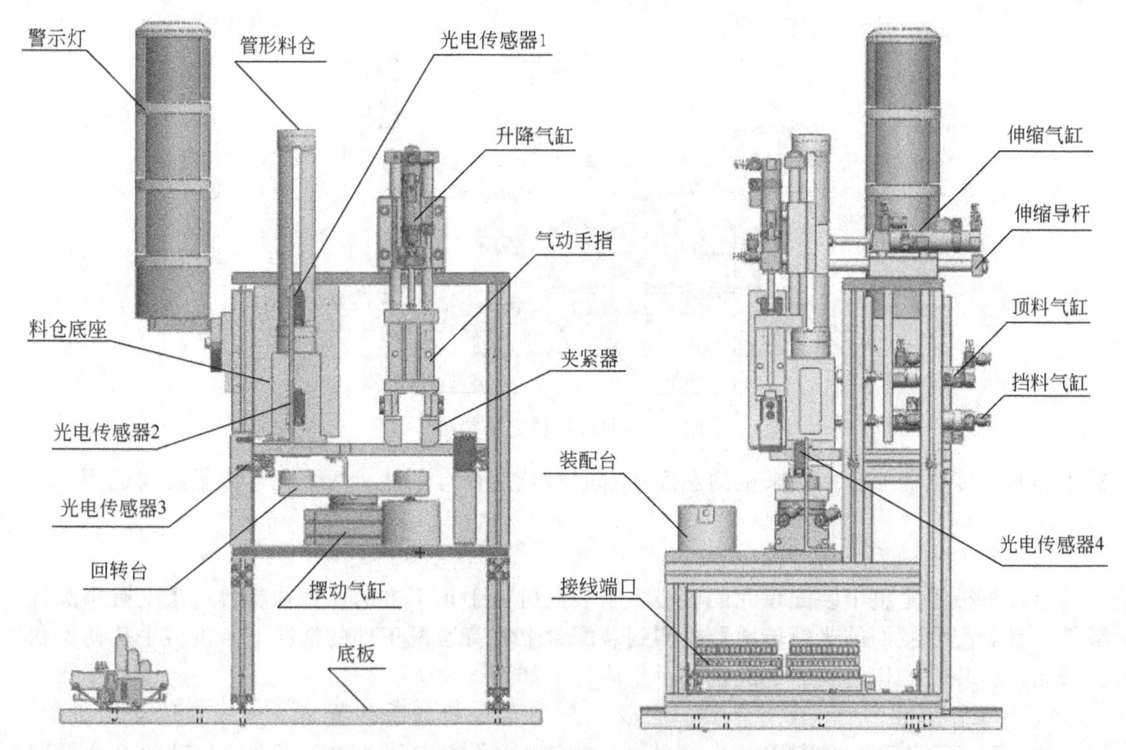

图 4-5 装配单元机械装配图

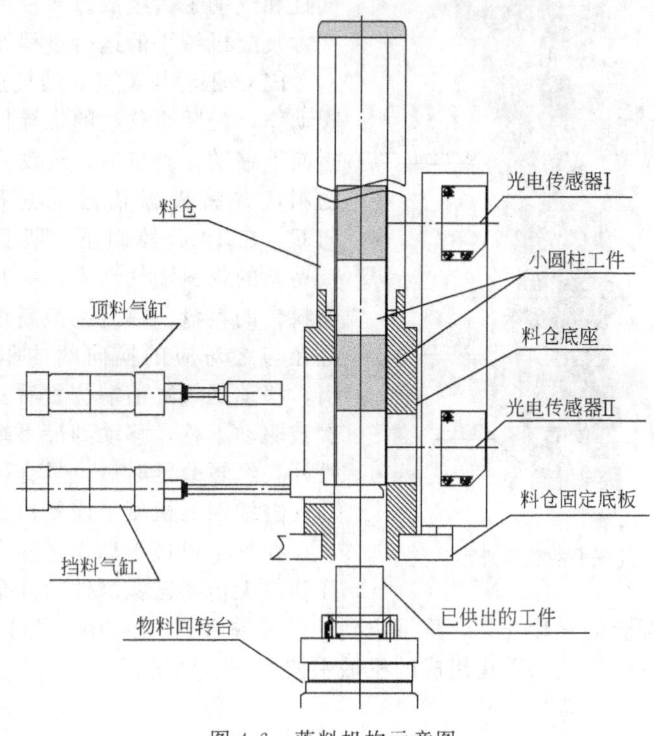

图 4-6 落料机构示意图

(3) 回转物料台

该机构由气动摆台和两个料盘组成，气动摆台能驱动料盘旋转 180°，从而实现把从供料机构落下到料盘的工件移动到装配机械手正下方的功能。如图 4-7 所示。图中的光电传感

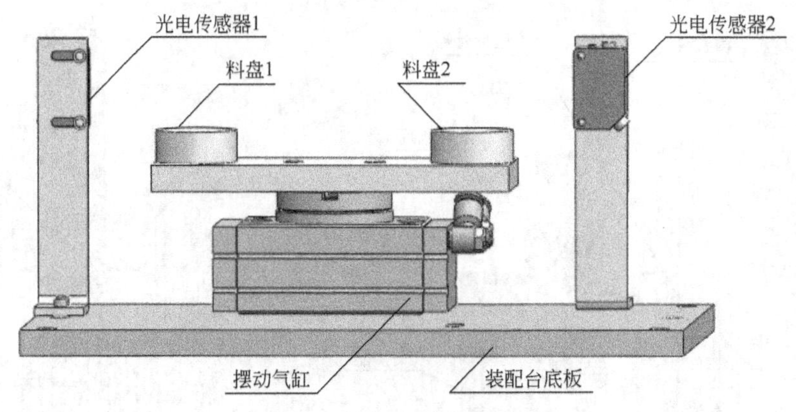

图 4-7　回转物料台的结构

器 1 和光电传感器 2 分别用来检测左面和右面料盘是否有零件。两个光电传感器均选用 CX-441 型。

（4）装配机械手

装配机械手是整个装配单元的核心。当装配机械手正下方的回转物料台料盘上有小圆柱零件，且装配台侧面的光纤传感器检测到装配台上有待装配工件的情况下，机械手从初始状态开始执行装配操作过程。装配机械手整体外形如图 4-8 所示。

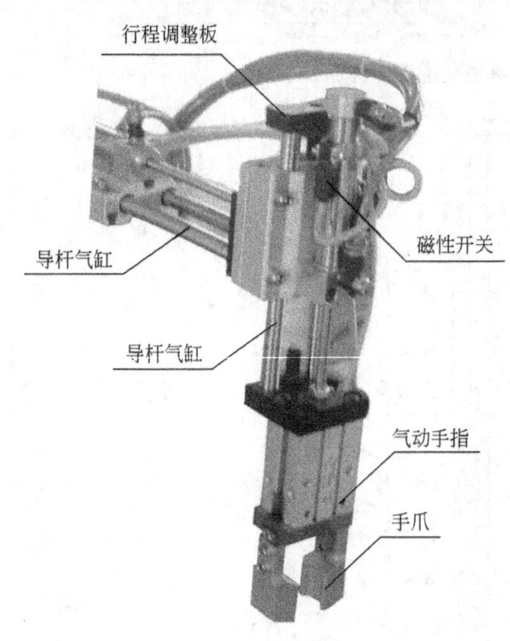

图 4-8　装配机械手的整体外形

装配机械手装置是一个三维运动的机构，它由水平方向移动和竖直方向移动的 2 个导向气缸和气动手指组成。

装配机械手的运行过程如下：

PLC 驱动与竖直移动气缸相连的电磁换向阀动作，由竖直移动的带导杆气缸驱动气动手指向下移动，到位后，气动手指驱动手爪夹紧物料，并将夹紧信号通过磁性开关传送给 PLC。在 PLC 控制下，竖直移动气缸复位，被夹紧的物料随气动手指一并提起，离开回转物料台的料盘，提升到最高位后，水平移动气缸在与之对应的换向阀的驱动下，活塞杆伸出，移动到气缸前端位置后，竖直移动气缸再次被驱动下移，移动到最下端位置，气动手指松开，经短暂延时后，竖直移动气缸和水平移动气缸缩回，机械手恢复初始状态。

在整个机械手动作过程中，除气动手指松开到位无传感器检测外，其余动作到位信号的检测均采用与气缸配套的磁性开关，将采集到的信号输入到 PLC 中，由 PLC 输出信号驱动电磁阀换向，使由气缸及气动手指组成的机械手按程序自动运行。

（5）装配台料斗

输送单元运送来的待装配工件直接放置在该机构的料斗定位孔中，由定位孔与工件之间较小的间隙配合实现定位，从而完成准确的装配动作和定位精度。如图 4-9 所示。

为了确定装配台料斗内是否放置了待装配工件，使用了光纤传感器进行检测。料斗的侧面开一个 M6 的螺孔，光纤传感器的光纤探头固定在螺孔内。

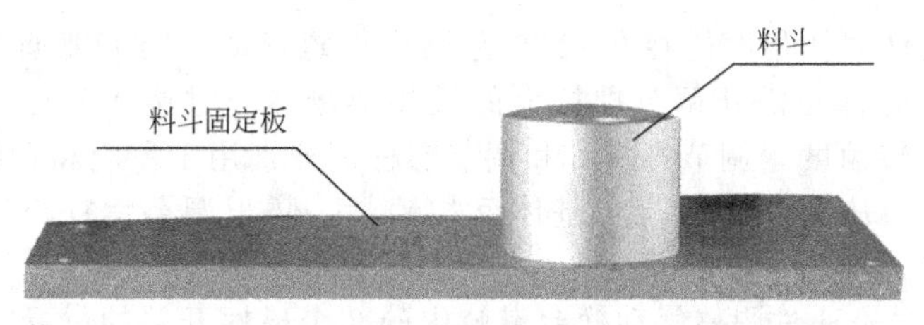

图 4-9　装配台料斗

(6) 警示灯

本工作单元上安装有红、橙、绿三色警示灯，它们是作为整个系统警示来使用的。警示灯有五根引出线，其中黄绿交叉线为“地线”；红色线：红色灯控制线；黄色线：橙色灯控制线、绿色线：绿色灯控制线；黑色线：信号灯公共控制线。接线如图 4-10 所示。

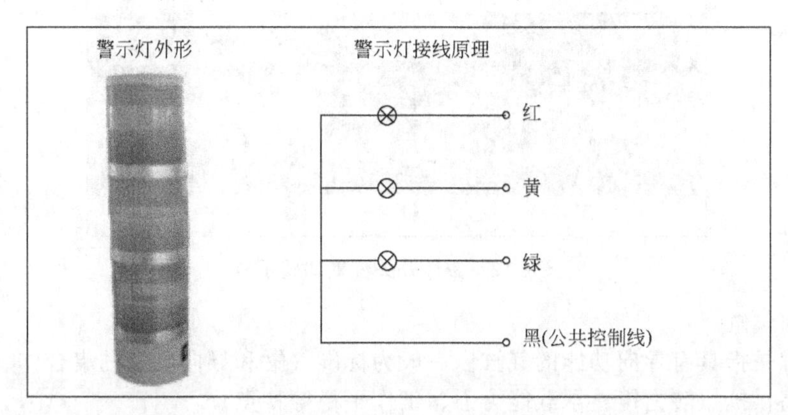

图 4-10　警示灯及其接线

2. 装配单元的气动元件

装配单元所使用的气动执行元件包括标准直线气缸、气动手指、气动摆台和导向气缸，前两种气缸在前面的项目实训中已叙述，下面只介绍气动摆台和导向气缸。

(1) 气动摆台

回转物料台的主要器件是气动摆台，它是由直线气缸驱动齿轮齿条实现回转运动的，回转角度能在 0～90°和 0～180°之间任意可调，而且可以安装磁性开关，检测旋转到位信号，多用于方向和位置需要变换的机构。如图 4-11 所示。

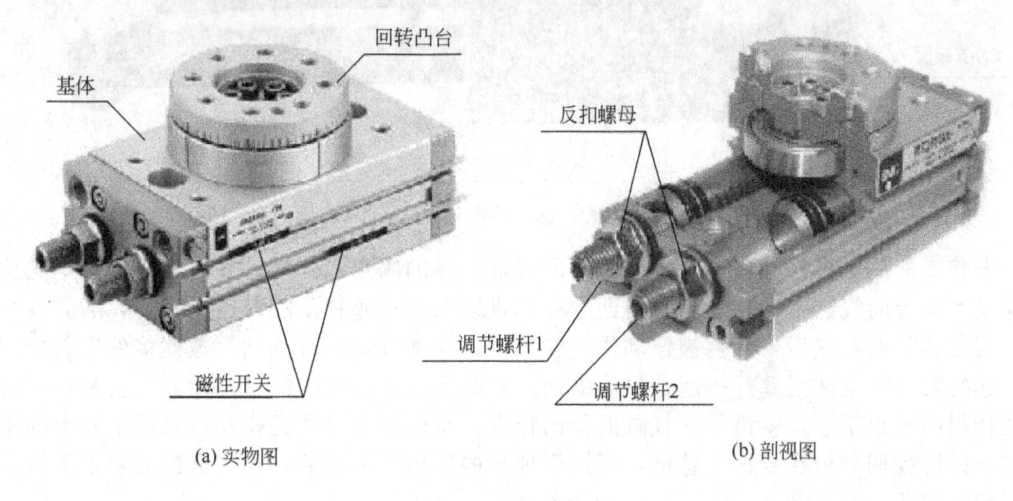

(a) 实物图　　(b) 剖视图

图 4-11　气动摆台

气动摆台的摆动回转角度能在0～180°范围内任意可调。当需要调节回转角度或调整摆动位置精度时，应首先松开调节螺杆上的反扣螺母，通过旋入和旋出调节螺杆，从而改变回转凸台的回转角度，调节螺杆1和调节螺杆2分别用于左旋和右旋角度的调整。当调整好摆动角度后，应将反扣螺母与基体反扣锁紧，防止调节螺杆松动。造成回转精度降低。

回转到位的信号是通过调整气动摆台滑轨内的2个磁性开关的位置实现的，图4-12是调整磁性开关位置的示意图。磁性开关安装在气缸体的滑轨内，松开磁性开关的紧定螺丝，磁性开关就可以沿着滑轨左右移动。确定开关位置后，旋紧紧定螺丝，即可完成位置的调整。

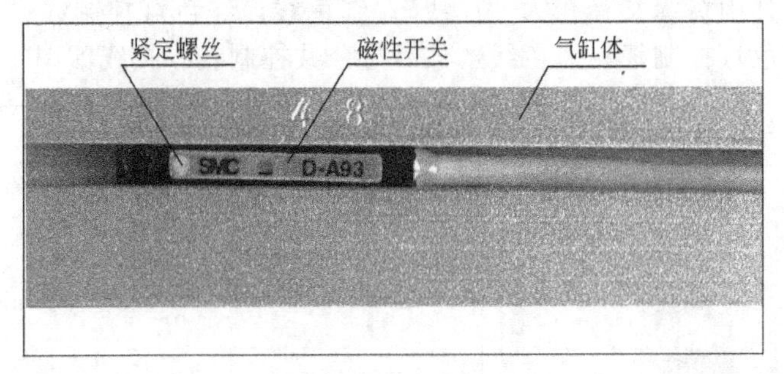

图4-12 磁性开关位置调整示意

（2）导向气缸

导向气缸是指具有导向功能的气缸。一般为标准气缸和导向装置的集合体。导向气缸具有导向精度高，抗扭转力矩、承载能力强、工作平稳等特点。

装配单元用于驱动装配机械手水平方向移动的导向气缸外形如图4-13所示。该气缸由直线运动气缸带双导杆和其他附件组成。

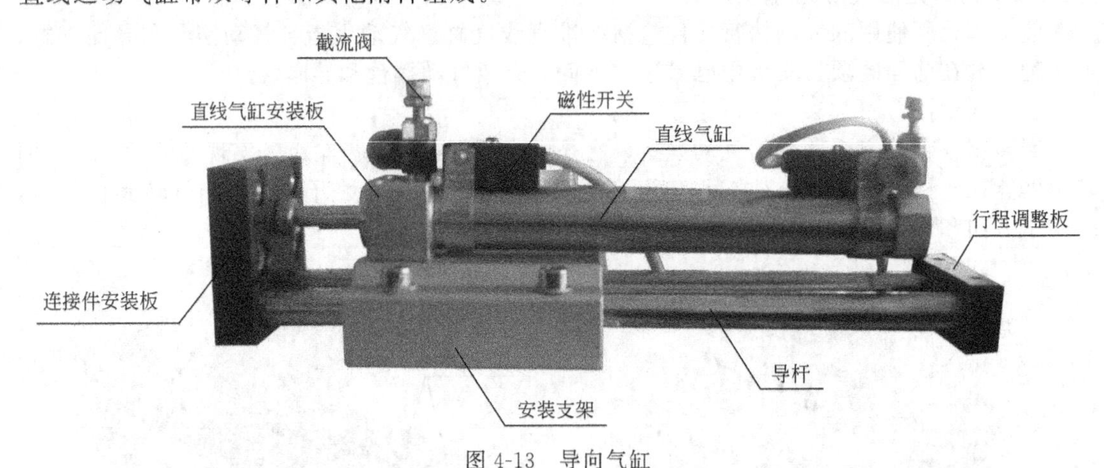

图4-13 导向气缸

安装支架用于导杆导向件的安装和导向气缸整体的固定，连接件安装板用于固定其他需要连接到该导向气缸上的物件，并将两导杆和直线汽缸活塞杆的相对位置固定，当直线气缸的一端接通压缩空气后，活塞被驱动作直线运动，活塞杆也一起移动，被连接件安装板固定到一起的两导杆也随活塞杆一起伸出或缩回，从而实现导向气缸的整体功能。安装在导杆末端的行程调整板用于调整该导杆气缸的伸出行程。具体调整方法是松开行程调整板上的紧定螺钉，让行程调整板在导杆上移动，当达到理想的伸出距离以后，再完全锁紧紧定螺钉，完成行程的调节。

（3）电磁阀组和气动控制回路

装配单元的阀组由 6 个二位五通单电控电磁换向阀组成，如图 4-14 所示。这些阀分别对供料，位置变换和装配动作气路进行控制，以改变各自的动作状态。气动控制回路图如图 4-15 所示。

在进行气路连接时，请注意各气缸的初始位置，其中，挡料气缸应在伸出位置，手爪提升气缸应在提起位置。

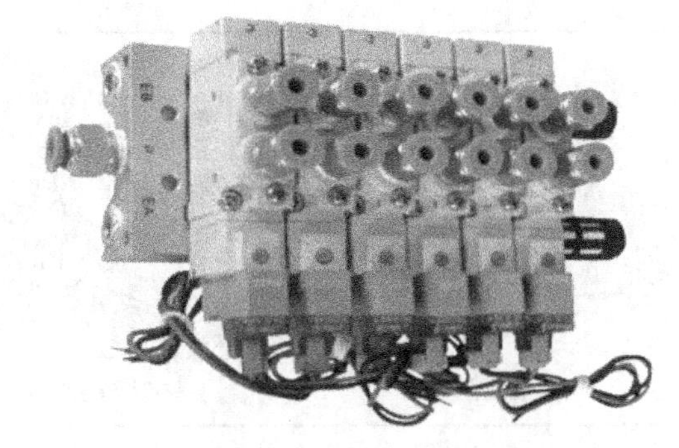
图 4-14　装配单元的阀组

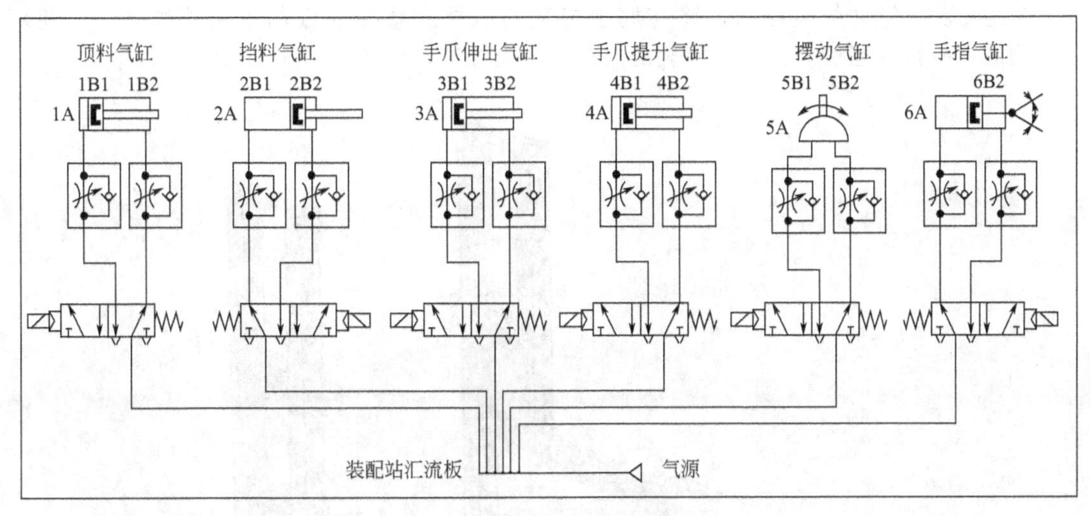

图 4-15　装配单元气动控制回路

【任务实施】

1. 安装步骤和方法

装配单元是整个自动化生产线实训设备中所包含气动元器件较多，结构较为复杂的单元。为了减小安装的难度和提高安装时的效率，在装配前，应认真分析该结构组成，认真观看录像，参考别人的装配工艺，认真思考，作好记录。遵循先前的思路，先成组件，再进行总装，首先，所装配成的组件如图 4-16 所示。

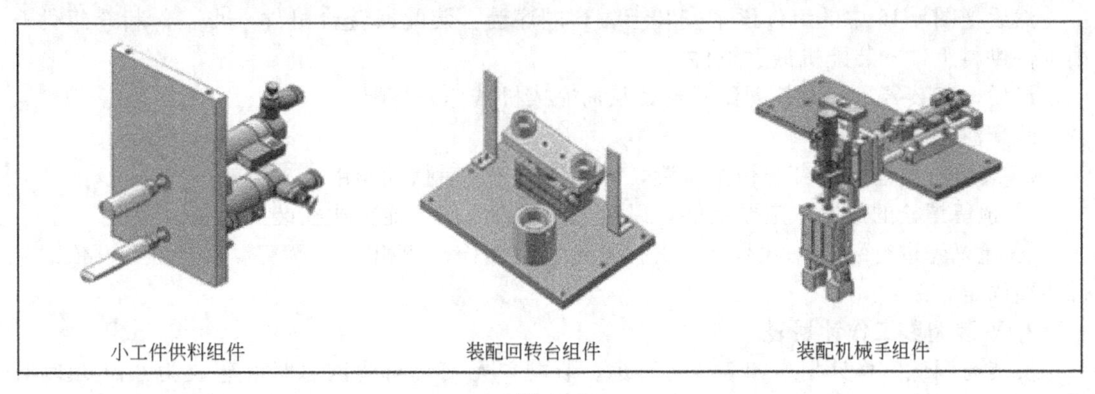

图 4-16

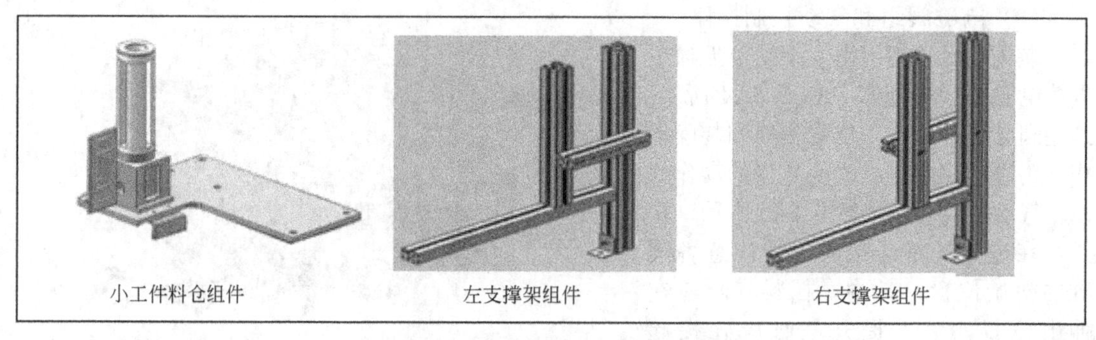

图 4-16　装配单元装配过程的组件

在完成以上组件的装配后，将与底板接触的型材放置在底板的连接螺纹之上，使用“L”型的连接件和连接螺栓，固定装配站的型材支撑架，如图 4-17 所示。

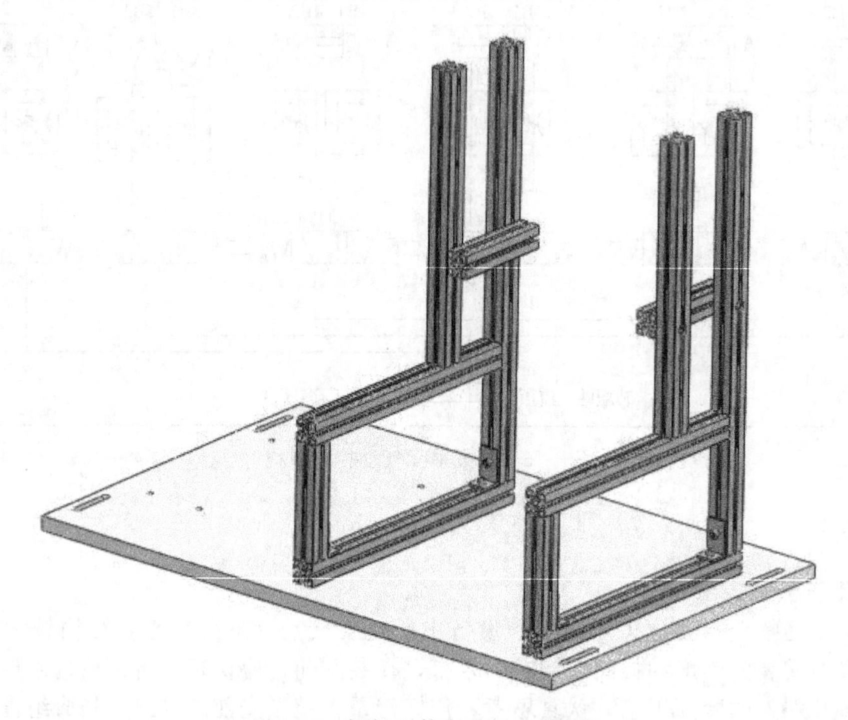

图 4-17　框架组件在底板上的安装

然后把图 4-16 中的组件逐个安装上去，顺序为：装配回转台组件→小工件料仓组件→小工件供料组件→装配机械手组件。

最后，安装警示灯及其各传感器，从而完成机械部分装配。

装配注意事项：

① 装配时要注意摆台的初始位置，以免装配完成后摆动角度不到位。

② 预留螺栓的放置一定要足够，以免造成组件之间不能完成安装。

③ 建议先进行装配，但不要一次拧紧各固定螺栓，待相互位置基本确定后，再依次进行调整固定。

2. 安装调整工作计划表

安装与调试工作计划表如表 4-3 所示。装配单元安装与调试总时间建议为 6h，填写计划时间和实际时间等。

表 4-3 工作计划表

步骤	内容	计划时间/h	实际时间/h	完成情况
1	制订工作计划	0.25		
2	制订安装计划	0.25		
3	项目描述和项目执行图纸程序	1		
4	机械部分安装、调试	1		
5	传感器安装、调试	0.25		
6	按照图纸进行电路安装	0.5		
7	气路安装	0.25		
8	气源、电源安装	0.25		
9	按质量要求要点检查整个设备	0.25		
10	项目各部分设备的通电通气测试	0.25		
11	对老师发现和提出的问题进行回答	0.25		
12	输入程序，进行整个装置的功能调试	0.5		
13	排除故障(依实际情况)	0.5		
14	该任务成绩评估	0.5		

3. 装配单元材料清单

材料清单如表 4-4 所示。仔细观察装配单元结构，认真填写材料清单表。

表 4-4 装配单元材料清单表

序号	代号	物品名称	规格	数量	备注
1					
2					
3					
4					
5					
6					
7					
8					
9					
10					

4. **填写测试记录**

实训操作训练、记录表如表 4-5 所示。

表 4-5 实训操作技能训练测试记录

学生姓名		学号	
专业		班级	
课程		指导教师	

下列清单为测评依据，用于判断学生是否通过测评已到达所需能力标准

第一阶段 测量数据

测评项目	分值	得分
是否遵守实训室的各项规章制度	10	
是否熟悉原理图中各气动元件的基本工作原理	10	
是否熟悉原理图的基本工作原理	10	
是否正确搭建装配单元控制回路	15	
气源开关、控制按钮的条件是否正确（开、闭、调节）	20	
控制回路是否正常运行	10	
是否正确拆卸所搭建的气动回路	10	

第二阶段 处理、分析、整理数据

测评项目	分值	得分
是否利用现有元件拟定其他方案，并进行比较	15	

实训技能训练评估记录

实训技能训练评估等级：优秀（90 分以上） □

良好（80 分以上） □

一般（70 分以上） □

及格（60 分以上） □

不及格（60 分以下） □

指导教师签字__________日期__________

任务 2 装配单元 PLC 控制系统设计

子任务 1 设备 1 程序设计

【任务要求】

装配站旋转工作台的传感器检测到工件到来后，旋转工作台顺时针旋转，将工件旋转到井式供料单元下方，井式供料单元顶料气缸伸出顶住倒数第二个工件。挡料气缸缩回，工件库中底层的工件落到待装配工件上，挡料气缸伸出到位，顶料气缸缩回，物料落到工件库底层，同时旋转工作台顺时针旋转，将工件旋转到冲压装配单元下方，冲压气缸下压，完成工件紧合装配后，气缸回到原位，旋转工作台顺时针旋转到待搬运位置，操作结束，向系统发出装配完成信号。

如果装配站的工件库没有工件或工件不足时，向系统发出报警信号。

【任务实施】

1. PLC 的 I/O 接线及 PLC 选型

装配单元使用了 12 个传感器（5 个光电传感器、6 个磁性传感器、1 个电感传感器）及 3 个电磁阀，故选用西门子 S7-224DC/DC/DC 作为主站，它共 14 点输入，10 点输出。

PLC 的接线原理图如图 4-18 所示。

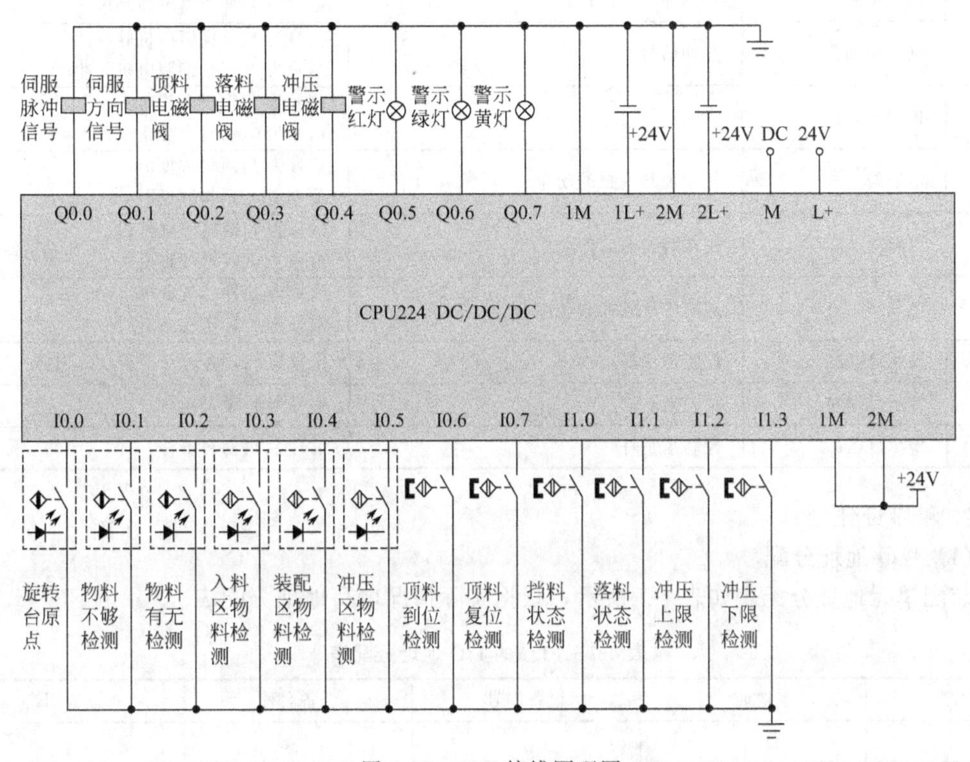

图 4-18 PLC 接线原理图

装配单元 I/O 设备编号与说明如表 4-6 所示。

表 4-6 装配单元 I/O 端口分配说明表

序号	设备名称	设备用途	信号特征
1	电感传感器	检测旋转台是否回到原点	信号为 1：回到原点 信号为 0：未回到原点
2	光电传感器 1	检测工件库物料是否不够	信号为 1：工件库工件够 信号为 0：工件库工件不够
3	光电传感器 2	检测工件库物料是否有料	信号为 1：工件库有工件 信号为 0：工件库无工件
4	光电传感器 3	检测入料区是否有物料	信号为 1：入料区有工件 信号为 0：入料区无工件
5	光电传感器 4	检测装配区是否有物料	信号为 1：装配区有工件 信号为 0：装配区无工件
6	光电传感器 5	检测冲压区是否有物料	信号为 1：冲压区有工件 信号为 0：冲压区无工件
7	磁性传感器 1	检测顶料缸的位置	信号为 1：顶料缸推出到位
8	磁性传感器 2	检测顶料缸的位置	信号为 1：顶料缸返回到位

续表

序号	设备名称	设备用途	信号特征
9	磁性传感器 3	检测挡料状态	信号为 1：处于挡料状态
10	磁性传感器 4	检测落料状态	信号为 1：处于落料状态
11	磁性传感器 5	检测冲压缸的位置	信号为 1：冲压缸返回到位
12	磁性传感器 6	检测冲压缸的位置	信号为 1：冲压缸推出到位
13	伺服驱动器	脉冲信号	信号为 1：给伺服电机脉冲 信号为 0：不给伺服电机脉冲
14	伺服驱动器	方向信号	信号为 1：物料台旋转 信号为 0：物料台静止
15	电磁阀	控制顶料气缸的动作	信号为 1：顶料缸推出 信号为 0：顶料缸返回
16	电磁阀	控制落料气缸的动作	信号为 1：落料气缸推出 信号为 0：落料气缸返回
17	电磁阀	控制冲压气缸的动作	信号为 1：冲压气缸推出 信号为 0：冲压气缸返回
18	警示灯(红)	控制指示灯	信号为 1：设备停止或者没有物料
19	警示灯(绿)	控制指示灯	信号为 1：设备运行
20	警示灯(黄)	控制指示灯	信号为 1：物料不够

2. 程序设计

(1) I/O 地址分配

装配单元地址分配表如表 4-7 所示，根据实际情况填写地址分配表。

表 4-7 PLC 的 I/O 地址分配表

序号	地址	设备编号	设备名称	设备用途

续表

序号	地址	设备编号	设备名称	设备用途

（2）程序设计

THJDAL-2 采用 RS-485 串行通信实现网络控制方案，系统的启动信号、停止信号、复位信号均从连接到搬运站（主站）的按钮/指示灯模块或触摸屏发出，经搬运站 PLC 程序处理后，向各从站发送控制要求，以实现各站的复位、启动、停止等操作。各从站在运行过程中的状态信号，应存储到该单元 PLC 规划好的数据缓冲区，以实现整个系统的协调运行。程序流程图 4-19 所示。参考控制主程序如图 4-20 所示。

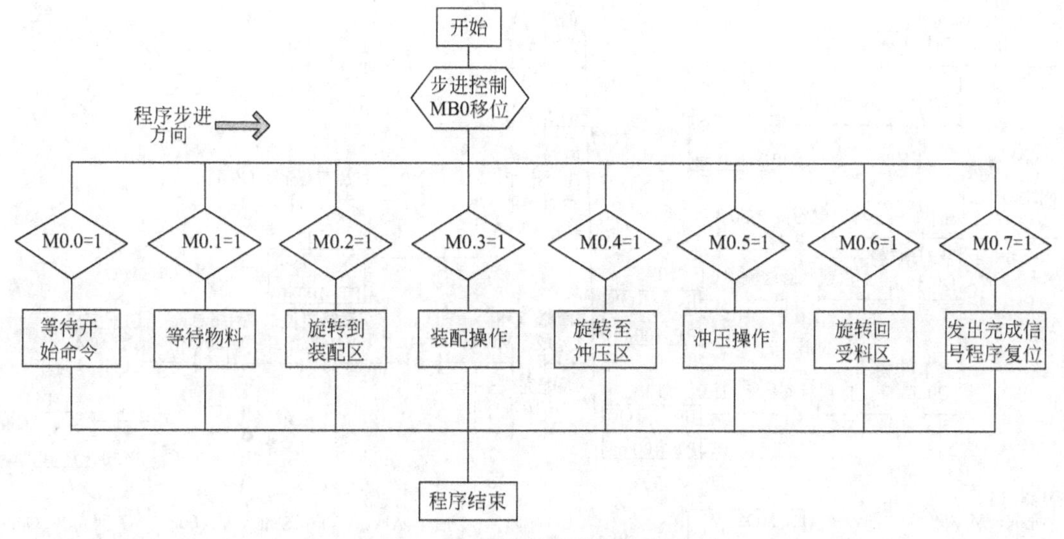

图 4-19 装配单元程序流程图

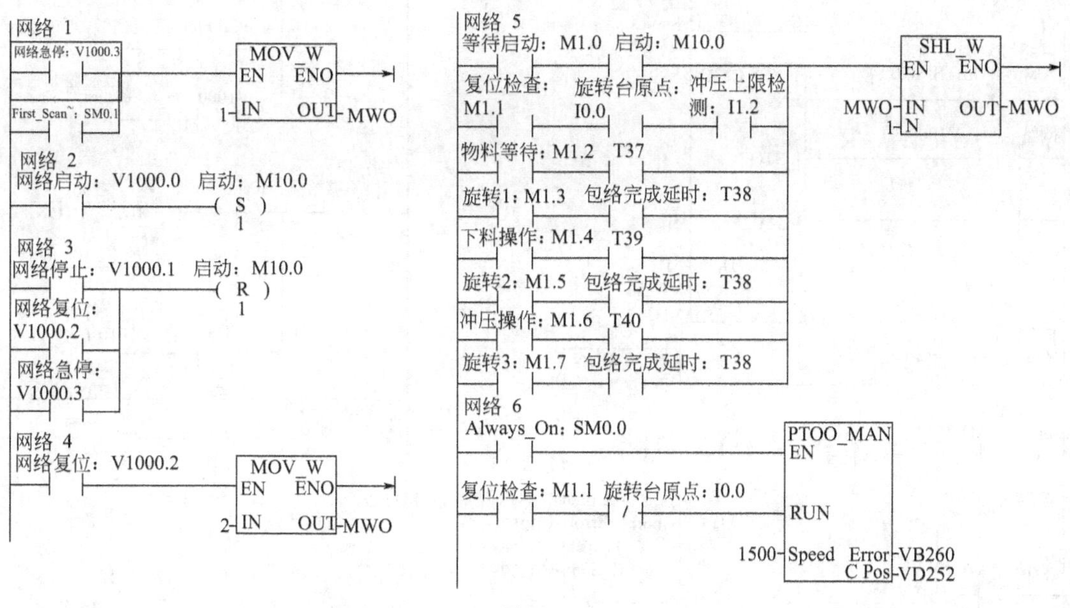

图 4-20

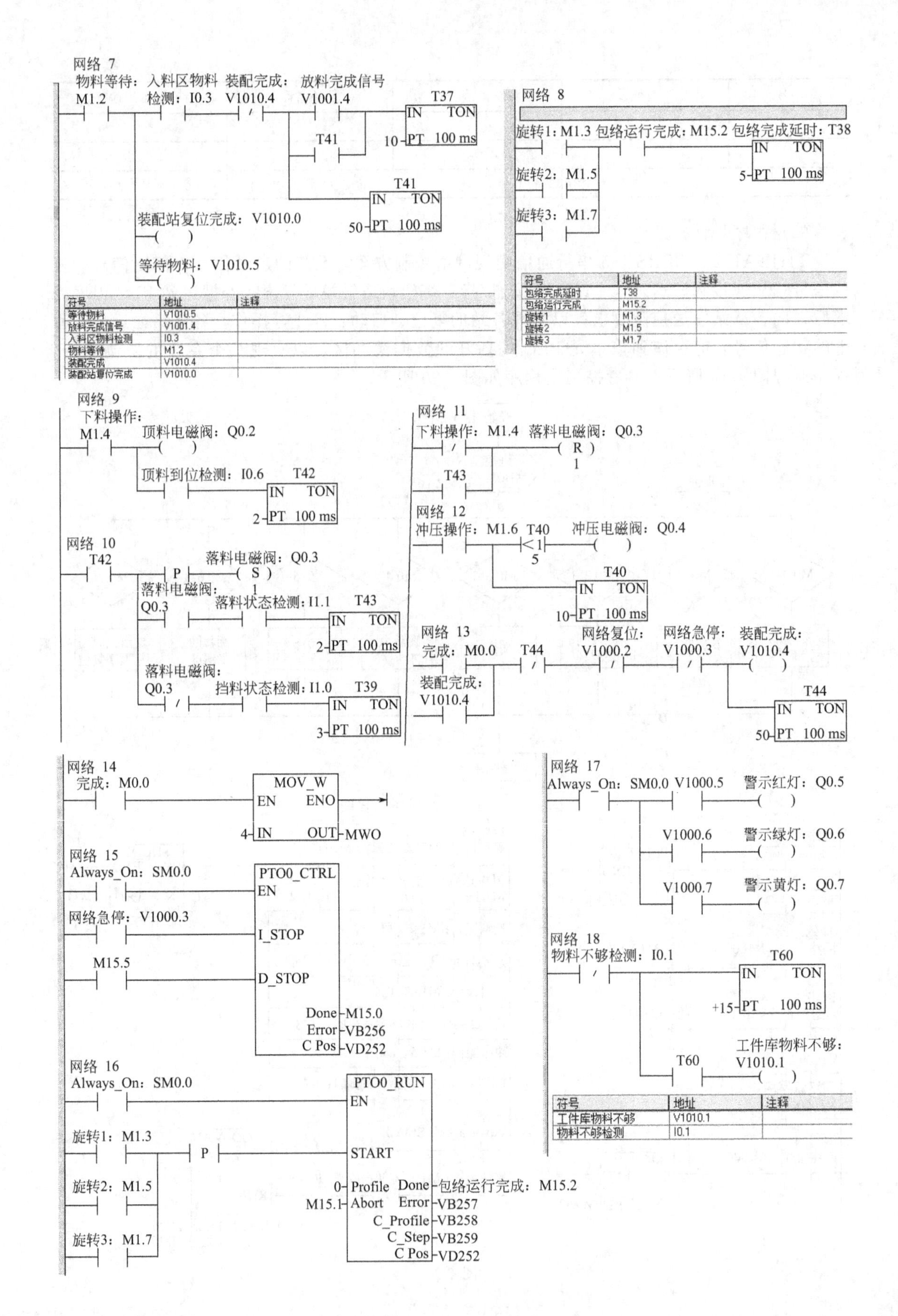
网络 7
物料等待：M1.2
入料区物料检测：I0.3
装配完成：V1010.4
放料完成信号：V1001.4
T37
IN TON
10-PT 100 ms
T41
T41
IN TON
50-PT 100 ms
装配站复位完成：V1010.0
等待物料：V1010.5
符号 地址 注释
等待物料 V1010.5
放料完成信号 V1001.4
入料区物料检测 I0.3
物料等待 M1.2
装配完成 V1010.4
装配站复位完成 V1010.0
网络 8
旋转1：M1.3
包络运行完成：M15.2
包络完成延时：T38
IN TON
5-PT 100 ms
旋转2：M1.5
旋转3：M1.7
符号 地址 注释
包络完成延时 T38
包络运行完成 M15.2
旋转1 M1.3
旋转2 M1.5
旋转3 M1.7
网络 9
下料操作：M1.4
顶料电磁阀：Q0.2
顶料到位检测：I0.6
T42
IN TON
2-PT 100 ms
网络 10
T42
P
落料电磁阀：Q0.3
S
1
落料电磁阀：Q0.3
落料状态检测：I1.1
T43
IN TON
2-PT 100 ms
落料电磁阀：Q0.3
挡料状态检测：I1.0
T39
IN TON
3-PT 100 ms
网络 11
下料操作：M1.4
落料电磁阀：Q0.3
R
1
T43
网络 12
冲压操作：M1.6
T40
<I
5
冲压电磁阀：Q0.4
T40
IN TON
10-PT 100 ms
网络 13
完成：M0.0
T44
网络复位：V1000.2
网络急停：V1000.3
装配完成：V1010.4
装配完成：V1010.4
T44
IN TON
50-PT 100 ms
网络 14
完成：M0.0
MOV_W
EN ENO
4-IN OUT-MWO
网络 15
Always_On：SM0.0
PTO0_CTRL
EN
网络急停：V1000.3
I_STOP
M15.5
D_STOP
Done-M15.0
Error-VB256
C Pos-VD252
网络 16
Always_On：SM0.0
PTO0_RUN
EN
旋转1：M1.3
P
START
旋转2：M1.5
旋转3：M1.7
0-Profile Done-包络运行完成：M15.2
M15.1-Abort Error-VB257
C_Profile-VB258
C_Step-VB259
C Pos-VD252
网络 17
Always_On：SM0.0
V1000.5
警示红灯：Q0.5
V1000.6
警示绿灯：Q0.6
V1000.7
警示黄灯：Q0.7
网络 18
物料不够检测：I0.1
T60
IN TON
+15-PT 100 ms
工件库物料不够：V1010.1
T60
符号 地址 注释
工件库物料不够 V1010.1
物料不够检测 I0.1

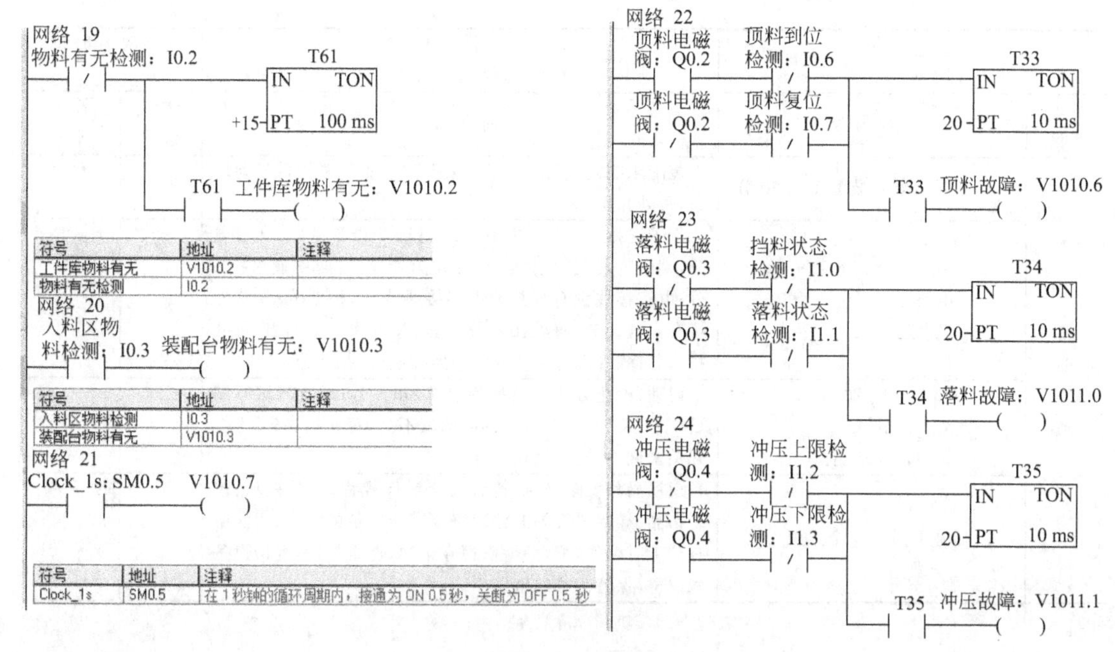

图 4-20　装配单元参考控制程序

3. 装配单元调试运行

在编写、下载、调试程序过程中，应进一步了解掌握设备调试的方法、技巧及注意点，培养严谨的作风。

① 在下载、运行程序前，必须认真检查程序。检查程序时，重点检查各个执行机构之间是否会发生冲突，采用何种措施避免冲突，同一执行机构在不同阶段所作的动作是否区分开。

② 只有在认真、全面检查了程序且程序无误时，才可以运行程序并进行实际调试，不可以在不经过检查的情况下直接在设备上运行所编写的程序，如果程序存在问题，很容易造成设备损毁和人员伤害。

③ 在调试过程中，仔细观察执行机构的动作，如果程序能够实现预期的控制功能，则应进行多次运行，检查运行的可靠性并对程序进行优化。

④ 总结经验，把调试过程中遇到的问题、解决的方法记录下来。

⑤ 在运行过程中，应该时刻注意现场设备的运行情况，一旦发生执行机构互相冲突情况，应及时采取措施，如急停、切断执行机构控制信号、切断气源或切断总电源等，以避免造成设备的损毁。表 4-8 所示为评分表。

表 4-8　评分表

______学年 评　分　表		工作形式 □个人　□小组分工　□小组	实际工作时间 ______	
训练项目	训练内容	训练要求	学生自评	教师评分
加工单元	1. 工作计划和图纸 30 分 ——工作计划 ——气路图 ——电路图 ——程序清单(单站)	气路、电路绘制有错误，每处扣 3 分；电路图符号不规范，每处扣 1 分，最多扣 5 分		

续表

____学年 评　分　表		工作形式 □个人　□小组分工　□小组	实际工作时间 ____	
训练项目	训练内容	训练要求	学生自评	教师评分
加工单元	2. 机械安装及装配工艺 20 分	装配未能完成，扣 10 分；装配完成，但有紧固件松动现象，每处扣 1 分		
	3. 连接工艺 20 分 ——电路连接工艺 ——气路连接工艺	端子连接，插针压接不牢或超过 2 根导线，每处扣 1 分，端子连接处没有线号，每处扣 0.5 分，两项最多扣 5 分；电路接线没有绑扎或电路接线凌乱，扣 2 分；气路连接有漏气现象，每处扣 1 分；气缸节流阀调整不当，每处扣 1 分；气管没有绑扎或气路连接凌乱，扣 2 分		
	4. 测试与功能 20 分 ——夹料测试 ——物料台移动测试	启动/停止方式不按控制要求，扣 3 分；运行测试不满足要求，每处扣 3 分；传感器调试不当，每处扣 3 分；磁性开关调试不当，每处扣 1 分		
	5. 职业素质与安全意识 10 分	现场操作安全、保护符合安全操作规程；工具摆放、包装物品、导线线头等的处理符合职业岗位的要求；团队中有分工有合作，配合紧密；遵守纪律，尊重教师，爱惜设备和器材，保持工位的整洁		

子任务 2　设备 2 程序设计

【任务要求】

① 装配单元各气缸的初始位置为：挡料气缸处于伸出状态，顶料气缸处于缩回状态；料仓上已经有足够的小圆柱零件；装配机械手的升降气缸处于提升状态，伸缩气缸处于缩回状态，气爪处于松开状态。

设备上电和气源接通后，若各气缸满足初始位置要求，且料仓上已经有足够的小圆柱零件；工件装配台上没有待装配工件。则“正常工作”指示灯 HL1 常亮，表示设备准备好。否则，该指示灯以 1Hz 频率闪烁。

② 若设备准备好，按下启动按钮，装配单元启动，“设备运行”指示灯 HL2 常亮。如果回转台上的左料盘内没有小圆柱零件，就执行下料操作；如果左料盘内有零件，而右料盘内没有零件，执行回转台回转操作。

③ 如果回转台上的右料盘内有小圆柱零件且装配台上有待装配工件，执行装配机械手抓取小圆柱零件，放入待装配工件中的操作。

④ 完成装配任务后，装配机械手应返回初始位置，等待下一次装配。

⑤ 若在运行过程中按下停止按钮，则供料机构应立即停止供料，在装配条件满足的情况下，装配单元在完成本次装配后停止工作。

⑥ 在运行中发生“零件不足”报警时，指示灯 HL3 以 1Hz 的频率闪烁，HL1 和 HL2 灯常亮；在运行中发生“零件没有”报警时，指示灯 HL3 以亮 1s，灭 0.5s 的方式闪烁，HL2 熄灭，HL1 常亮。

【任务实施】

1. PLC 的 I/O 接线及 PLC 选型

装配单元装置侧接线端口的信号端子的分配如表 4-9 所示。

表 4-9　装配单元装置侧接线端口的信号端子的分配

输入端口中间层			输出端口中间层		
端子号	设备符号	信号线	端子号	设备符号	信号线
2	SC1	零件不足检测	2	1Y	挡料电磁阀
3	SC2	零件有无检测	3	2Y	顶料电磁阀
4	SC3	左料盘零件检测	4	3Y	回转电磁阀
5	SC4	右料盘零件检测	5	4Y	手爪夹紧电磁阀
6	SC5	装配台工件检测	6	5Y	手爪下降电磁阀
7	1B1	顶料到位检测	7	6Y	手臂伸出电磁阀
8	1B2	顶料复位检测	8	HL1	红色指示灯
9	2B1	挡料状态检测	9	HL2	橙色指示灯
10	2B2	落料状态检测	10	HL3	绿色指示灯
11	5B1	摆动气缸左极限检测	11		
12	5B2	摆动气缸右极限检测	12		
13	6B2	手爪夹紧检测	13		
14	4B2	手爪下降到位检测	14		
15	4B1	手爪上升到位检测			
16	3B1	手臂缩回到位检测			
17	3B2	手臂伸出到位检测			

装配单元的 I/O 点较多，选用 S7-226 AC/DC/RLY 为主单元，共 24 点输入，16 点继电器输出。PLC 的 I/O 分配如表 4-10 所示。图 4-21 是 PLC 接线原理图。

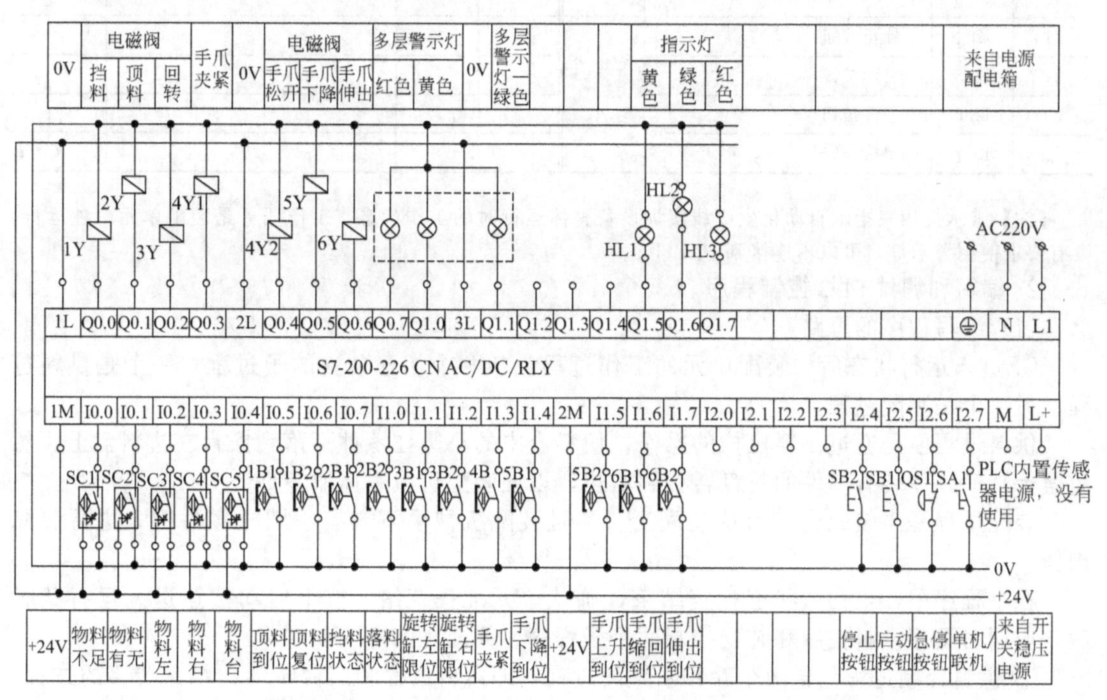

图 4-21　装配单元 PLC 接线原理

表 4-10 装配单元 PLC 的 I/O 信号表

输入信号				输出信号			
序号	PLC输入点	信号名称	信号来源	序号	PLC输入点	信号名称	信号来源
1	I0.0	零件不足检测	装置侧	1	Q0.0	挡料电磁阀	装置侧
2	I0.1	零件有无检测		2	Q0.1	顶料电磁阀	
3	I0.2	左料盘零件检测		3	Q0.2	回转电磁阀	
4	I0.3	右料盘零件检测		4	Q0.3	手爪夹紧电磁阀	
5	I0.4	装配台工件检测		5	Q0.4	手爪松开电磁阀	
6	I0.5	顶料到位检测		6	Q0.5	手臂下降电磁阀	
7	I0.6	顶料复位检测		7	Q0.6	手臂伸出电磁阀	
8	I0.7	挡料状态检测		8	Q0.7	红色警示灯	
9	I1.0	落料状态检测		9	Q1.0	橙色警示灯	
10	I1.1	摆动气缸左极限检测		10	Q1.1	绿色警示灯	
11	I1.2	摆动气缸右极限检测		11	Q1.2		
12	I1.3	手爪夹紧检测		12	Q1.3		
13	I1.4	手爪下降到位检测		13	Q1.4		
14	I1.5	手爪上升到位检测		14	Q1.5	HL1	按钮/指示灯模块
15	I1.6	手臂缩回到位检测		15	Q1.6	HL2	
16	I1.7	手臂伸出到位检测		16	Q1.7	HL3	
17	I2.0						
18	I2.1						
19	I2.2						
20	I2.3						
21	I2.4	停止按钮	按钮/指示灯模块				
22	I2.5	启动按钮					
23	I2.6	急停按钮					
24	I2.7	单机/联机					

【注】警示灯用来指示自动化生产线实训设备整体运行时的工作状态，工作任务是装配单元单独运行，没有要求使用警示灯，可以不连接到 PLC 上。

2. 编写和调试 PLC 控制程序

（1）编写程序的思路

① 进入运行状态后，装配单元的工作过程包括两个相互独立的子过程，一个是供料过程，另一个是装配过程。

供料过程就是通过供料机构的操作，使料仓中的小圆柱零件下落到摆台左边料盘上，然后摆台转动，使装有零件的料盘转移到右边，以便装配机械手抓取零件。

装配过程是当装配台上有待装配工件，且装配机械手下方有小圆柱零件时，进行装配操作。

在主程序中，当初始状态检查结束，确认单元准备就绪，按下启动按钮进入运行状态后，应同时调用供料控制和装配控制两个子程序。如图 4-22 所示。

② 供料控制过程包含两个互相联锁的过程，即落料过程和摆台转动、料盘转移的过程。在小圆柱零件从料仓落下到左料盘的过程中，禁止摆台转动；反之，在摆台转动过程中，禁止打开料仓（挡料气缸缩回）落料。

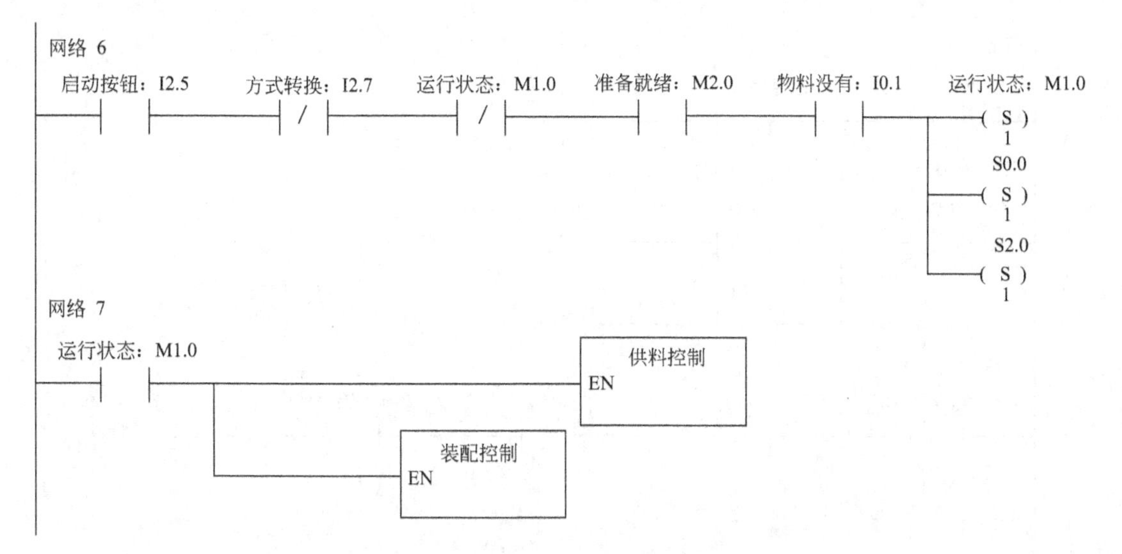

图 4-22 部分主程序

实现联锁的方法是：a. 当摆台的左限位或右限位磁性开关动作并且左料盘没有料，经定时确认后，开始落料过程；b. 当挡料气缸伸出到位使料仓关闭、左料盘有物料而右料盘为空，经定时确认后，开始摆台转动，直到达到限位位置。图 4-23 给出了摆动气缸转动操作的梯形图。

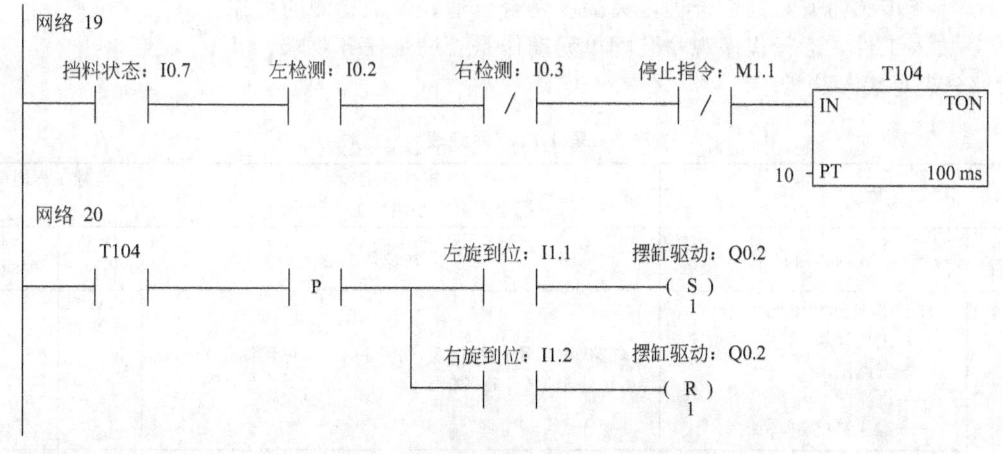

图 4-23 摆动气缸转动操作的梯形图

③ 供料过程中的落料控制和装配控制都是单序列步进顺序控制，具体编程步骤这里不再赘述。

④ 有两种情况会停止运行。一是在运行中按下停止按钮，停止指令被置位；另一种情况是当料仓中最后一个零件落下时，检测物料有无的传感器动作（I0.1 OFF)，发出缺料报警。

对于供料过程的落料控制，上述两种情况均应在料仓关闭，顶料气缸复位到位即返回到初始步后停止下次落料，并复位落料初始步。但对于摆台转动控制，一旦停止指令发出，则应立即停止摆台转动。(见图 4-23 梯形图)

对于装配控制，上述两种情况也应在本次装配完成，装配机械手返回到初始位置后停止。

仅当落料机构和装配机械手均返回到初始位置，才能复位运行状态标志和停止指令。停止运行的操作应在主程序中编制，其梯形图如图 4-24 所示。

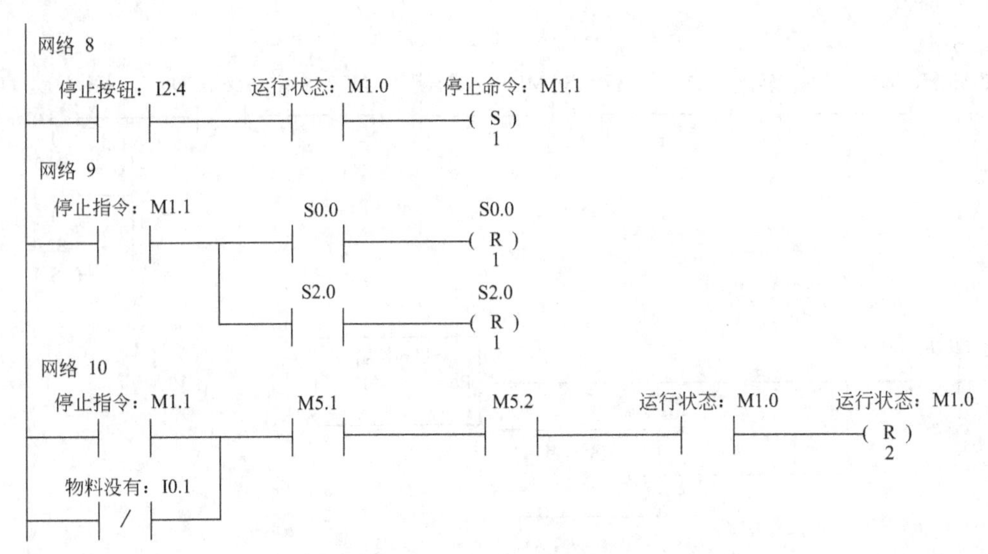

图 4-24 停止运行的操作

（2）调试与运行

① 调整气动部分，检查气路是否正确，气压是否合理，气缸的动作速度是否合理。

② 检查磁性开关的安装位置是否到位，磁性开关工作是否正常。

③ 检查 I/O 接线是否正确。

④ 检查传感器安装是否合理，灵敏度是否合适，保证检测的可靠性。

⑤ 放入工件，运行程序观察装配单元动作是否满足任务要求。

评分表见表 4-11 所示。

表 4-11 评分表

<table>
<tr><td colspan="2">______学年
评　分　表</td><td>工作形式
□个人　□小组分工　□小组</td><td colspan="2">实际工作时间
______</td></tr>
<tr><td>训练项目</td><td>训练内容</td><td>训练要求</td><td>学生自评</td><td>教师评分</td></tr>
<tr><td rowspan="5">加工单元</td><td>1. 工作计划和图纸 30 分
——工作计划
——气路图
——电路图
——程序清单(单站)</td><td>气路、电路绘制有错误，每处扣 3 分；电路图符号不规范，每处扣 1 分，最多扣 5 分</td><td></td><td></td></tr>
<tr><td>2. 机械安装及装配工艺 20 分</td><td>装配未能完成，扣 10 分；装配完成，但有紧固件松动现象，每处扣 1 分</td><td></td><td></td></tr>
<tr><td>3. 连接工艺 20 分
——电路连接工艺
——气路连接工艺</td><td>端子连接，插针压接不牢或超过 2 根导线，每处扣 1 分，端子连接处没有线号，每处扣 0.5 分，两项最多扣 5 分；电路接线没有绑扎或电路接线凌乱，扣 2 分；气路连接有漏气现象，每处扣 1 分；气缸节流阀调整不当，每处扣 1 分；气管没有绑扎或气路连接凌乱，扣 2 分</td><td></td><td></td></tr>
<tr><td>4. 测试与功能 20 分
——夹料测试
——物料台移动测试</td><td>启动/停止方式不按控制要求，扣 3 分；运行测试不满足要求，每处扣 3 分；传感器调试不当，每处扣 3 分；磁性开关调试不当，每处扣 1 分</td><td></td><td></td></tr>
<tr><td>5. 职业素质与安全意识 10 分</td><td>现场操作安全、保护符合安全操作规程；工具摆放、包装物品、导线线头等的处理符合职业岗位的要求；团队中有分工有合作，配合紧密；遵守纪律，尊重教师，爱惜设备和器材，保持工位的整洁</td><td></td><td></td></tr>
</table>

项目5　分拣单元控制系统安装与调试

学习目标

① 掌握交流异步电动机的工作原理
② 掌握分拣单元的工作过程
③ 掌握光纤式传感器的原理
④ 掌握编码器的工作原理

能力目标

① 掌握变频器参数设置的方法
② 掌握光纤式传感器调试的方法
③ 掌握分拣单元调试的关键点
④ 掌握编码器的编程方法

任务1　分拣单元控制系统安装技能训练

子任务1　设备1分拣单元安装技能训练

【任务要求】

在了解分拣单元结构组成的基础上，将分拣单元的机械部分拆开成组件和零件的形式，然后再组装成原样。要求掌握机械设备的安装、调整方法与技巧。

【相关知识】

1. 分拣单元结构组成和工作过程

分拣单元是自动线中最末站，完成对上一站送来的成品的分拣工作，并使不同颜色的工件从不同的料槽分流。当输送站送来的工件放到传送带上并为入料口光电传感器检测到时，即启动变频器，工件开始送入分拣区进行分拣。

入料口检测到工件后变频器启动，驱动传动电动机，把工件带入分拣区。如果工件为白色，则该工件到达 1 号滑槽，传送带停止运行，工件被推到 1 号槽中；如果为黑色，旋转气缸旋转，工件被导入 2 号槽中。当分拣槽对射传感器检测到有工件输入时，应向系统发出分拣完成信号。

分拣单元由传送带、变频器、三相交流减速电机、旋转气缸、磁性开关、电磁阀、调压过滤器、光电传感器、光纤传感器、对射传感器、支架、机械零部件构成。主要完成来料检测、分类、入库。图 5-1 所示为分拣单元实物图。

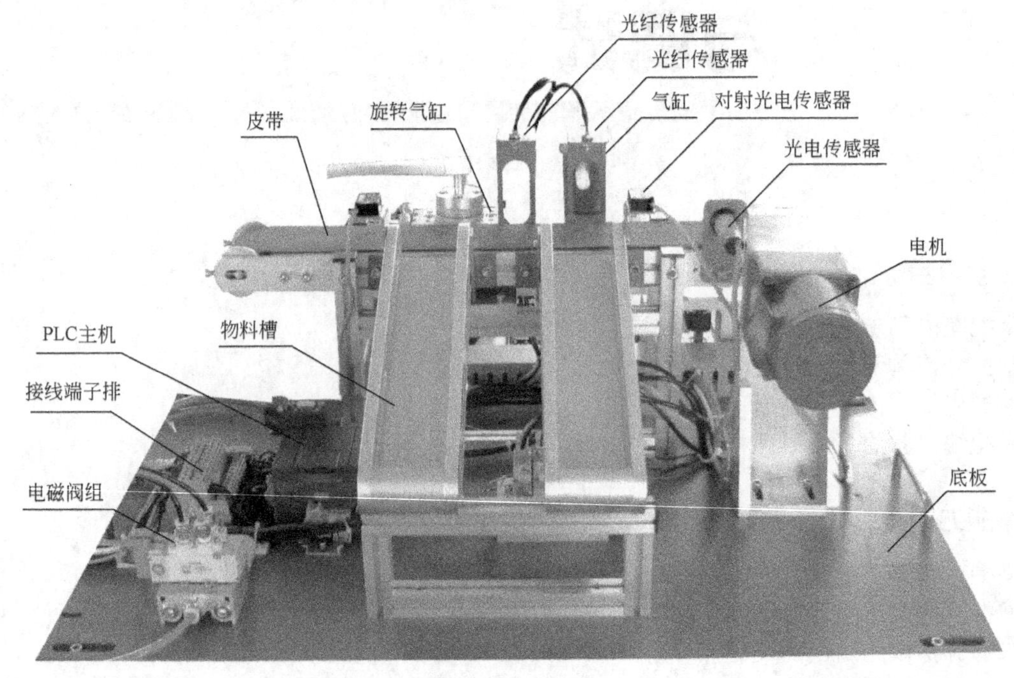

图 5-1　分拣单元

① PLC 主机：控制端子与端子排相连。

② 变频器：用于控制三相交流减速电机，带动皮带转动。

③ 光电传感器：用于检测入料口是否有物料。当入料口有物料时向 PLC 发出输入信号。电感传感器：用于检测工作台是否回到原点，检测距离为 4mm±20%。

④ 光纤传感器：根据不同颜色材料反射光强度的不同来区分不同的工件。

当工件为白色时第一个光纤传感器检测到信号；当工件为黑色时第二个光纤传感器检测到信号。光纤传感器的检测距离可通过光纤放大器的旋钮调节。

⑤ 对射光电传感器：用于检测工件是否到物料槽。当检测到有物料到达物料槽时向 PLC 发出信号。

⑥ 磁性传感器 1：用于推料气缸的位置检测，当检测到气缸准确到位后给 PLC 发出一个到位信号。

⑦ 磁性传感器 2：用于旋转气缸位置检测，当检测到旋转气缸准确到位后给 PLC 发出一个到位信号。

⑧ 电磁阀：推料气缸、旋转气缸均用二位五通的带手控开关的单控电磁阀控制，两个单控电磁阀集中安装在带有消声器的汇流板上。当 PLC 给电磁阀一个信号，电磁阀动作，对应气缸动作。

⑨ 推料气缸：由单控电磁阀控制。当气动电磁阀得电，气缸伸出，将白色工件推入第一个料槽。

⑩ 旋转气缸：由单控电磁阀控制。当气动电磁阀得电，旋转气缸旋转 68°，将黑色物料导入第二个物料槽。

⑪ 端子排：用于连接 PLC 输入输出端口与各传感器和电磁阀。其中下排 1～3 和上排 1～3 号端子短接经过带保险的端子与＋24V 相连。上排 4～16 号端子短接与 0V 相连。

2. 气动控制回路

气动控制系统是本工作站的执行机构，该执行机构的逻辑控制功能是由 PLC 实现的。图 5-2 所示为分拣单元的气动控制原理图。

3. MM420 变频器简介

MICROMASTER420 是用于控制三相交流电动机速度的变频器系列。本系列有多种型号，从单相电源电压，额定功率 120W 到三相电源电压，额定功率 11kW 的产品可供用户选用。

本变频器由微处理器控制，并采用具有现代先进技术水平的绝缘栅双极型晶体管（IGBT）作为功率输出器件。因此，它们具有很高的运行可靠性和功能的多样性。其脉冲宽度调制的开关频率是可选的，因而降低了电动机运行的噪声。全面而完善的保护功能为变频器和电动机提供了良好的保护。

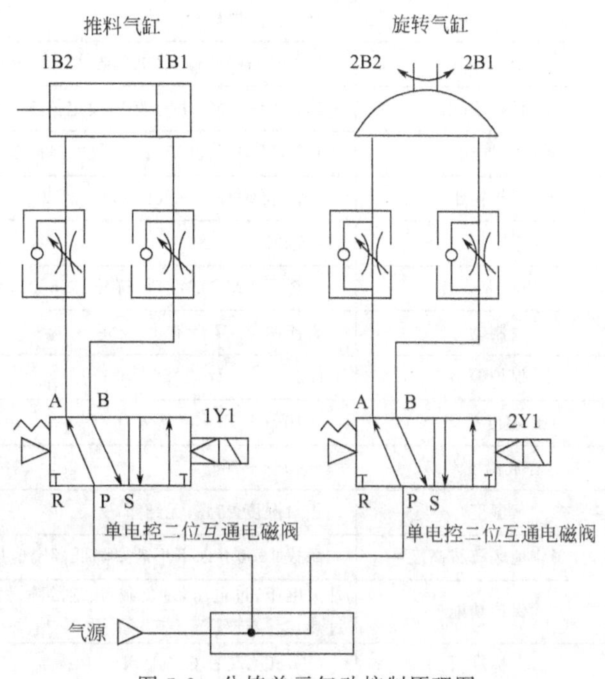

图 5-2　分拣单元气动控制原理图

MICROMASTER420 具有缺省的工厂设置参数，它是给数量众多简单的电动机控制系统供电的理想变频驱动装置。由于 MICROMASTER420 具有全面而完善的控制功能，在设置相关参数以后，它也可用于更高级的电动机控制系统。

西门子 MICROMASTER420 变频器的基本功能参数如表 5-1 所示。

表 5-1　西门子 MICROMASTER420 变频器基本功能参数

特　性	技术规格
输入电压和功率范围	单相交流 200V～240，±10%　0.12kW～3kW 三相交流 200V～240，±10%　0.12kW～5.5kW 三相交流 380V～480，±10%　0.37kW～11kW
输入频率/Hz	47～63
输出频率/Hz	0～650
功率因数	0.98
变频器效率/%	96～97
过载能力	1.5 倍额定输出电流，60s(每 300s 一次)
合闸冲击电流	小于额定输入电流
控制方式	线性 V/f 控制；带磁通电流控制(FCC)的线性 V/f 控制；平方 V/f 控制；多点 V/f 控制

续表

特　性	技术规格
PWM频率	2～16kHz(每级调整2kHz)
固定频率	7个,可编程
跳转频率	4个,可编程
频率设定值的分辨率	0.01Hz,数字设定; 0.01Hz,串行通信设定; 10位,模拟设定
数字输入	3个可编程的输入(电气隔离的),可切换为高电平/低电平有效(PNP/NPN)
模拟输入	1个(0～10V),用于频率设定值输入或PI反馈信号,可标定或用作第4个数字输入
继电器输出	1个,可编程,30V DC/5A(电阻性负载),250V AC/2A(电感性负载)
模拟输出	1个,可编程(0～20mA)
串行接口	RS-232,RS-485
电磁兼容性	可选用EMC滤波器,符号EN55011A级或B级标准
制动	直流制动,复合制动
保护等级	IP20
工作温度范围/℃	－10～＋50
存放温度/℃	－40～＋70
湿度	相对湿度95%,无结露
工作地区海拔高度	海拔1000m以下不需要降低额定值运行
保护功能	欠电压,过电压,过负载,接地故障,短路,电机失步,电机锁定保护,电动机过热,变频器过热,参数连锁等
标准	UL,cUL,CE,C-tick
CE标记	符合EC低电压规范73/23/EEC和电磁兼容性规范89/336/EEC的要求

在后续任务中，将详细讲述变频器参数设置的方法及过程。

【任务实施】

1. 分拣单元训练目标

按照分拣功能的要求，先按计划进行机械安装与调试，设计手动单步控制程序和自动连续运行程序，并对其进行调试。

2. 训练要求

① 熟悉分拣单元的功能及结构组成，并正确安装。

② 能够根据控制要求设计气动控制回路原理图，安装气动执行器件并调试。

③ 安装所使用的传感器并能调试。

④ 查明PLC各端口地址，根据要求接线。

⑤ 能够设置变频器参数。

3. 安装与调试工作计划表

根据前面所学，学生自己制定工作计划表，并如实填写。

4. 分拣单元的安装与调试

(1) 分拣单元机械部分安装步骤

① 在教学现场结合实物观看视频。

② 在工作台上，先把支架、传送带定位安装后，再整体安装到底板上。

③ 安装传感器支架、气缸。

④ 安装物料槽，同时根据气缸位置调整物料槽支架两边的平衡。

⑤ 安装电动机。

⑥ 调试位置，将气缸调整到物料槽中间。

(2) 分拣单元电路部分接线注意

图 5-3 所示为分拣单元 PLC 端子接线图。

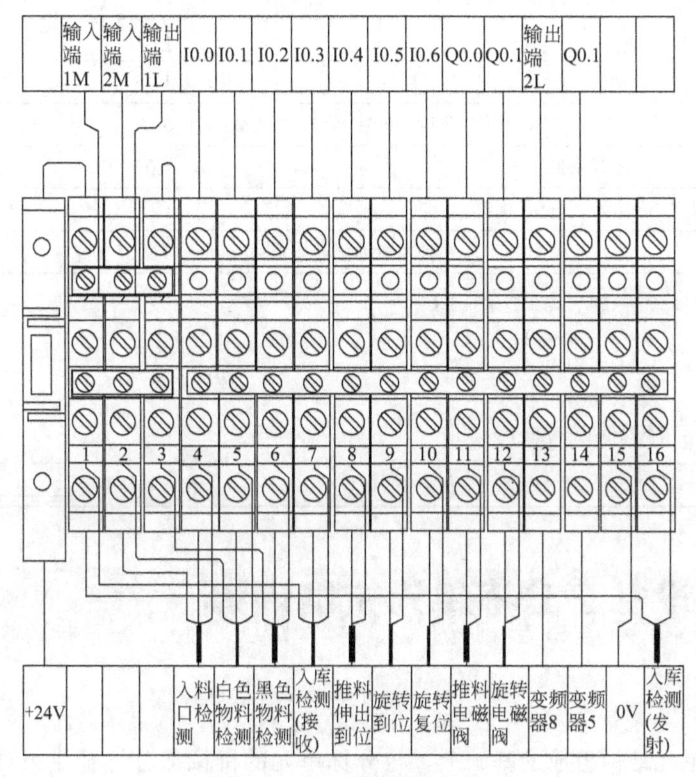

图 5-3 PLC 端子接线图

【注意事项】

① 在通电之前先检查供料站的 220V 电源线和 24V 电源线是否接线正确，在确认没有问题后通电。

② 在通电前检查气路是否畅通和供料站的汽缸是否处于到位状态。

③ 在上电之后检查各个输入和输出点是否有信号，如果对应的指示灯不亮，则检查对应的传感器的接线。

实训操作技能训练测试记录如表 5-2 所示。

表 5-2 实训操作技能训练测试记录

学生姓名		学号	
专业		班级	
课程		指导教师	
下列清单为测评依据，用于判断学生是否通过测评已到达所需能力标准			

续表

第一阶段　测量数据		
测评项目	分值	得分
是否遵守实训室的各项规章制度	10	
是否熟悉原理图中各气动元件的基本工作原理	10	
是否熟悉原理图的基本工作原理	10	
是否正确搭建分拣单元控制回路	15	
气源开关、控制按钮的条件是否正确(开、闭、调节)	20	
控制回路是否正常运行	10	
是否正确拆卸所搭建的气动回路	10	
第二阶段　处理、分析、整理数据		
测评项目	分值	得分
是否利用现有元件拟定其他方案,并进行比较	15	
实训技能训练评估记录		
实训技能训练评估等级:优秀(90 分以上)　☐ 良好(80 分以上)　☐ 一般(70 分以上)　☐ 及格(60 分以上)　☐ 不及格(60 分以下)　☐		
指导教师签字＿＿＿＿＿日期＿＿＿＿＿		

子任务 2　设备 2 分拣单元技能训练

【任务要求】

在了解分拣单元结构组成的基础上，将分拣单元的机械部分拆开成组件和零件的形式，然后再组装成原样。要求掌握机械设备的安装、调整方法与技巧。

【相关知识】

1. 分拣单元的结构和工作过程

分拣单元是自动化生产线中的最末单元，完成对上一单元送来的已加工、装配的工件进行分拣。完成不同颜色的工件从不同的料槽分流的功能。当输送站送来工件放到传送带上并为入料口光电传感器检测到时，即启动变频器，工件开始送入分拣区进行分拣。

分拣单元主要结构组成为：传送和分拣机构，传动带驱动机构，变频器模块，电磁阀组，接线端口，PLC 模块，按钮/指示灯模块及底板等。其中，机械部分的装配总成如图 5-4 所示。

(1) 传送和分拣机构

传送和分拣机构主要由传送带、出料滑槽、推料（分拣）气缸、漫射式光电传感器、光纤传感器、磁感应接近式传感器组成。传送已经加工、装配好的工件，在光纤传感器检测到后并进行分拣。

传送带是把机械手输送过来加工好的工件进行传输，输送至分拣区。两条物料槽分别用于存放加工好的黑色、白色工件或金属工件。传送和分拣的工作原理：当输送站送来工件放

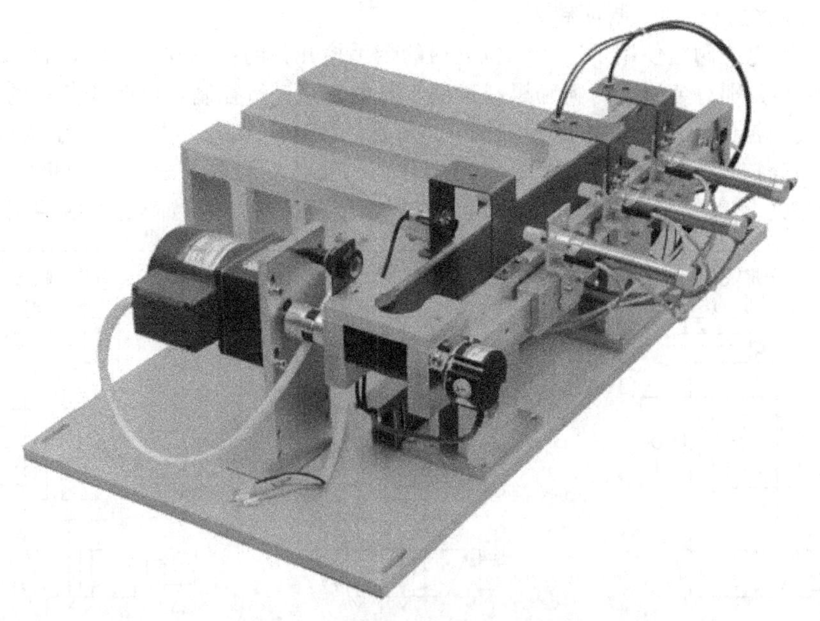

图 5-4　分拣单元的机械结构总成

到传送带上并为入料口漫射式光电传感器检测到时，将信号传输给 PLC，通过 PLC 的程序启动变频器，电机运转驱动传送带工作，把工件带进分拣区。如果进入分拣区工件为白色，则检测白色物料的光纤传感器动作，作为 1 号槽推料气缸启动信号，将白色料推到 1 号槽里；如果进入分拣区工件为黑色，检测黑色物料的光纤传感器作为 2 号槽推料气缸启动信号，将黑色料推到 2 号槽里。自动生产线的加工结束。

（2）传动带驱动机构

传动带驱动机构如图 5-5 所示。采用的三相减速电机用于拖动传送带从而输送物料。它主要由电机支架、电动机、联轴器等组成。

三相电机是传动机构的主要部分，电动机转速的快慢由变频器来控制，其作用是带传送带从而输送物料。电机支架用于固定电动机。联轴器由于把电动机的轴和输送带主动轮的轴连接起来，从而组成一个传动机构。

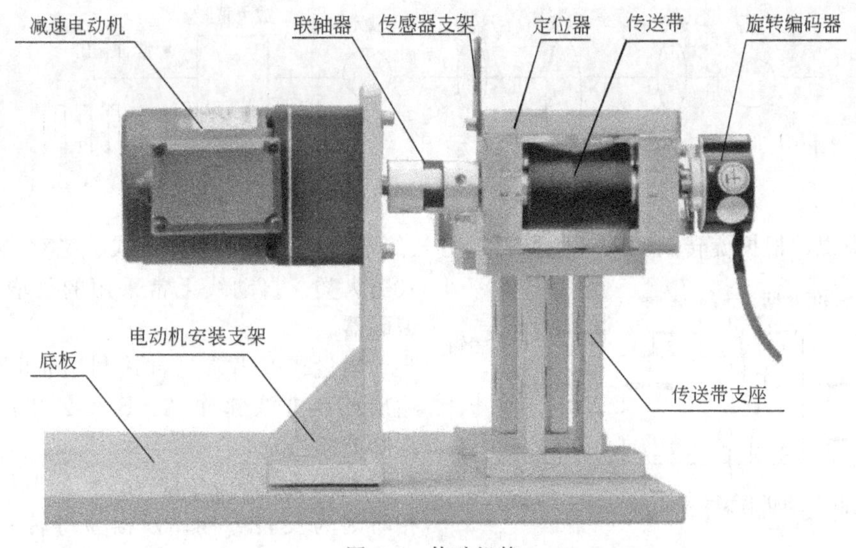

图 5-5　传动机构

（3）电磁阀组和气动控制回路

分拣单元的电磁阀组使用了三个二位五通的带手控开关的单电控电磁阀，它们安装在汇流板上。这三个阀分别对金属、白料和黑料推动气缸的气路进行控制，以改变各自的动作状态。

本单元气动控制回路的工作原理如图 5-6 所示。图中 1A、2A 和 3A 分别为分拣气缸一、分拣气缸二和分拣气缸三。1B1、2B1 和 3B1 分别为安装在各分拣气缸的前极限工作位置的磁感应接近开关。1Y1、2Y1 和 3Y1 分别为控制 3 个分拣气缸电磁阀的电磁控制端。

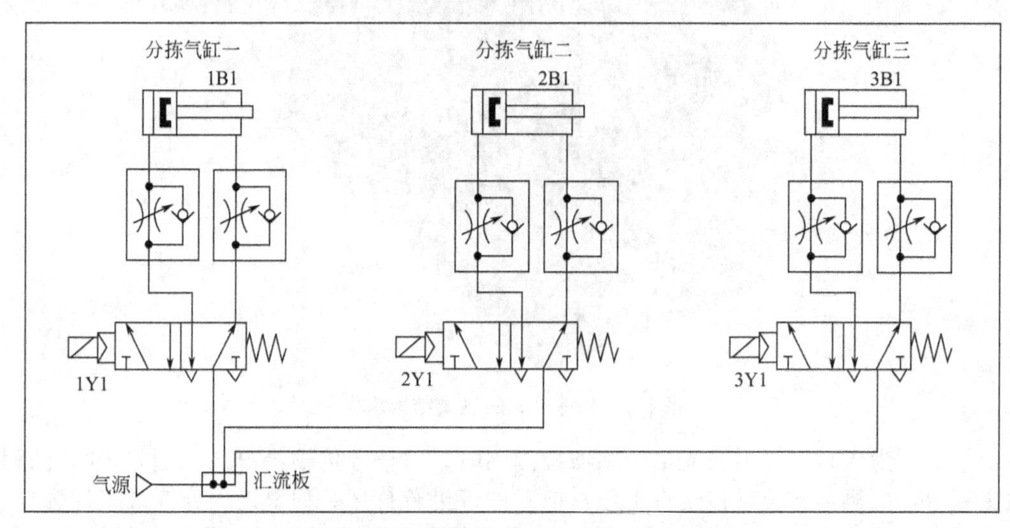

图 5-6　分拣单元气动控制回路工作原理图

2. 旋转编码器概述

旋转编码器是通过光电转换，将输出至轴上的机械、几何位移量转换成脉冲或数字信号的传感器，主要用于速度或位置（角度）的检测。典型的旋转编码器是由光栅盘和光电检测装置组成。光栅盘是在一定直径的圆板上等分地开通若干个长方形狭缝。由于光电码盘与电动机同轴，电动机旋转时，光栅盘与电动机同速旋转，经发光二极管等电子元件组成的检测装置检测输出若干脉冲信号，其原理示意图如图 5-7 所示。通过计算每秒旋转编码器输出脉冲的个数就能反映当前电动机的转速。

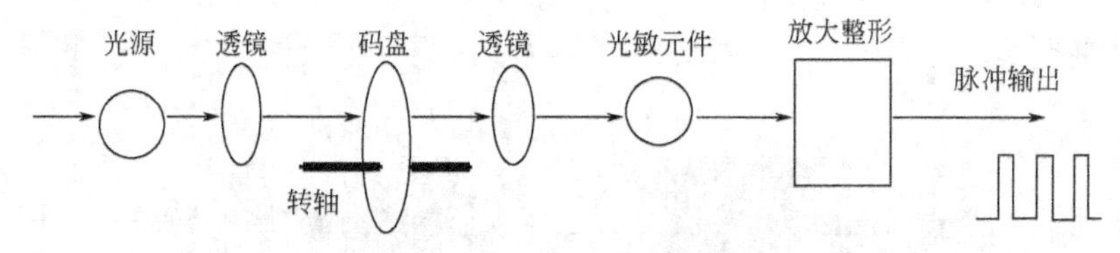

图 5-7　旋转编码器原理示意图

一般来说，根据旋转编码器产生脉冲的方式的不同，可以分为增量式、绝对式以及复合式三大类。自动线上常采用的是增量式旋转编码器。

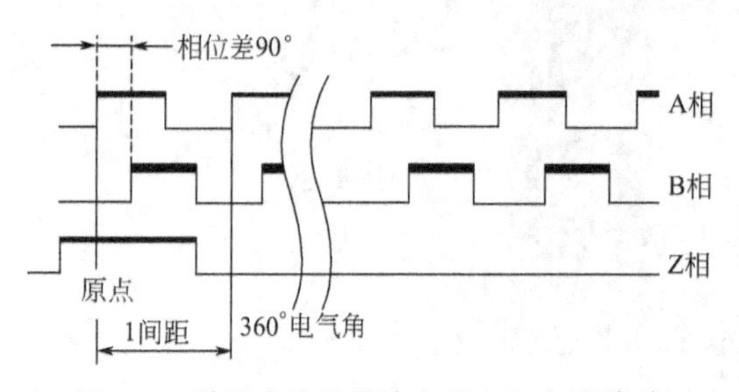

图 5-8　增量式编码器输出的三组方波脉冲

增量式编码器是直接利用光电转换原理输出三组方波脉冲 A、B 和 Z 相；A、B 两组脉冲相位差 90，用于辨向：当 A 相脉冲超前 B 相时为正转方向，而当 B 相脉冲超前 A 相时则为反转方向。Z 相为每转一个脉冲，用于基准点定位。如图 5-8 所示。

自动生产线分拣单元使用了这种具有A、B两相90°相位差的通用型旋转编码器，用于计算工件在传送带上的位置。编码器直接连接到传送带主动轴上。该旋转编码器的三相脉冲采用NPN型集电极开路输出，分辨率为500线，工作电源为DC12～24V。本工作单元没有使用Z相脉冲，A、B两相输出端直接连接到PLC的高速计数器输入端。

计算工件在传送带上的位置时，需确定每两个脉冲之间的距离即脉冲当量。分拣单元主动轴的直径为$d=43\text{mm}$，则减速电机每旋转一周，皮带上工件移动距离$L=\pi \cdot d=3.14\times 43=136.35\text{mm}$。故脉冲当量$\mu$为$\mu=L/500\approx 0.273\text{mm}$。按如图5-9所示的安装尺寸，当工件从下料口中心线移至传感器中心时，旋转编码器约发出430个脉冲；移至第一个推杆中心点时，约发出614个脉冲；移至第二个推杆中心点时，约发出963个脉冲；移至第三个推杆中心点时，约发出1284个脉冲。

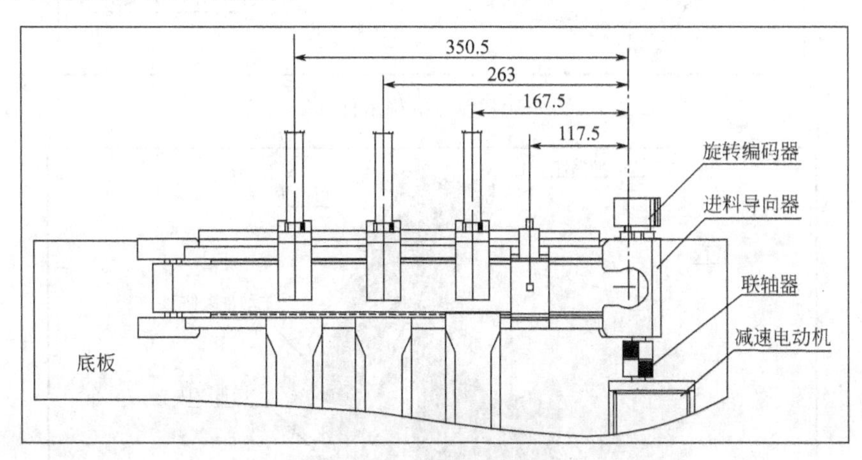

图5-9　传送带位置计算用图

应该指出的是，上述脉冲当量的计算只是理论上的。实际上各种误差因素不可避免，例如传送带主动轴直径（包括皮带厚度）的测量误差，传送带的安装偏差、张紧度，分拣单元整体在工作台面上定位偏差等，都将影响理论计算值。因此理论计算值只能作为估算值。脉冲当量的误差所引起的累积误差会随着工件在传送带上运动距离的增大而迅速增加，甚至达到不可容忍的地步。因而在分拣单元安装调试时，除了要仔细调整尽量减少安装偏差外，尚须现场测试脉冲当量值。

现场测试脉冲当量的方法，如何对输入到PLC的脉冲进行高速计数，以及计算工件在传送带上的位置，将结合本项目的工作任务，在PLC编程思路中介绍。

【任务实施】

安装步骤和方法

分拣单元机械装配可按如下4个阶段进行。

① 完成传送机构的组装，装配传送带装置及其支座，然后将其安装到底板上。如图5-10所示。

② 完成驱动电机组件装配，进一步装配联轴器，把驱动电机组件与传送机构相连接并固定在底板上，见图5-11所示。

③ 继续完成推料气缸支架、推料气缸、传感器支架、出料槽及支撑板等装配，见图5-12所示。上述三个阶段的详细安装过程，请参阅分拣单元装配幻灯片。

④ 最后完成各传感器、电磁阀组件、装置侧接线端口等装配。

⑤ 安装注意事项。

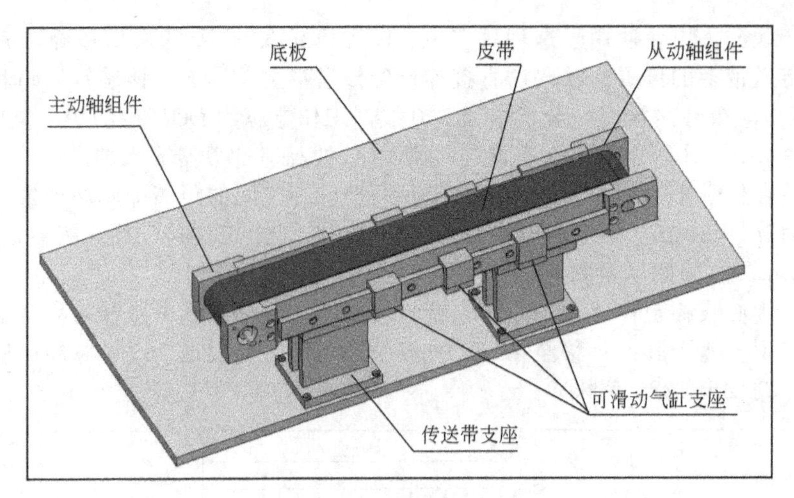

图 5-10　传送机构组件安装

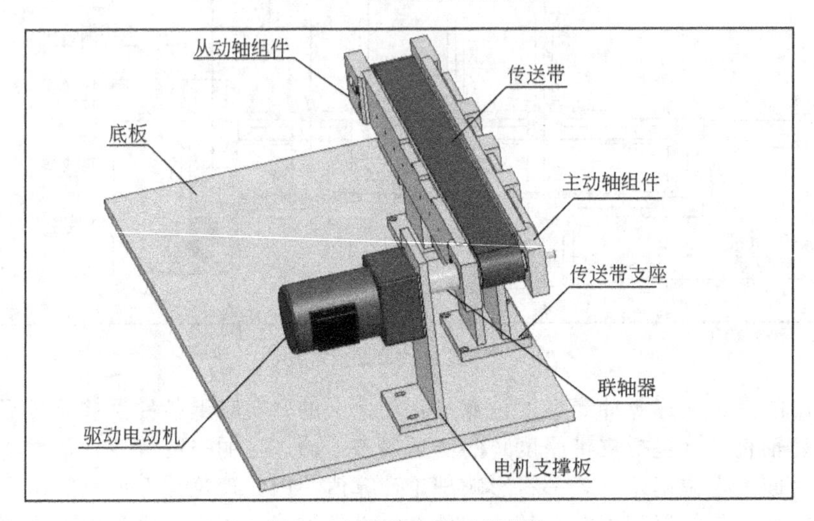

图 5-11　驱动电机组件安装

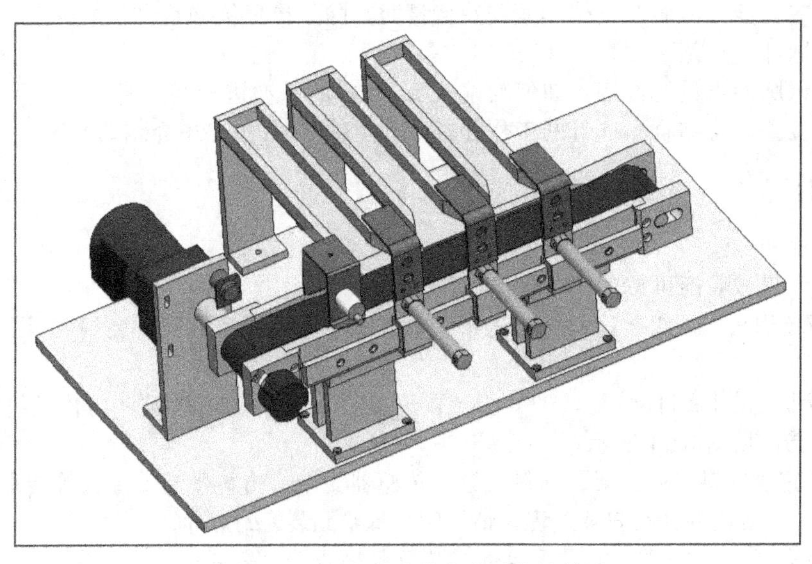

图 5-12　机械部件安装完成时的效果图

传送带的安装应注意：a. 皮带托板与传送带两侧板的固定位置应调整好，以免皮带安装后凹入侧板表面，造成推料被卡住的现象；b. 主动轴和从动轴的安装位置不能错误，主动轴和从动轴的安装板的位置不能相互调换；c. 皮带的张紧度应调整适中；d. 要保证主动轴和从动轴的平行；e. 为了使传动部分平稳可靠，噪音减小，特使用滚动轴承为动力回转件，但滚动轴承及其安装配合零件均为精密结构件，对其拆装需一定的技能和专用的工具，建议不要自行拆卸。

任务 2　变频器安装及参数设置

【任务要求】

在了解变频器接线原理的基础上，将变频器的机械部分拆开成组件和零件的形式，然后再组装成原样。要求掌握变频器参数的设定方法与技巧。

【相关知识】

1. 变频器简介

西门子 MM420（MICROMASTER420）是用于控制三相交流电动机速度的变频器系列。该系列有多种型号。自动生产线选用的 MM420 订货号为 6SE6420-2UD17-5AA1，外形如图 5-13 所示。该变频器额定参数为：

① 电源电压：380V～480V，三相交流。

② 额定输出功率：0.75KW。

③ 额定输入电流：2.4A。

④ 额定输出电流：2.1A。

⑤ 外形尺寸：A 型。

⑥ 操作面板：基本操作板（BOP）。

2. MM420 变频器的 BOP 操作面板

图 5-14 是基本操作面板（BOP）的外形。利用 BOP 可以改变变频器的各个参数。BOP 具有 7 段显示的五位数字，可以显示参数的序号和数值，报警和故障信息，以及设定值和实际值。参数的信息不能用 BOP 存储。

图 5-13　变频器外形图

图 5-14　BOP 操作面板

基本操作面板（BOP）备有 8 个按钮，表 5-3 列出了这些按钮的功能。

表 5-3　基本操作面板（BOP）上的按钮及其功能

显示/按钮	功能	功能的说明
r0000	状态显示	LCD 显示变频器当前的设定值
I	起动变频器	按此键起动变频器。缺省值运行时此键是被封锁的。为了使此键起作用应设定 P0700＝1
0	停止变频器	OFF1：按此键，变频器将按选定的斜坡下降速率减速停车，缺省值运行时此键被封锁；为了允许此键操作，应设定 P0700＝1。OFF2：按此键两次（或长按一次）电动机将在惯性作用下自由停车。此功能总是“使能”的
	改变电动机的转动方向	按此键可以改变电动机的转动方向。电动机的反向用负号（－）表示或用闪烁的小数点表示。缺省值运行时此键是被封锁的，为了使此键的操作有效，应设定 P0700＝1
jog	电动机点动	在变频器无输出的情况下按此键，将使电动机起动，并按预设定的点动频率运行。释放此键时，变频器停车。如果变频器/电动机正在运行，按此键将不起作用
Fn	功能	此键用于浏览辅助信息。 变频器运行过程中，在显示任何一个参数时按下此键并保持不动 2s，将显示以下参数值（在变频器运行中，从任何一个参数开始）： ① 直流回路电压（用 d 表示-单位：V） ② 输出电流（A） ③ 输出频率（Hz） ④ 输出电压（用 o 表示-单位：V）。 ⑤ 由 P0005 选定的数值[如果 P0005 选择显示上述参数中的任何一个（3、4 或 5），这里将不再显示]。 连续多次按下此键，将轮流显示以上参数。 跳转功能 在显示任何一个参数（r××××或 P××××）时短时间按下此键，将立即跳转到 r0000。如果需要的话，您可以接着修改其他的参数。跳转到 r0000 后，按此键将返回到原来的显示点
P	访问参数	按此键即可访问参数
	增加数值	按此键即可增加面板上显示的参数数值
	减少数值	按此键即可减少面板上显示的参数数值

3. M420 变频器的参数

（1）参数号和参数名称

参数号是指该参数的编号。参数号用 0000 到 9999 的 4 位数字表示。在参数号的前面冠以一个小写字母“r”时，表示该参数是“只读”的参数。其他所有参数号的前面都冠以一个大写字母“P”。这些参数的设定值可以直接在标题栏的“最小值”和“最大值”范围内进行修改。

[下标] 表示该参数是一个带下标的参数，并且指定了下标的有效序号。通过下标，可

以对同一参数的用途进行扩展，或对不同的控制对象，自动改变所显示或所设定的参数。

（2）参数设置方法

用 BOP 可以修改和设定系统参数，使变频器具有期望的特性，例如，斜坡时间，最小和最大频率等。选择的参数号和设定的参数值在五位数字的 LCD 上显示。更改参数的数值的步骤可大致归纳为：①查找所选定的参数号；②进入参数值访问级，修改参数值；③确认并存储修改好的参数值。

参数 P0004（参数过滤器）的作用是根据所选定的一组功能，对参数进行过滤（或筛选），并集中对过滤出的一组参数进行访问，从而可以更方便地进行调试。P0004 可能的设定值如表 5-4 所示，缺省的设定值=0。

表 5-4　参数 P0004 的设定值

设定值	所指定参数组意义	设定值	所指定参数组意义
0	全部参数	12	驱动装置的特征
2	变频器参数	13	电动机的控制
3	电动机参数	20	通讯
7	命令，二进制 I/O	21	报警/警告/监控
8	模-数转换和数-模转换	22	工艺参量控制器（例如 PID）
10	设定值通道/RFG（斜坡函数发生器）		

假设参数 P0004 设定值=0，需要把设定值改为 3。改变设定值步骤如表 5-5 所示。

表 5-5　改变参数 P0004 设定数值的步骤

序号	操作内容	显示的结果
1	按 P 访问参数	r0000
2	按 ▲ 直到显示出 P0004	P0004
3	按 P 进入参数数值访问级	0
4	按 ▲ 或 ▼ 达到所需要的数值	3
5	按 P 确认并存储参数的数值	P0004
6	使用者只能看到命令参数	

【任务实施】

1. MM420 变频器的安装和拆卸

在工程使用中，MM420 变频器通常安装在配电箱内的 DIN 导轨上，安装和拆卸的步骤如图 5-15 所示。

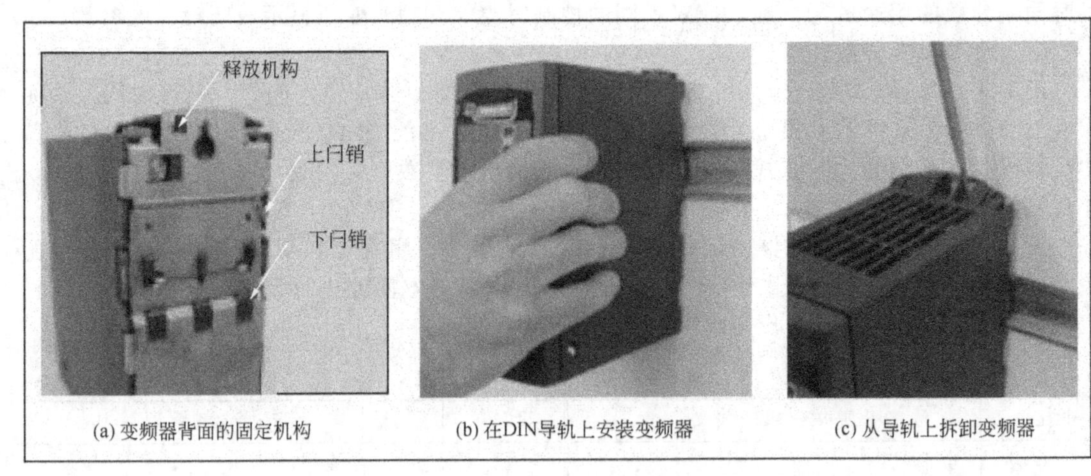

(a) 变频器背面的固定机构　(b) 在DIN导轨上安装变频器　(c) 从导轨上拆卸变频器

图 5-15　MM420 变频器安装和拆卸的步骤

(1) 安装的步骤

① 用导轨的上闩销把变频器固定到导轨的安装位置上。

② 向导轨上按压变频器，直到导轨的下闩销嵌入到位。

(2) 拆卸变频器的步骤

① 为了松开变频器的释放机构，将螺丝刀插入释放机构中。

② 向下施加压力，导轨的下闩销就会松开。

③ 将变频器从导轨上取下。

2. MM420 变频器的接线

打开变频器的盖子后，就可以连接电源和电动机的接线端子。接线端子在变频器机壳下盖板内，机壳盖板的拆卸步骤如图 5-16 所示。

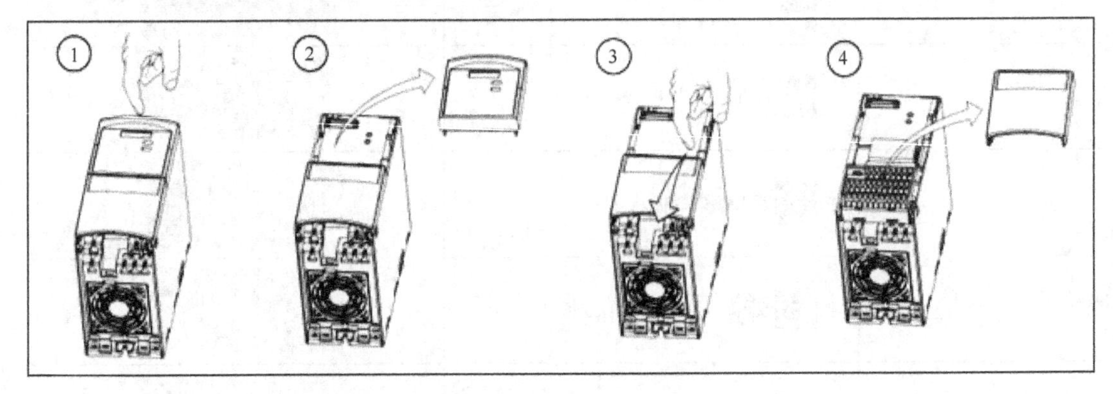

图 5-16　机壳盖板的拆卸步骤

拆卸盖板后可以看到变频器的接线端子如图 5-17 所示。

(1) 变频器主电路的接线

自动生产线中分拣单元变频器主电路电源由配电箱通过自动开关 QF 单独提供一路三相电源来供给，连接到电源接线端子，电动机接线端子引出线则连接到电动机上。

【注意】接地线 PE 必须连接到变频器接地端子上，并连接到交流电动机的外壳。

(2) 变频器控制电路的接线

变频器控制电路的接线见图 5-18 所示。

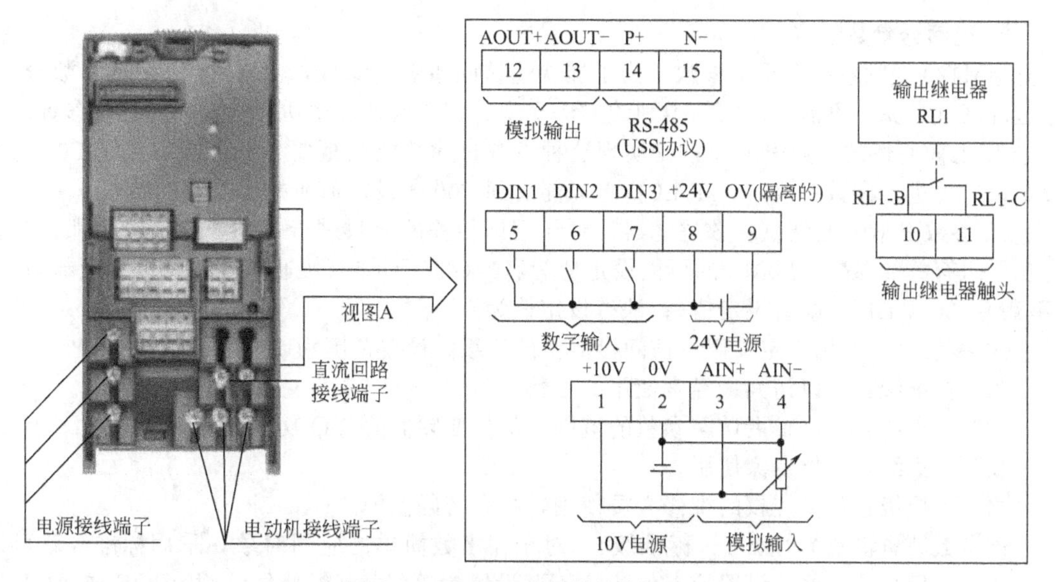

图 5-17　MM420 变频器的接线端子

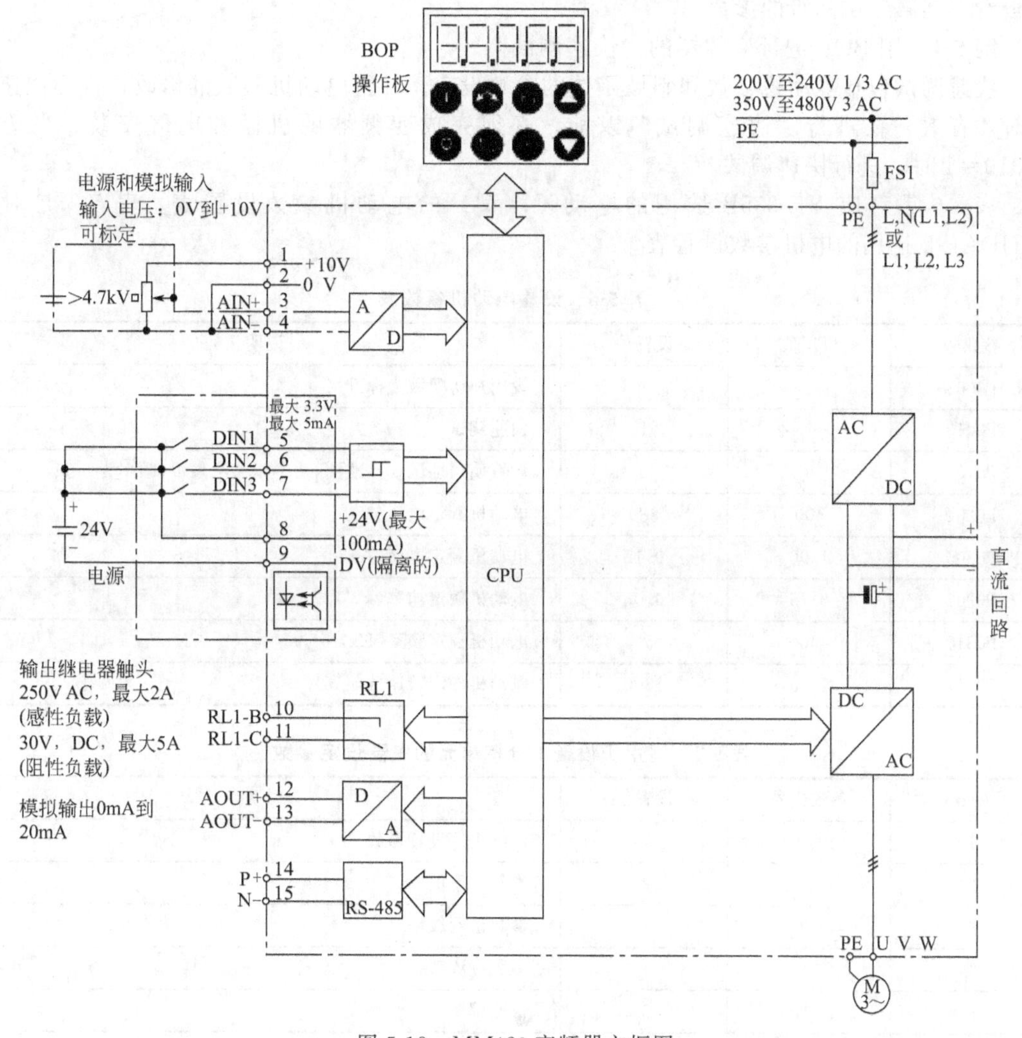

图 5-18　MM420 变频器方框图

3. 变频器参数设定

MM420 变频器有数千个参数，为了能快速访问指定的参数，MM420 采用把参数分类，通过屏蔽（过滤）不需要访问的类别的方法实现。实现这种过滤功能的有如下几个参数。

① 上面所述的参数 P0004 就是实现这种参数过滤功能的重要参数。当完成了 P0004 的设定以后再进行参数查找时，在 LCD 上只能看到 P0004 设定值所指定类别的参数。

② 参数 P0010 是调试参数过滤器，对与调试相关的参数进行过滤，只筛选出那些与特定功能组有关的参数。P0010 的可能设定值为：0（准备）；1（快速调试）；2（变频器）；29（下载）；30（工厂的缺省设定值）；缺省设定值为 0。

③ 参数 P0003 用于定义用户访问参数组的等级，设置范围为 1～4，其中：

“1”标准级：可以访问最经常使用的参数。

“2”扩展级：允许扩展访问参数的范围，例如变频器的 I/O 功能。

“3”专家级：只供专家使用。

“4”维修级：只供授权的维修人员使用，具有密码保护。

该参数缺省设置为等级 1（标准级），对于大多数简单的应用对象，采用标准级就可以满足要求。用户可以修改设置值，但建议不要设置为等级 4（维修级），用 BOP 或 AOP 操作板看不到第 4 访问级的参数。

例 5-1 用 BOP 进行变频器的“快速调试”。

快速调试包括电动机参数和斜坡函数的参数设定。并且电动机参数的修改，仅当快速调试时才有效。在进行“快速调试”以前，必须完成变频器的机械和电气安装。当选择 P0010＝1 时，进行快速调试。

表 5-6 是对应 YL-335B 选用的电动机（型）的电动机参数设置表。表 5-7 是对应 THJDAL-2 选用的电机参数设置表。

表 5-6 设置电动机参数表

参数号	出厂值	设置值	说明
P0003	1	1	设用户访问级为标准级
P0010	0	1	快速调试
P0100	0	0	设置使用地区，0＝欧洲，功率以 kW 表示，频率为 50Hz
P0304	400	380	电动机额定电压(V)
P0305	1.90	0.18	电动机额定电流(A)
P0307	0.75	0.03	电动机额定功率(kW)
P0310	50	50	电动机额定频率(Hz)
P0311	1395	1300	电动机额定转速(r/min)

表 5-7 适用于设备 1 分拣单元的主要设定参数

序号	参数代号	设置值	说明
1	P0010	30	调出出厂设置参数
2	P0970	1	恢复出厂值
3	P0003	3	参数访问级
4	P0004	0	参数过滤器
5	P0010	1	快速调试
6	P0100	0	工频选择

续表

序号	参数代号	设置值	说明
7	P0304	380	电动机的额定电压
8	P0305	0.17	电动机的额定电流
9	P0307	0.03	电动机的额定功率
10	P0310	50	电动机的额定频率
11	P0311	1500	电动机的额定速度
12	P0700	2	选择命令源(外部端子控制)
13	P1000	1	选择频率设定值
14	P1080	0	电动机最小频率
15	P1082	50.00	电动机最大频率
16	P1120	2.00	斜坡上升时间
17	P1121	0.00	斜坡下降时间
18	P3900	1	结束快速调试
19	P0003	3	检查 P0003 是否为 3
20	P1040	30	频率设定

快速调试的进行与参数 P3900 的设定有关，当其被设定为 1 时，快速调试结束后，要完成必要的电动机计算，并使其他所有的参数（P0010=1 不包括在内）复位为工厂的缺省设置。当 P3900=1 完成快速调试后，变频器已作好了运行准备。

例 5-2 将变频器复位为工厂的缺省设定值。

如果用户在参数调试过程中遇到问题，并且希望重新开始调试，通常采用首先把变频器的全部参数复位为工厂的缺省设定值，再重新调试的方法。为此，应按照下面的数值设定参数：①设定 P0010=30；②设定 P0970=1。按下 P 键，便开始参数的复位。变频器将自动地把它的所有参数都复位为它们各自的缺省设置值。复位为工厂缺省设置值的时间大约要 60s。

常用参数设置举例

(1) 命令信号源的选择（P0700）和频率设定值的选择（P1000）

① P0700：这一参数用于指定命令源，可能的设定值如表 5-8 所示，缺省值为 2。

表 5-8 P0700 的设定值

设定值	所指定参数值意义	设定值	所指定参数值意义
0	工厂的缺省设置	4	通过 BOP 链路的 USS 设置
1	BOP(键盘)设置	5	通过 COM 链路的 USS 设置
2	由端子排输入	6	通过 COM 链路的通讯板(CB)设置

注意，当改变这一参数时，同时也使所选项目的全部设置值复位为工厂的缺省设置值。例如：把它的设定值由 1 改为 2 时，所有的数字输入都将复位为缺省的设置值。

② P1000：这一参数用于选择频率设定值的信号源。其设定值范围为 0～66。缺省的设置值为 2。实际上，当设定值≥10 时，频率设定值将来源于 2 个信号源的叠加。其中，主设定值由最低一位数字（个位数）来选择（即 0 到 6），而附加设定值由最高一位数字（十位数）来选择（即 x0～x6，其中，x=1－6）。下面只说明常用主设定值信号源的意义。

0：无主设定值。

1：MOP（电动电位差计）设定值。取此值时，选择基本操作板（BOP）的按键指定输出频率。

2：模拟设定值。输出频率由3～4端子两端的模拟电压（0～10V）设定。

3：固定频率。输出频率由数字输入端子DIN1～DIN3的状态指定。用于多段速控制。

5：通过COM链路的USS设定。即通过按USS协议的串行通讯线路设定输出频率。

（2）电机速度的连续调整

变频器的参数在出厂缺省值时，命令源参数P0700＝2，指定命令源为“外部I/O”；频率设定值信号源P1000＝2，指定频率设定信号源为“模拟量输入”。这时只需在AIN＋（端子③）与AIN－（端子④）加上模拟电压（DC 0～10V可调），并使数字输入DIN1信号为ON，即可启动电动机，实现电机速度连续调整。

例5-3 模拟电压信号从变频器内部DC10V电源获得。

按图5-18（MM420变频器方框图）的接线，用一个4.7kΩ的电位器连接内部电源＋10V端（端子①）和0V端（端子②），中间抽头与AIN＋（端子③）相连。连接主电路后接通电源，使DIN1端子的开关短接，即可启动/停止变频器，旋动电位器即可改变频率实现电机速度的连续调整。

电机速度调整范围：上述电机速度的调整操作中，电动机的最低速度取决于参数1080（最低频率），最高速度取决于参数P2000（基准频率）。

参数P1080属于“设定值通道”参数组（P0004＝10），缺省值为0.00Hz。

参数P2000是串行链路，模拟I/O和PID控制器采用的满刻度频率设定值，属于“通讯”参数组（P0004＝20），缺省值为50.00Hz。

如果缺省值不满足电机速度调整的要求范围，就需要调整这两个参数。另外需要指出的是，如果要求的最高速度高于50.00Hz，则设定与最高速度相关的参数时，除了设定参数P2000外，尚须设置参数P1082（最高频率）。

参数P1082也属于“设定值通道”参数组（P0004＝10），缺省值为50.00Hz。即参数P1082限制了电动机运行的最高频率[Hz]。因此最高速度要求高于50.00Hz的情况下，需要修改P1082参数。

电动机运行的加、减速度的快慢，可用斜坡上升和下降时间来表征，分别由参数P1120、P1121设定。这两个参数均属于“设定值通道”参数组，并且可在快速调试时设定。

P1120是斜坡上升时间，即电动机从静止状态加速到最高频率（P1082）所用的时间。设定范围为0～650s，缺省值为10s。

P1121是斜坡下降时间，即电动机从最高频率（P1082）减速到静止停车所用的时间。设定范围为0～650s，缺省值为10s。

【注意】如果设定的斜坡上升时间太短，有可能导致变频器过电流跳闸；同样，如果设定的斜坡下降时间太短，有可能导致变频器过电流或过电压跳闸。

例5-4 模拟电压信号由外部给定，电动机可正反转。

要实现此功能参数P0700（命令源选择），P1000（频率设定值选择）应为缺省设置，即P0700＝2（由端子排输入），P1000＝2（模拟输入）。从模拟输入端③（AIN＋）和④（AIN－）输入来自外部的0～10V直流电压（例如从PLC的D/A模块获得），即可连续调节输出频率的大小。

用数字输入端口DIN1和DIN2控制电动机的正反转方向时，可通过设定参数P0701、P0702实现。例如，使P0701＝1（DIN1 ON接通正转，OFF停止），P0702＝2（DIN2 ON接通反转，OFF停止）。

(3) 多段速控制

当变频器的命令源参数 P0700=2（外部 I/O），选择频率设定的信号源参数 P1000=3（固定频率），并设定数字输入端子 DIN1、DIN2、DIN3 等相应的功能后，就可以通过外接开关器件的组合通断改变输入端子的状态实现电机速度的有级调整。这种控制频率的方式称为多段速控制功能。

选择数字输入 1（DIN1）功能的参数为 P0701，缺省值=1。

选择数字输入 2（DIN2）功能的参数为 P0702，缺省值=12。

选择数字输入 3（DIN3）功能的参数为 P0703，缺省值=9。

为了实现多段速控制功能，应该修改这 3 个参数，给 DIN1、DIN2、DIN3 端子赋予相应的功能。

参数 P0701、P0702、P0703 均属于“命令，二进制 I/O”参数组（P0004=7），可能的设定值如表 5-9 所示。

表 5-9　参数 P0701、P0702、P0703 可能的设定值

设定值	所指定参数值意义	设定值	所指定参数值意义
0	禁止数字输入	13	MOP(电动电位计)升速(增加频率)
1	接通正转/停车命令 1	14	MOP 降速(减少频率)
2	接通反转/停车命令 1	15	固定频率设定值(直接选择)
3	按惯性自由停车	16	固定频率设定值(直接选择+ON 命令)
4	按斜坡函数曲线快速降速停车	17	固定频率设定值(二进制编码的十进制数(BCD 码)选择+ON 命令)
9	故障确认	21	机旁/远程控制
10	正向点动	25	直流注入制动
11	反向点动	29	由外部信号触发跳闸
12	反转	33	禁止附加频率设定值
		99	使能 BICO 参数化

由表 5-9 可见，参数 P0701、P0702、P0703 设定值取值为 15，16，17 时，选择固定频率的方式确定输出频率（FF 方式）。这三种选择说明如下。

① 直接选择（P0701～P0703=15）　在这种操作方式下，一个数字输入选择一个固定频率。如果有几个固定频率输入同时被激活，选定的频率是它们的总和。例如：FF1+FF2+FF3。在这种方式下，还需要一个 ON 命令才能使变频器投入运行。

② 直接选择+ON 命令（P0701～P0703=16）　选择固定频率时，既有选定的固定频率，又带有 ON 命令，把它们组合在一起。在这种操作方式下，一个数字输入选择一个固定频率。如果有几个固定频率输入同时被激活，选定的频率是它们的总和。例如：FF1+FF2+FF3。

③ 二进制编码的十进制数（BCD 码）选择+ON 命令（P0701～P0703=17）使用这种方法最多可以选择 7 个固定频率。各个固定频率的数值如表 5-10。

表 5-10　固定频率的数值选择

		DIN3	DIN2	DIN1
	OFF	不激活	不激活	不激活
P1001	FF1	不激活	不激活	激活

续表

		DIN3	DIN2	DIN1
P1002	FF2	不激活	激活	不激活
P1003	FF3	不激活	激活	激活
P1004	FF4	激活	不激活	不激活
P1005	FF5	激活	不激活	激活
P1006	FF6	激活	激活	不激活
P1007	FF7	激活	激活	激活

综上所述，为实现多段速控制的参数设置步骤如下。

① 设置 P0004＝7，选择“外部 I/O”参数组；然后设定 P0700＝2，指定命令源为“由端子排输入”。

② 设定 P0701、P0702、P0703＝15～17，确定数字输入 DIN1、DIN2、DIN3 的功能。

③ 设置 P0004＝10，选择“设定值通道”参数组，然后设定 P1000＝3，指定频率设定值信号源为固定频率。

④ 设定相应的固定频率值，即设定参数 P1001～P1007 有关对应项。

例如要求电动机能实现正反转和高、中、低三种转速的调整，高速时运行频率为 40Hz，中速时运行频率为 25Hz，低速时运行频率为 15Hz。则变频器参数调整的步骤如表 5-11 所示。

表 5-11　3 段固定频率控制参数表

步骤号	参数号	出厂值	设置值	说明
1	P0003	1	1	设用户访问级为标准级
2	P0004	0	7	命令组为命令和数字 I/O
3	P0700	2	2	命令源选择“由端子排输入”
4	P0003	1	2	设用户访问级为扩展级
5	P0701	1	16	DIN1 功能设定为固定频率设定值(直接选择＋ON)
6	P0702	12	16	DIN2 功能设定为固定频率设定值(直接选择＋ON)
7	P0703	9	12	DIN3 功能设定为接通时反转
8	P0004	0	10	命令组为设定值通道和斜坡函数发生器
9	P1000	2	3	频率给定输入方式设定为固定频率设定值
10	P1001	0	25	固定频率 1
11	P1002	5	15	固定频率 2

设置上述参数后，将 DIN1 置为高电平，DIN2 置为低电平，变频器输出频率为 25Hz（中速）；将 DIN1 置为低电平，DIN2 置为高电平，变频器输出频率为 15Hz（低速）；将 DIN1 置为高电平，DIN2 置为高电平，变频器输出频率为 40Hz（高速）；将 DIN3 置为高电平，电动机反转。

任务 3　分拣单元 PLC 控制系统设计

子任务 1　设备 1 分拣单元 PLC 控制系统设计

【任务要求】

分拣单元入料口检测到工件后变频器启动，驱动传动电动机以频率为 30Hz 的速度，把工件带入分拣区。如果工件为白色，则该工件到达1号滑槽中间，传送带停止，工件被推到1号槽中；如果工件为黑色，旋转气缸导出，工件被导入到2号槽中。当分拣槽对射传感器检测到有工件输入时，向系统发出分拣完成信号。

【任务实施】

1. 分拣单元I/O接线及PLC选型

自动化生产线JDAL-2中分拣单元使用了7个传感器（1个光电传感器、3个磁性传感器、2个光纤传感器、1个漫射式传感器）及2个电磁阀、1个变频器，故选用西门子S7-222AC/DC/RLY为主站，共8点输入，6点输出。PLC控制原理图如图5-19所示。

分拣单元I/O设备编号与说明如表5-12所示。

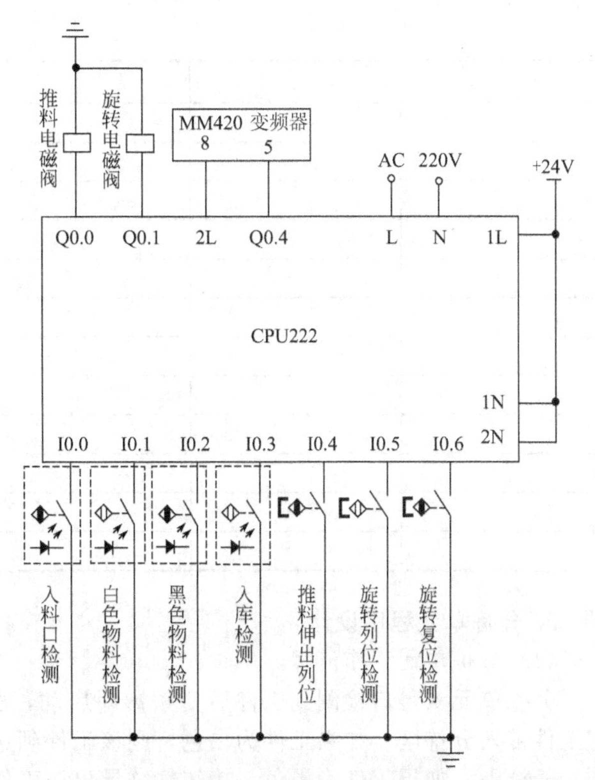

图5-19 设备1分拣单元PLC接线原理图

表5-12 设备1分拣单元I/O端口分配说明表

序号	设备名称	设备用途	信号特征
1	光电传感器	入料口工件检测	信号为1:入料口有工件 信号为0:入料口没有工件
2	光纤传感器1	检测是否为白色工件	信号为1:是白色工件
3	光纤传感器2	检测是否为黑色工件	信号为1:是黑色工件
4	对射式传感器	检测工件是否入库	信号为1:工件入库
5	磁性传感器1	检测推料缸的位置	信号为1:推料缸推出到位
6	磁性传感器2	检测旋转缸的位置	信号为1:旋转缸旋转到位
7	磁性传感器3	检测旋转缸的位置	信号为1:旋转缸旋转复位
8	电磁阀	控制推料气缸的动作	信号为1:推料缸推出工件 信号为0:推料缸返回
9	电磁阀	控制旋转气缸的动作	信号为1:旋转缸拦截工件 信号为0:旋转缸返回
10	变频器	控制异步电机	信号为1:异步电机运行 信号为0:异步电机停止

分拣单元地址分配表如表5-13所示，根据实际情况填写地址分配表。

表5-13 PLC的I/O地址分配表

序　号	地　址	设备编号	设备名称	设备用途

续表

序　　号	地　　址	设备编号	设备名称	设备用途

2. 分拣单元程序设计

(1) 分拣单元工作流程

分拣单元入料口检测到工件后变频器即启动，驱动传动电动机以频率为30Hz的速度，把工件带入分拣区。如果工件为白色，则该工件到达1号滑槽中间，传送带停止，工件被推到1号槽中；如果工件为黑色，旋转气缸导出，工件被导入到2号槽中。当分拣槽对射传感器检测到有工件输入时，向系统发出分拣完成信号。

(2) 编写程序

THJDAL-2采用RS-485串行通信实现网络控制方案。系统的启动信号、停止信号、复位信号均从连接到搬运站（主站）的按钮/指示灯模块或触摸屏发出，经搬运站PLC程序处理后，向各从站发送控制要求，以实现各站的复位、启动、停止等操作。各从站在运行过程中的状态信号，应存储到该单元PLC规划好的数据缓冲区，以实现整个系统的协调运行。

地址分配参考图5-19所示。分拣单元程序流程图如图5-20所示。

分拣单元参考网络控制程序如图5-21所示。

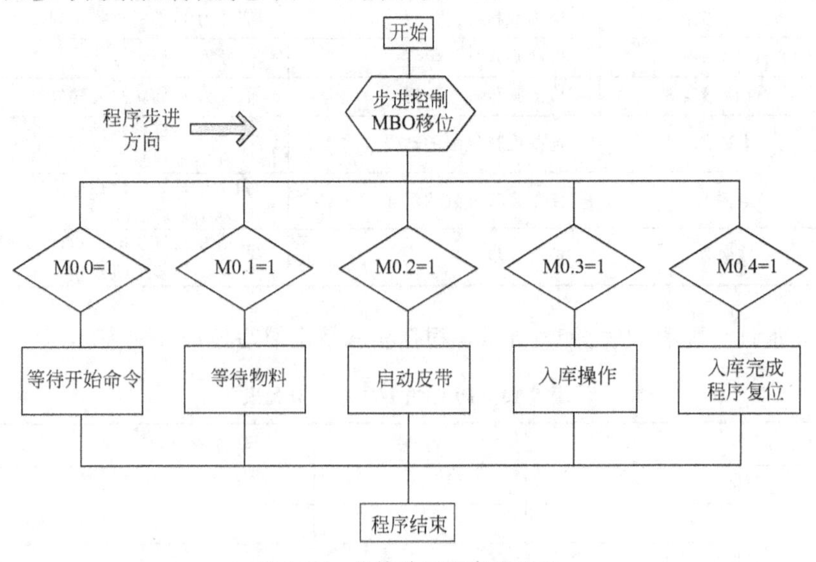

图5-20　分拣单元程序流程图

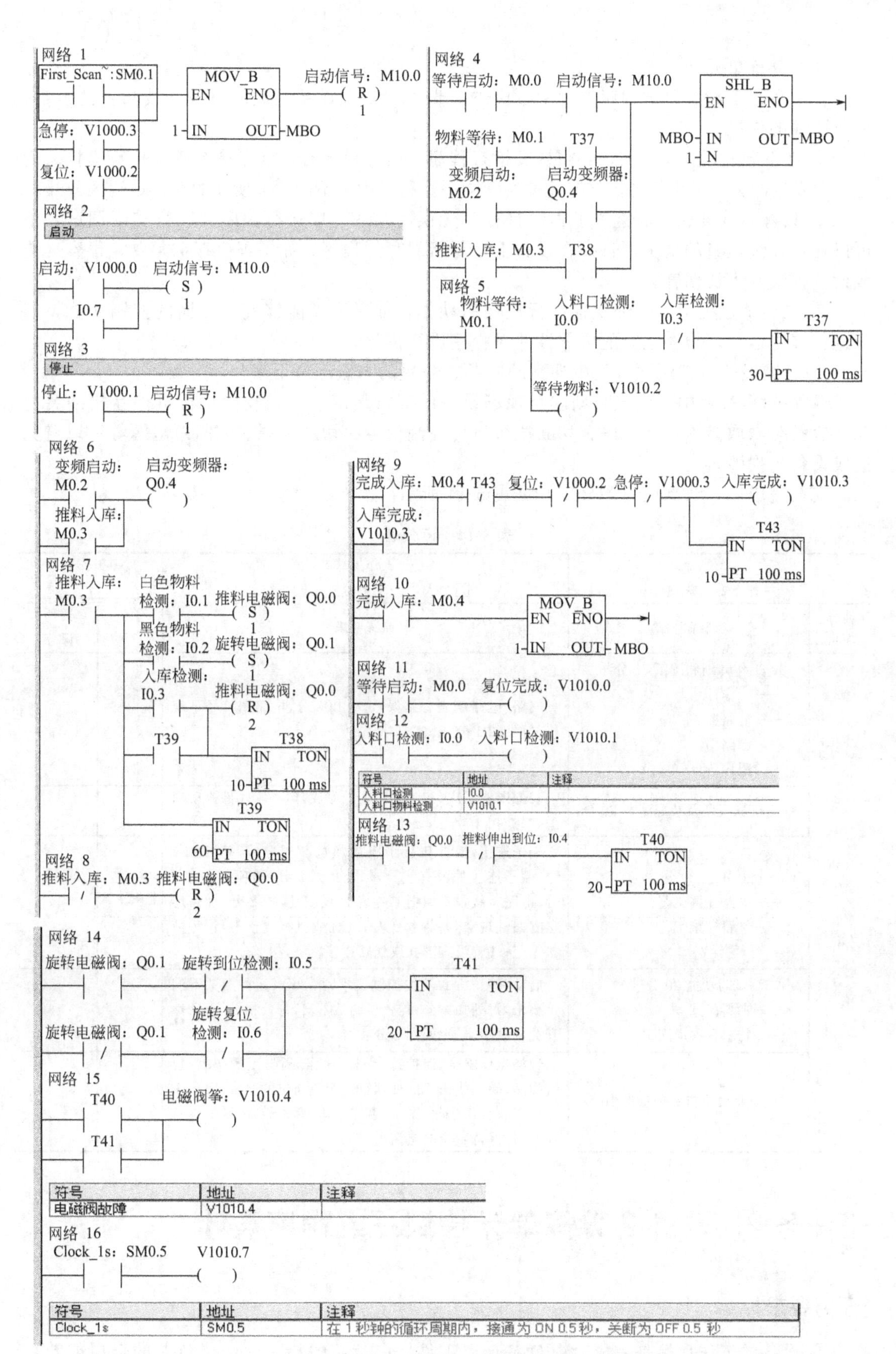

图 5-21　设备 1 分拣单元参考网络控制程序

（3）分拣单元调试运行

在编写、下载、调试程序过程中，应进一步了解掌握设备调试的方法、技巧及注意点，培养严谨的作风。

① 在下载、运行程序前，必须认真检查程序。检查程序时，重点检查各个执行机构之间是否会发生冲突，采用何种措施避免冲突，同一执行机构在不同阶段所作的动作是否区分开。

② 只有在认真、全面检查了程序且程序无误时，才可以运行程序并进行实际调试，不可以在不经过检查的情况下直接在设备上运行所编写的程序，如果程序存在问题，很容易造成设备损毁和人员伤害。

③ 在调试过程中，仔细观察执行机构的动作，如果程序能够实现预期的控制功能，则应进行多次运行，检查运行的可靠性并对程序进行优化。

④ 总结经验，把调试过程中遇到的问题、解决的方法记录下来。

⑤ 在运行过程中，应该时刻注意现场设备的运行情况，一旦发生执行机构互相冲突情况，应及时采取措施，如急停、切断执行机构控制信号、切断气源或切断总电源等，以避免造成设备的损毁。

安装完成后，认真填写评分表，见表 5-14 所示。

表 5-14　评分表

<table>
<tr><td colspan="2">____学年
评　分　表</td><td>工作形式
□个人　□小组分工　□小组</td><td colspan="2">实际工作时间
______</td></tr>
<tr><td>训练项目</td><td>训练内容</td><td>训练要求</td><td>学生自评</td><td>教师评分</td></tr>
<tr><td rowspan="5">装配单元</td><td>1. 工作计划和图纸 30 分
——工作计划
——气路图
——电路图
——程序清单(单站)</td><td>气路、电路绘制有错误，每处扣 3 分；电路图符号不规范，每处扣 1 分，最多扣 5 分</td><td></td><td></td></tr>
<tr><td>2. 机械安装及装配工艺 20 分</td><td>装配未能完成，扣 10 分；装配完成，但有紧固件松动现象，每处扣 1 分</td><td></td><td></td></tr>
<tr><td>3. 连接工艺 20 分
——电路连接工艺
——气路连接工艺</td><td>端子连接，插针压接不牢或超过 2 根导线，每处扣 1 分，端子连接处没有线号，每处扣 0.5 分，两项最多扣 5 分；电路接线没有绑扎或电路接线凌乱，扣 2 分；气路连接有漏气现象，每处扣 1 分；气缸节流阀调整不当，每处扣 1 分；气管没有绑扎或气路连接凌乱，扣 2 分</td><td></td><td></td></tr>
<tr><td>4. 测试与功能 20 分
——夹料测试
——物料台移动测试</td><td>启动/停止方式不按控制要求，扣 3 分；运行测试不满足要求，每处扣 3 分；传感器调试不当，每处扣 3 分；磁性开关调试不当，每处扣 1 分</td><td></td><td></td></tr>
<tr><td>5. 职业素质与安全意识 10 分</td><td>现场操作安全、保护符合安全操作规程；工具摆放、包装物品、导线线头等的处理符合职业岗位的要求；团队中有分工有合作，配合紧密；遵守纪律，尊重教师，爱惜设备和器材，保持工位的整洁</td><td></td><td></td></tr>
</table>

子任务 2　设备 2 分拣单元控制系统程序设计

【任务要求】

① 设备的工作目标是完成对白色芯金属工件、白色芯塑料工件和黑色芯的金属或塑料

工件进行分拣。为了在分拣时准确推出工件，要求使用旋转编码器作定位检测。并且工件材料和芯体颜色属性应在推料气缸前的适当位置被检测出来。

② 设备上电和气源接通后，若工作单元的三个气缸均处于缩回位置，则“正常工作”指示灯 HL1 常亮，表示设备准备好。否则，该指示灯以 1Hz 频率闪烁。

③ 若设备准备好，按下启动按钮，系统启动，“设备运行”指示灯 HL2 常亮。当传送带入料口人工放下已装配的工件时，变频器即启动，驱动传动电动机以频率固定为 30Hz 的速度，把工件带往分拣区。

如果工件为白色芯金属件，则该工件到达 1 号滑槽中间，传送带停止，工件对被推到 1 号槽中；如果工件为白色芯塑料，则该工件到达 2 号滑槽中间，传送带停止，工件对被推到 2 号槽中；如果工件为黑色芯，则该工件到达 3 号滑槽中间，传送带停止，工件对被推到 3 号槽中。工件被推出滑槽后，该工作单元的一个工作周期结束。仅当工件被推出滑槽后，才能再次向传送带下料。

如果在运行期间按下停止按钮，该工作单元在本工作周期结束后停止运行。

【任务实施】

1. 分拣单元 PLC 选型及 I/O 接线

分拣单元装置侧接线端口的信号端子的分配如表 5-15 所示。由于用于判别工件材料和芯体颜色属性的传感器只需安装在传感器支架上的电感式传感器和一个光纤传感器，故光纤传感器 2 可不使用。

表 5-15 分拣单元装置侧接线端口的信号端子的分配

输入端口中间层			输出端口中间层		
端子号	设备符号	信号线	端子号	设备符号	信号线
2	DECODE	旋转编码器 B 相	2	1Y	推杆 1 电磁阀
3		旋转编码器 A 相	3	2Y	推杆 2 电磁阀
4	SC1	光纤传感器 1	4	3Y	推杆 3 电磁阀
5	SC2	光纤传感器 2			
6	SC3	进料口工件检测			
7	SC4	电感式传感器			
8					
9	1B	推杆 1 推出到位			
10	2B	推杆 2 推出到位			
11	3B	推杆 3 推出到位			
12#～17#端子没有连接			5#～14#端子没有连接		

分拣单元 PLC 选用 S7-224XPAC/DC/RLY 为主单元，共 14 点输入和 10 点继电器输出。选用 S7-224XP 作为主单元的原因是，当变频器的频率设定值由 HMI 指定时，该频率设定值是一个随机数，需要由 PLC 通过 D/A 变换方式向变频器输入模拟量的频率指令，以实现电机速度连续调整。S7-224XP 主单元集成有两路模拟量输入，1 路模拟量输出，有两个 RS-485 通信口，可满足 D/A 变换的编程要求。

本工作任务仅要求以 30Hz 的固定频率驱动电动机运转，只需用固定频率方式控制变频器即可。本例中，选用 MM420 的端子“5”（DIN1）作电机启动和频率控制，PLC 的信号表见表 5-16，I/O 接线原理图如图 5-22 所示。

表 5-16　分拣单元 PLC 的 I/O 信号表

输入信号				输出信号			
序号	PLC输入点	信号名称	信号来源	序号	PLC输出点	信号名称	信号输出目标
1	I0.0	旋转编码器 B 相	装置侧	1	Q0.0	启动	变频器
2	I0.1	旋转编码器 A 相		2	Q0.1		
3	I0.2	光纤传感器 1		3	Q0.2		
4	I0.3	光纤传感器 2		4			
5	I0.4	进料口工件检测		5	Q0.3		
6	I0.5	电感式传感器		6	Q0.4	推杆 1 电磁阀	
7	I0.6			7	Q0.5	推杆 2 电磁阀	
8	I0.7	推杆 1 推出到位		8	Q0.6	推杆 3 电磁阀	
9	I1.0	推杆 2 推出到位		9	Q0.7	HL1	按钮/指示灯模块
10	I1.1	推杆 3 推出到位		10	Q1.0	HL2	
11	I1.2	停止按钮					
12	I1.3	启动按钮					
13	I1.4						
14	I1.5	单站/全线					

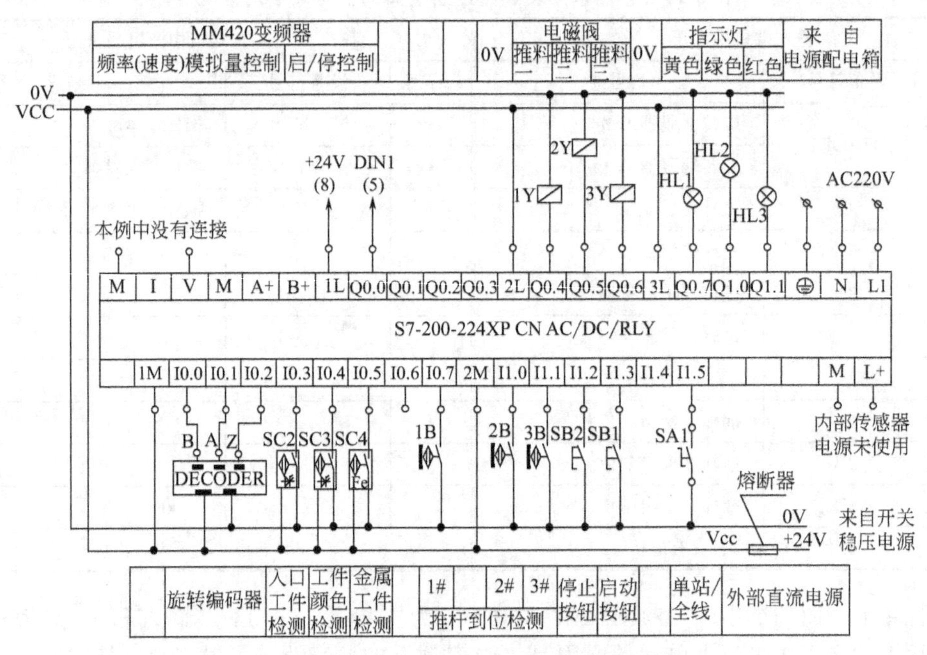

图 5-22　分拣单元 PLC 的 I/O 接线原理图

为了实现固定频率输出，变频器的参数应如下设置。

① 命令源 P0700＝2（外部 I/O），选择频率设定的信号源参数 P1000＝3（固定频率）。

② DIN1 功能参数 P0701＝16（直接选择＋ON 命令），P1001＝30Hz。

③ 斜坡上升时间参数 P1120 设定为 1s，斜坡下降时间参数 P1121 设定为 0.2s。

（注：由于驱动电动机功率很小，此参数设定不会引起变频器过电压跳闸）

2. 编程要点

高速计数器的编程

高速计数器的编程方法有两种，一是采用梯形图或语句表进行正常编程，二是通过STEP7-Micro/WIN编程软件进行引导式编程。不论哪一种方法，都先要根据计数输入信号的形式与要求确定计数模式，然后选择计数器编号，确定输入地址。

分拣单元所配置的PLC是S7-224XPAC/DC/RLY主单元，集成有6点的高速计数器，编号为HSC0～HSC5，每一编号的计数器均分配有固定地址的输入端。同时，高速计数器可以被配置为12种模式中的任意一种。如表5-17所示。

表5-17 S7-200PLC的HSC0～HSC5输入地址和计数模式

模式	中断描述	输入点			
	HSC0	I0.0	I0.1	I0.2	
	HSC1	I0.6	I0.7	I1.0	I1.1
	HSC2	I1.2	I1.3	I1.4	I1.5
	HSC3	I0.1			
	HSC4	I0.3	I0.4	I0.5	
	HSC5	I0.4			
0		时钟			
1	带有内部方向控制的单相计数器	时钟		复位	
2		时钟		复位	启动
3		时钟	方向		
4	带有外部方向控制的单相计数器	时钟	方向	复位	
5		时钟	方向	复位	启动
6		增时钟	减时钟		
7	带有增减计数时钟的双相计数器	增时钟	减时钟	复位	
8		增时钟	减时钟	复位	启动
9		时钟A	时钟B		
10	A/B相正交计数器	时钟A	时钟B	复位	
11		时钟A	时钟B	复位	启动

根据分拣单元旋转编码器输出的脉冲信号形式（A/B相正交脉冲，Z相脉冲不使用，无外部复位和启动信号），由表5-17容易确定，所采用的计数模式为模式9，选用的计数器为HSC0，A相脉冲从I0.0输入，B相脉冲从I0.1输入，计数倍频设定为4倍频。分拣单元高速计数器编程要求较简单，不考虑中断子程序，预置值等。

使用引导式编程，很容易自动生成符号地址为“HSC_INIT”的子程序。其程序清单如图5-23所示。（引导式编程的步骤从略，请参考S7-200系统手册）

在主程序块中使用SM0.1（上电首次扫描ON）调用此子程序，即完成高速计数器定义并启动计数器。

例5-5 旋转编码器脉冲当量的现场测试。

前面已经指出，根据传送带主动轴直径计算出的旋转编码器的脉冲当量，其结果只是一个估算值。在分拣单元安装调试时，除了要仔细调整尽量减少安装偏差外，尚须现场测试脉冲当量值。一种测试方法的步骤如下。

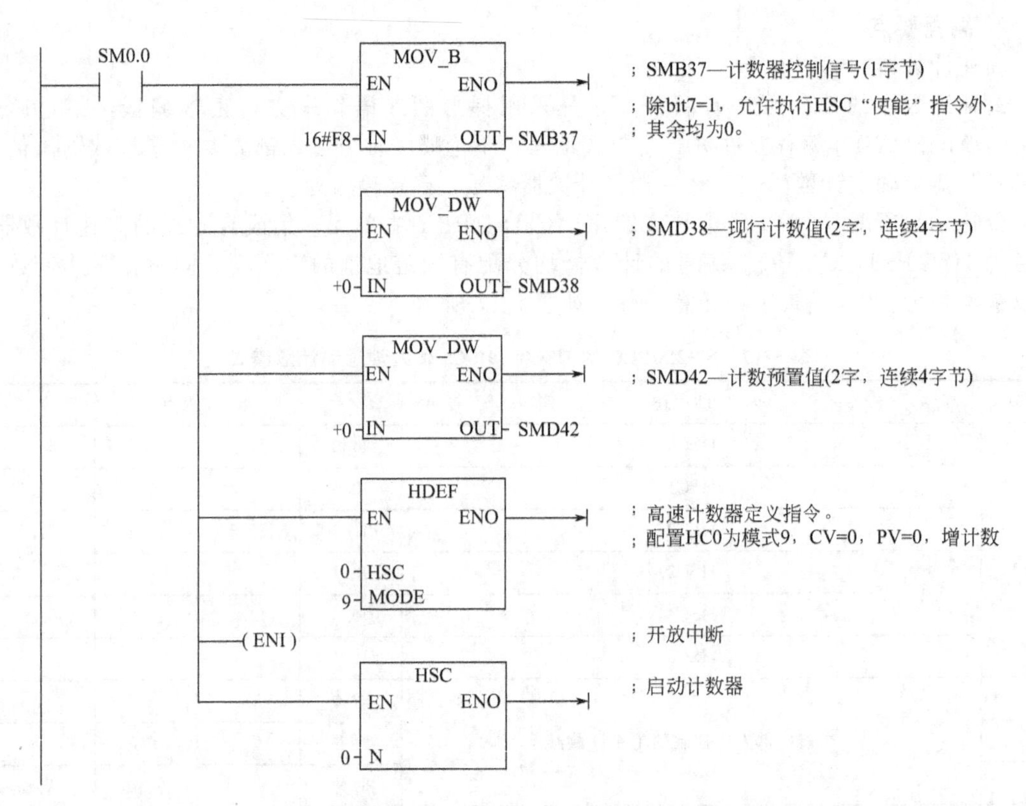

图 5-23　子程序 HSC _ INIT 清单

① 分拣单元安装调试时，必须仔细调整电动机与主动轴联轴的同心度和传送皮带的张紧度。调节张紧度的两个调节螺栓应平衡调节，避免皮带运行时跑偏。传送带张紧度以电动机在输入频率为 1Hz 时能顺利启动，低于 1Hz 时难以启动为宜。测试时可把变频器设置为在 BOP 操作板进行操作（启动/停止和频率调节）的运行模式，即设定参数 P0700＝1（使能 BOP 操作板上的启动/停止按钮），P1000＝1（使能电动电位计的设定值）。

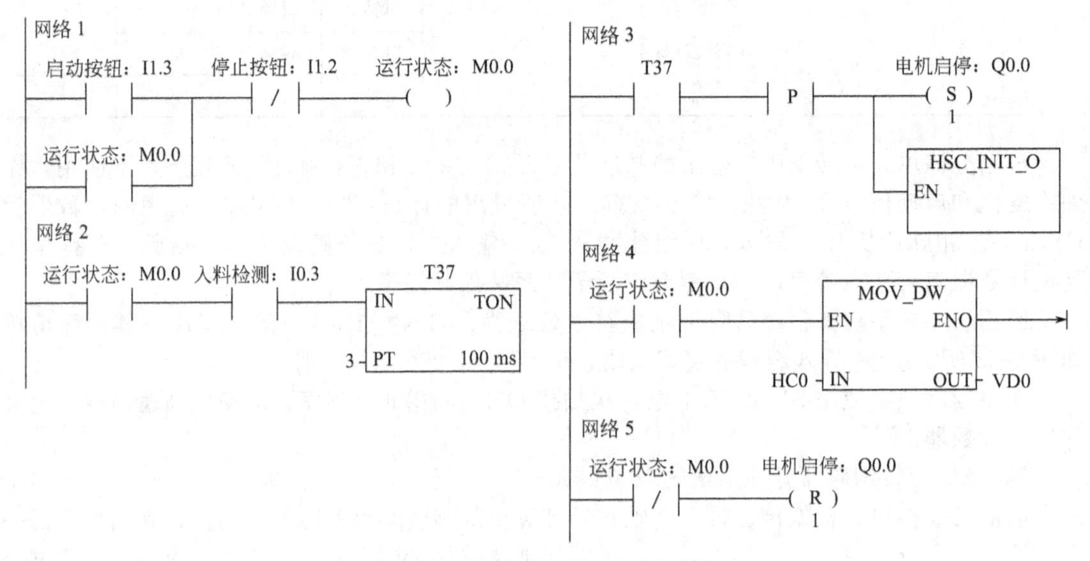

图 5-24　脉冲当量现场测试主程序

② 安装调整结束后，变频器参数设置为：

P0700＝2（指定命令源为"由端子排输入"）；

P0701＝16（确定数字输入 DIN1 为"直接选择＋ON"命令）；

P1000＝3（频率设定值的选择为固定频率）；

P1001＝25Hz（DIN1 的频率设定值）。

③ 在 PC 机上用 STEP7-Micro/WIN 编程软件编写 PLC 程序，主程序清单见图 5-24，编译后传送到 PLC。

④ 运行 PLC 程序，并置于监控方式。在传送带进料口中心处放下工件后，按启动按钮启动运行。工件被传送一段较长的距离后，按下停止按钮停止运行。观察 STEP7-Micro/WIN 软件监控界面上 VD0 的读数，将此值填写到表 5-18 的"高速计数脉冲数"一栏中；然后在传送带上测量工件移动的距离，把测量值填写到表中"工件移动距离"一栏中；计算高速计数脉冲数/4 的值，填写到"编码器脉冲数"一栏中；则脉冲当量 μ 计算值＝工件移动距离/编码器脉冲数，填写到相应栏目中。

表 5-18　脉冲当量现场测试数据

序号＼内容	工件移动距离（测量值）	高速计数脉冲数（测试值）	编码器脉冲数（计算值）	脉冲当量 μ（计算值）
第一次	357.8	5565	1391	0.2571
第二次	358	5568	1392	0.2571
第三次	360.5	5577	1394	0.2586

⑤ 重新把工件放到进料口中心处，按下启动按钮即进行第二次测试。进行三次测试后，求出脉冲当量 μ 平均值为：$\mu=(\mu1+\mu2+\mu3)/3=0.2576$。

按表 5-18 所示的尺寸重新计算旋转编码器到各位置应发出的脉冲数：当工件从下料口中心线移至传感器中心时，旋转编码器发出 456 个脉冲；移至第一个推杆中心点时，发出 650 个脉冲；移至第二个推杆中心点时，约发出 1021 个脉冲；移至第三个推杆中心点时，约发出 1361 个脉冲。上述数据 4 倍频后，就是高速计数器 HC0 经过值。

在本项工作任务中，编程高速计数器的目的是根据 HC0 当前值确定工件位置，与存储到指定的变量存储器的特定位置数据进行比较，以确定程序的流向。特定位置数据是：

a. 进料口到传感器位置的脉冲数为 1824，存储在 VD10 单元中（双整数）。

b. 进料口到推杆 1 位置的脉冲数为 2600，存储在 VD14 单元中。

c. 进料口到推杆 2 位置的脉冲数为 4084，存储在 VD18 单元中。

d. 进料口到推杆 3 位置的脉冲数为 5444，存储在 VD22 单元中。

可以使用数据块来对上述 V 存储器赋值，在 STEP7-Micro/WIN 界面项目指令树中，选择数据块→用户定义 1，在所出现的数据页界面上逐行键入 V 存储器起始地址、数据值及其注释（可选），允许用逗号、制表符或空格作地址和数据的分隔符号。如图 5-25 所示。

注意：特定位置数据均从进料口开始计算，因此，每当待分拣工件下料到进料口，电机开始启动时，必须对 HC0 的当前值（存储在 SMD38 中）进行一次清零操作。

3. 程序结构

① 分拣单元的主要工作过程是分拣控制，可编写一个子程序供主程序调用，工作状态显示的要求比较简单，可直接在主程序中编写。

② 主程序的流程与前面所述的供料、加工等单元是类似的。但由于用高速计数器编程，必须在上电第 1 个扫描周期调用 HSC _ INIT 子程序，以定义并使能高速计数器。主程序的

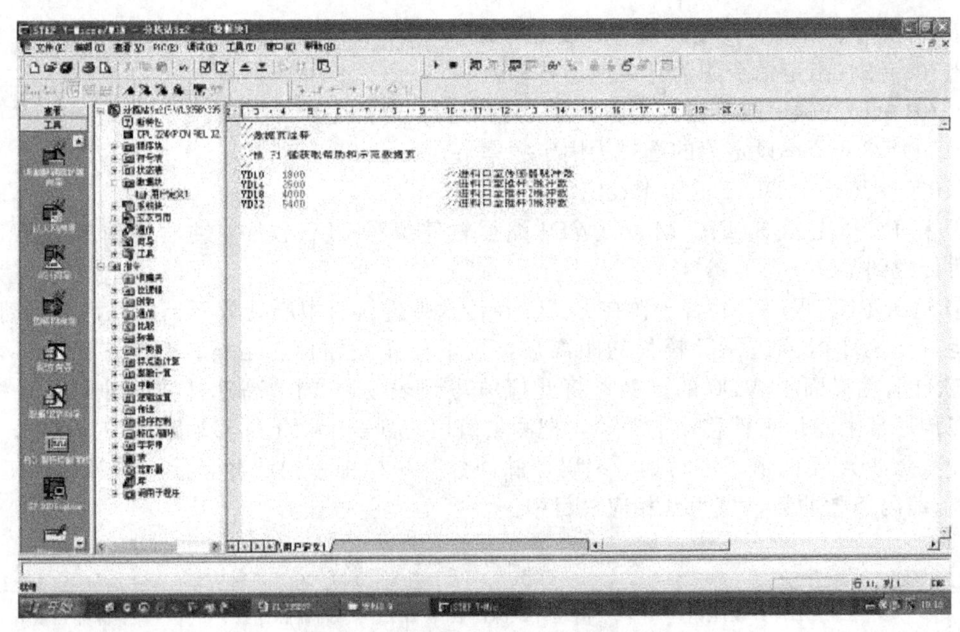

图 5-25　使用数据块对 V 存储器赋值

编制，请读者自行完成。

③ 分拣控制子程序也是一个步进顺控程序，编程思路如下。

a. 当检测到待分拣工件下料到进料口后，清零 HC0 当前值，以固定频率启动变频器驱动电机运转。梯形图如图 5-26 所示。

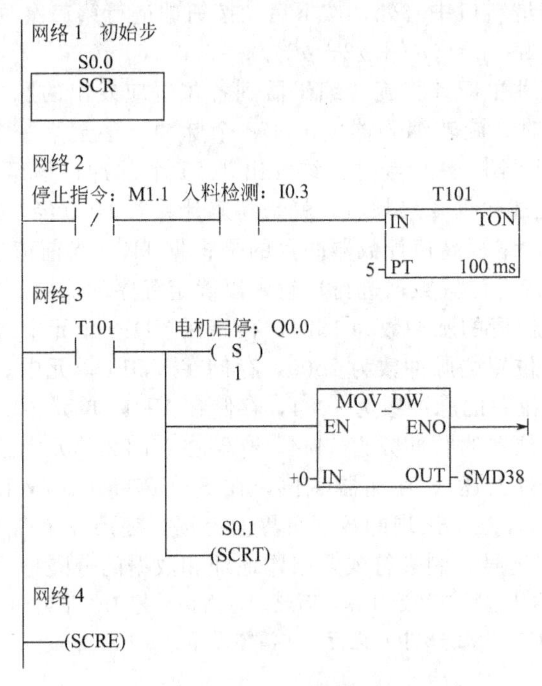

图 5-26　分拣单元子程序初始步梯形图

b. 当工件经过安装传感器支架上的光纤探头和电感式传感器时，根据两个传感器动作与否，判别工件的属性，决定程序的流向。HC0 当前值与传感器位置值的比较可采用触点比较指令实现。完成上述功能的梯形图见图 5-27 所示。

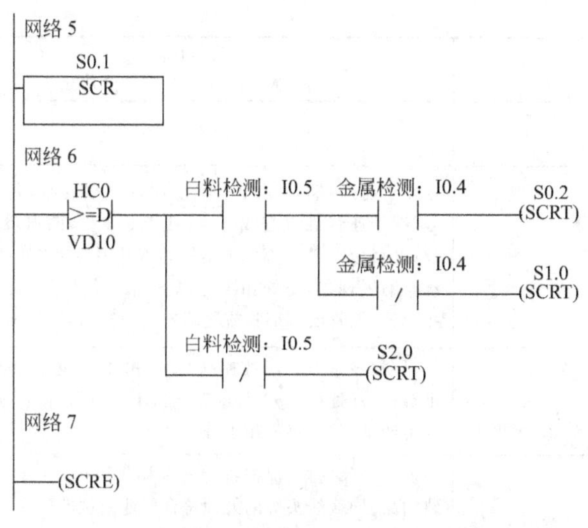

图 5-27　在传感器位置判别工件属性的梯形图

c. 根据工件属性和分拣任务要求，在相应的推料气缸位置把工件推出。推料气缸返回后，步进顺控子程序返回初始步。这部分程序的编制，也请读者自行完成。

在编写、下载、调试程序过程中，进一步了解掌握设备调试的方法、技巧及注意点，培养严谨的作风。

① 在下载，运行程序前，必须认真检查程序。检查程序时，重点检查各个执行机构之间是否会发生冲突，采用何种措施避免冲突，同一执行机构在不同阶段所作的动作是否区分开。

② 只有在认真、全面检查了程序且程序无误时，才可以运行程序并进行实际调试，不可以在不经过检查的情况下直接在设备上运行所编写的程序，如果程序存在问题，很容易造成设备损毁和人员伤害。

③ 在调试过程中，仔细观察执行机构的动作，如果程序能够实现预期的控制功能，则应进行多次运行，检查运行的可靠性并对程序进行优化。

④ 总结经验，把调试过程中遇到的问题、解决的方法记录下来。

⑤ 在运行过程中，应该时刻注意现场设备的运行情况，一旦发生执行机构互相冲突情况，应及时采取措施，如急停、切断执行机构控制信号、切断气源或切断总电源等，以避免造成设备的损毁。

安装完成后，认真填写如表 5-19 所示的评分表。

表 5-19　评分表

______学年 评　分　表		工作形式 □个人　□小组分工　□小组	实际工作时间 ______	
训练项目	训练内容	训练要求	学生自评	教师评分
分拣单元	1. 工作计划和图纸 30 分 ——工作计划 ——气路图 ——电路图 ——程序清单(单站)	气路、电路绘制有错误，每处扣 3 分；电路图符号不规范，每处扣 1 分，最多扣 5 分		
	2. 机械安装及装配工艺 20 分	装配未能完成，扣 10 分；装配完成，但有紧固件松动现象，每处扣 1 分		

续表

______学年 评 分 表		工作形式 □个人 □小组分工 □小组	实际工作时间 ______	
训练项目	训练内容	训练要求	学生自评	教师评分
分拣单元	3. 连接工艺20分 ——电路连接工艺 ——气路连接工艺	端子连接，插针压接不牢或超过2根导线，每处扣1分，端子连接处没有线号，每处扣0.5分，两项最多扣5分；电路接线没有绑扎或电路接线凌乱，扣2分；气路连接有漏气现象，每处扣1分；气缸节流阀调整不当，每处扣1分；气管没有绑扎或气路连接凌乱，扣2分		
	4. 测试与功能20分 ——夹料测试 ——物料台移动测试	启动/停止方式不按控制要求，扣3分；运行测试不满足要求，每处扣3分；传感器调试不当，每处扣3分；磁性开关调试不当，每处扣1分		
	5. 职业素质与安全意识10分	现场操作安全、保护符合安全操作规程；工具摆放、包装物品、导线线头等的处理符合职业岗位的要求；团队中有分工有合作，配合紧密；遵守纪律，尊重教师，爱惜设备和器材，保持工位的整洁		

项目6　搬运单元控制系统安装与调试

学习目标

① 掌握交流步进电动机的调速原理
② 掌握传感器的原理
③ 掌握搬运单元的功能及工作过程

能力目标

① 掌握交流步进电动机的控制方法
② 掌握传感器的调试方法
③ 掌握搬运单元的调试方法

任务1　搬运（输送）单元控制系统安装技能训练

子任务1　设备1搬运单元安装技能训练

【任务要求】

将搬运单元的机械部分拆开成组件或零件的形式，然后再组装成原样。要求着重掌握机械设备的安装、运动可靠性的调整，以及电气配线的敷设方法与技巧。

【相关知识】

1. 搬运单元的功能及结构

搬运站是自动线中最为重要同时也是承担任务最为繁重的工作站。该站的主要任务是驱动抓取机械手装置精确定位到指定站的物料台，在物料台上抓取工件，把抓取到的工件搬运到指定地点放下。

该站主要完成向各个工作站输送工件的任务。系统复位先回原点，当到达原点位置后，系统启动，井式供料站物料台有工件时，搬运机械手伸出将工件搬运到切削加工站物料台上，等加工站加工完毕后，再将工件送到三工位装配站完成两种不同工件装配，最后将两种工件成品送到分拣站分拣入库。

图 6-1 所示为设备 1 搬运站实物图。

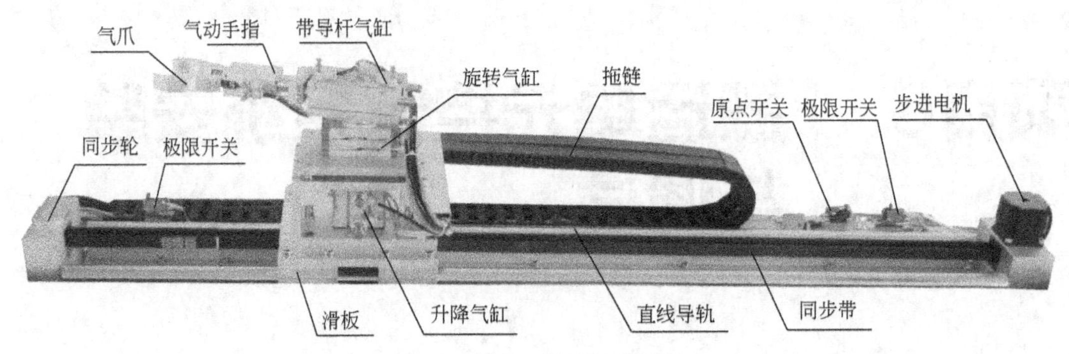

图 6-1　设备 1 搬运站实物图

搬运站由步进电机驱动器、直线导轨、四自由度搬运机械手、定位开关、行程开关、支架、机械零部件构成。主要完成工件的搬运。

① PLC 主机：控制端子全部接到挂箱面板的三号防转座上。

② 步进电机驱动器：用于控制三相步进电机。控制端子全部接到挂箱面板的三号防转座上。

③ 磁性传感器 1：用于升降气缸的位置检测，当检测到气缸准确到位后给 PLC 发出一个到位信号。

④ 磁性传感器 2：用于旋转气缸的位置检测，当检测到气缸准确到位后给 PLC 发出一个到位信号。

⑤ 磁性传感器 3：用于带导杆气缸的位置检测，当检测到气缸准确到位后给 PLC 发出一个到位信号。

⑥ 磁性传感器 4：用于气动手指的位置检测，当检测到气缸准确到位后给 PLC 发出一个到位信号。

⑦ 行程开关：其中一个给 PLC 提供原点信号，另外两个用于硬件保护，当任何一轴运行过头，碰到行程开关时，断开步进电机控信号公共端，使步进电机停止运行。

⑧ 电磁阀：升降气缸、旋转气缸、带导杆气缸用二位五通的带手控开关的单控电磁阀控制；气动手指用用二位五通的带手控开关的双控电磁阀控制，四个电磁阀集中安装在带有消声器的汇流板上。当 PLC 给电磁阀一个信号，电磁阀动作，对应气缸动作。

⑨ 升降气缸：由单控电磁阀控制。当气动电磁阀得电，气缸伸出，将机械手台起。

⑩ 旋转气缸：由单控电磁阀控制。当气动电磁阀得电，将机械手旋转一定角度。

⑪ 带导杆气缸：由单控电磁阀控制。当气动电磁阀得电，将机械手伸出。

⑫ 气动手指：由双控电磁阀控制。当气动电磁阀一端得电时，气动手指张开或夹紧。

⑬ 抓取机械手装置：是一个能实现 4 个自由度运动（即升降、伸缩、气动手指夹紧/松开和沿垂直轴旋转的思维运动）的工作站，该装置整体安装在步进电动机传动组件的滑动溜板上，在传动组件带动下整体作直线往复运动，定位到其他各工作站的物料台，然后完成抓取和放下工件的功能，如图 6-2 所示。

其具体构成如下。

a. 气动手爪：双作用气缸由一个二位五通双向电控阀控制，带状态保持功能用于各个工作站抓物搬运。双向电控阀工作原理类似双稳态触发器即输出状态由输入状态决定，如果输出状态确认了即使无输入状态双向电控阀一样保持被触发前的状态。

b. 双杆气缸：双作用气缸由一个二位五通单向电控阀控制，用于控制手爪伸出缩回。

c. 回转气缸：双作用气缸由一个二位五通单向电控阀控制，用于控制手臂正反向 90°旋转，气缸旋转角度可以任意调节范围为 0°～180°，调节通过节流阀下方两颗固定缓冲器进行调整。

d. 提升气缸：双作用气缸由一个二位五通单向电控阀控制，用于控制整个机械手提升和下降。

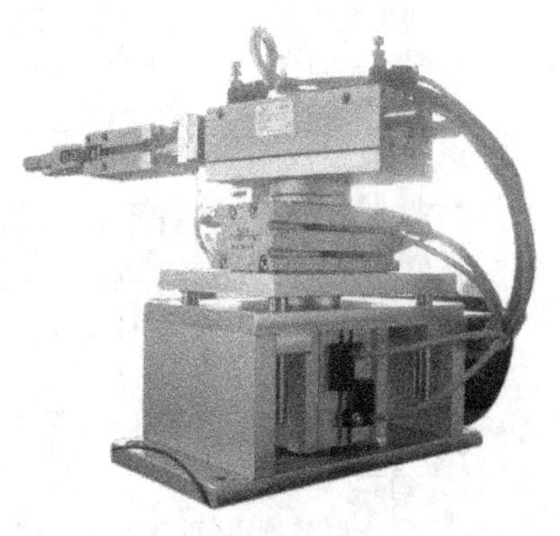

图 6-2　搬运站的抓取机械手实物图

以上气缸运动速度快慢由进气口节流阀调整进气量进行速度调节。

⑭ 步进电动机传动组件：用于拖动抓取机械手装置作往复直线运动，完成精确定位的功能。

传动组件由步进电机、同步轮、同步带、直线导轨、滑动溜板、拖链和原点开关、左、右极限开关组成。

步进电动机由步进电动机驱动器驱动，通过同步轮和同步带带动滑动溜板沿直线导轨作往复直线运动。从而带动固定在滑动溜板上的抓取机械手装置作往复直线运动。

图 6-3　按钮/指示灯模块

抓取机械手装置上所有气管和导线沿拖链敷设，进入线槽后分别连接到电磁阀组合接线端子排组件上。

原点开关用于提供直线运动的起始点信号。左、右极限开关则用于提供越程故障时的保护信号。当滑动溜板在运动中越过左或右极限位置时，极限开关会动作，从而向系统发出越程故障信号。

按钮/指示灯模块放置在抽屉式模块放置架上，模块上安装的所有元器件的引出线均连接到面板上的安全插孔，面板布置如图 6-3所示。

a. 按钮/开关：急停按钮 1 只，转换开关 2 只，复位按钮黄、绿、红各 1 只，自锁按钮黄、绿、红各 1 只。

b. 指示灯/蜂鸣器：24V 指示灯黄、绿、红各 2 只，蜂鸣器 1 只。

c. 开关稳压电源：DC24V/6A、12V/2A 各一组。

2. 气动控制回路

气动控制回路是本工作站的执行机构，该执行机构的逻辑控制功能是由 PLC 实现的。气动控制回路的工作原理如图 6-4 所示。1B1、1B2 为安装在提升气缸的两个极限工作位置的磁性传感器。1Y1、2Y1、3Y1、4Y1、4Y2 为控制气缸的电磁阀。

在气动控制回路中，驱动气动手指气缸的电磁阀采用的是二位五通双电控电磁阀，其外形如图 6-5 所示。

双电控电磁阀与单电控电磁阀的区别在于，对于单电控电磁阀，在无电控信号时，阀芯在弹簧力的作用下会被复位。而对于双电控电磁阀，当两端都无电控信号时，阀芯的位置是

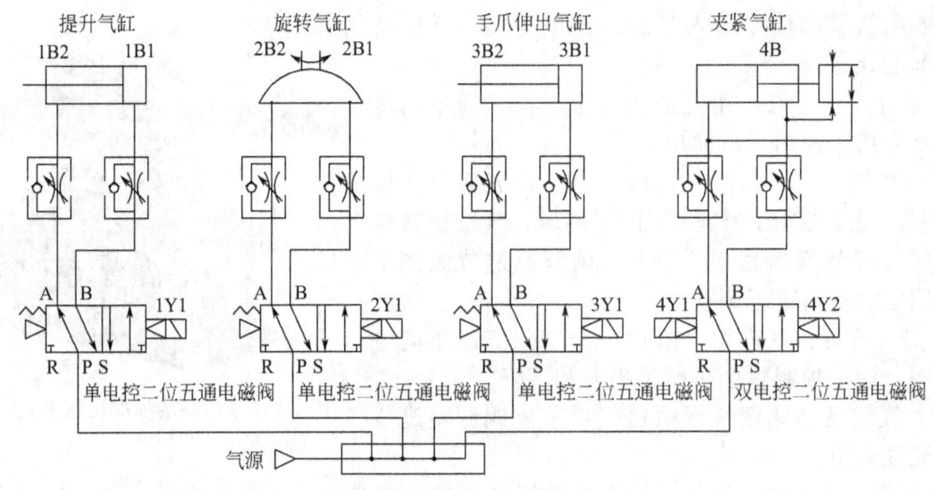

图 6-4　搬运站气动控制回路

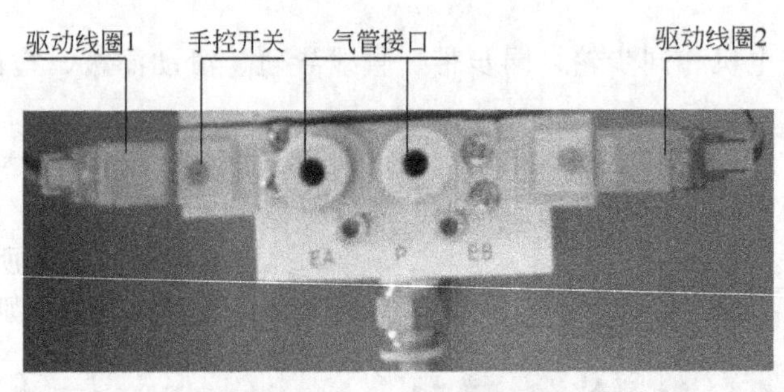

图 6-5　双电控电磁阀示意图

取决于前一个电控信号。

注意：双电控电磁阀的两个电控信号不能同时为“1”，即在控制过程中不允许两个线圈同时得电，否则，可能会造成电磁线圈烧毁。并且，在这种情况下阀芯的位置是不确定的。

【任务实施】

1. 搬运站训练目标

按照本站单步控制流程、单周期位置控制流程、周期位置控制流程的控制要求，在规定时间内完成机械、传感器、气路的安装与调试。

2. 训练要求

① 熟悉本站的功能及结构组成。

② 能够根据控制要求设计气动控制原理图，安装气动执行器件并调试。

③ 安装所使用的传感器并且能够调试。

④ 查明 PLC 各端口地址，根据要求接线。

3. 安装与调试工作计划表

根据前面所学，学生自己设计工作计划表，并如实填写。

4. 搬运站安装与调试

（1）机械安装步骤

① 在工作台上，将安装支架、运输带定位完成后，把该整体安装到底盘上。

② 安装传感器支架、气缸和支架。

③ 安装气缸。

④ 安装料槽，并调整气缸位置，使物料槽支架两边平衡。

⑤ 安装电动机，调整气缸到物料槽中间。

(2) 调试运行

在运行过程中，应该时刻注意现场设备的运行情况一旦发生执行机构相互冲突情况，应该及时采取措施，如急停、切断执行机构控制信号、切断气源和切断总电源等，以避免造成设备的损毁。

总结经验，把调试过程中遇到的问题、解决方法记录下来。

实训操作技能训练测试记录如表 6-1 所示。

表 6-1　实训操作技能训练测试记录

学生姓名		学号	
专业		班级	
课程		指导教师	
下列清单为测评依据，用于判断学生是否通过测评已到达所需能力标准			
第一阶段　测量数据			
测评项目		分值	得分
是否遵守实训室的各项规章制度		10	
是否熟悉原理图中各气动元件的基本工作原理		10	
是否熟悉原理图的基本工作原理		10	
是否正确搭建搬运单元控制回路		15	
气源开关、控制按钮的条件是否正确（开、闭、调节）		20	
控制回路是否正常运行		10	
是否正确拆卸所搭建的气动回路		10	
第二阶段　处理、分析、整理数据			
测评项目		分值	得分
是否利用现有元件拟定其他方案，并进行比较		15	
实训技能训练评估记录			
实训技能训练评估等级：优秀（90 分以上）☐ 良好（80 分以上）☐ 一般（70 分以上）☐ 及格（60 分以上）☐ 不及格（60 分以下）☐			
指导教师签字＿＿＿＿日期＿＿＿＿			

子任务 2　设备 2 输送单元安装技能训练

【任务要求】

将输送单元的机械部分拆开成组件或零件的形式，然后再组装成原样。要求着重掌握机械设备的安装、运动可靠性的调整，以及电气配线的敷设方法与技巧。

【相关知识】

输送单元的结构与工作过程

输送单元工艺功能是：驱动其抓取机械手装置精确定位到指定单元的物料台，在物料台上抓取工件，把抓取到的工件输送到指定地点然后放下。

YL-335B 出厂配置时，输送单元在网络系统中担任着主站的角色，它接收来自触摸屏的系统主令信号，读取网络上各从站的状态信息，加以综合后，向各从站发送控制要求，协调整个系统的工作。

输送单元由抓取机械手装置、直线运动传动组件、拖链装置、PLC 模块和接线端口以及按钮/指示灯模块等部件组成。图 6-6 是安装在工作台面上的输送单元装置侧部分。

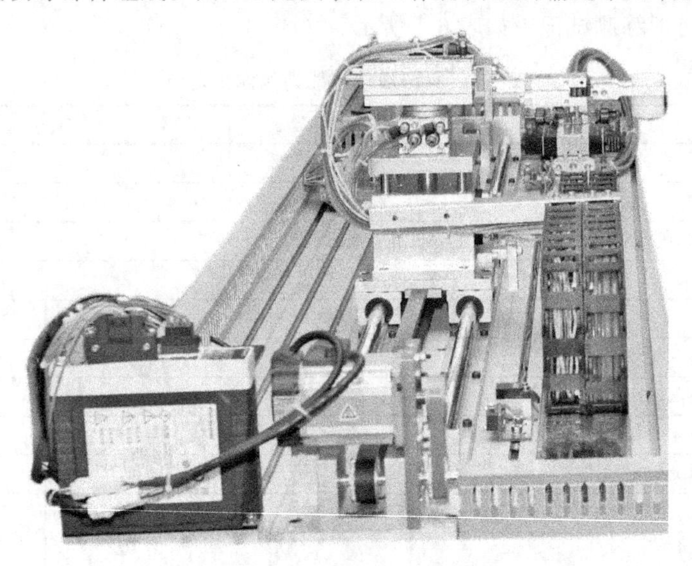

图 6-6　输送单元装置侧部分

(1) 抓取机械手装置

抓取机械手装置是一个能实现四自由度运动（即升降、伸缩、气动手指夹紧/松开和沿垂直轴旋转的四维运动）的工作单元，该装置整体安装在直线运动传动组件的滑动溜板上，在传动组件带动下整体作直线往复运动，定位到其他各工作单元的物料台，然后完成抓取和放下工件的功能。图 6-7 是该装置实物图。具体构成如下。

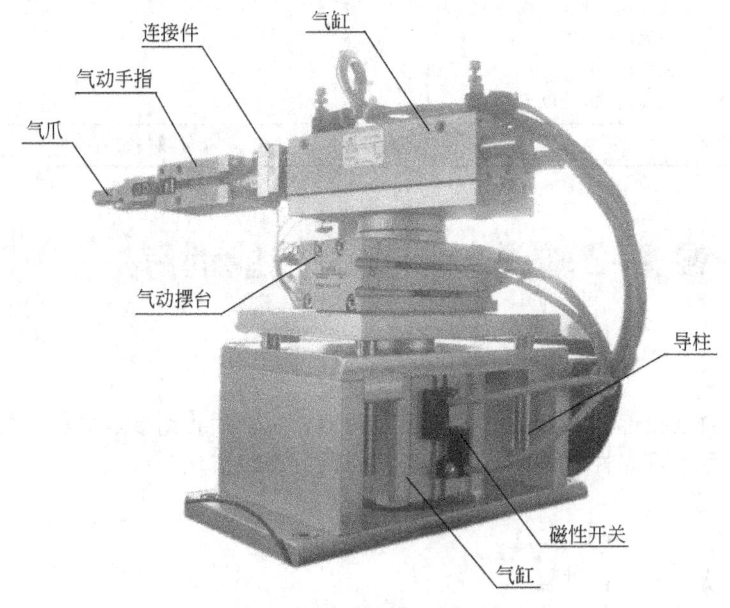

图 6-7　抓取机械手装置

① 气动手爪：用于在各个工作站物料台上抓取/放下工件。由一个二位五通双向电控阀控制。

② 伸缩气缸：用于驱动手臂伸出与缩回。由一个二位五通单向电控阀控制。

③ 回转气缸：用于驱动手臂正反向90°旋转，由一个二位五通单向电控阀控制。

④ 提升气缸：用于驱动整个机械手提升与下降。由一个二位五通单向电控阀控制。

（2）直线运动传动组件

直线运动传动组件用以拖动抓取机械手装置作往复直线运动，完成精确定位的功能。图6-8是该组件的俯视图。

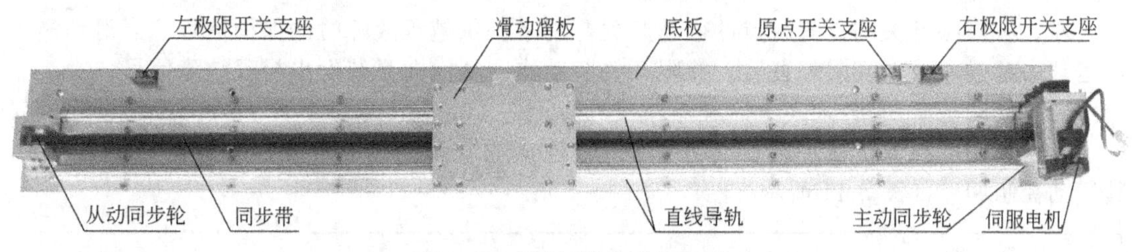

图6-8　直线运动传动组件图

图6-9给出了直线运动传动组件和抓取机械手装置组装起来的示意图。

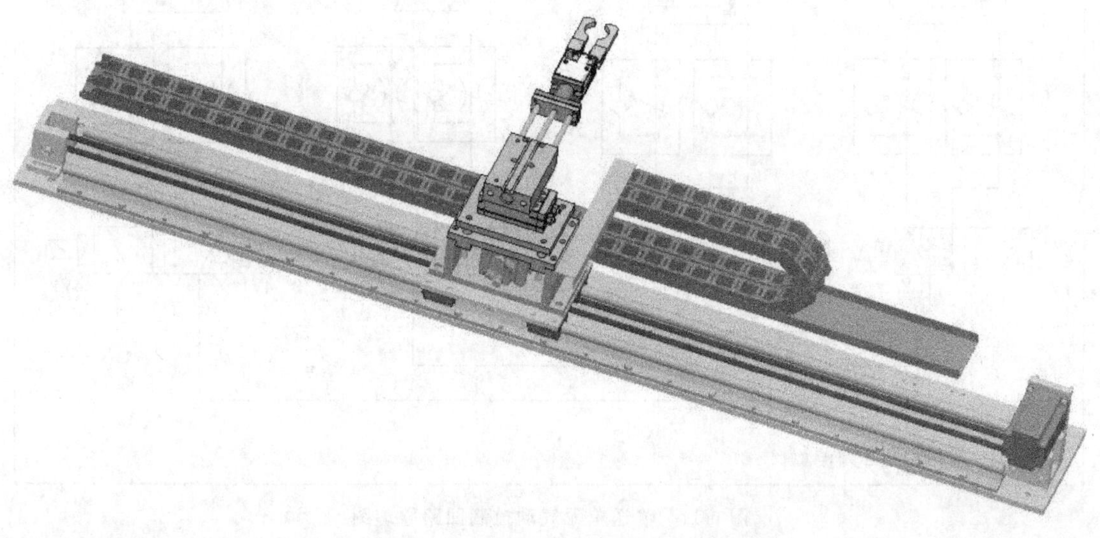

图6-9　伺服电机传动和机械手装置

传动组件由直线导轨底板、伺服电机及伺服放大器、同步轮、同步带、直线导轨、滑动溜板、拖链和原点接近开关、左和右极限开关组成。

伺服电机由伺服电机放大器驱动，通过同步轮和同步带带动滑动溜板沿直线导轨作往复直线运动。从而带动固定在滑动溜板上的抓取机械手装置作往复直线运动。同步轮齿距为5mm，共12个齿即旋转一周搬运机械手位移60mm。

抓取机械手装置上所有气管和导线沿拖链敷设，进入线槽后分别连接到电磁阀组和接线端口上。

原点接近开关和左、右极限开关安装在直线导轨底板上，如图6-10所示。

原点接近开关是一个无触点的电感式接近传感器，用来提供直线运动的起始点信号。关于电感式接近传感器的工作原理及选用、安装注意事项请参阅项目一（供料单元控制系统实训）。

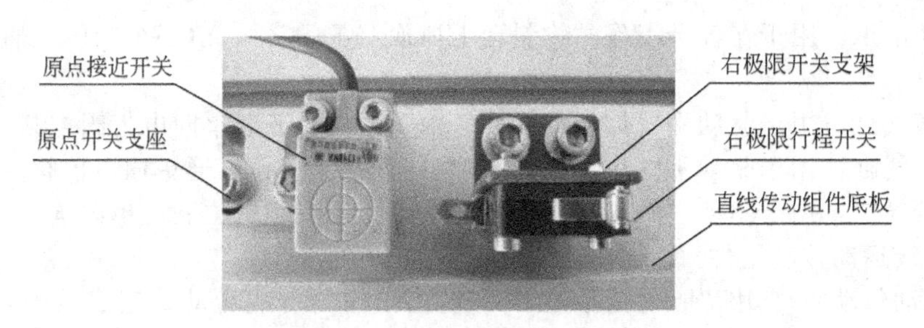

图 6-10 原点开关和右极限开关

左、右极限开关均是有触点的微动开关，用来提供越程故障时的保护信号。当滑动溜板在运动中越过左或右极限位置时，极限开关会动作，从而向系统发出越程故障信号。

(3) 气动控制回路

输送单元的抓取机械手装置上的所有气缸连接的气管沿拖链敷设，插接到电磁阀组上，其气动控制回路如图 6-11 所示。

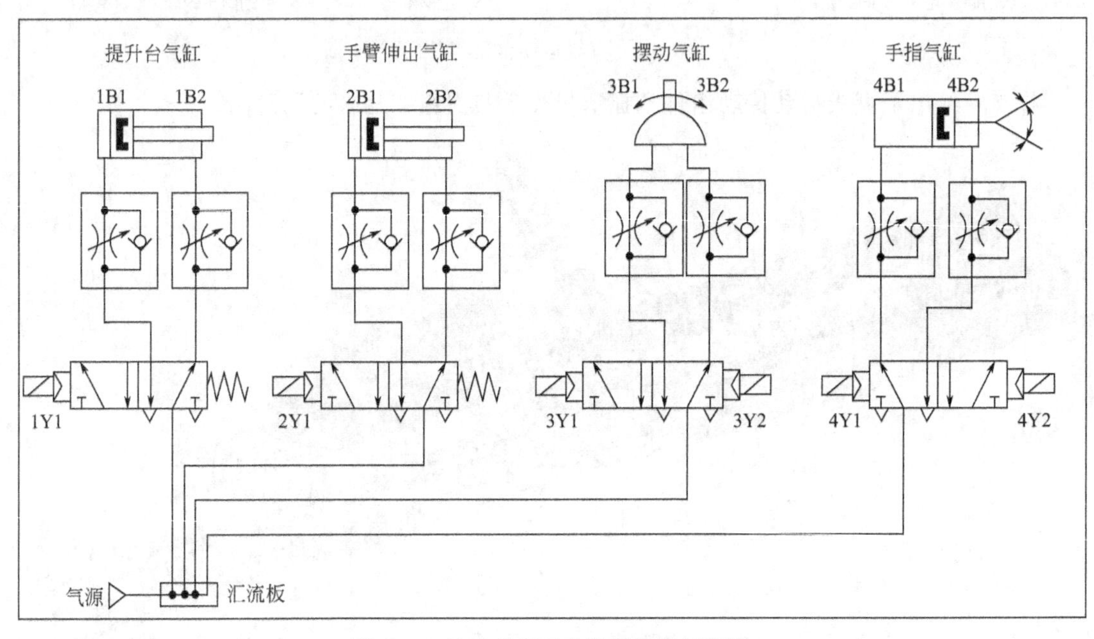

图 6-11 输送单元气动控制回路原理图

在气动控制回路中，驱动摆动气缸和气动手指气缸的电磁阀采用的是二位五通双电控电磁阀，电磁阀外形如图 6-12 所示。

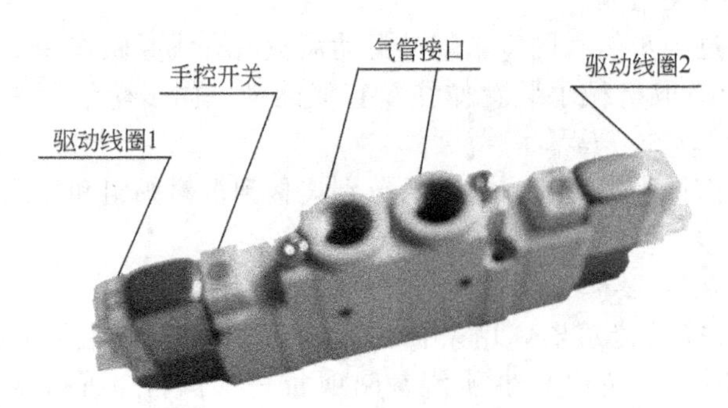

图 6-12 双电控气阀示意图

【任务实施】

为了提高安装的速度和准确性，对本单元的安装同样遵循先成组件，再进行总装的原则。

(1) 组装直线运动组件的步骤

① 在底板上装配直线导轨：直线导轨是精密机械运动部件，其安装、调整都要遵循一定的方法和步骤，而且该单元中使用的导轨长度较长，要快速准确

地调整好两导轨的相互位置，使其运动平稳、受力均匀、运动噪音小。

② 装配大溜板、四个滑块组件：将大溜板与两直线导轨上的四个滑块的位置找准并进行固定，在拧紧固定螺栓的时候，应一边推动大溜板左右运动一边拧紧螺栓。直到滑动顺畅为止。

③ 连接同步带：将连接了四个滑块的大溜板从导轨的一端取出。由于用于滚动的钢球嵌在滑块的橡胶套内，一定要避免橡胶套受到破坏或用力太大致使钢球掉落。将两个同步带固定座安装在大溜板的反面，用于固定同步带的两端。

接下来分别将调整端同步轮安装支架组件、电机侧同步轮安装支架组件上的同步轮，将其套入同步带的两端，在此过程中应注意电机侧同步轮安装支架组件的安装方向及两组件的相对位置，并将同步带两端分别固定在各自的同步带固定座内，同时也要注意保持连接安装好后的同步带平顺一致。完成以上安装任务后，再将滑块套在柱形导轨上。套入时，一定不能损坏滑块内的滑动滚珠以及滚珠的保持架。

④ 同步轮安装支架组件装配：先将电机侧同步轮安装支架组件用螺栓固定在导轨安装底板上，再将调整端同步轮安装支架组件与底板连接，然后调整好同步带的张紧度，锁紧螺栓。

⑤ 伺服电机安装：将电机安装板固定在电机侧同步轮支架组件的相应位置，将电机与电机安装活动连接，并在主动轴、电机轴上分别套接同步轮，安装好同步带，调整电机位置，锁紧连接螺栓。最后安装左右限位以及原点传感器支架。

注意：在以上各构成零件中，轴承以及轴承座均为精密机械零部件，拆卸以及组装需要较熟练的技能和专用工具，因此，不可轻易对其进行拆卸或修配工作。（具体安装过程请观看安装录像光盘）前面图 6-8 展示了完成装配的直线运动组件。

（2）组装机械手装置

① 提升机构组装如图 6-13 所示

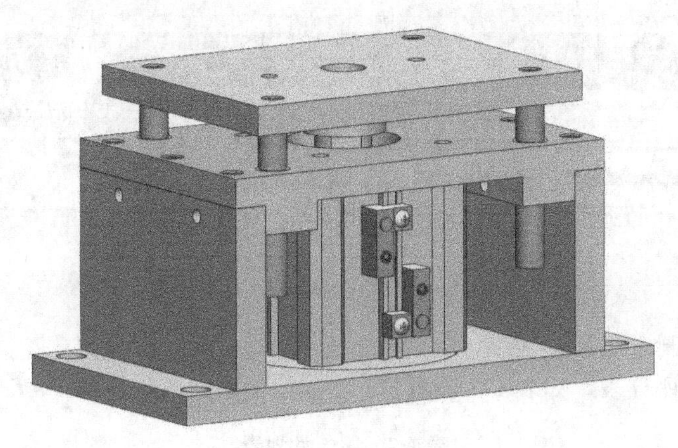

图 6-13　提升机构组装

② 把气动摆台固定在组装好的提升机构上，然后在气动摆台上固定导杆气缸安装板，安装时注意要先找好导杆气缸安装板与气动摆台连接的原始位置，以便有足够的回转角度。

③ 连接气动手指和导杆气缸，然后把导杆气缸固定到导杆气缸安装板上。完成抓取机械手装置的装配。

④把抓取机械手装置固定到直线运动组件的大溜板，如图 6-14 所示。最后，检查摆台上的导杆气缸、气动手指组件的回转位置是否满足在其余各工作站上抓取和放下工件的要求，进行适当的调整。

（3）气路连接和电气配线敷设

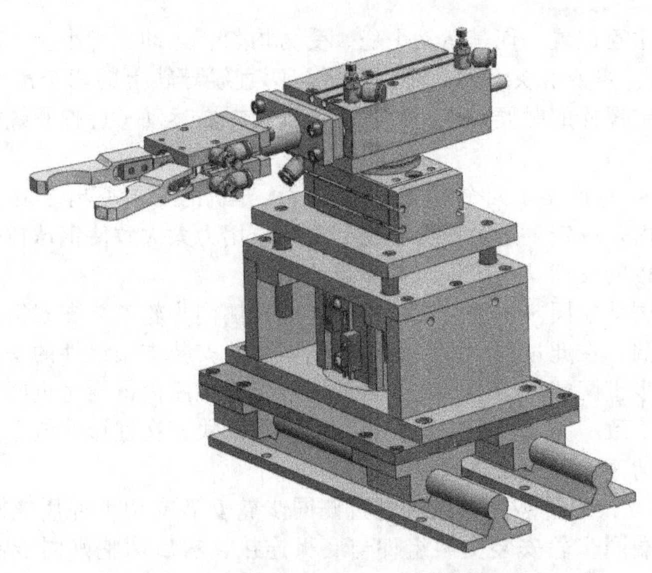

图 6-14　装配完成的抓取机械手装置

当抓取机械手装置作往复运动时，连接到机械手装置上的气管和电气连接线也随之运动。确保这些气管和电气连接线运动顺畅，不会在移动过程拉伤或脱落是安装过程中重要的一环。

连接到机械手装置上的管线首先绑扎在拖链安装支架上，然后沿拖链敷设，进入管线线槽中。绑扎管线时要注意管线引出端到绑扎处保持足够长度，以免机构运动时被拉紧造成脱落。沿拖链敷设时注意管线间不要相互交叉。如图 6-15 所示。

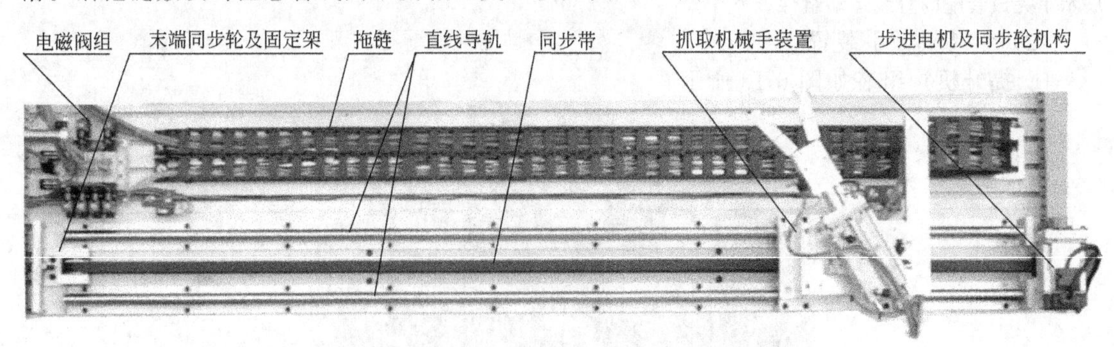

图 6-15　装配完成的输送单元装配侧

安装之前首先制定工作计划表，如表 6-2 所示。

安装完成填写评分表，如表 6-3 所示。

表 6-2　工作计划表

步骤	内　　容	计划时间/h	实际时间/h	完成情况
1	制订工作计划	0.25		
2	制订安装计划	0.25		
3	任务描述和任务执行图纸程序	1		
4	机械部分安装、调试	1		
5	传感器安装、调试	0.25		
6	按照图纸进行电路安装	0.5		
7	气路安装	0.25		

续表

步骤	内　　容	计划时间/h	实际时间/h	完成情况
8	气源、电源安装	0.25		
9	按质量要求要点检查整个设备	0.25		
10	任务各部分设备的通电通气测试	0.25		
11	对老师发现和提出的问题进行回答	0.25		
12	排除故障(依实际情况)	1		
13	该任务成绩评估	0.5		

表 6-3　评分表

学生姓名		学号	
专业		班级	
课程		指导教师	

下列清单为测评依据，用于判断学生是否通过测评已到达所需能力标准

第一阶段　测量数据

测评项目	分值	得分
是否遵守实训室的各项规章制度	10	
是否熟悉原理图中各气动元件的基本工作原理	10	
是否熟悉原理图的基本工作原理	10	
是否正确搭建输送单元控制回路	15	
气源开关、控制按钮的条件是否正确(开、闭、调节)	20	
控制回路是否正常运行	10	
是否正确拆卸所搭建的气动回路	10	

第二阶段　处理、分析、整理数据

测评项目	分值	得分
是否利用现有元件拟定其他方案，并进行比较	15	

实训技能训练评估记录

实训技能训练评估等级：优秀(90 分以上)　□
良好(80 分以上)　□
一般(70 分以上)　□
及格(60 分以上)　□
不及格(60 分以下)　□

指导教师签字＿＿＿＿＿＿日期＿＿＿＿＿＿

任务 2　搬运（输送）单元控制系统程序设计

子任务 1　设备 1 程序设计

【任务要求】

该站主要完成向各个工作站输送工件。系统复位先回原点，当到达原点位置后，系统启

动，井式供料站物料台有工件时，搬运机械手伸出将工件搬运到切削加工站物料台上，等加工站加工完毕后，再将工件送到三工位装配站完成两种不同工件装配，最后将两种工件成品送到分拣站分拣入库。

【任务实施】

1. PLC 的 I/O 接线及 PLC 选型

搬运站所需 I/O 点较多。其中，输入信号包括来自按钮/指示灯模块的按钮、开关等信号，各构件的传感器信号等；输出信号包括输出到抓取机械手装置各电磁阀的控制信号和输出到步进电动机驱动器的脉冲信号和驱动方向信号；此外还需考虑在需要时输出信号到按钮/指示灯模块的指示灯、蜂鸣器等，以显示本站或系统的工作状态。由于需要输出驱动步进电动机的高速脉冲信号，PLC 应采用晶体管输出型。基于以上考虑，选用西门子 S7-226DC/DC/DC 型 PLC，共 24 点输入，16 点晶体管输出。接线原理图如图 6-16 所示。

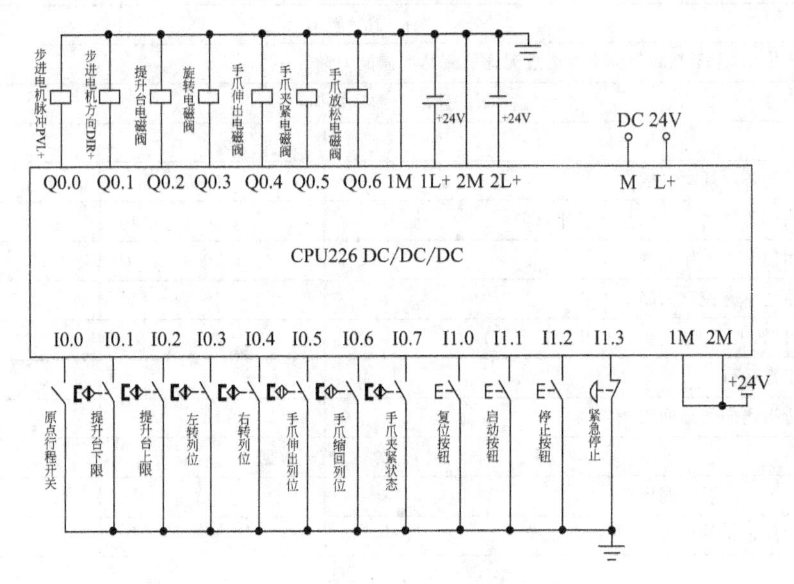

图 6-16　搬运站 PLC 接线原理图

搬运单元地址分配表如表 6-4 所示，根据实际情况填写地址分配表。

表 6-4　PLC 的 I/O 地址分配表

序　号	地　址	设备编号	设备名称	设备用途

续表

序　　号	地　　址	设备编号	设备名称	设备用途

2. 步进电动机及驱动器

(1) 三相步进电机驱动器的主要参数

供电电压：直流 18～50V。

输出相电流：1.5～6.0A。

控制信号输入电流：6～20mA。

(2) 参数设定

在驱动器的侧面连接端子中间有蓝色的六位 SW 功能设置开关，用于设定电流和细分。西门子主机电流设定为 8.4A，细分设定为 10000。

(3) 步进电机接线图

步进电机及驱动器与 PLC 的接线图如图 6-17 所示。

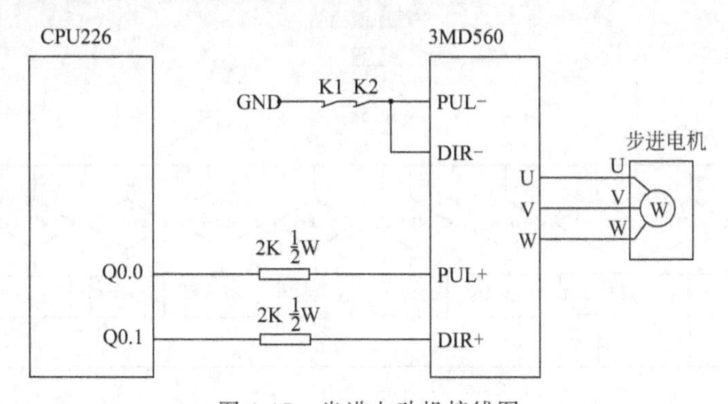

图 6-17　步进电动机接线图

3. 搬运单元的程序设计

（1）搬运站的控制要求

搬运站抓取机械手装置控制和步进电动机定位控制基本上是顺序控制：步进电动机驱动抓取机械手装置从某一起始点出发，到达某一个目标点，然后抓取机械手按一定的顺序操作，完成抓取及放下工件的任务。因此搬运站程序控制的关键是步进电动机的定位控制。

（2）编写控制程序

THJDAL-2采用RS-485串行通信实现网络控制方案，系统的启动信号、停止信号、复位信号均从连接到搬运站（主站）的按钮/指示灯模块或触摸屏发出，经搬运站PLC程序处理后，向各从站发送控制要求，以实现各站的复位、启动、停止等操作。各从站在运行过程中的状态信号，应存储到该单元PLC规划好的数据缓冲区，以实现整个系统的协调运行。规划表如表6-5所示。

表6-5 网络读写数据规划表

序号	西门子系统		功能
	主站地址(搬运站)	各从站地址	
1	V1000.0	V1000.0	启动
2	V1000.1	V1000.1	停止
3	V1000.2	V1000.2	复位
4	V1000.3	V1000.3	急停
5	V1000.4	V1000.4	周期完成信号
6	V1000.5	V1000.5	红灯
7	V1000.6	V1000.6	绿灯
8	V1000.7	V1000.7	黄灯
9	V1001.0	V1001.0	搬运机械手伸出到加工站
10	V1001.1	V1001.1	搬运机械手伸出到装配站
11	V1001.2	V1001.2	搬运机械手离开加工站
12	V1001.3	V1001.3	搬运机械手离开装配站

I/O地址分配表参见图6-16所示。搬运单元主程序流程图如图6-18所示，

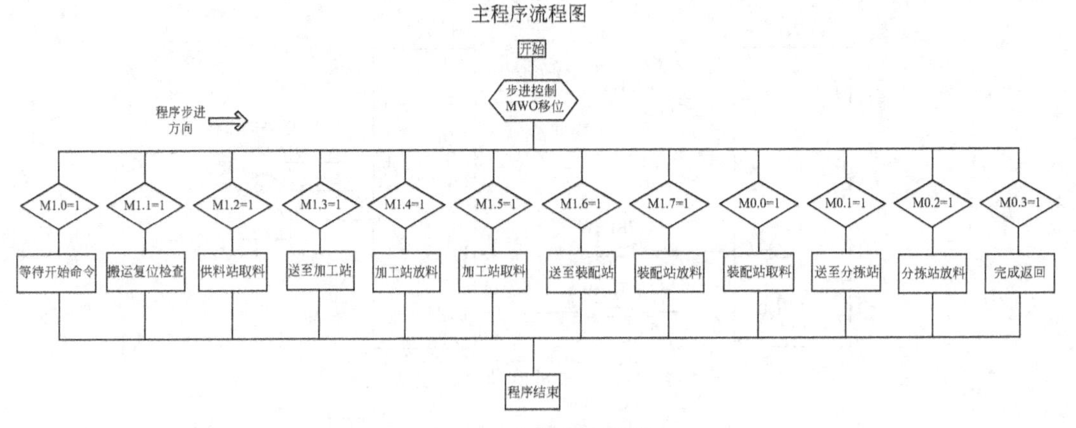

图6-18 主程序流程图

搬运单元网络参考控制主程序如图 6-19 所示。

搬运单元取料参考子程序如图 6-20 所示。

搬运单元放料参考子程序如图 6-21 所示。

搬运单元启停参考子程序如图 6-22 所示。

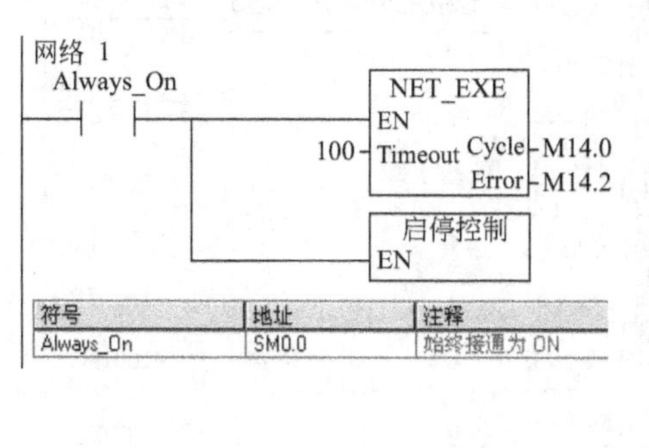

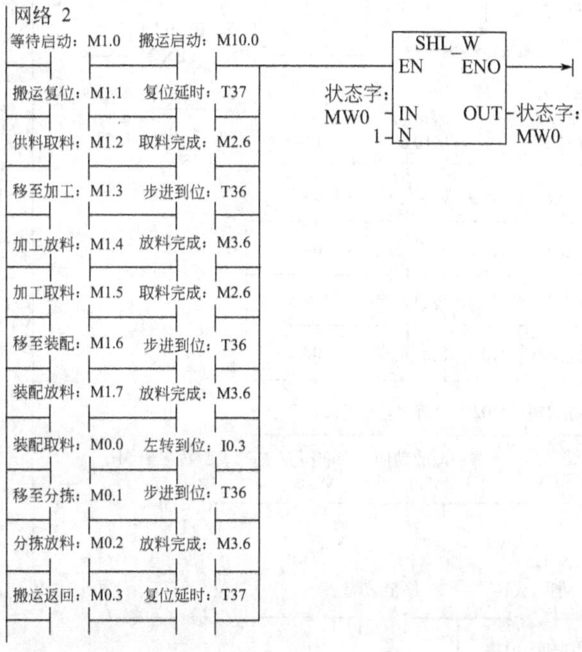

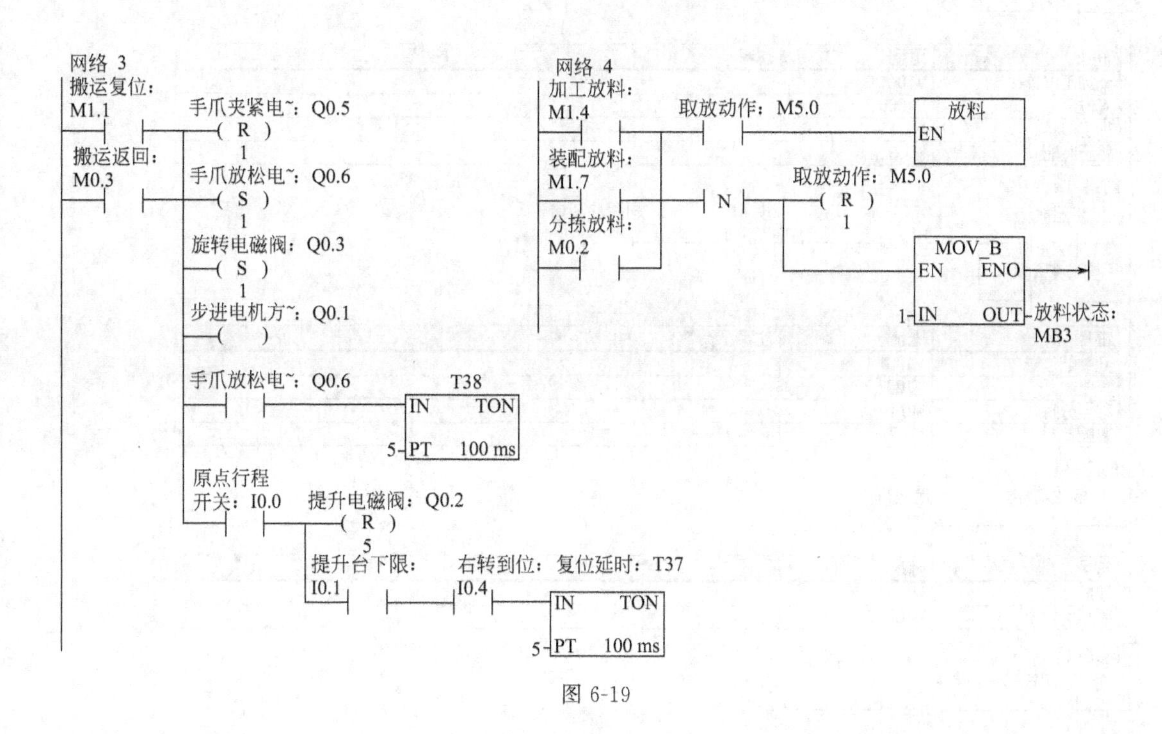

图 6-19

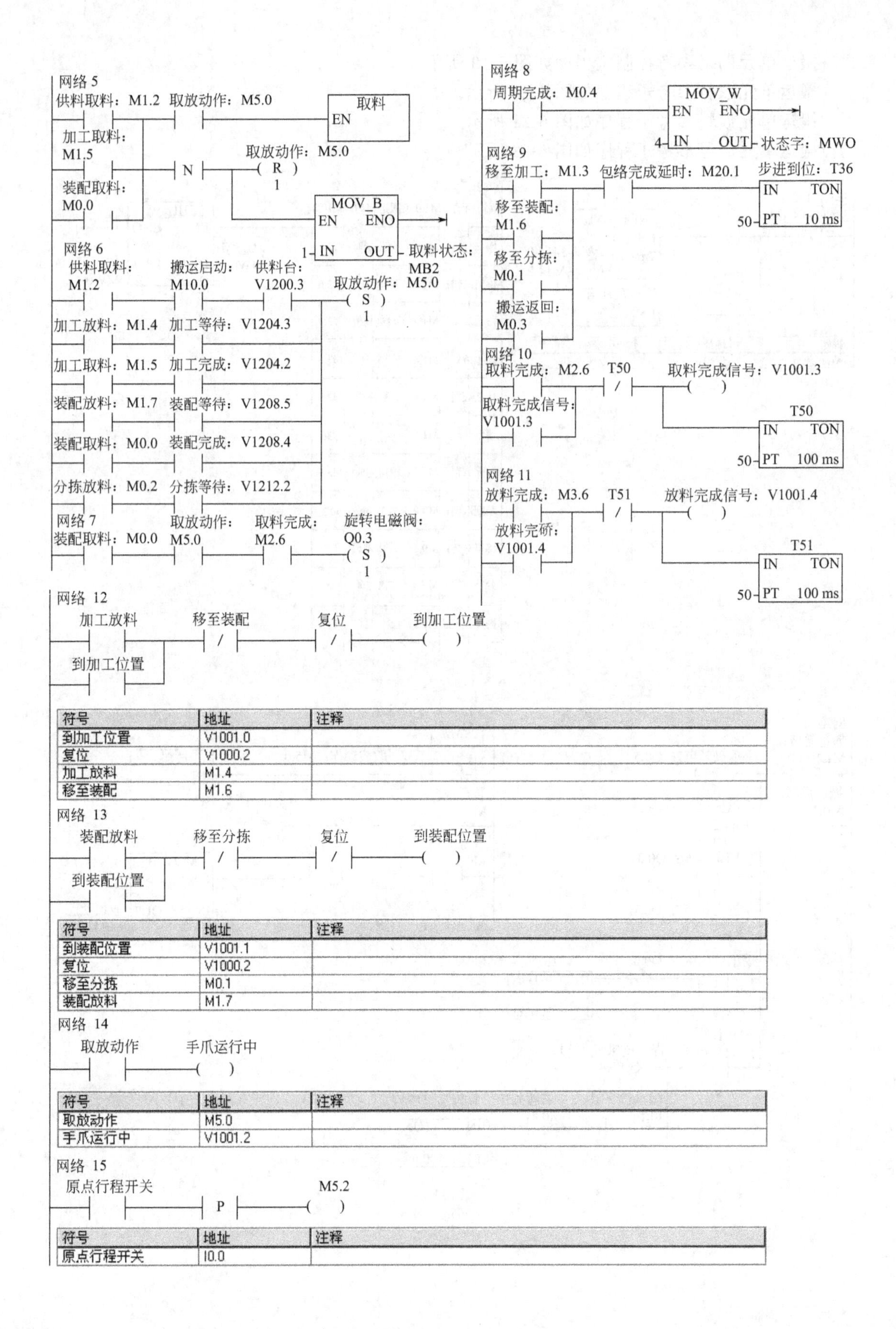

符号	地址	注释
到加工位置	V1001.0	
复位	V1000.2	
加工放料	M1.4	
移至装配	M1.6	

符号	地址	注释
到装配位置	V1001.1	
复位	V1000.2	
移至分拣	M0.1	
装配放料	M1.7	

符号	地址	注释
取放动作	M5.0	
手爪运行中	V1001.2	

符号	地址	注释
原点行程开关	I0.0	

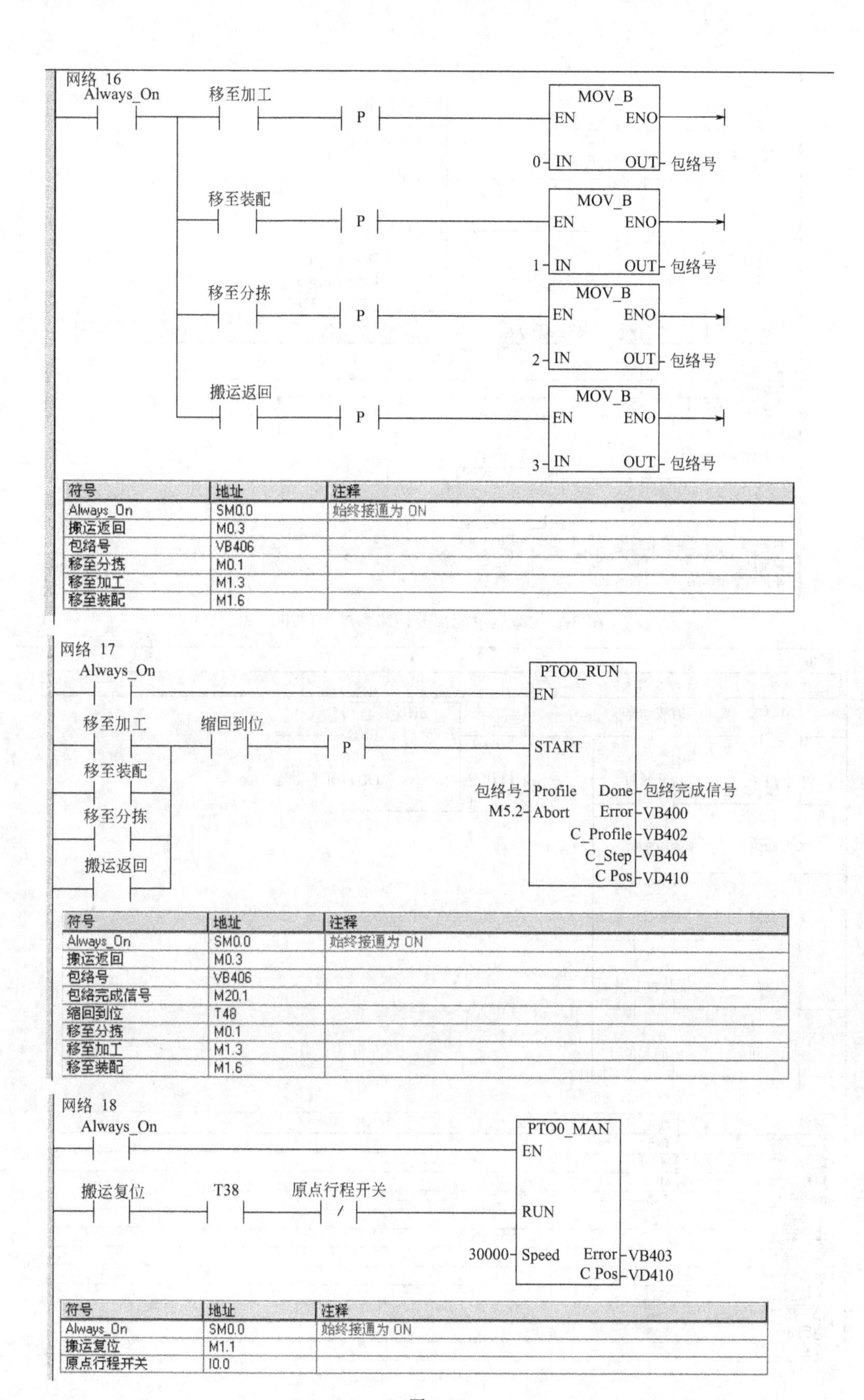

符号	地址	注释
Always_On	SM0.0	始终接通为 ON
搬运返回	M0.3	
包络号	VB406	
移至分拣	M0.1	
移至加工	M1.3	
移至装配	M1.6	

符号	地址	注释
Always_On	SM0.0	始终接通为 ON
搬运返回	M0.3	
包络号	VB406	
包络完成信号	M20.1	
缩回到位	T48	
移至分拣	M0.1	
移至加工	M1.3	
移至装配	M1.6	

符号	地址	注释
Always_On	SM0.0	始终接通为 ON
搬运复位	M1.1	
原点行程开关	I0.0	

图 6-19

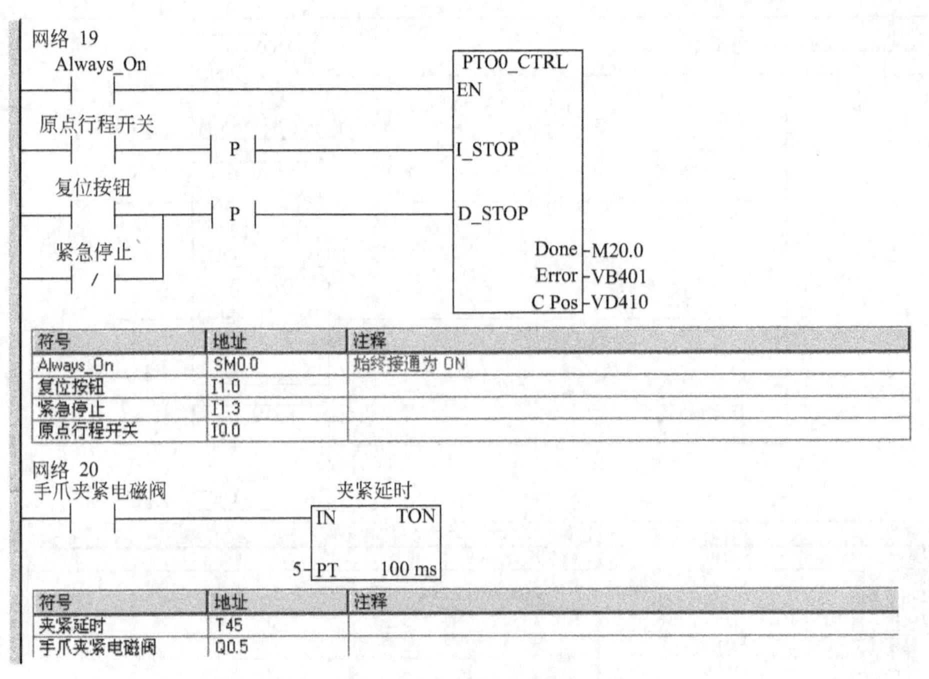

符号	地址	注释
Always_On	SM0.0	始终接通为 ON
复位按钮	I1.0	
紧急停止	I1.3	
原点行程开关	I0.0	

符号	地址	注释
夹紧延时	T45	
手爪夹紧电磁阀	Q0.5	

图 6-19 搬运单元部分网络参考主程序

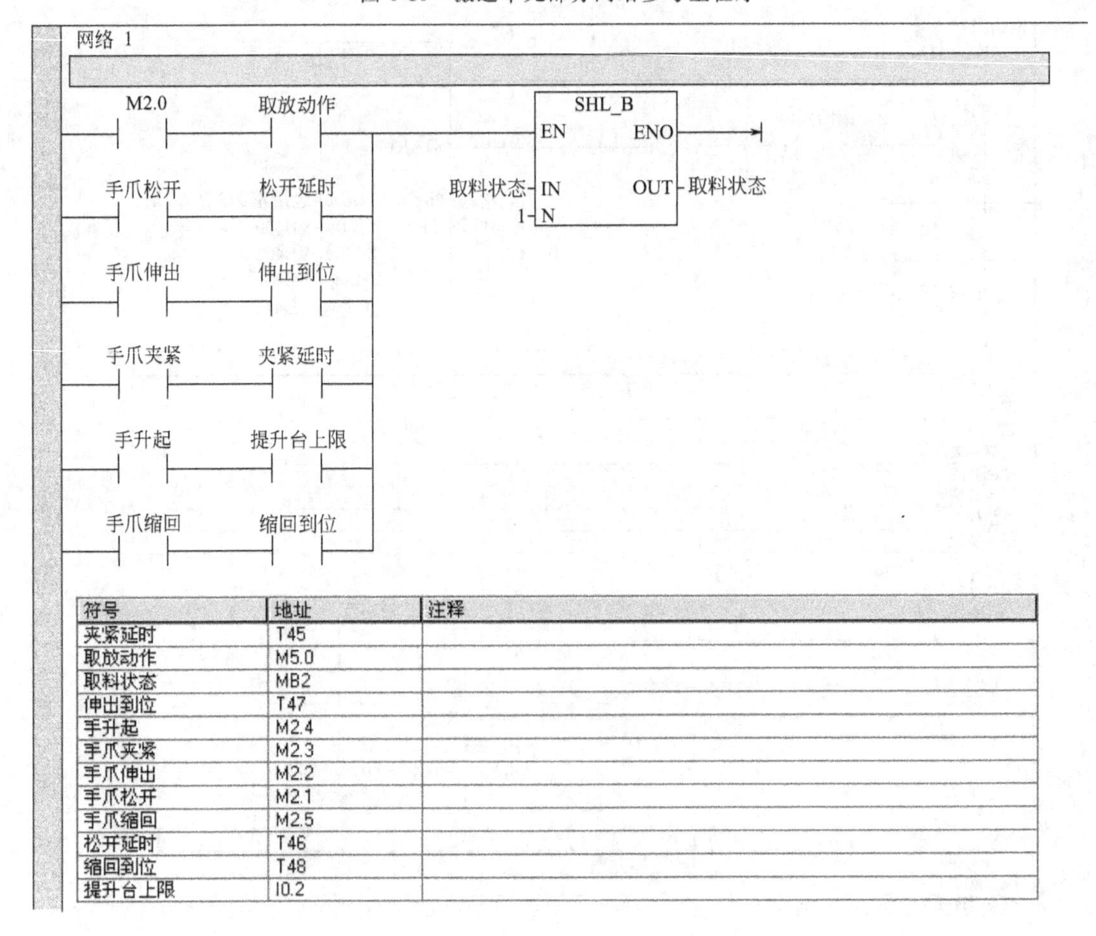

符号	地址	注释
夹紧延时	T45	
取放动作	M5.0	
取料状态	MB2	
伸出到位	T47	
手升起	M2.4	
手爪夹紧	M2.3	
手爪伸出	M2.2	
手爪松开	M2.1	
手爪缩回	M2.5	
松开延时	T46	
缩回到位	T48	
提升台上限	I0.2	

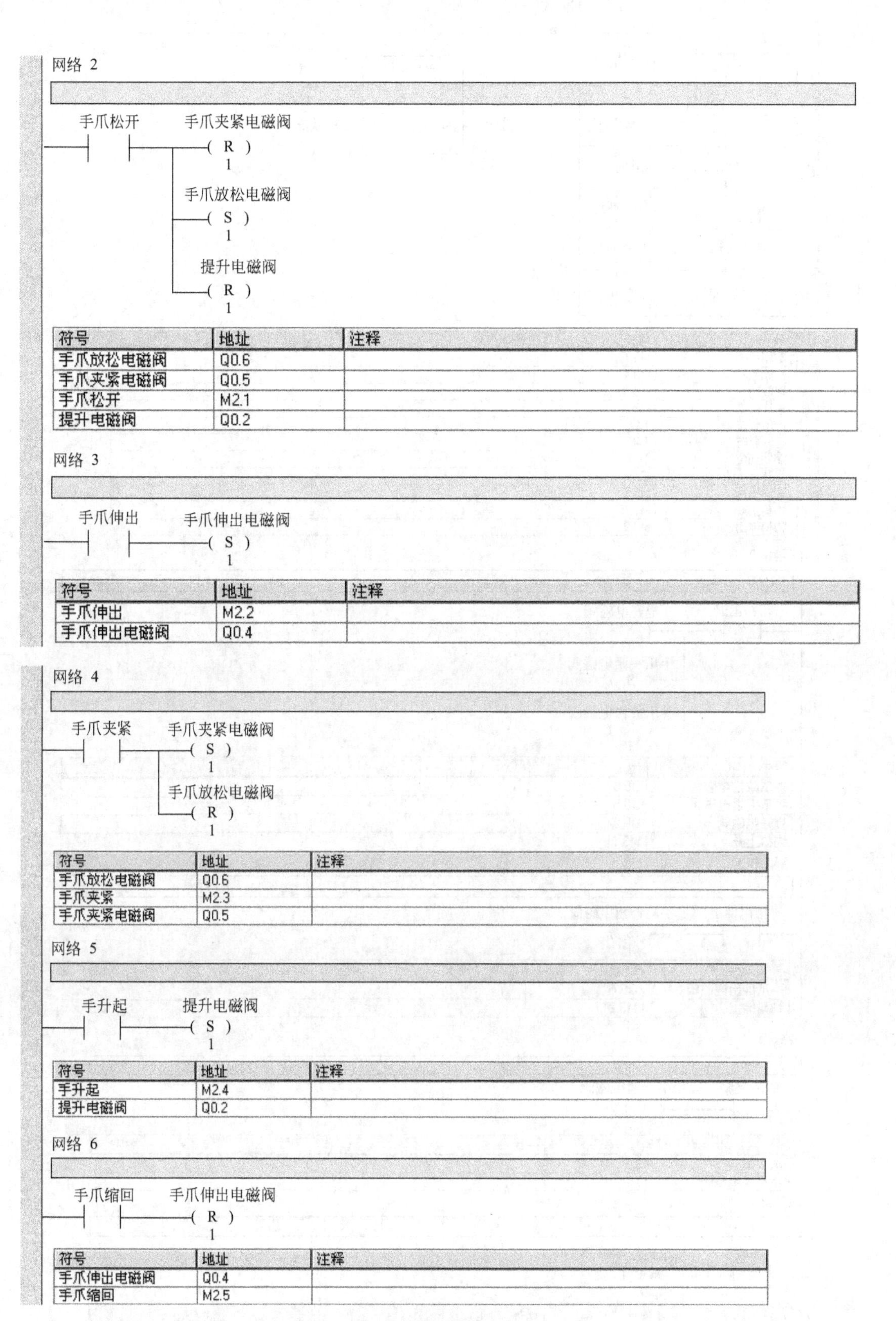

符号	地址	注释
手爪放松电磁阀	Q0.6	
手爪夹紧电磁阀	Q0.5	
手爪松开	M2.1	
提升电磁阀	Q0.2	

符号	地址	注释
手爪伸出	M2.2	
手爪伸出电磁阀	Q0.4	

符号	地址	注释
手爪放松电磁阀	Q0.6	
手爪夹紧	M2.3	
手爪夹紧电磁阀	Q0.5	

符号	地址	注释
手升起	M2.4	
提升电磁阀	Q0.2	

符号	地址	注释
手爪伸出电磁阀	Q0.4	
手爪缩回	M2.5	

图 6-20　搬运单元取料参考子程序

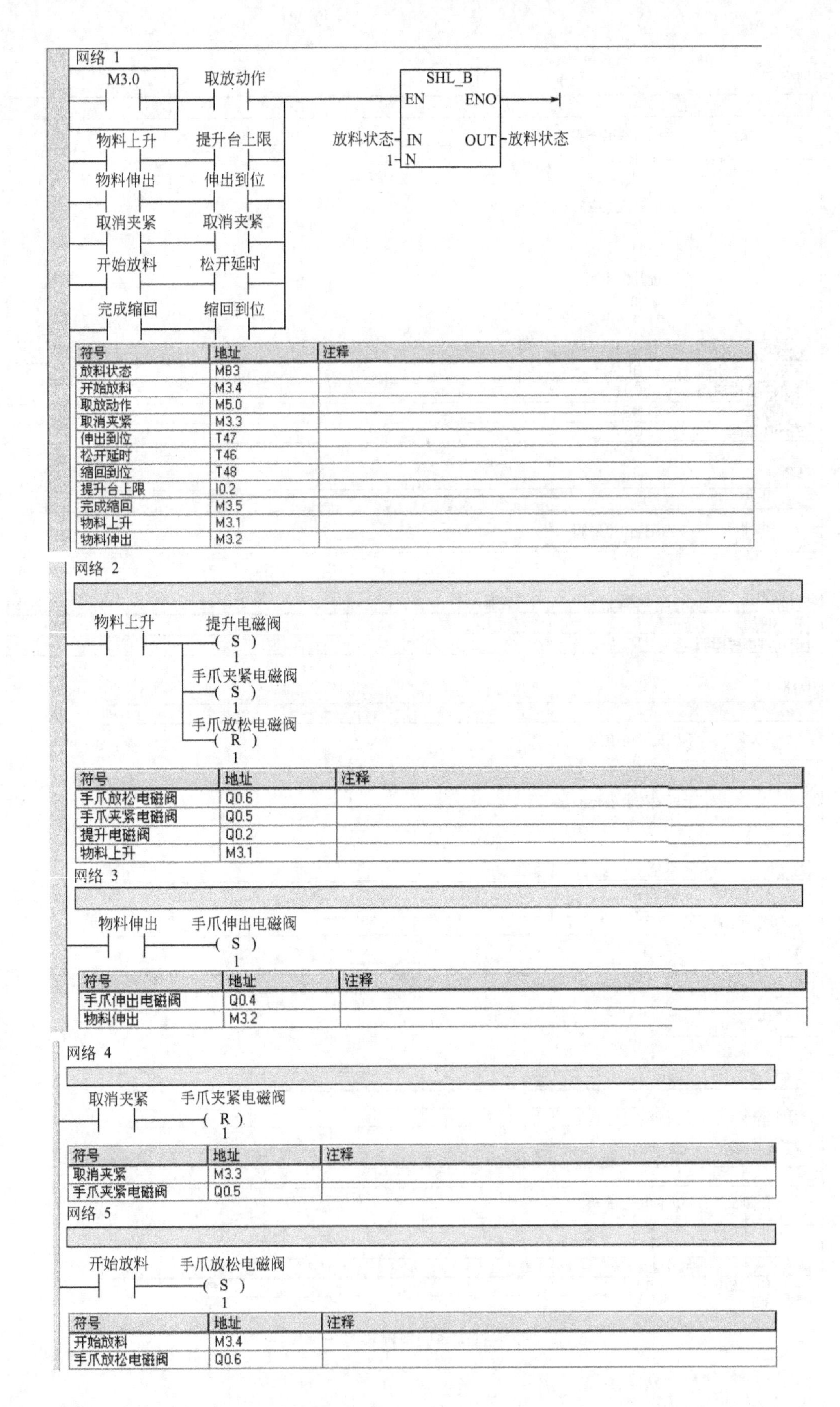

符号	地址	注释
放料状态	MB3	
开始放料	M3.4	
取放动作	M5.0	
取消夹紧	M3.3	
伸出到位	T47	
松开延时	T46	
缩回到位	T48	
提升台上限	I0.2	
完成缩回	M3.5	
物料上升	M3.1	
物料伸出	M3.2	

符号	地址	注释
手爪放松电磁阀	Q0.6	
手爪夹紧电磁阀	Q0.5	
提升电磁阀	Q0.2	
物料上升	M3.1	

符号	地址	注释
手爪伸出电磁阀	Q0.4	
物料伸出	M3.2	

符号	地址	注释
取消夹紧	M3.3	
手爪夹紧电磁阀	Q0.5	

符号	地址	注释
开始放料	M3.4	
手爪放松电磁阀	Q0.6	

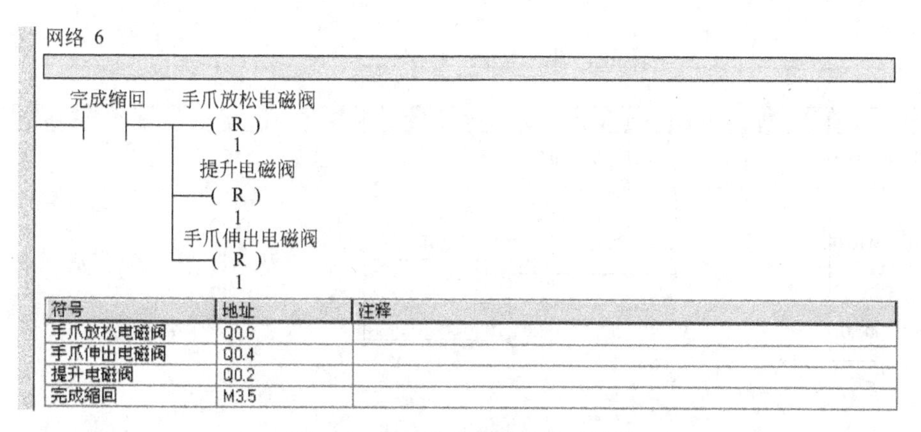

符号	地址	注释
手爪放松电磁阀	Q0.6	
手爪伸出电磁阀	Q0.4	
提升电磁阀	Q0.2	
完成缩回	M3.5	

图 6-21　搬运单元放料参考子程序

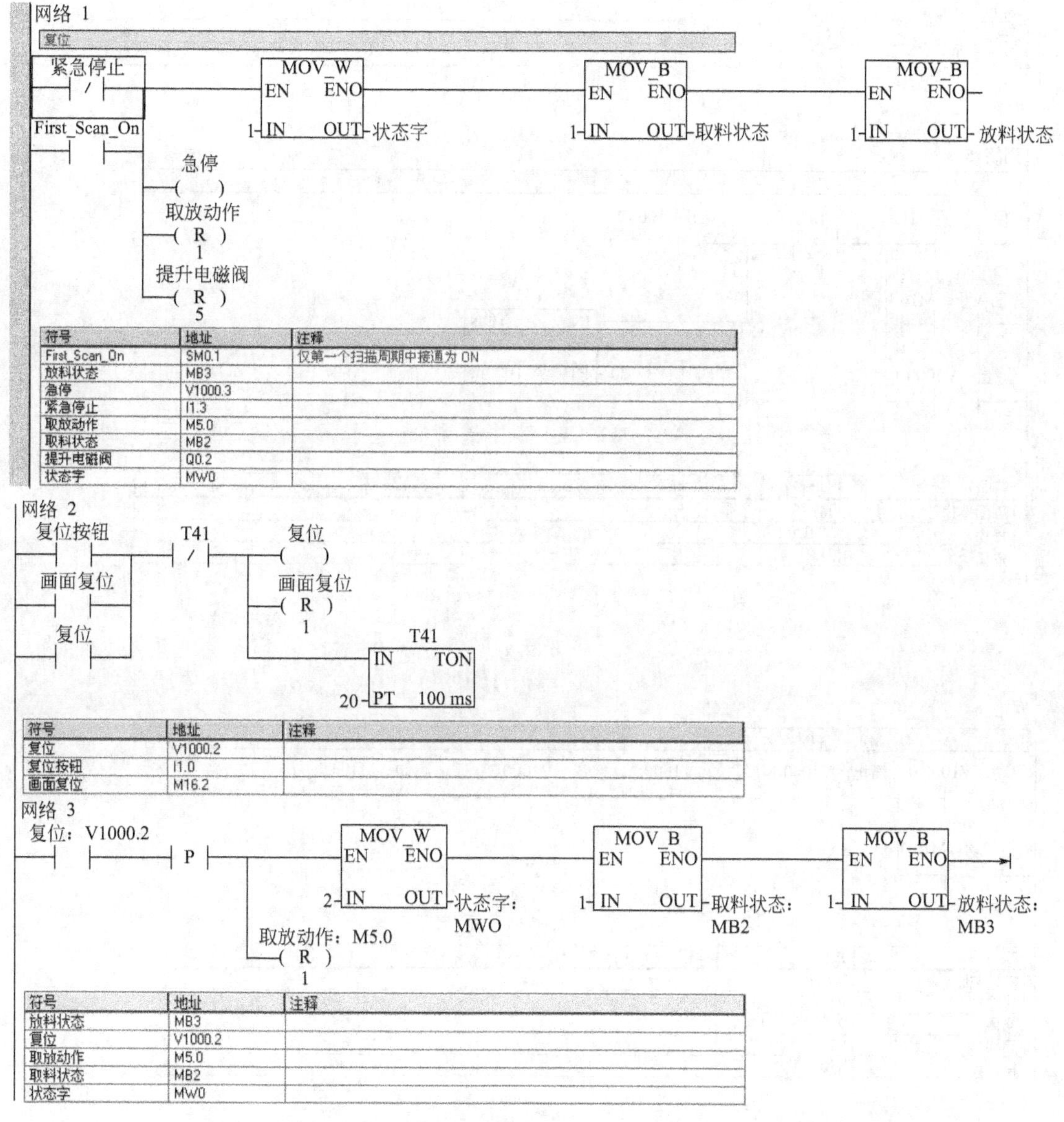

符号	地址	注释
First_Scan_On	SM0.1	仅第一个扫描周期中接通为 ON
放料状态	MB3	
急停	V1000.3	
紧急停止	I1.3	
取放动作	M5.0	
取料状态	MB2	
提升电磁阀	Q0.2	
状态字	MW0	

符号	地址	注释
复位	V1000.2	
复位按钮	I1.0	
画面复位	M16.2	

符号	地址	注释
放料状态	MB3	
复位	V1000.2	
取放动作	M5.0	
取料状态	MB2	
状态字	MW0	

图 6-22

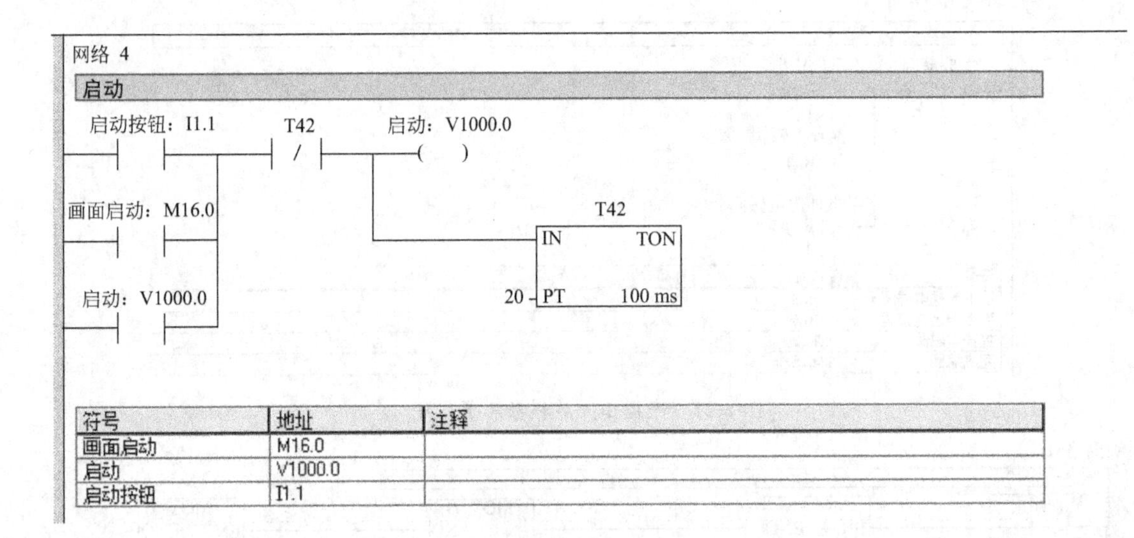

符号	地址	注释
画面启动	M16.0	
启动	V1000.0	
启动按钮	I1.1	

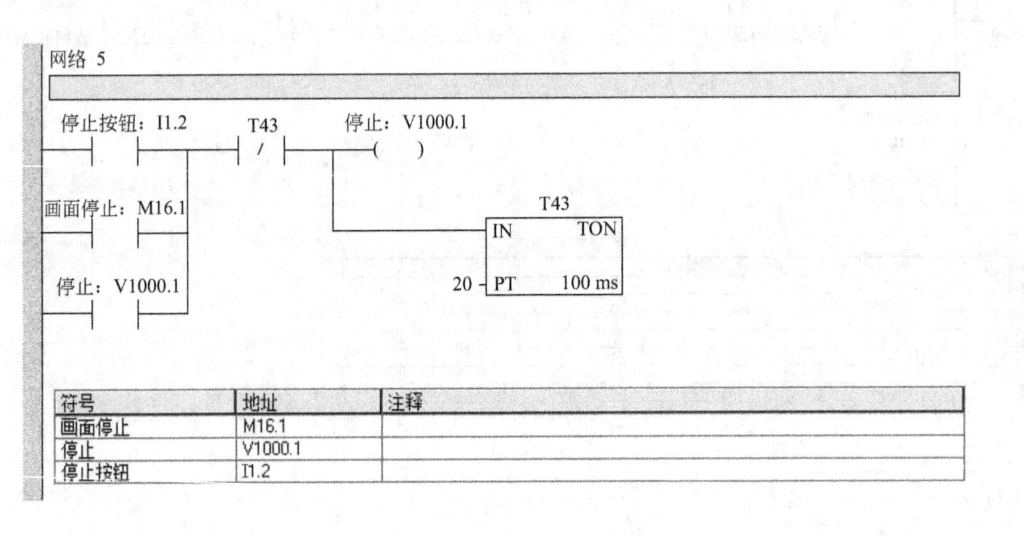

符号	地址	注释
画面停止	M16.1	
停止	V1000.1	
停止按钮	I1.2	

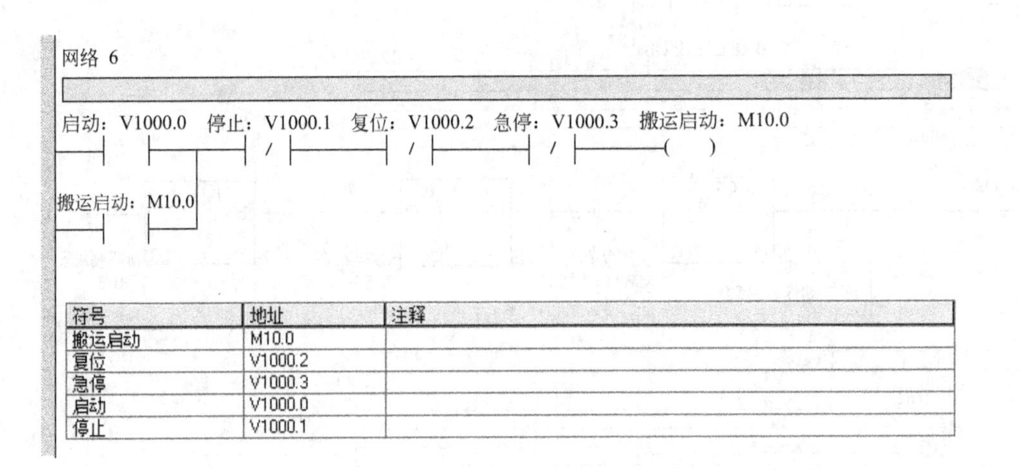

符号	地址	注释
搬运启动	M10.0	
复位	V1000.2	
急停	V1000.3	
启动	V1000.0	
停止	V1000.1	

网络 7

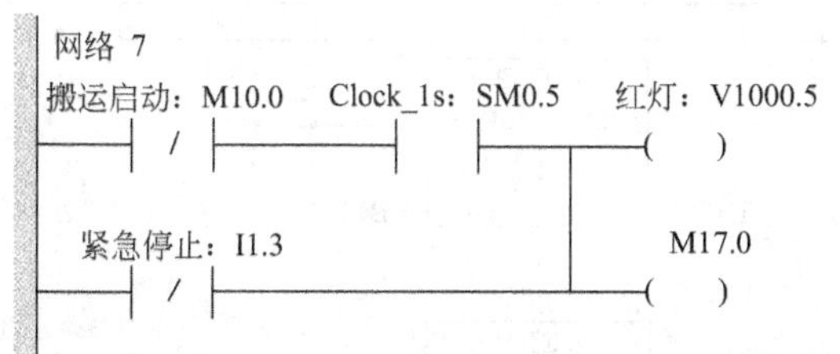

符号	地址	注释
Clock_1s	SM0.5	在 1 秒钟的循环周期内，接通为 ON 0.5 秒，关断为 OFF 0.5 秒
搬运启动	M10.0	
红灯	V1000.5	
紧急停止	I1.3	

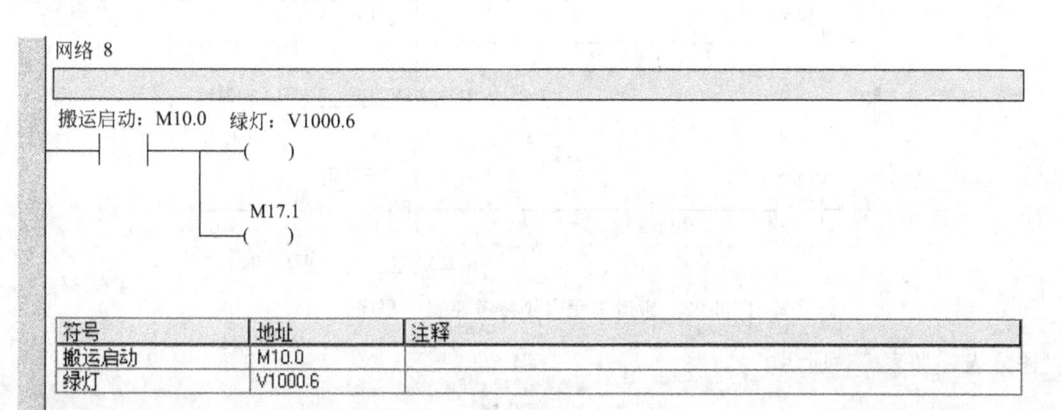

符号	地址	注释
搬运启动	M10.0	
绿灯	V1000.6	

网络 9

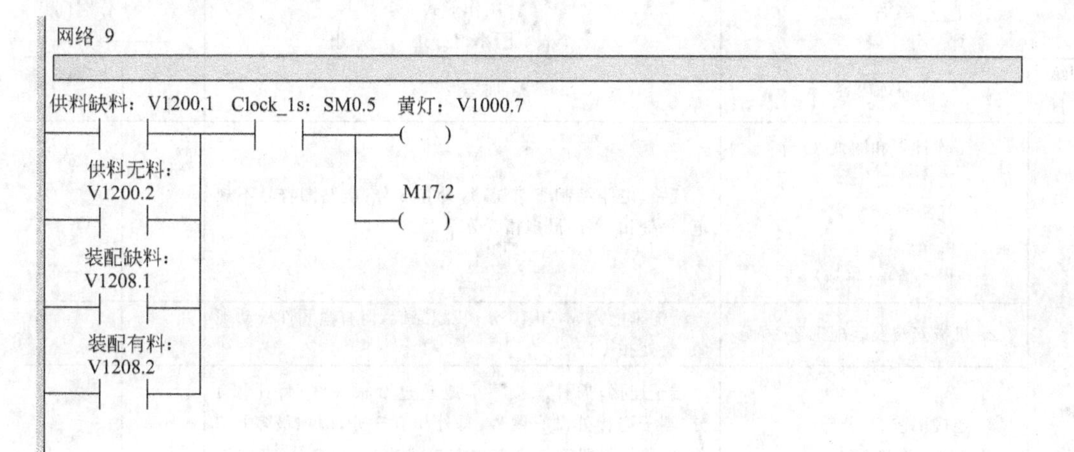

符号	地址	注释
Clock_1s	SM0.5	在 1 秒钟的循环周期内，接通为 ON 0.5 秒，关断为 OFF 0.5 秒
供料缺料	V1200.1	
供料无料	V1200.2	
黄灯	V1000.7	
装配缺料	V1208.1	
装配有料	V1208.2	

图 6-22

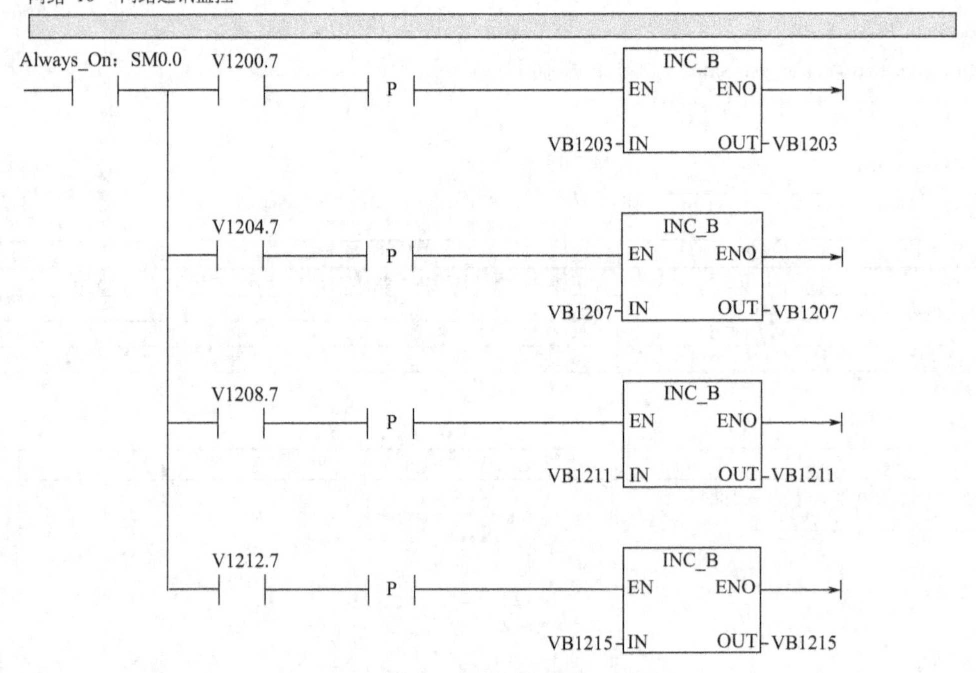

图 6-22　搬运单元启停参考控制子程序

评分表，如表 6-6 所示。

表 6-6　评分表

____学年 评　分　表		工作形式 □个人　□小组分工　□小组	实际工作时间 ________	
训练项目	训练内容	训练要求	学生自评	教师评分
搬运单元	1. 工作计划和图纸 30 分 ——工作计划 ——气路图 ——电路图 ——程序清单(单站)	气路、电路绘制有错误，每处扣 3 分；电路图符号不规范，每处扣 1 分，最多扣 5 分		
	2. 机械安装及装配工艺 20 分	装配未能完成，扣 10 分；装配完成，但有紧固件松动现象，每处扣 1 分		
	3. 连接工艺 20 分 ——电路连接工艺 ——气路连接工艺	端子连接，插针压接不牢或超过 2 根导线，每处扣 1 分，端子连接处没有线号，每处扣 0.5 分，两项最多扣 5 分；电路接线没有绑扎或电路接线凌乱，扣 2 分；气路连接有漏气现象，每处扣 1 分；气缸节流阀调整不当，每处扣 1 分；气管没有绑扎或气路连接凌乱，扣 2 分		
	4. 测试与功能 20 分 ——夹料测试 ——物料台移动测试	启动/停止方式不按控制要求，扣 3 分；运行测试不满足要求，每处扣 3 分；传感器调试不当，每处扣 3 分；磁性开关调试不当，每处扣 1 分		
	5. 职业素质与安全意识 10 分	现场操作安全、保护符合安全操作规程；工具摆放、包装物品、导线线头等的处理符合职业岗位的要求；团队中有分工有合作，配合紧密；遵守纪律，尊重教师，爱惜设备和器材，保持工位的整洁		

子任务2　设备2控制程序设计

【任务要求】

输送单元单站运行的目标是测试设备传送工件的功能。要求其他各工作单元已经就位。并且在供料单元的出料台上放置了工件。具体测试要求如下。

（1）输送单元复位

输送单元在通电后，按下复位按钮SB1，执行复位操作，使抓取机械手装置回到原点位置。在复位过程中，“正常工作”指示灯HL1以1Hz的频率闪烁。

当抓取机械手装置回到原点位置，且输送单元各个气缸满足初始位置的要求，则复位完成，“正常工作”指示灯HL1常亮。按下起动按钮SB2，设备启动，“设备运行”指示灯HL2也常亮，开始功能测试过程。

（2）正常功能测试

① 抓取机械手装置从供料站出料台抓取工件，抓取的顺序是：手臂伸出→手爪夹紧抓取工件→提升台上升→手臂缩回。

② 抓取动作完成后，伺服电机驱动机械手装置向加工站移动，移动速度不小于300mm/s。

③ 机械手装置移动到加工站物料台的正前方后，把工件放到加工站物料台上。抓取机械手装置在加工站放下工件的顺序是：手臂伸出→提升台下降→手爪松开放下工件→手臂缩回。

④ 放下工件动作完成2s后，抓取机械手装置执行抓取加工站工件的操作。抓取的顺序与供料站抓取工件的顺序相同。

⑤ 抓取动作完成后，伺服电机驱动机械手装置移动到装配站物料台的正前方。然后把工件放到装配站物料台上。其动作顺序与加工站放下工件的顺序相同。

⑥ 放下工件动作完成2s后，抓取机械手装置执行抓取装配站工件的操作。抓取的顺序与供料站抓取工件的顺序相同。

⑦ 机械手手臂缩回后，摆台逆时针旋转90°，伺服电机驱动机械手装置从装配站向分拣站运送工件，到达分拣站传送带上方入料口后把工件放下，动作顺序与加工站放下工件的顺序相同。

⑧ 放下工件动作完成后，机械手手臂缩回，然后执行返回原点的操作。伺服电机驱动机械手装置以400mm/s的速度返回，返回900mm后，摆台顺时针旋转90°，然后以100mm/s的速度低速返回原点停止。

当抓取机械手装置返回原点后，一个测试周期结束。当供料单元的出料台上又放置了工件后，再按一次启动按钮SB2，开始新一轮的测试。

（3）非正常运行的功能测试

若在工作过程中按下急停按钮QS，则系统立即停止运行。在急停复位后，应从急停前的断点开始继续运行。但是若急停按钮按下时，输送站机械手装置正在向某一目标点移动，则急停复位后输送站机械手装置应首先返回原点位置，然后再向原目标点运动。

在急停状态时，绿色指示灯HL2以1Hz的频率闪烁，直到急停复位后恢复正常运行时，HL2恢复常亮。

【任务实施】

1. PLC的选型和I/O接线

输送单元所需的I/O点较多。其中，输入信号包括来自按钮/指示灯模块的按钮、开关等主令信号，各构件的传感器信号等；输出信号包括输出到抓取机械手装置各电磁阀的控制信号和输出到伺服电机驱动器的脉冲信号和驱动方向信号；此外尚须考虑在需要时输出信号到按钮/指示灯模块的指示灯，以显示本单元或系统的工作状态。由于需要输出驱动伺服电机的高速脉冲信号，PLC 应采用晶体管输出型。基于上述考虑，选用西门子 S7-226DC/DC/DC 型 PLC，共 24 点输入，16 点晶体管输出。表 6-7 给出了 PLC 的 I/O 信号表，I/O 接线原理图如图 6-23 所示。

表 6-7　输送单元 PLC 的 I/O 信号表

输入信号				输出信号			
序号	PLC 输入点	信号名称	信号来源	序号	PLC 输出点	信号名称	信号来源
1	I0.0	原点传感器检测	装置侧	1	Q0.0	脉冲	装置侧
2	I0.1	右限位保护		2	Q0.1	方向	
3	I0.2	左限位保护		3	Q0.2		
4	I0.3	机械手抬升下限检测		4	Q0.3	抬升台上升电磁阀	
5	I0.4	机械手抬升上限检测	装置侧	5	Q0.4	回转气缸左旋电磁阀	
6	I0.5	机械手旋转左限检测		6	Q0.5	回转气缸右旋电磁阀	
7	I0.6	机械手旋转右限检测		7	Q0.6	手爪伸出电磁阀	
8	I0.7	机械手伸出检测		8	Q0.7	手爪夹紧电磁阀	
9	I1.0	机械手缩回检测		9	Q1.0	手爪放松电磁阀	
10	I1.1	机械手夹紧检测		10	Q1.1		
11	I1.2	伺服报警		11	Q1.2		
12	I1.3			12	Q1.3		
13	I1.4			13	Q1.4		
14	I1.5			14	Q1.5	报警指示	按钮/指示灯模块
15	I1.6			15	Q1.6	运行指示	
16	I1.7			16	Q1.7	停止指示	
17	I2.0						
18	I2.1						
19	I2.2						
20	I2.3						
21	I2.4	停止按钮	按钮/指示灯模块				
22	I2.5	启动按钮					
23	I2.6	急停按钮					
24	I2.7	方式选择					

图中，左右两极限开关 LK2 和 LK1 的动合触点分别连接到 PLC 输入点 I0.2 和 I0.1。必须注意的是，LK2、LK1 均提供一对转换触点，它们的静触点应连接到公共点 COM，而动断触点必须连接到伺服驱动器的控制端口 CNX5 的 CCWL（9 脚）和 CWL（8 脚）作为硬联锁保护（见图 6-22），目的是防范由于程序错误引起冲极限故障而造成设备损坏。

接线时请注意：晶体管输出的 S7-200 系列 PLC，供电电源采用 DC24V 的直流电源，与前面各工作单元的继电器输出的 PLC 不同。接线时也请注意，千万不要把 AC220V 电源连

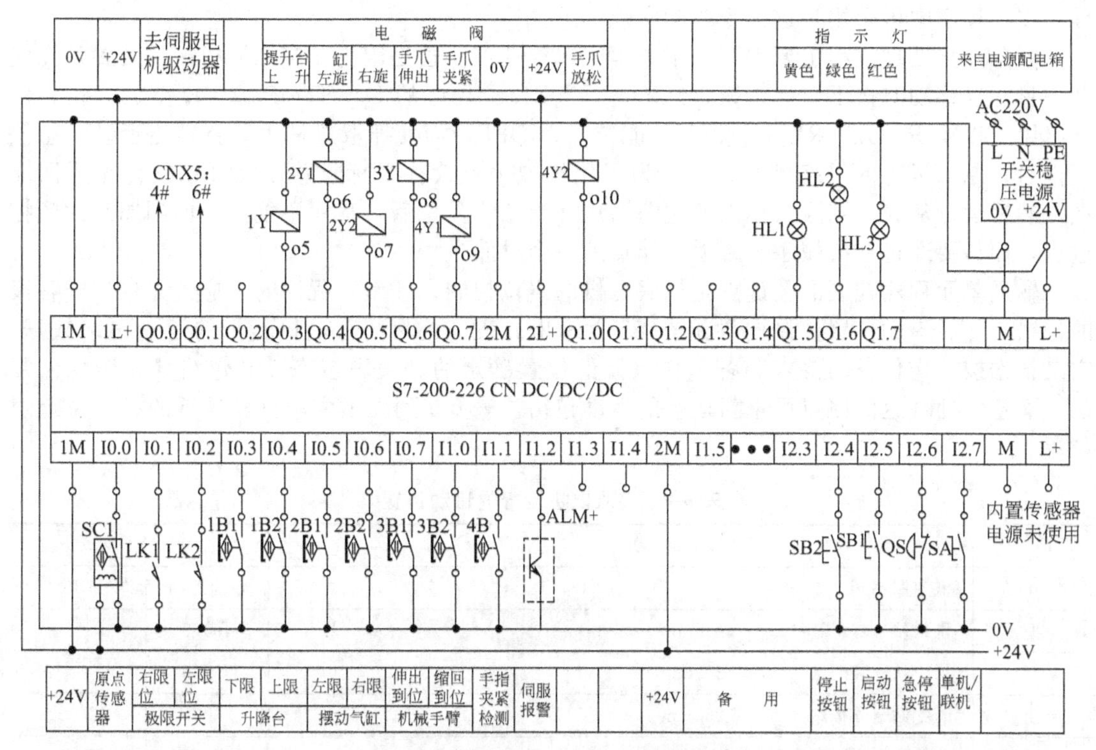

图 6-23 输送单元 PLC 接线原理图

接到其电源输入端。完成系统的电气接线后，尚须对伺服电机驱动器进行参数设置，如表 6-8所示。

表 6-8 伺服电机驱动器参数设置表

序号	参数		设置值	功能和含义
	参数编号	参数名称		
1	Pr4	行程限位禁止输入无效设置	2	当左或右限位动作，则会发生 Err38 行程限位禁止输入信号出错报警。设置此参数值必须在控制电源断电重启之后才能修改、写入成功
2	Pr20	惯量比	1678	该值自动调整得到，具体请参 AC 伺服电机 · 驱动器使用说明书 82 页
3	Pr21	实时自动增益设置	1	实时自动调整为常规模式，运行时负载惯量的变化情况很小
4	Pr22	实时自动增益的机械刚性选择	1	此参数值设得越大，响应越快
5	Pr41	指令脉冲旋转方向设置	0	指令脉冲＋指令方向。设置此参数值必须在控制电源断电重启之后才能修改、写入成功
6	Pr42	指令脉冲输入方式	3	
7	Pr4B	指令脉冲分倍频分母	6000	如果 pr48 或 pr49＝0，pr4B 即可设为电机每转一圈所需的指令脉冲数

2. 编写和调试 PLC 控制程序

(1) 主程序编写的思路

从前面所述的传送工件功能测试任务中可以看出，整个功能测试过程应包括上电后复位、传送功能测试、紧急停止处理和状态指示等部分，传送功能测试是一个步进顺序控制过程。在子程序中可采用步进指令驱动实现。

紧急停止处理过程也要编写一个子程序单独处理。这是因为，当抓取机械手装置正在向某一目标点移动时按下急停按钮，PTOx _ CTRL 子程序的 D _ STOP 输入端变成高位，停止启用 PTO，PTOx _ RUN 子程序使能位变为 OFF，而使抓取机械手装置停止运动。急停复位后，原来运行的包络已经终止，为了使机械手继续往目标点移动。可让它首先返回原点，然后运行从原点到原目标点的包络。这样当急停复位后，程序不能马上回到原来的顺控过程，而是要经过使机械手装置返回原点的一个过渡过程。

输送单元程序控制的关键点是伺服电机的定位控制，在编写程序时，应预先规划好各段的包络，然后借助位置控制向导组态 PTO 输出。表 6-9 为伺服电机运行的运动包络数据，它是根据按工作任务的要求和各工作单元的位置确定的。表中包络 5 和包络 6 用于急停复位，经急停处理返回原点后重新运行的运动包络。表 6-9 列出了伺服电机运行的各工位绝对位置。

表 6-9　伺服电机运行的运动位置

序号	站点		脉冲量	移动方向
0	低速回零		单速返回	DIR
1	供料站→加工站	430mm	43000	
2	加工站→装配站	350mm	35000	
3	装配站→分拣站	260mm	26000	
4	分拣站→高速回零前	900mm	90000	DIR
5	供料站→装配站	780mm	78000	
6	供料站→分拣站	1040mm	104000	

前面已经指出，当运动包络编写完成后，位置控制向导会要求为运动包络指定 V 存储区地址，V 存储区地址的起始地址指定为 VB524。

综上所述，主程序应包括上电初始化、复位过程（子程序）、准备就绪后投入运行等阶段。主程序清单如图 6-24 所示。

（2）初态检查复位子程序和回原点子程序

系统上电且按下复位按钮后，就调用初态检查复位子程序，进入初始状态检查和复位操作阶段。目标是确定系统是否准备就绪，若未准备就绪，则系统不能启动进入运行状态。

该子程序的内容是检查各气动执行元件是否处在初始位置，抓取机械手装置是否在原点位置，否则进行相应的复位操作，直至准备就绪。子程序中，除调用回原点子程序外，主要是完成简单的逻辑运算，这里就不再详述了。

在输送单元的整个工作过程中，抓取机械手装置返回原点的操作，都会频繁地进行。因此编写一个子程序供需要时调用是必要的。回原点子程序是一个带形式参数的子程序，在其局部变量表中定义了一个 BOOL 输入参数 START，当使能输入（EN）和 START 输入为 ON 时，启动子程序的调用，如图 6-25(a）所示。子程序的梯形图则如图 6-25(b）所示，当 START（即局部变量 L0.0）为 ON 时，置位 PLC 的方向控制输出 Q0.0，并且这一操作放在 PTO0 _ RUN 指令之后，这就确保了方向控制输出的下一个扫描周期才开始脉冲输出。

带形式参数的子程序是西门子系列 PLC 的优异功能之一，输送单元程序中好几个子程序均使用了这种编程方法。关于带参数调用子程序的详细介绍，请参阅 S7-200 可编程控制器系统手册。

（3）急停处理子程序

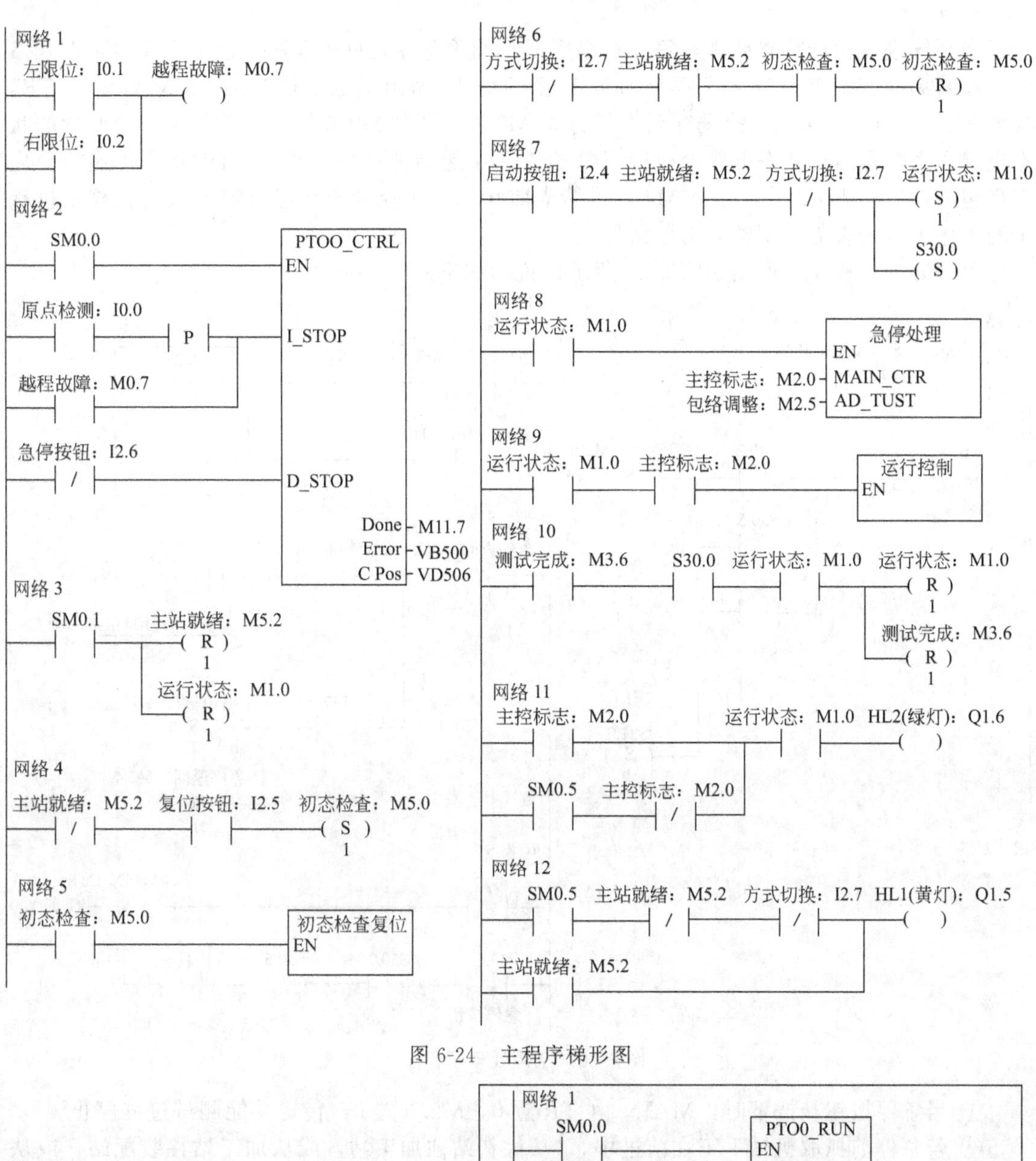

图 6-24　主程序梯形图

SM0.0　回原点　EN

初始位置：M5.1　原点检测：I0.0　START

(a) 回原点子程序的调用

网络 1

SM0.0　PTO0_RUN　EN

方向控制：Q0.1　START

0 - Profile　Done - 包络0完成：M10.0

原点检测：I0.0 - Abort　Error - VB500

C_Prof - VB502

C_Step - VB504

C Pos - VB506

网络 2

#START：L0.0　方向控制：Q0.1　(S) 1

网络 3

原点检测：I0.0　方向控制：Q0.1　(R) 1

(b) 回原点子程序梯形图

图 6-25　回原点子程序

当系统进入运行状态后，在每一扫描周期都调用急停处理子程序。该子程序也带形式参数，在其局部变量表中定义了两个 BOOL 型的输入/输出参数 ADJUST 和 MAIN _ CTR，参数 MAIN _ CTR 传递给全局变量主控标志 M2.0，并由 M2.0 维持当前状态，此变量的状态决定了系统在运行状态下能否执行正常的传送功能测试过程。参数 ADJUST 传递给全局变量包络调整标志 M2.5，并由 M2.5 维持当前状态，此变量的状态决定了系统在移动机械手的工序中，是否需要调整运动包络号。

急停处理子程序梯形图如图 6-26 所示，说明如下。

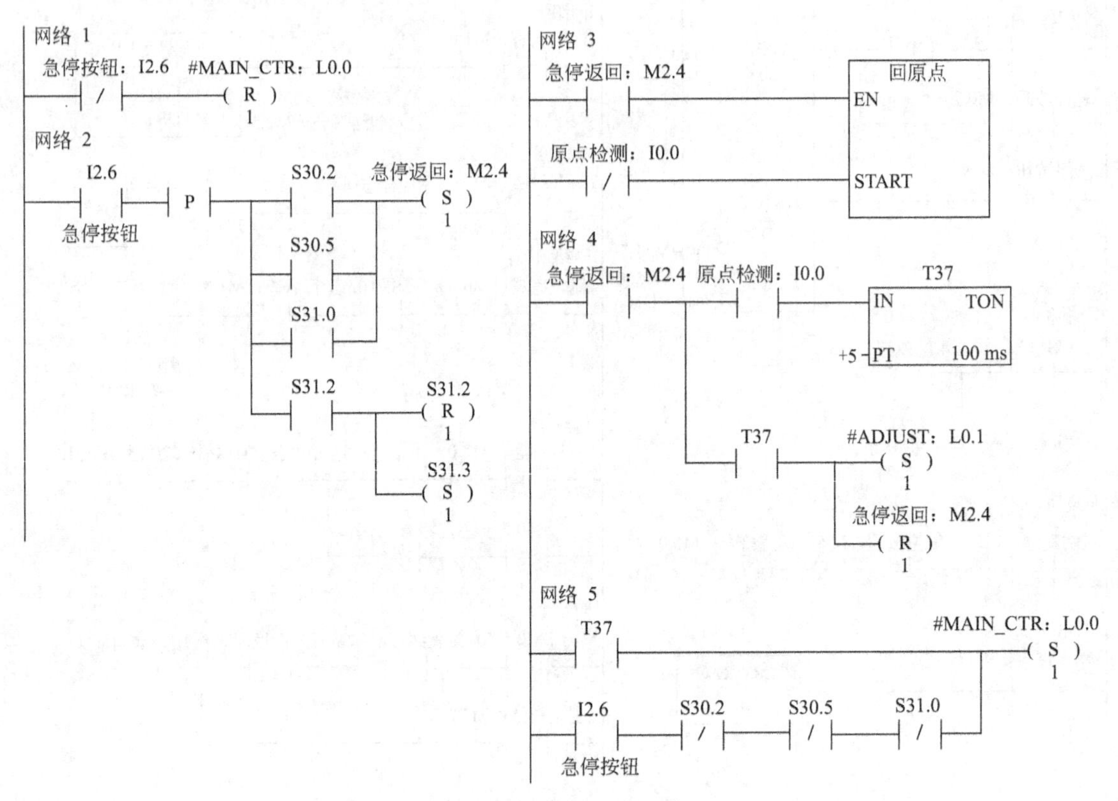

图 6-26　急停处理子程序

① 当急停按钮被按下时，MAIN _ CTR 置 0，M2.0 置 0，传送功能测试过程停止。

② 若急停前抓取机械手正在前进中，（从供料站往加工站，或从加工站往装配站，或从装配站往分拣站），则当急停复位的上升沿到来时，需要启动子程序使机械手低速回原点。到达原点后，置位 ADJUST 输出，传递给包络调整标志 M2.5，以便在传送功能测试过程重新运行后，给处于前进工步的过程调整包络用。例如，对于从加工站到装配站的过程中，急停复位重新运行后，将执行从原点（供料单元处）到装配站的包络。

③ 若急停前抓取机械手正在高速返回中，则当急停复位的上升沿到来时，使机械手高速返回复位，转到下一步即摆台右转和低速返回。

（4）传送功能测试子程序的结构

传送功能测试过程是一个单序列的步进顺序控制。在运行状态下，若主控标志 M2.0 为 ON，则调用该子程序。步进过程的流程说明如图 6-27 所示。

下面以机械手在加工台放下工件开始，到机械手移动到装配单元为止，这 3 步过程为例说明编程思路。梯形图如图 6-28 所示。由图可见。

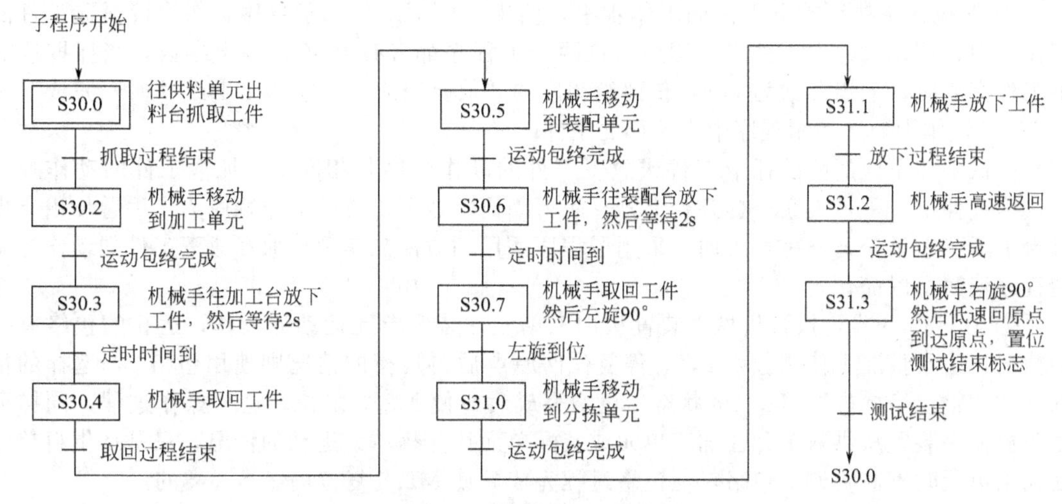

图 6-27　传送功能测试过程的流程说明

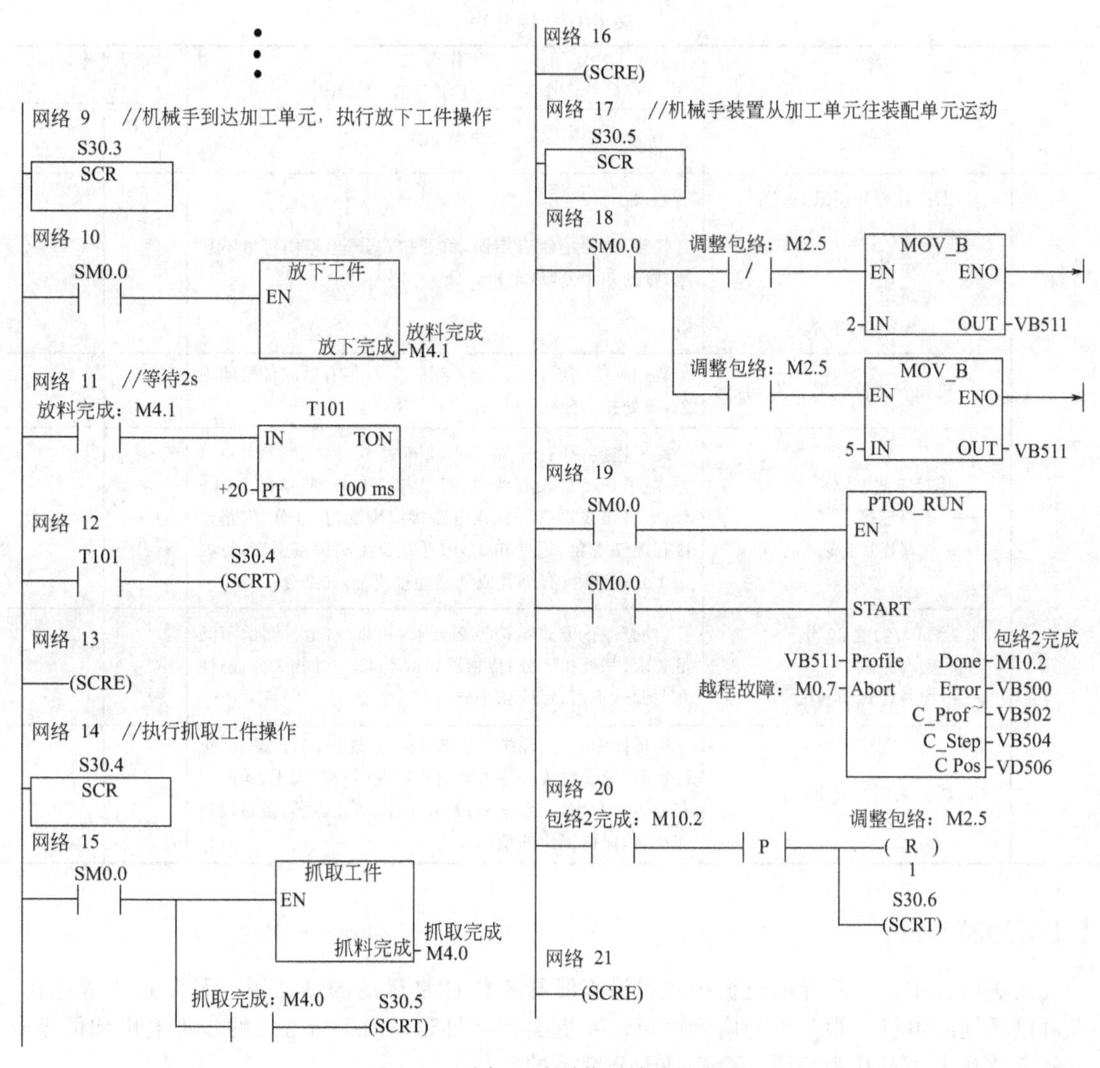

图 6-28　从加工站到装配站的梯形图

① 在机械手执行放下工件的工作步中，调用“放下工件”子程序。在执行抓取工件的工作步中，调用“抓取工件”子程序。这两个子程序都带有BOOL输出参数，当抓取或放下工作完成时，输出参数为ON，传递给相应的“放料完成”标志M4.1或“抓取完成”标志M4.0，作为顺序控制程序中步转移的条件。

机械手在不同的阶段抓取工件或放下工件的动作顺序是相同的。抓取工件的动作顺序为：手臂伸出→手爪夹紧→提升台上升→手臂缩回。放下工件的动作顺序为：手臂伸出→提升台下降→手爪松开→手臂缩回。采用子程序调用的方法来实现抓取和放下工件的动作控制使程序编写得以简化。

② 在S30.5步，执行机械手装置从加工单元往装配单元运动的操作，运行的包络有两种情况，正常情况下使用包络2，急停复位回原点后再运行的情况则使用包络5，选择的依据是“调整包络标志”M2.5的状态，包络完成后应使M2.5复位。这一操作过程，同样适用于机械手装置从供料单元往加工单元或装配单元往分拣单元运动的情况，只是从供料单元往加工单元时不需要调整包络，但包络过程完成后使M2.5复位仍然是必需的。

“抓取工件”和“放下工件”子程序较为简单，此处不再详述。评分表如表6-10所示。

表6-10　评分表

____学年 评　分　表		工作形式 □个人　□小组分工　□小组	实际工作时间 ____	
训练项目	训练内容	训练要求	学生自评	教师评分
分拣单元	1. 工作计划和图纸30分 ——工作计划 ——气路图 ——电路图 ——程序清单(单站)	气路、电路绘制有错误，每处扣3分；电路图符号不规范，每处扣1分，最多扣5分		
	2. 机械安装及装配工艺20分	装配未能完成，扣10分；装配完成，但有紧固件松动现象，每处扣1分		
	3. 连接工艺20分 ——电路连接工艺 ——气路连接工艺	端子连接，插针压接不牢或超过2根导线，每处扣1分，端子连接处没有线号，每处扣0.5分，两项最多扣5分；电路接线没有绑扎或电路接线凌乱，扣2分；气路连接有漏气现象，每处扣1分；气缸节流阀调整不当，每处扣1分；气管没有绑扎或气路连接凌乱，扣2分		
	4. 测试与功能20分 ——夹料测试 ——物料台移动测试	启动/停止方式不按控制要求，扣3分；运行测试不满足要求，每处扣3分；传感器调试不当，每处扣3分；磁性开关调试不当，每处扣1分		
	5. 职业素质与安全意识10分	现场操作安全、保护符合安全操作规程；工具摆放、包装物品、导线线头等的处理符合职业岗位的要求；团队中有分工有合作，配合紧密；遵守纪律，尊重教师，爱惜设备和器材，保持工位的整洁		

【知识拓展】

输送单元中，驱动抓取机械手装置沿直线导轨作往复运动的动力源，可以是步进电机，也可以是伺服电机，视实训的内容而定。变更实训项目时，由于所选用的步进电机和伺服电机的安装孔大小及孔距相同，更换是十分容易的。

步进电机和伺服电机都是机电一体化技术的关键产品，分别介绍如下。

S7-200 有两个内置 PTO/PWM 发生器，用于建立高速脉冲串（PTO）或脉宽调节（PWM）的信号波形。一个发生器指定给数字输出点 Q0.0，另一个发生器指定给数字输出点 Q0.1。当组态一个输出为 PTO 操作时，生成一个 50%占空比脉冲串用于步进电机或伺服电机的速度和位置的开环控制。内置 PTO 功能提供了脉冲串输出，脉冲周期和数量可由用户控制。但应用程序必须通过 PLC 内置 I/O 提供方向和限位控制。

为了简化用户应用程序中位控功能的使用，STEP7-Micro/WIN 提供的位控向导可以帮助用户在很短的时间内全部完成 PWM、PTO 或位控模块的组态。向导可以生成位置指令，用户可以用这些指令在其应用程序中为速度和位置提供动态控制。

（1）开环位控用于步进电机或伺服电机的基本信息

借助位控向导组态 PTO 输出时，需要用户提供一些基本信息，逐项介绍如下。

① 最大速度（MAX _ SPEED）和启动/停止速度（SS _ SPEED），图 6-29 是这两个概念的示意图。

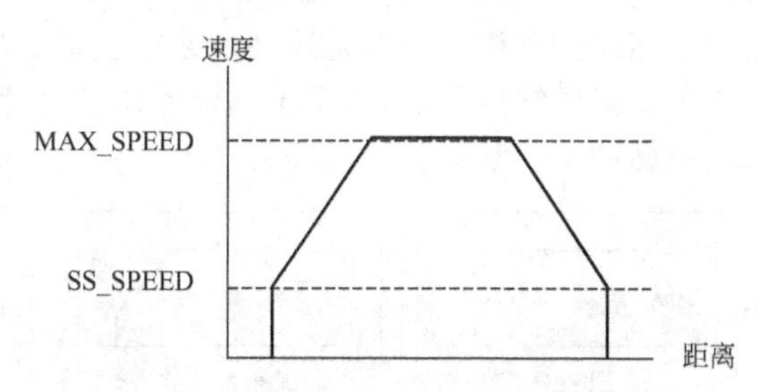

图 6-29 最大速度和启动/停止速度示意

MAX _ SPEED 是允许的操作速度的最大值，它应在电机力矩的能力范围内。驱动负载所需的力矩由摩擦力、惯性以及加速/减速时间决定。

SS _ SPEED 的数值应满足电机在低速时驱动负载的能力，如果 SS _ SPEED 的数值过低，电机和负载在运行的开始和结束时可能会摇摆或颤动；如果 SS _ SPEED 的数值过高，电机会在启动时丢失脉冲，并且负载在试图停止时会使电机超速，通常，SS _ SPEED 值是 MAX _ SPEED 值的 5%～15%。

② 加速和减速时间。

加速时间 ACCEL _ TIME：电机从 SS _ SPEED 速度加速到 MAX _ SPEED 速度所需的时间。

减速时间 DECEL _ TIME：电机从 MAX _ SPEED 速度减速到 SS _ SPEED 速度所需要的时间。加速时间和减速时间的缺省设置都是 1000ms。通常，电机可在小于 1000ms 的时间内工作。参见图 6-30。这两个值设定时要以 ms 为单位。

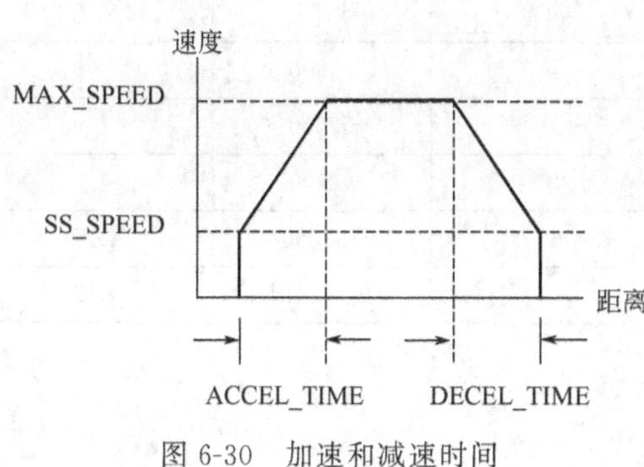

图 6-30 加速和减速时间

电机的加速和失速时间通常要经过测试来确定。开始时，应输入一个较大的值。逐渐减少这个时间值直至电机开始失速，从而优化应用中的这些设置。

③ 移动包络 一个包络是一个预先定义的移动描述，它包括一个或多个速度，影响着从起点到终点的移动。一个包络由多段组成，每段包含一个达到目标速度的加速/减速过程和以目标速度匀速运行的一串固定数量的脉冲。

位控向导提供移动包络定义界面，应用程序所需的每一个移动包络均可在这里定义。PTO 最大支持 100 个包络。

定义一个包络，包括如下几点：一是选择操作模式；二是包络的各步定义指标；三是包络定义一个符号名。

a. 选择包络的操作模式：PTO 支持相对位置和单一速度连续转动两种模式，如图 6-31

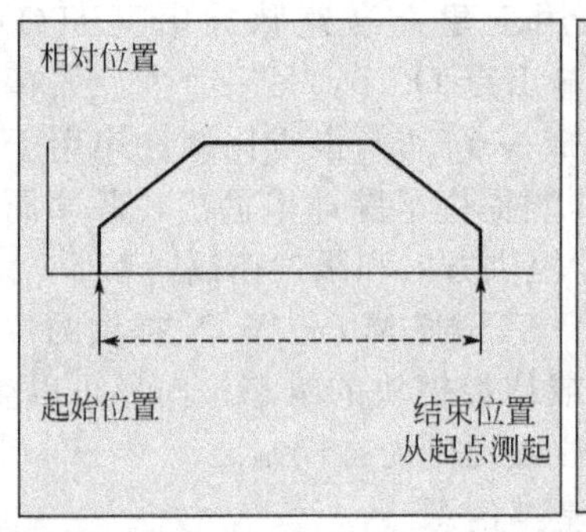

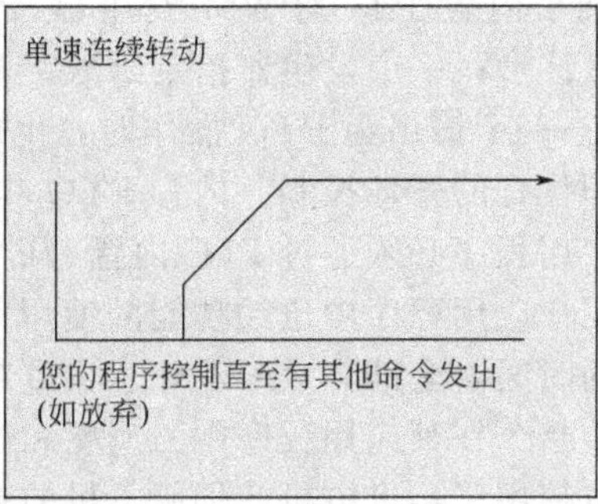

图 6-31 一个包络的操作模式

所示。相对位置模式指的是运动的终点位置是从起点侧开始计算的脉冲数量。单速连续转动则不需要提供终点位置，PTO 一直持续输出脉冲，直至有其他命令发出，例如到达原点要求停发脉冲。

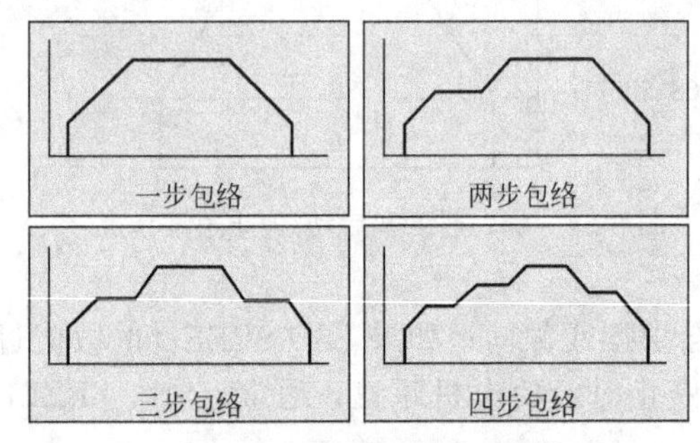

图 6-32 包络的步数示意

b. 包络中的步：一个步是工件运动的一个固定距离，包括加速和减速时间内的距离。PTO 每一包络最大允许 29 个步。

每一步包括目标速度和结束位置或脉冲数目等几个指标。图 6-32 所示为一步、两步、三步和四步包络。注意一步包络只有一个常速段，两步包络有两个常速段，依次类推。步的数目与包络中常速段的数目一致。

(2) 使用位控向导编程步骤

STEP7 V4.0 软件的位控向导能自动处理 PTO 脉冲的单段管线和多段管线、脉宽调制、SM 位置配置和创建包络表。

下面给出一个简单工作任务例子，阐述使用位控向导编程的方法和步骤。表 6-11 是这个例子中实现伺服电机运行所需的运动包络。

表 6-11 伺服电机运行的运动包络

运动包络	站点		脉冲量	移动方向
1	供料站→加工站	470mm	85600	
2	加工站→装配站	286mm	52000	
3	装配站→分解站	235mm	42700	
4	分拣站→高速回零前	925mm	168000	DIR
5	低速回零		单速返回	DIR

使用位控向导编程的步骤如下。

① 为 S7-200 PLC 选择选项组态内置 PTO 操作。

在 STEP7 V4.0 软件命令菜单中选择工具→位置控制向导，即开始引导位置控制配置。在向导弹出的第 1 个界面，选择配置 S7-200 PLC 内置 PTO/PWM 操作。在第 2 个界面中选择“QO.0”作脉冲输出。接下来的第 3 个界面如图 6-33 所示，请选择“线性脉冲输出(PTO)”，并点选使用高速计数器 HSC0（模式 12）对 PTO 生成的脉冲自动计数的功能。单击“下一步”就开始了组态内置 PTO 操作。

② 接下来的两个界面，要求设定电机速度参数，包括前面所述的最高电机速度 MAX _

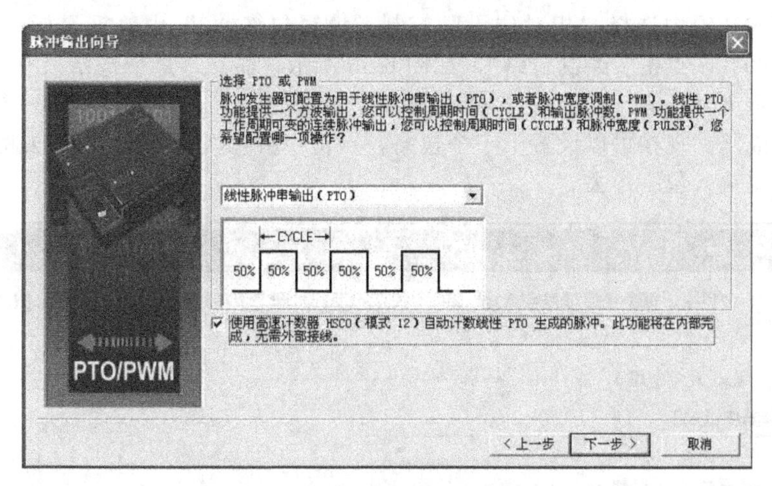

图 6-33 组态内置 PTO 操作选择界面

SPEED 和电机启动/停止速度 SS _ SPEED，以及加速时间 ACCEL _ TIME 和减速时间 DECEL _ TIME。请在对应的编辑框中输入这些数值。例如，输入最高电机速度“90000”，把电机启动/停止速度设定为“600”，加速时间 ACCEL _ TIME 和减速时间 DECEL _ TIME 分别为 1000（ms）和 200（ms）。完成给位控向导提供基本信息的工作。单击“下一步”，开始配置运动包络界面。

③ 图 6-34 是配置运动包络的界面。该界面要求设定操作模式、1 个步的目标速度、结束位置等步的指标，以及定义这一包络的符号名。(从第 0 个包络第 0 步开始)。

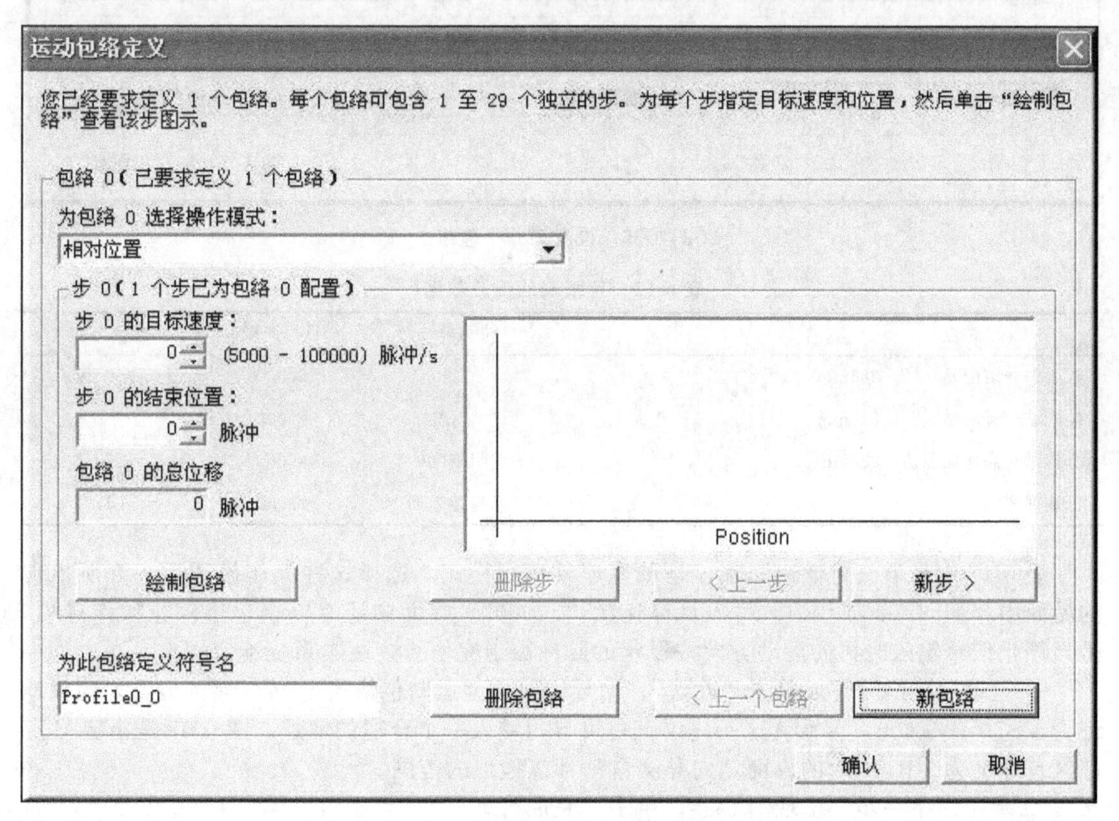

图 6-34 配置运动包络界面

在操作模式选项中选择“相对位置”控制，填写包络“0”中数据目标速度“60000”，结束位置“85600”，点击“绘制包络”，如图 6-35 所示，注意，这个包络只有 1 步。包络的符号名按默认定义（Profile0 _ 0）。这样，第 0 个包络的设置，即从供料站→加工站的运动包络设置就完成了。现在可以设置下一个包络，点击“新包络”，按上述方法将表 6-12 中另外 3 个位置数据输入包络中去。

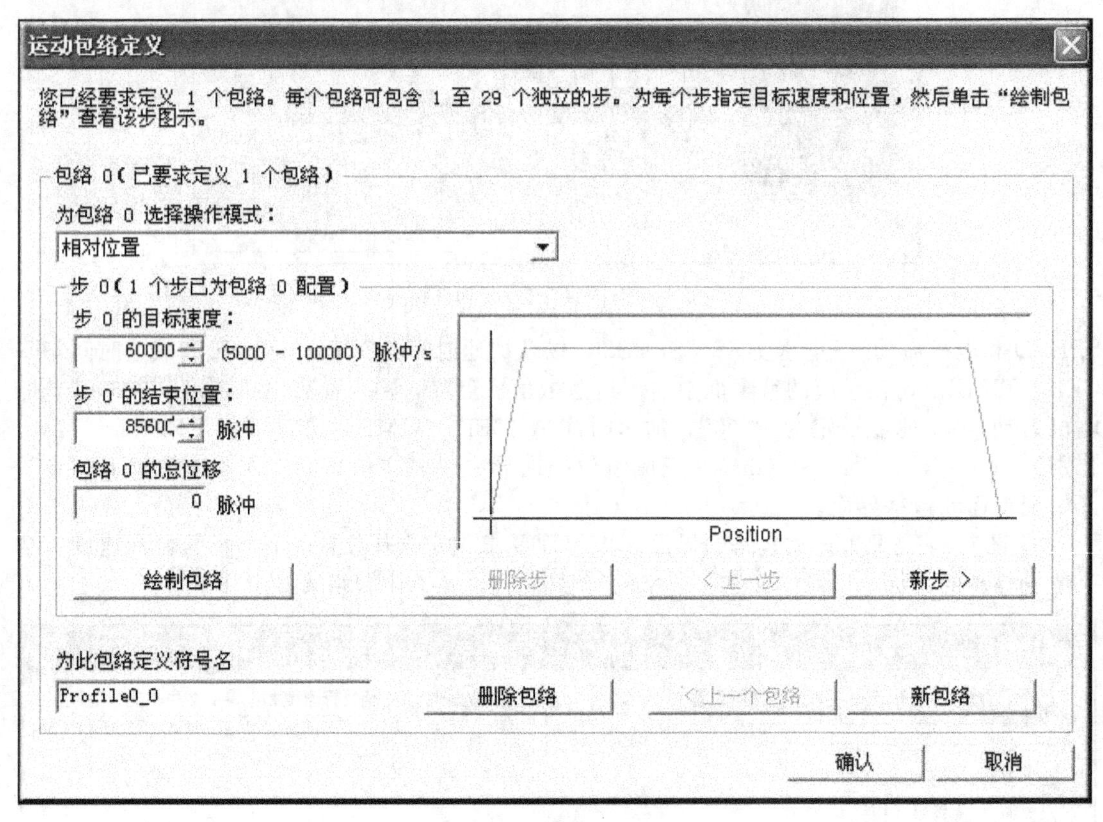

图 6-35 设置第 0 个包络

表 6-12 包络表的位置数据

站点		位移脉冲量	目标速度	移动方向
加工站→装配站	286mm	52000	60000	
装配站→分解站	235mm	42700	60000	
分拣站→高速回零前	925mm	168000	57000	DIR
低速回零		单速返回	20000	DIR

表 6-12 中最后一行低速回零，是单速连续运行模式，选择这种操作模式后，在所出现的界面中（如图 6-36 所示），写入目标速度“20000”。界面中还有一个包络停止操作选项，是当停止信号输入时再向运动方向按设定的脉冲数走完停止，在本系统不使用。

④ 运动包络编写完成单击“确认”，向导会要求为运动包络指定 V 存储区地址，建议地址为 VB75～VB300，可默认这一建议，也可自行键入一个合适的地址。图 6-37 是指定 V 存储区首地址为 VB400 时的界面，向导会自动计算地址的范围。

⑤ 单击“下一步”出现图 6-38，单击“完成”。

（3）使用位控向导生成项目组件

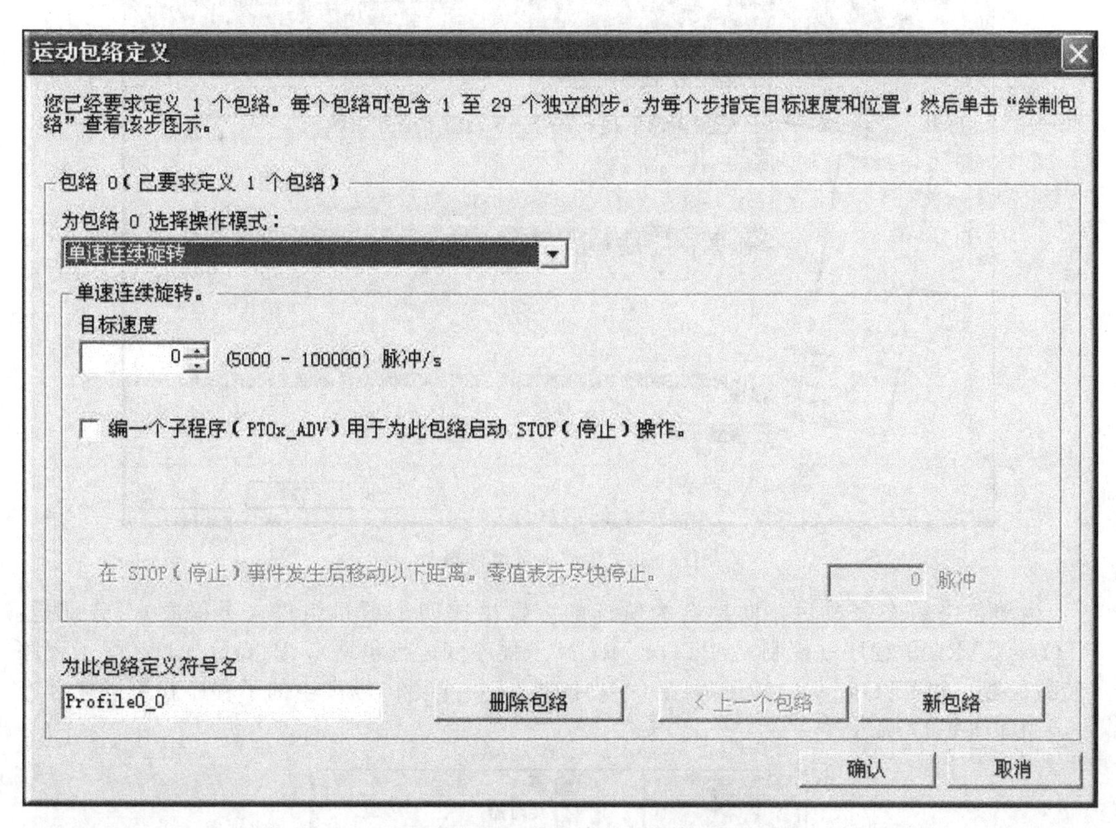

图 6-36　设置第 4 个包络

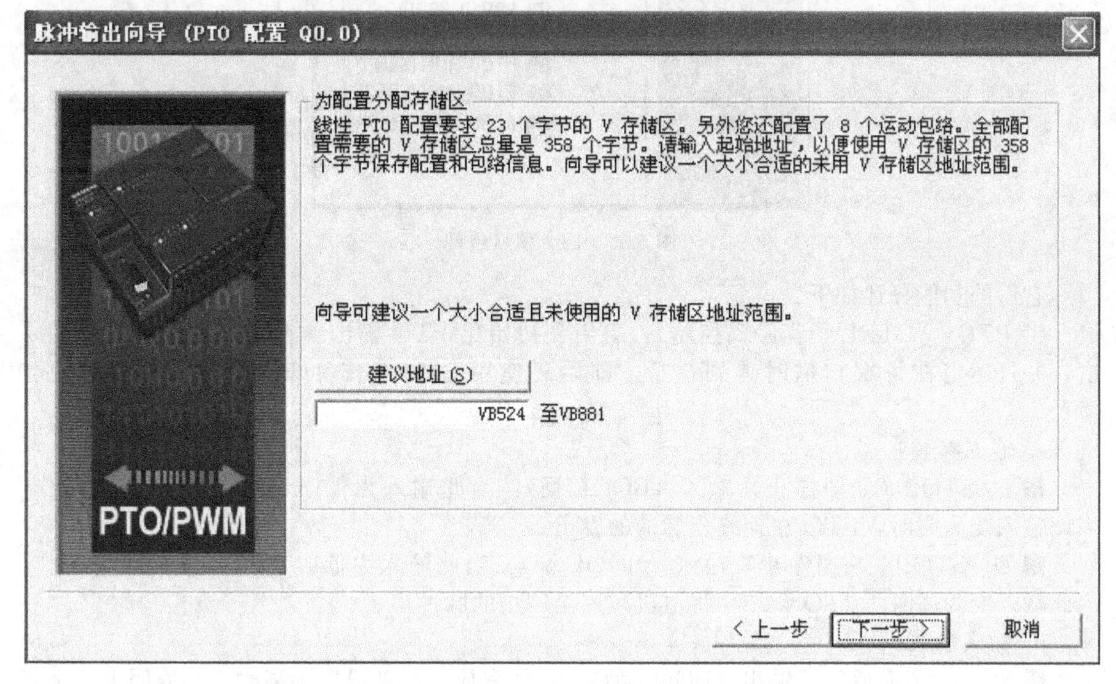

图 6-37　为运动包络指定 V 存储区地址

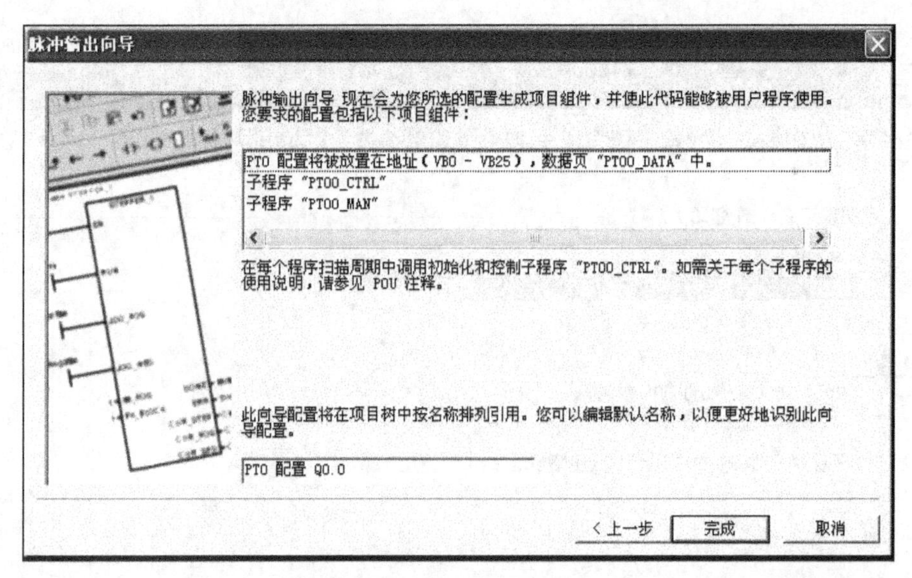

图 6-38 生成项目组件提示

运动包络组态完成后，向导会为所选的配置生成四个项目组件（子程序），分别是：PTOx _ CTRL 子程序（控制）、PTOx _ RUN 子程序（运行包络），PTOx _ LDPOS 子程序（装载位置）和 PTOx _ MAN 子程序（手动模式）。一个由向导产生的子程序就可以在程序中调用如图 6-39 所示。

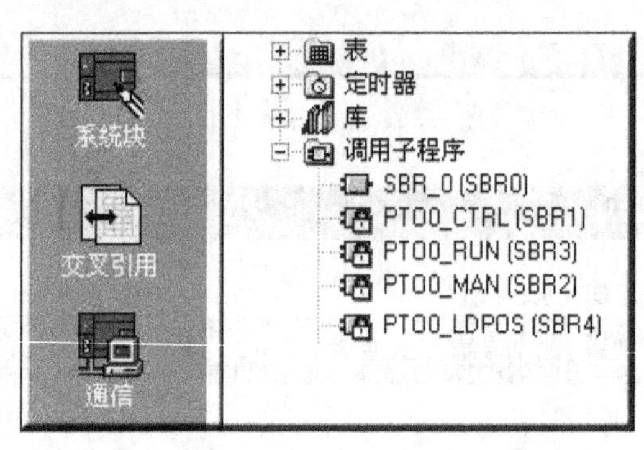

图 6-39 四个项目组件

它们的功能分述如下：

① PTOx _ CTRL 子程序（控制）：启用和初始化 PTO 输出。在用户程序中只使用一次，并且确定在每次扫描时得到执行。即始终使用 SM0.0 作为 EN 的输入，如图 6-40 所示。

a. 输入参数：

■ I _ STOP（立即停止）输入（BOOL 型）：当此输入为低时，PTO 功能正常工作。当此输入变为高时，PTO 立即终止脉冲的发出；

■ D _ STOP（减速停止）输入（BOOL 型）：当此输入为低时，PTO 功能正常工作。当此输入变为高时，PTO 会产生将电机减速至停止的脉冲串。

b. 输出参数：

■ Done（“完成”）输出（BOOL 型）：当“完成”位被设置为高时，它表明上一个指令也已执行；

■ Error（错误）参数（BYTE 型）：包含本子程序的结果。当“完成”位为高时，错

图 6-40　运行 PTOx _ CTRL 子程序

误字节会报告无错误或有错误代码的正常完成；

■ C _ Pos（DWORD 型）：如果 PTO 向导的 HSC 计数器功能已启用，此参数包含以脉冲数表示的模块当前位置。否则，当前位置将一直为零。

② PTOx _ RUN 子程序（运行包络）：命令 PLC 执行存储于配置/包络表的指定包络运动操作。运行这一子程序的梯形图如图 6-41 所示。

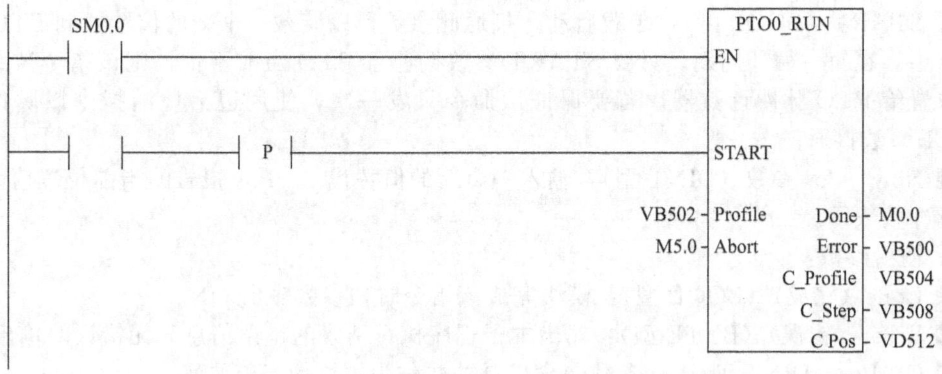

图 6-41　运行 PTOx _ RUN 子程序

a. 输入参数：

■ EN 位：子程序的使能位。在“完成”（Done）位发出子程序执行已经完成的信号前，应使 EN 位保持开启；

■ START 参数（BOOL 型）：包络执行的启动信号。对于在 START 参数已开启，且 PTO 当前不活动时的每次扫描，此子程序会激活 PTO。为了确保仅发送一个命令，一般用上升沿脉冲方式开启 START 参数；

■ Abort（终止）命令（BOOL 型）：命令为 ON 时位控模块停止当前包络，并减速至电机停止；

■ Profile（包络）（BYTE 型）：输入为此运动包络指定的编号或符号名。

b. 输出参数：

■ Done（完成）（BOOL 型）：本子程序执行完成时，输出 ON；

■ Error（错误）（BYTE 型）：输出本子程序执行结果的错误信息；无错误时输出零；

■ C _ Profile（BYTE 型）：输出位控模块当前执行的包络；

■ C _ Step（BYTE 型）：输出目前正在执行的包络步骤；

■ C _ Pos（DINT 型）：如果 PTO 向导的 HSC 计数器功能已启用，则此参数包含以脉冲数作为模块的当前位置。否则，当前位置将一直为零。

③ PTOx _ LDPOS 指令（装载位置）：改变 PTO 脉冲计数器的当前位置值为一个新值。可用该指令为任何一个运动命令建立一个新的零位置。图 6-42 是一个使用 PTO0 _ LDPOS 指令实现返回原点完成后清零功能的梯形图。

图 6-42　用 PTO0 _ LDPOS 指令实现返回原点后清零

a. 输入参数：

■ EN 位：子程序的使能位。在“完成”（Done）位发出子程序执行已经完成的信号前，应使 EN 位保持开启；

■ START（BOOL 型）：装载启动。接通此参数，以装载一个新的位置值到 PTO 脉冲计数器中。在每一循环周期，只要 START 参数接通且 PTO 当前不忙，则该指令装载一个新的位置给 PTO 脉冲计数器。若要保证该命令只发一次，使用边沿检测指令以脉冲触发 START 参数接通；

■ New _ Pos 参数（DINT 型）：输入一个新的值替代 C _ Pos 报告的当前位置值。位置值用脉冲数表示。

b. 输出参数：

■ Done（完成）（BOOL 型）：模块完成该指令时，参数输出 ON。

■ Error（错误）（BYTE 型）：输出本子程序执行结果的错误信息。无错误时输出零。

■ C _ Pos（DINT 型）：此参数包含以脉冲数作为模块的当前位置。

④ PTOx _ MAN 子程序（手动模式）：将 PTO 输出置于手动模式。执行这一子程序允许电机启动、停止和按不同的速度运行。但当 PTOx _ MAN 子程序已启用时，除 PTOx-CTRL 外任何其他 PTO 子程序都无法执行。运行这一子程序的梯形图如图 6-43 所示。

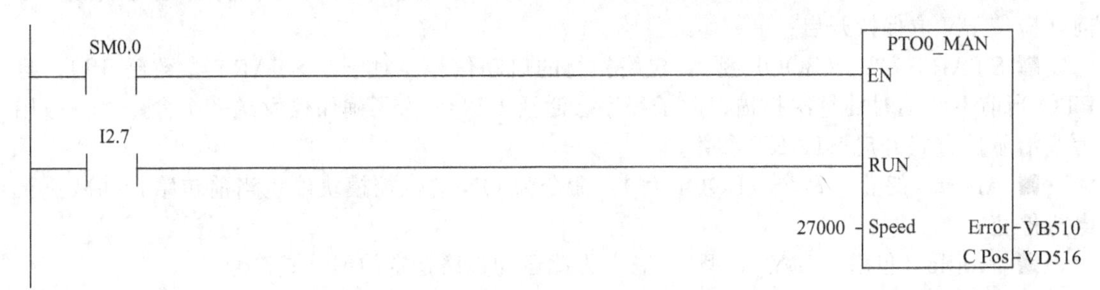

图 6-43　运行 PTOx _ MAN 子程序

■ RUN（运行/停止）参数：命令 PTO 加速至指定速度（Speed 参数）。从而允许在电机运行中更改 Speed 参数的数值。停用 RUN 参数命令 PTO 减速至电机停止。当 RUN 已启用时，Speed 参数有确定速度。速度是一个用每秒脉冲计算的 DINT（双整数）值。可以在电机运行中更改此参数；

■ Error（错误）参数：输出本子程序执行结果的错误信息，无错误时输出零。如果PTO向导的HSC计数器功能已启用，C _ Pos参数包含用脉冲数目表示的模块；否则此数值始终为零。

由上述四个子程序的梯形图可以看出，为了调用这些子程序，编程时应预置一个数据存储区，用于存储子程序执行时间参数，存储区所存储的信息可根据程序的需要调用。

拓展篇

项目7　人机界面组态

任务1　工程分析和创建

根据工作任务，对工程分析并规划如下。

① 工程框架：有两个用户窗口，即欢迎画面和主画面，其中欢迎画面是启动界面。一个策略是循环策略。

② 数据对象：包括各工作站以及全线的工作状态指示灯、单机全线切换旋钮，启动、停止、复位按钮，变频器输入频率设定、机械手当前位置等。

③ 图形制作。

欢迎画面窗口：a. 图片：通过位图装载实现；b. 文字：通过标签实现；c. 按钮：由对象元件库引入。

主画面窗口：a. 文字：通过标签构件实现；b. 各工作站以及全线的工作状态指示灯、时钟：由对象元件库引入；c. 单机全线切换旋钮、启动、停止、复位按钮：由对象元件库引入；d. 输入频率设置：通过输入框构件实现；e. 机械手当前位置：通过标签构件和滑动输入器实现。

④ 流程控制：通过循环策略中的脚本程序策略块实现。

进行上述规划后，就可以创建工程，然后进行组态。步骤是：在“用户窗口”中单击“新建窗口”按钮，建立“窗口 0”、“窗口 1”，然后分别设置两个窗口的属性。

任务2　欢迎画面组态

1. 建立欢迎画面

选中“窗口 0”，单击“窗口属性”，进入用户窗口属性设置，包括：

① 窗口名称改为“欢迎画面”；

② 窗口标题改为：欢迎画面；

③ 在“用户窗口”中，选中“欢迎”，点击右键，选择下拉菜单中的“设置为启动窗口”选项，将该窗口设置为运行时自动加载的窗口。

2. “欢迎画面”组态

(1) 编辑欢迎画面

选中“欢迎画面”窗口图标，单击“动画组态”，进入动画组态窗口开始编辑画面。

① 装载位图，选择“工具箱”内的“位图”按钮，鼠标的光标呈“十字”形，在窗口左上角位置拖拽鼠标，拉出一个矩形，使其填充整个窗口。

在位图上单击右键，选择“装载位图”，找到要装载的位图，点击选择该位图，如图7-1所示，然后点击“打开”按钮，则该图片装载到了窗口。

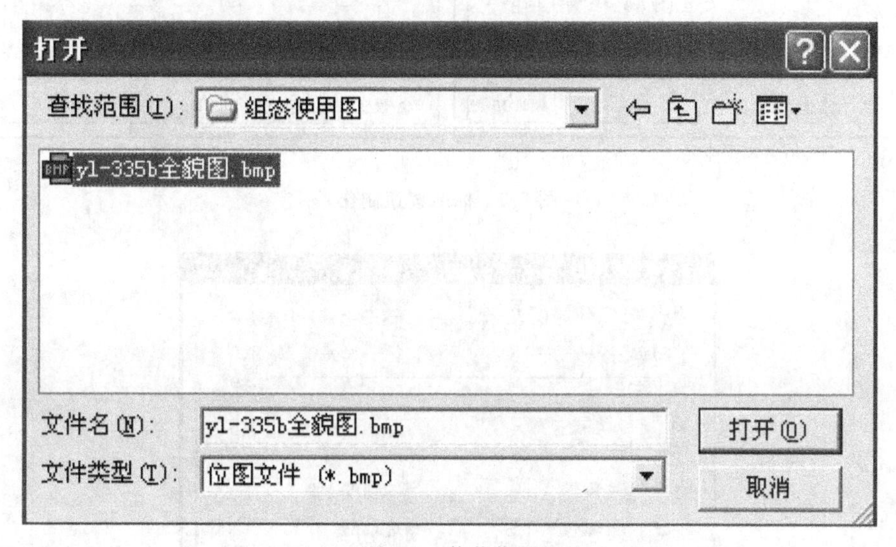

图7-1 装载位图

② 制作按钮 单击绘图工具箱中“”图标，在窗口中拖出一个大小合适的按钮，双击按钮，出现如图7-2(a)的属性设置窗口。在可见度属性页中点选“按钮不可见”；在操作属性页中单击“按下功能”；打开用户窗口时候选择主画面，并使数据对象“HMI就绪”的值“置1”。

③ 制作循环移动的文字框图

a. 选择“工具箱”内的“标签”按钮，拖拽到窗口上方中心位置，根据需要拉出一个大小适合的矩形。在鼠标光标闪烁位置输入文字“欢迎使用YL-335B自动化生产线实训考核装备!”，按回车键或在窗口任意位置用鼠标点击一下，完成文字输入。

b. 静态属性设置如下。文字框的背景颜色：没有填充；文字框的边线颜色为：没有边线；字符颜色：艳粉色；文字字体：华文细黑，字型：粗体，大小为二号。

c. 为了使文字循环移动，在“位置动画连接”中勾选“水平移动”，这时在对话框上端就增添“水平移动”窗口标签。水平移动属性页的设置如图7-3所示。

设置说明如下：

• 为了实现“水平移动”动画连接，首先要确定对应连接对象的表达式，然后再定义表达式的值所对应的位置偏移量。定义一个内部数据对象“移动”作为表达式，它是一个与文字对象的位置偏移量成比例的增量值，当表达式“移动”的值为0时，文字对象的位置向右移动0点（即不动），当表达式“移动”的值为1时，对象的位置向左移动5点（−5），这

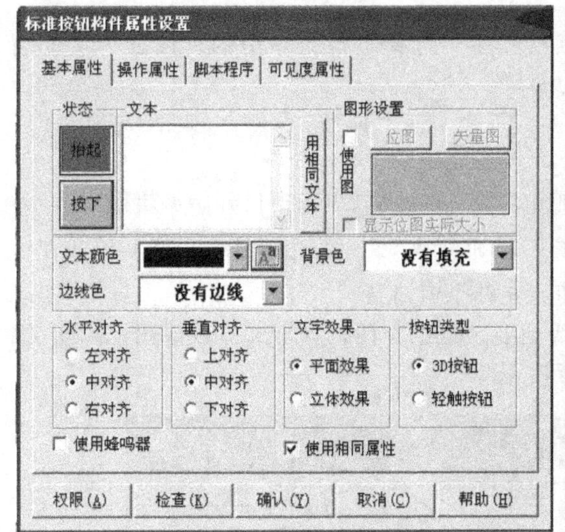

(a) 基本属性页

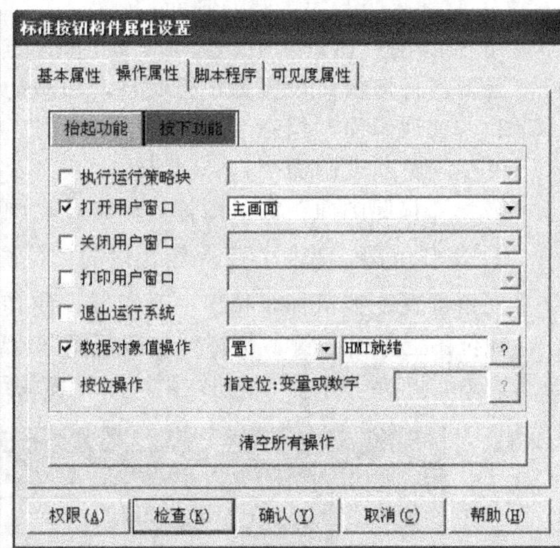

(b) 操作属性页

图 7-2　标准按钮制作

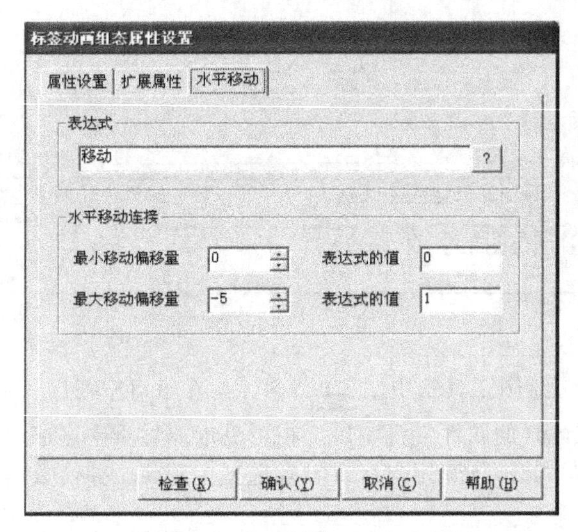

图 7-3　设置水平移动属性

就是说“移动”变量与文字对象的位置之间关系是一个斜率为－5 的线性关系。

• 触摸屏图形对象所在的水平位置定义为：以左上角为坐标原点，单位为像素点，向左为负方向，向右为正方向。TPC7062KS 分辨率是 800×480，文字串“欢迎使用 YL-335B 自动化生产线实训考核装备!”向左全部移出的偏移量约为－700 像素，故表达式“移动”的值为＋140。文字循环移动的策略是，如果文字串向左全部移出，则返回初始位置重新移动。

（2）组态“循环策略”

具体操作如下。

① 在“运行策略”中，双击“循环策略”进入策略组态窗口。

② 双击图标进入“策略属性设置”，将循环时间设为：100ms，按“确认”。

③ 在策略组态窗口中，单击工具条中的“新增策略行”图标，增加一策略行，如图 7-4 所示。

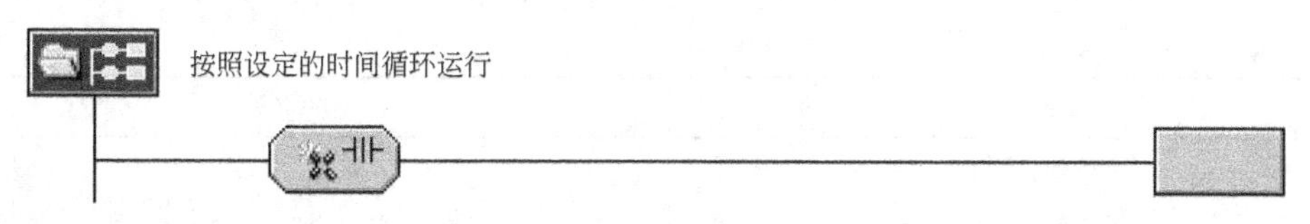

图 7-4 新增策略行

④ 单击“策略工具箱”中的“脚本程序”，将鼠标指针移到策略块图标上，单击鼠标左键，添加脚本程序构件，如图 7-5 所示。

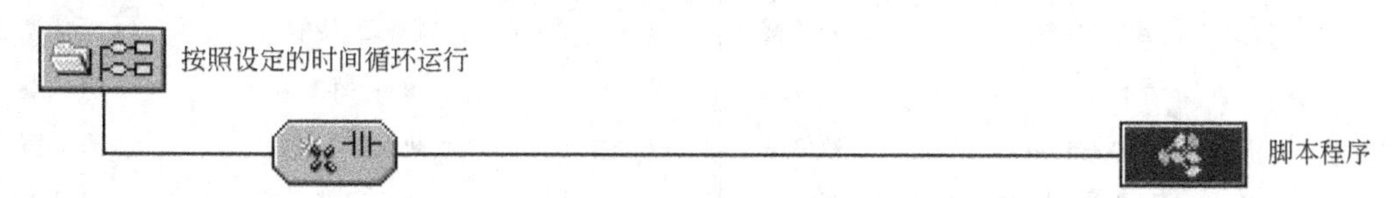

图 7-5 新增脚本程序

⑤ 双击进入策略条件设置，表达式中输入 1，即始终满足条件。

⑥ 双击进入脚本程序编辑环境，输入下面的程序：

```
if  移动<=140then
    移动=移动+1
else
    移动=-140
endif
```

⑦ 单击“确认”，脚本程序编写完毕。

任务 3 主画面组态

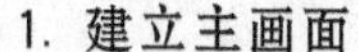

1. 建立主画面

① 选中“窗口 1”，单击“窗口属性”，进入用户窗口属性设置。

② 将主画面窗口标题改为：主画面；“窗口背景”中，选择所需要颜色。

2. 定义数据对象和连接设备

(1) 定义数据对象

各工作站以及全线的工作状态指示灯、单机全线切换旋钮、启动、停止、复位按钮，变频器输入频率设定、机械手当前位置等，都是需要与 PLC 连接，进行信息交换的数据对象。定义数据对象的步骤：

① 单击工作台中的“实时数据库”窗口标签，进入实时数据库窗口页。

② 单击“新增对象”按钮，在窗口的数据对象列表中，增加新的数据对象。

③ 选中对象，按“对象属性”按钮，或双击选中的对象，则打开“数据对象属性设置”窗口。然后编辑属性，最后加以确定。表 7-1 列出了全部与 PLC 连接的数据对象。

表 7-1 与 PLC 连接的数据对象

序号	对象名称	类　型	序号	对象名称	类　型
1	HMI 就绪	开关型	4	单机全线_输送	开关型
2	越程故障_输送	开关型	5	单机全线_全线	开关型
3	运行_输送	开关型	6	复位按钮_全线	开关型

续表

序号	对象名称	类　型	序号	对象名称	类　型
7	停止按钮_全线	开关型	18	缺料_供料	开关型
8	启动按钮_全线	开关型	19	单机全线_加工	开关型
9	单机全线切换_全线	开关型	20	运行_加工	开关型
10	网络正常_全线	开关型	21	单机全线_装配	开关型
11	网络故障_全线	开关型	22	运行_装配	开关型
12	运行_全线	开关型	23	料不足_装配	开关型
13	急停_输送	开关型	24	缺料_装配	开关型
14	变频器频率_分拣	数值型	25	单机全线_分拣	开关型
15	单机全线_供料	开关型	26	运行_分拣	开关型
16	运行_供料	开关型	27	手爪当前位置_输送	数值型
17	料不足_供料	开关型			

(2) 设备连接

使定义好的数据对象和PLC内部变量进行连接，步骤如下：

① 打开“设备工具箱”，在可选设备列表中，双击“通用串口父设备”，然后双击“西门子＿S7200PPI”。出现“通用串口父设备”，“西门子＿S7200PPI”，

② 设置通用串口父设备的基本属性，如图7-6所示。

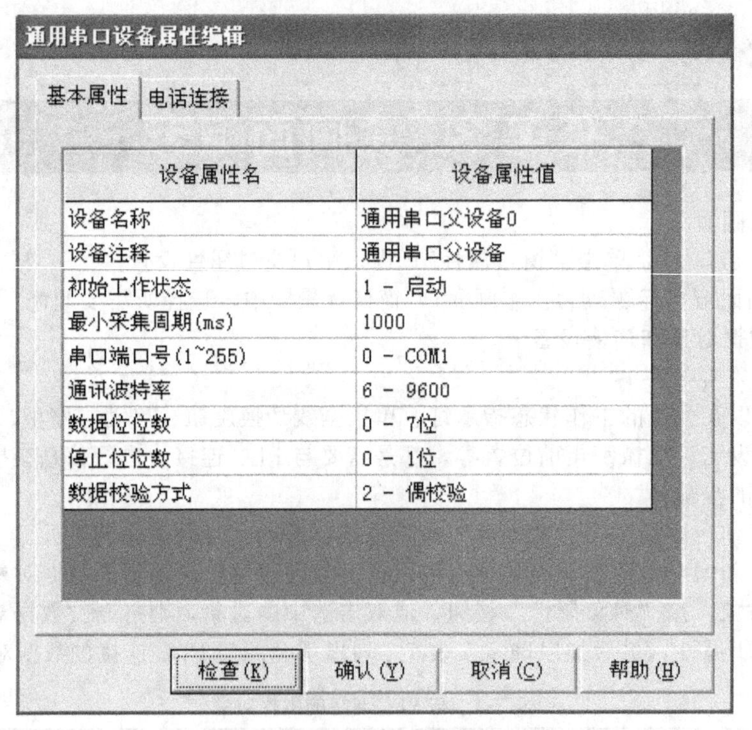

图7-6　通用串口父设备基本属性

③ 双击“西门子＿S7200PPI”，进入设备编辑窗口，按表7-1的数据，逐个“增加设备通道”，如图7-7所示。

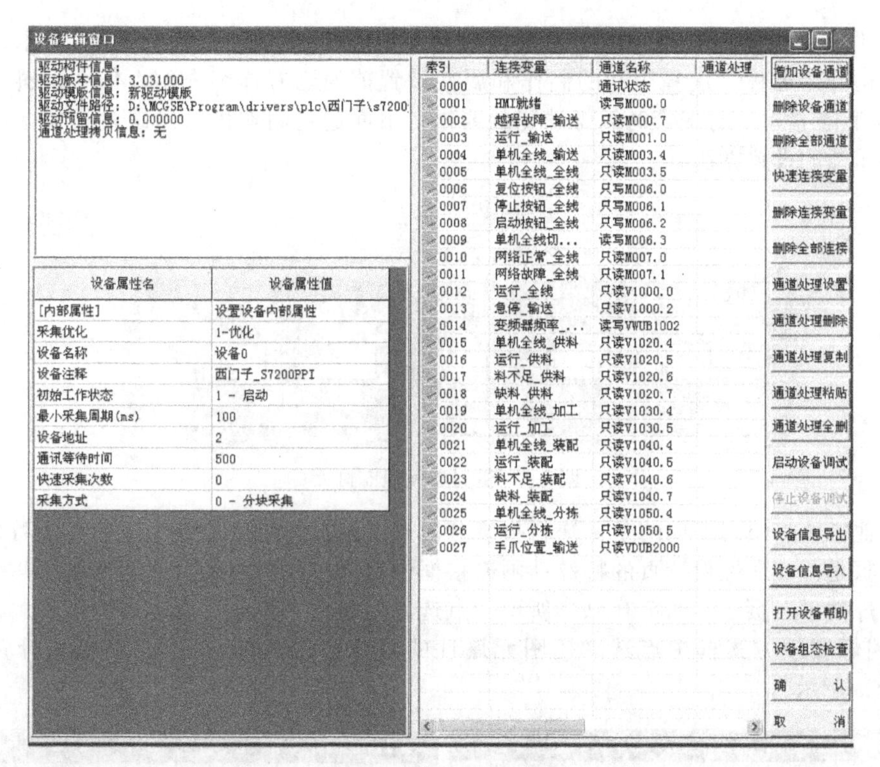

图 7-7 增加设备通道

3. 主画面制作和组态

按如下步骤制作和组态主画面。

① 制作主画面的标题文字、插入时钟，在工具箱中选择直线构件，把标题文字下方的区域划分为如图 7-8 所示的两部分。区域左侧制作各从站单元画面，右侧制作主站输送单元画面。

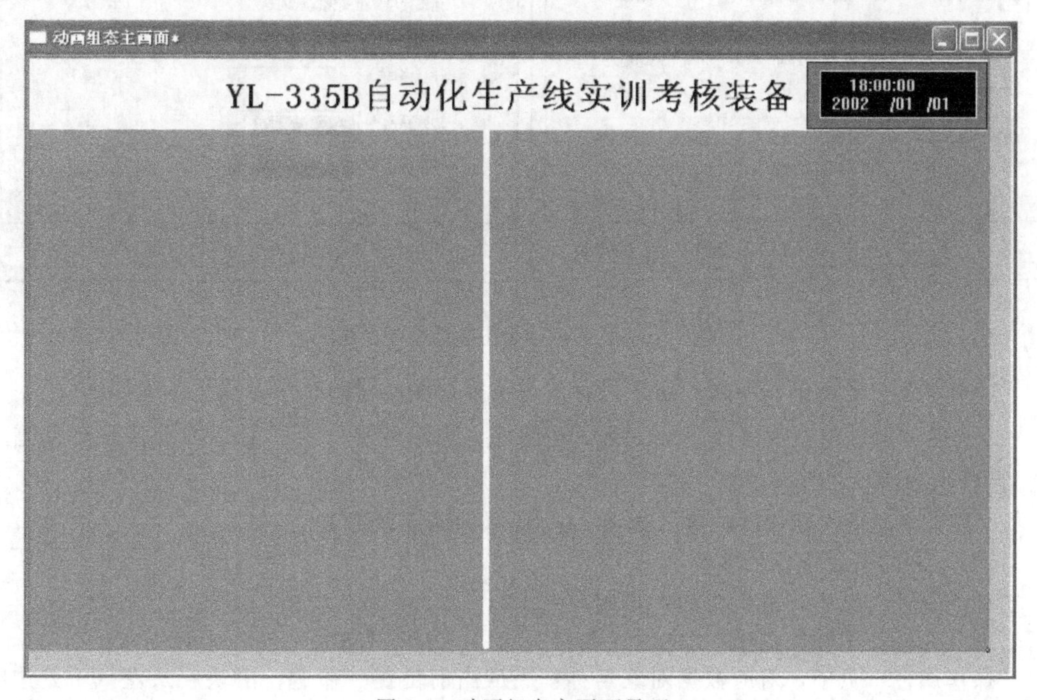

图 7-8 动画组态主画面界面

② 制作各从站单元画面并组态。以供料单元组态为例，其画面如图 7-9 所示，图中还指出了各构件的名称。这些构件的制作和属性设置前面已有详细介绍，但“供料不足”和“缺料”两状态指示灯有报警时闪烁功能的要求，下面通过制作供料站缺料报警指示灯着重介绍这一属性的设置方法。

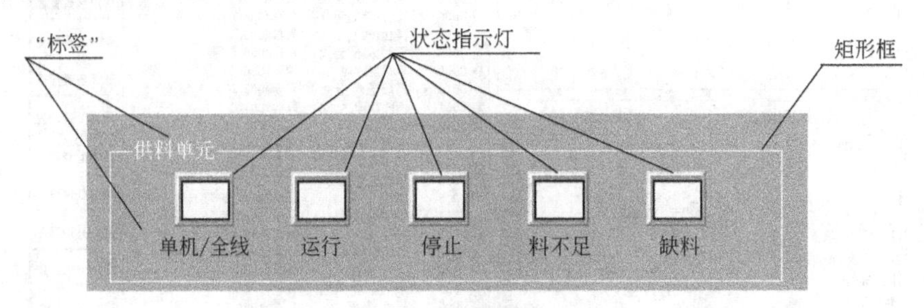

图 7-9　供料单元组态画面

与其他指示灯组态不同的是：缺料报警分段点 1 设置的颜色是红色，并且还需组态闪烁功能。步骤是：在属性设置页的特殊动画连接框中勾选“闪烁效果”，“填充颜色”旁边就会出现“闪烁效果”页，如图 7-10(a) 所示。点选“闪烁效果”页，表达式选择为“缺料_供料”；在闪烁实现方式框中点选“用图元属性的变化实现闪烁”；填充颜色选择黄色，如图 7-10(b) 所示。

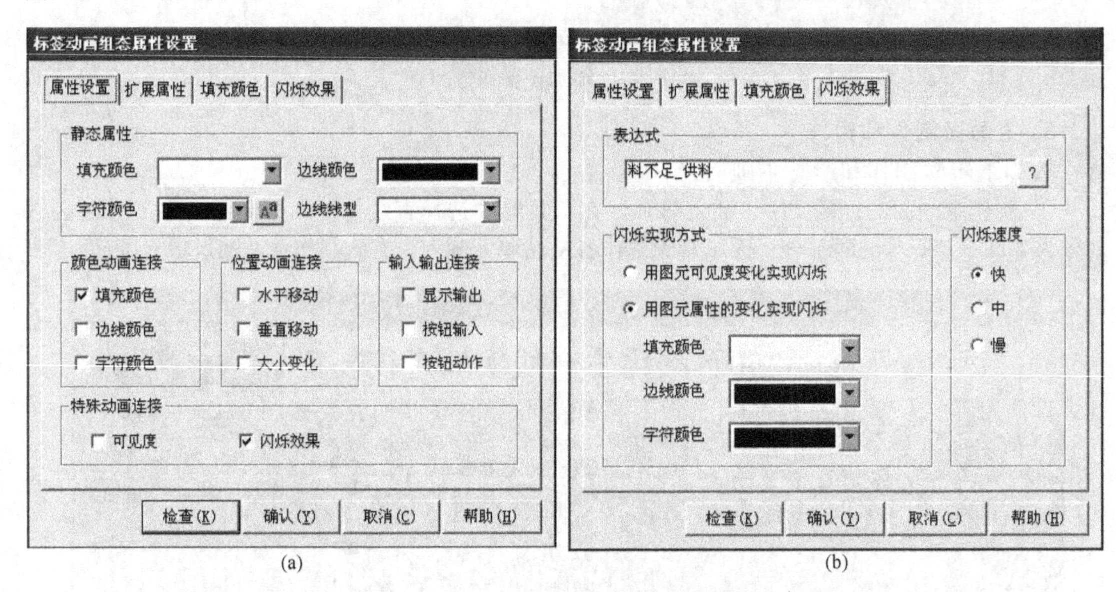

图 7-10　标签动画组态属性设置界面

③ 制作主站输送单元画面。这里只着重说明滑动输入器的制作方法。步骤如下。

a. 选中“工具箱”中的滑动输入器图标，当鼠标呈“十”后，拖动鼠标到适当大小。调整滑动块到适当的位置。

b. 双击滑动输入器构件，进入如图 7-11 所示的属性设置窗口。

按照下面的值设置各个参数：

“基本属性”页中，滑块指向：指向左（上）；

“刻度与标注属性”页中，“主划线数目”：11，“次划线数目”：2；小数位数：0；

“操作属性”页中，对应数据对象名称：手爪当前位置_输送；滑块在最左（下）边时对应的值：1100；滑块在最右（上）边时对应的值：0；

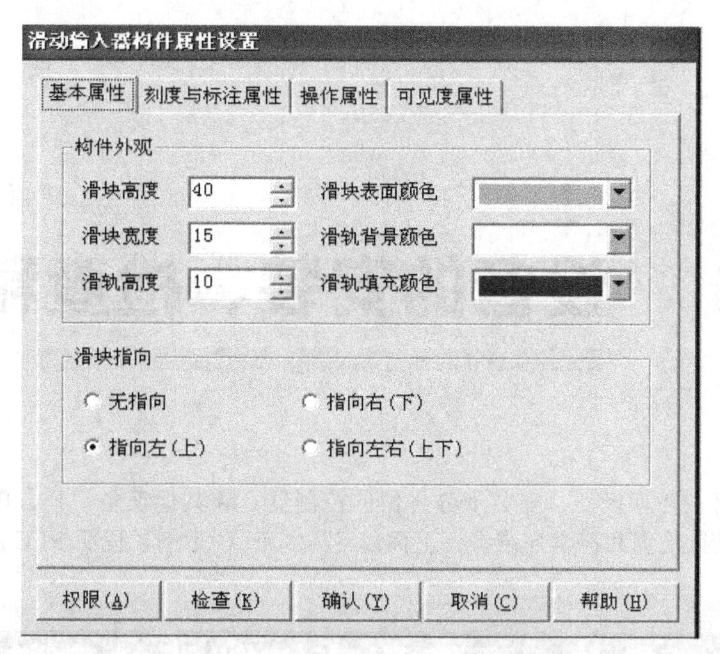

图 7-11 滑动输入器构件属性设置界面

其他为缺省值。

c. 单击“权限”按钮，进入用户权限设置对话框，选择管理员组，按“确认”按钮完成制作。图 7-12 是制作完成的效果图。

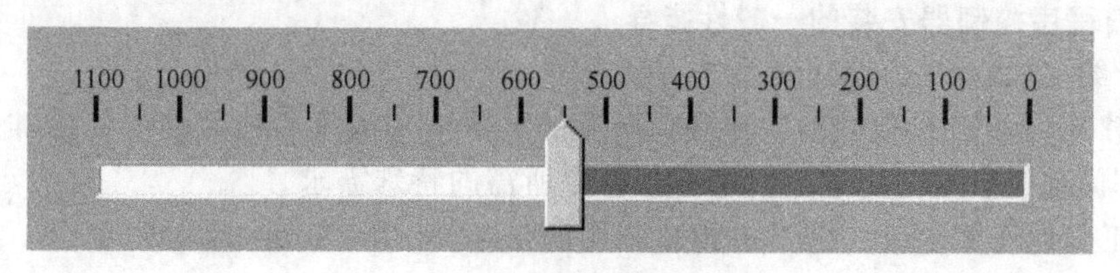

图 7-12 效果示意图界面

项目8　设备的安装、检查和维护

PLC 是一种故障率极低、安装十分方便的控制器。和其他设备一样，PLC 也需要正确地安装，经常进行检查和科学地维护。下面以 S7-200PLC 为例，说明 PLC 的安装，检查和维护。

任务 1　可编程序控制器的安装

应该特别注意的是，安装和拆卸 PLC 的各种模块和相关设备时，必须首先切断电源，如果没有作到这一点，可能会导致设备的损坏和人身安全受到伤害。

1. 可编程序控制器安装的一般性指导

下面介绍 S7-200PLC 设计安装的一般方法。

① 在对 S7-200PLC 接线时，要确保所有的电器符合国家和地区的电气标准。及时同地区的权威部门保持联系，以确定哪些标准符合所需的特殊需求。

② 要正确地使用导线。S7-200 模块采用的是 1.5～0.50mm^2 的导线。

③ 不要将连接器的螺钉拧得过紧，最大扭矩不要超过 0.36N·m。

④ 尽量使用短导线（最长 500m 屏蔽线，或 300m 非屏蔽线），导线要尽量成对使用，用一根中性或公共导线与一根控制线或信号线相配对。

⑤ 将交流线和大电流的直流线与小电流的信号线隔开。

⑥ 正确地识别和划分 S7-200 模块的接线端子，并在线端留有缓冲线圈。

⑦ 针对闪电式浪涌，安装合适的浪涌抑制设备。

⑧ 外部电源不要与 DC 输出点并联用作输出负载，这可能导致反向电流冲击输出，除非在安装时使用二极管或其他隔离栅。

⑨ 控制设备在不安全条件下使用可能会失灵，导致被控制设备的误操作。这样的误动作会导致严重的人身伤害和设备损坏。可以考虑使用独立于 PLC 的紧急停机功能、机电过载保护设备或其他冗余保护。

2. 使用隔离电路时的接地与电路参考点指南

（1）使用隔离电路时的接地与电路参考点应遵循的原则。

① 应该为每一个安装电路选一个参考点（0V），这些不同的参考点可能会连在一起，这种连接可能会产生预想不到的电流，它们会导致逻辑错误或损坏电路。产生不同参考电势的原因，经常是由于接地点在物理区域上被分隔太远，当相距很远的设备被通信电缆或传感器连接起来的时候，由电缆和地之间产生的电流就会流经整个电路。即使在很短的距离内，

大型设备的负载电流也可以在其与地电势之间产生变化，或者通过电磁作用直接产生不可预知的电流。不正确选定参考点的电源，相互之间的电路中有可能产生毁灭性的电流，以致破坏设备。

② 当几个具有不同地电位的 CPU 连到一个 PPI 网络时，应该采用 RS-485 中继器隔离。

③ S7-200 产品已在特定点上安装了隔离元件，以防止安装中所不期望的电流产生。当准备安装时，应考虑到哪些地方有这些隔离元件，哪些地方没有。同时，也应考虑到相关电源之间的隔离以及与其他设备的隔离，还有相关电源的参考点的位置。

④ 最好选择一个接地参考点，并且用隔离元件来破坏可能产生不可预知电流的无用电流回路。注意：在暂时性连接中，可能引入新的电路参考点，比如说编程设备与 CPU 连接的时候。

⑤ 在现场接地时，一定要随时注意接地的安全性，并且要正确地操作隔离保护设备。

⑥ 在大部分的安装中，如果把传感器的供电 M 端子接地，可以获得最佳的噪声抑制。

上面概述的是 S7-200 的隔离特性，但某些特性对于特殊产品可能会有所不同。请参考 S7-200 系统手册，从中可以查到所使用产品的电路中包含哪些隔离元件及它们的隔离级别。级别小于 AC1500V 的隔离元件只能用作功能隔离，而不能用作安全隔离层。

(2) S7-200 的隔离特性的使用参考

① CPU 逻辑参考点与 DC 传感器提供的 M 点类似。

② CPU 逻辑参考点与采用 DC 电源供电的 CPU 输入电源提供的 M 点类似。

③ CPU 通信端口与 CPU 逻辑口（DP 除外），具有同样的参考点。

④ 模拟输入及输出与 CPU 逻辑不隔离，模拟输入采用差动输入，并提供低压公共模式的滤波电路。

⑤ 逻辑电路与地之间的隔离为 AC500V。

⑥ DC 数字输入和输出与 CPU 逻辑之间的隔离为 AC500V。

⑦ DC 数字 I/O 组的点之间隔离为 AC500V。

⑧ 继电器输出、AC 输出和输入与 CPU 逻辑之间的隔离为 AC1500V。

⑨ 继电器输出组的点之间的隔离为 AC1500V。

⑩ AC 电源线和零线与地、CPU 逻辑以及所有的 I/O 之间的隔离为 AC1500V。

3. 电源的安装

(1) 交流输入 PLC 安装指南

下列条目是 AC 交流接线安装的一般性指南。

用一个单相开关将电源与 CPU、所有的输入电路及输出（负载）电路隔离。

用一台过电流保护设备以保护 CPU 的电源、输出点以及输入点。也可以为每个输出点加上熔断器进行范围更广的保护。

当使用 MicroDC24V 传感器电源时，可以取消输入点的外部过电流保护，因为该传感器电源具有短路保护功能。

将 S7-200 的所有地线端子和最接近地点相连接，以获得最好的抗干扰能力。建议所有都使用 1.50mm^2 的电线连接到独立导电点上（亦称一点接地）。

本机单元的直流传感器电源可为本机单元的输入和扩展 DC 输入以及扩展继电器线圈供电，这一传感器电源具有短路保护功能。

在大部分的安装中，如果把传感器的供电 M 端子接地，可以获得最佳的噪声抑制。

(2) 直流输入 PLC 安装指南

下列各项是 DC 隔离安装接线的一般性指南。

① 用一个单向开关将电源同 CPU，所有的输入电路和输出（负载）电路隔开。

② 用过电流保护设备以保护 CPU 电源，输出点以及输入点。也可以在每个输出点加上熔断器进行电流保护。

③ 使用 MicroDC24V 传感器电源时，可以取消输入点的外部过电流保护，因为传感器电源内部具有限流功能。

④ 确保 DC 电源有足够的抗冲击能力，以保证在负载突变时，可以维持一个稳定的电压，这时需要一个外部电容。

⑤ 在大部分的应用中，把所有的 DC 电源接地，可以得到最佳的噪声抑制。在未接地 DC 电源的公共端与保护地之间接以电阻与电容并联电路。电阻提供了静电释放通路，电容提供高频噪声通路，他们的典型值是 1MΩ 和 4700pF。

⑥ 将 S7-200 所有的接地端子同最近接地点连接，已获得最好的抗干扰能力。建议所有的接地端子都使用 $1.50mm^2$ 的导线连接到独立导电点上（亦称一点接地）。

⑦ DC24V 电源回路与设备之间，以及 AC120/230V 电源与危险环境之间，必须提供安全的电气隔离。

4. 抑制电路的使用

① 抑制电路使用的一般性指导原则，在感性负载中要加入抑制电路，以抑制在切断电源时电压的升高。可以采用下面的方法来设计具体的抑制电路。设计的有效性取决于实际的应用，因此必须调整参数，以适应具体的应用。要使所有的器件参数与实际应用相符合。

② 直流晶体管输出模块的保护。S7-200 直流晶体管输出内部包含了能适应多种安装的齐纳二极管。对于大电感或频繁开关的感性负载，还可以使用外部抑制二极管来防止击穿内部二极管。

也可以采用外接齐纳二极管组成抑制电路。若外加直流电压为 24V，则选用的齐纳二极管的击穿电压宜选择在 8.2V，功率为 5W。

这样当晶体管由导通变为截止时，由于续流二极管为电感能量的释放提供了电流通道，故在电感两端不会形成高压。对于含齐纳二极管的抑制电路，由于齐纳二极管的电压特性，也可以抑制电感两端高压的产生。因而也就不会危害到晶体管了，如图 8-1 所示。

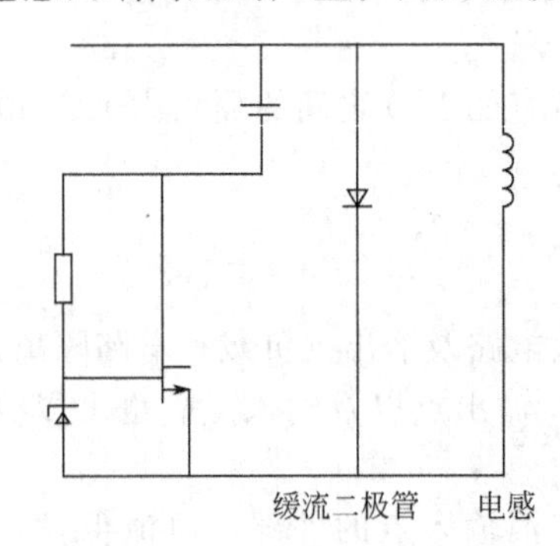

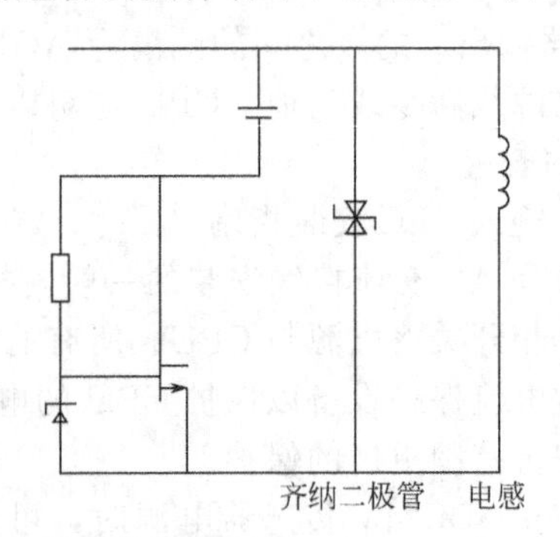

图 8-1　直流晶体管输出模块的保护电路

③ 对继电器输出模块的保护主要有两个方面：一方面是继对电器触点的保护，使电感在断电时不会产生高压加到继电器的触点上；另一方面是对电源的保护，使为继电器提供电压的电源不受到高压的冲击。抑制高压电的主要办法是，在感性负载两端并联 RC 吸收电路，对交流电源除了用 *RC* 吸收之外，还可以并联压敏电阻，以消除电压冲击。

直流负载 *RC* 抑制电路的参考值为 $R=12\Omega$，$C=0.5\sim1\mu F\cdot A$,其中 A 为负载的电流量。

负载电压为 AC115/230V 时，对于每 10VA 的静态负载，*RC* 抑制电路的参考值为 $R=0.5\times Us(\Omega)$，$C=0.002\sim0.005\mu F\cdot A$,其中 A 为负载的电流量。如果并联压敏电阻时，压

敏电阻的工作电压要比正常的电源电压高出20%，如图8-2所示。

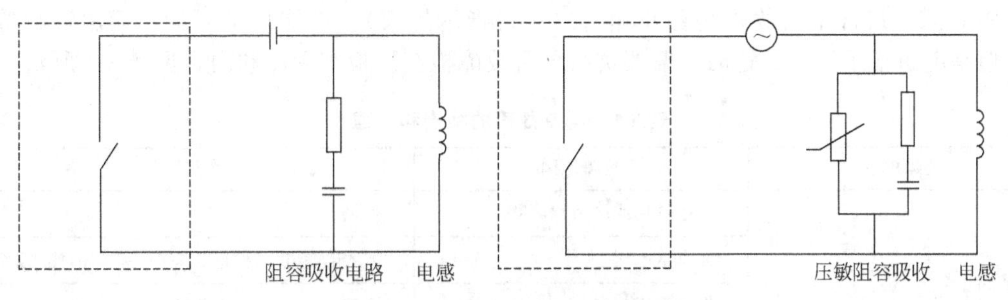

图8-2 继电器输出模块的保护电路

任务2 可编程序控制器故障的检查与处理

PLC系统在长期运行中，可能会出现一些故障。PLC自身故障可以考自诊断来判断，外部故障则主要根据程序来分析。常见故障有电源系统故障、主机故障、通信系统故障、模块故障、软件故障等。

1. 常见故障的总体检查与处理

总体检查的目的是找出故障点的大方向，然后再逐步细化，确定具体故障点达到消除故障的目的。常见故障的总体检查与处理的程序如图8-3所示。

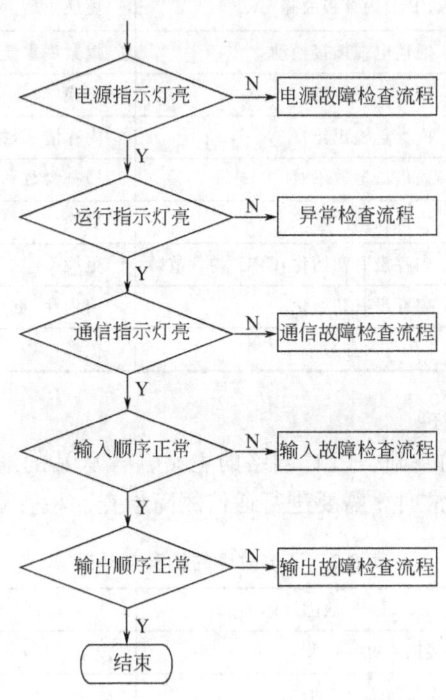

图8-3 常见PLC故障的检查流程

2. 电源故障的检查与处理

对于PLC系统有主机电源、扩展设备电源、模块电源，任何电源显示不正常时都要进入电源故障检查流程，如果各部分功能正常，只能是LED显示有故障，否则应首先检查外部电源，如果外部电源无故障，再检查系统内部电源故障。

3. 异常故障的检查与处理

PLC系统最常见的故障是停止运行（运行指示灯灭）、不能启动、工作无法进行等故障，但是电源指示灯亮。这时，需要进行异常故障检查。检查顺序和内容见表8-1所示。

表8-1 异常故障的检查和处理

故障现象	故障原因	解决办法
电源指示灯灭	指示灯坏或熔断器熔断	更换
	无供电电压	加入电源电压，检查电源接线和插座，使之正常
	供电电压超限	调整电源电压在规定范围内
	电源损坏	更换
不能启动	供电电压超过上极限	降压
	供电电压超过下极限	升压
	内存自检系统出错	清内存、格式化
	CPU、内存板故障	更换
工作不稳定频繁停机	供电电压接近上，下极限	调整电压
	主机系统模块接触不良	清理，重插
	CPU、内存板内元件松动	清理、戴手套按压元器件
	CPU、内存板故障	更换
与编程器（微机）不通信	通信电缆插接松动	按紧后重新联机
	通信电缆故障	更换
	内存自检出错	内存清零，拔去停电记忆电池几分钟后再联机
	通信口参数不对	检查参数和开关，重新设定
	主机通信故障	更换
	内存没有初始化，CPU、内存故障	更换
程序不能装入	内存没有初始化	清内存，重写
	CPU、内存故障	更换

4. 通信故障的检查与处理

通信是PLC网络工作的基础。PLC网络的主站、各从站的通信处理器，通信模块都有工作正常指示。当通信不正常时，需要进行通信故障检查。检查顺序和内容见表8-2所示。

表8-2 通信故障的检查与处理

故障现象	故障原因	解决办法
单一模块不通信	接插不好	按紧
	模块故障	更换
	组态不对	重新组态
从站不通信	分支通信电缆故障	拧紧插接件或更换
	通信处理器松动	拧紧
	通信处理器地址开关错误	重新设置
	通信处理器故障	更换

续表

故障现象	故障原因	解决办法
主站不通信	通信电缆故障	排除故障、更换
	调制解调器故障	断电后再启动,无效时更换
	通信处理器故障	清理后再启动,无效时更换
通信正常,但通信故障灯亮	某模块插入或接触不良	插入并拧紧

5. 输入输出故障的检查与处理

输入输出模块直接与外部设备相连，是容易出故障的部位。虽然输入输出模块故障容易判断，更换快，但是必须查明原因，而且往往都是由于外部原因造成损坏的，如果不及时查明故障原因，及时清除故障，对 PLC 运行危害很大。检查顺序和内容见表 8-3 和表 8-4 所示。

表 8-3 输入故障的检查与处理

故障现象	故障原因	解决办法
输入模块单点损坏	过电压,特别是高压串入	清除过电压和串入的高压
输入全部不接通	未加外部输入电压	接通电源
	外部输入电压过低	加额定电源电压
	端子螺丝松动	将螺丝拧紧
	端子板连接器接触不良	将端子板锁紧或更换
输入全部断电	输入回路接触不良	更换模块
特定编号输入不接通	输入器件接触不良	更换
	输入配线断电	检查输入配线,排除故障
	端子接线螺钉松动	拧紧
	端子板连接器接触不良	将端子板锁紧或更换
	输入信号接通时间过短	调整输入器件
	输入回路接触不良	更换模板
	OUT 指令用了该输入口	修改程序
特定编号输入不关断	输入回路接触不良	更换模块
	OUT 指令用了该输入口	修改程序
输入不规则地通、断	外部输入电压过低	使输入电压在额定范围内
	噪声引起误动作	采取抗干扰措施
	端子螺钉松动	拧紧螺钉
	端子连接器接触不良	将端子板拧紧或更换
异常输入点编号连续	输入模块公共端螺钉松动	拧紧螺钉
	端子连接器接触不良	将端子板锁紧或更换连接器
	CPU 接触不良	更换 CPU
输入动作指示灯不亮	指示灯坏	更换

表 8-4　输出故障的检查与处理

故障现象	故障原因	解决办法
输出模块单点损坏	过电压，特别是高电压串入	清除过电压和串入的高压
输出全部不接通	未加负载电源	接通电源
	负载电源电压低	加额定电源电压
	端子螺钉松动	将螺钉拧紧
	端子板连接接触不良	将端子板锁紧或更换
	熔断器熔断	更换
	I/O 总线插座接触不良	更换
输出全部不关断	输出回路接触不良	更换
特定编号输出不接通	输出接通时间短	更换
	程序中继电器号重复	修改程序
	输出器件接触不良	更换
	输出配线断线	检查输出配线，排除故障
	端子螺钉松动	拧紧
	端子连接器接触不良	将端子板锁紧或更换
	输出继电器不良	更换
	输出回路接触不良	更换
特定编号输出不关断	程序中输出指令的继电器号重复	修改程序
	输出继电器接触不良	更换模块
	漏电流或残余电压时期不能关断	更换负载或加假负载电阻
	输出回路接触不良	更换
输出不规则地通、断	外部输出电压过低	使输入电压在额定范围内
	噪声引起误动作	采取抗干扰措施
	端子螺钉松动	拧紧螺钉
	端子连接器接触不良	将端子板拧紧或更换
异常输出点编号连接	输出模块公共端螺钉松动	拧紧螺钉
	端子连接器接触不良	将端子板锁紧或更换连接器
	CPU 接触不良	更换 CPU
	熔断器熔断	更换
输出动作指示灯不亮	指示灯坏	更换

任务 3　可编程序控制器的检修与维护

PLC 的主要构成元器件是以半导体元器件为主体，考虑到环境的影响，随着使用时间的增长，元器件总是要老化的。因此定期检修与作好日常维护是非常必要的。

要有一支具有一定技术水平、熟悉设备情况、掌握设备工作原理的检修队伍，作好对设备的日常维修。

对检修工作要规定为一个制度，按期执行，保证设备运行状况最优。每台 PLC 都有确定的检修时间，一般以6个月或1年1次为宜。当外部环境条件较差时，可以根据情况把间隔缩短。定期检修的内容见表8-5所示。

表8-5　PLC定期检修

序号	检修项目	检修内容	判断标准
1	供电电源	在电源端子处测量电压波动范围是否在标准范围内	电压波动范围85%～110%供电电压
2	外部环境	环境温度	0～55℃
		环境湿度	35%～85%RH,不结露
		积尘情况	不积尘
3	输入输出电源	在输入输出端子处测电压变化是否在标准范围内	以各输入输出规格为准
4	安装状态	各单元是否可靠固定	无松动
		电缆的连接器是否完全插紧	无松动
		外部配线的螺钉是否松动	无异常
5	寿命元件	电池、继电器、存储器等	以各元件规格为准

任务4　S7-200可编程序控制器的故障处理指南

对于具体地PLC的故障检查可能有一定的特殊性。有关S7-200的故障检查和处理方法见表8-6所示。

表8-6　S7-200故障处理

问题	故障原因	解决办法
输出不工作	输出的电气浪涌使被控设备损坏	当接到感性负载时,需要接入抑制电路
	程序错误	修改程序
	接线松动或不正确	检查接线,如果不正确,需要改正
	输出过载	检查输出的负载
	输出被强制	检查CPU是否有被强制的I/O
CPU SF(系统故障)灯亮	用户程序错误 —0003看门狗错误 —0011间接寻址 —0012非法的浮点数	对于编程错误,检查FOR、NEXT、JMP、LBL和比较指令的用法
	电子干扰 —0001～0009 元器件损坏 —0001～0009	对于电气干扰 —检查接线。控制盘良好接地和高电压与低电压不并行引线是很重要的。 —DC24V传感器电源的M端子接地查出原因后,更换元器件
电源损坏	电源线引入过电压	把电源分析器连接到系统中,检查过电压尖峰的幅值和持续时间。根据检查的结果给系统配置抑制设备
电子干扰问题	不合适的接地 在控制柜内交叉配线	纠正不正确的接地系统。 纠正控制盘不良接地和高电压和低电压不合理的布线。把DC24V传感器电源的M端子接地。
	对快速信号配置了输入滤波器	增加系统数据块中的输入滤波器的延迟时间

续表

问题	故障原因	解决办法
当连接一个外部设备时通信网络损坏（计算机接口、PLC 的接口或 PC/PPI 电缆的损坏）	如果所有的非隔离设备（例如，PLC、计算机和其他设备）连到一个网络，而该网络没有一个共同的参考点，通信电缆提供了一个不期望的电流通路。这些不期望的电流可以造成通信错误或损坏电路	检查通信网络。 更换隔离型 PC/PPI 电缆。 当连接没有共同电子参考点的机器时，使用隔离型 RS-485～RS485 中继器
STEP7-Micro/WIN32 通信问题		检查网络通信信息后处理
错误处理		检查错误代码信息后处理

应该说 PLC 是一种可靠性、稳定性极高的控制器。只要按照其技术规范安装和使用，出现故障的概率极低。但是，一旦出现了故障，一定要按上述步骤进行检查、处理。特别是检查由于外部设备故障造成的损坏，一定要查清楚故障原因，将故障排除以后再试运行。

任务 5　自动生产线的总体拆装和调试过程说明

自动化生产线由五大部分组成。它们分别是供料站、加工站、装配站、分拣站和搬运站。

1. 安全须知

① 在进行安装、接线等操作时，请务必在切断电源后进行，以避免发生事故。

② 在进行配线时，请勿将配线屑或导电物落入可编程控制器或变频器内。

③ 请勿将异常电压接入 PLC 或变频器电源输入端，以避免损坏 PLC 或变频器。

④ 请勿将 AC 电源接于 PLC 或变频器的输入/输出端子上，以避免烧坏 PLC 或变频器，请仔细检查接线是否有误。

⑤ 在变频器输出端子（U、V、W）处不要连接交流电源，以避免受伤及发生火灾，请仔细检查接线是否有误。

⑥ 伺服驱动器关闭电源至少 15min 后才能进行配线或检查，否则可能导致触电。

⑦ 当变频器通电或正在运行时，请勿打开变频器前盖板，否则危险。

⑧ 在插拔通信电缆时，请务必确认 PLC 输入电源处于断开状态。

2. 拆装的流程

首先，在我们拆装前必须检查所用到的工具是否齐全。常用到的工具有内六角扳手（8把）、拔线钳、尖嘴钳、镊子、万用表及实训模块等。图 8-4 所示为模块图。

（1）电源模块

三相四线 380V 交流电源经三相电源总开关后给系统供电，设有保险丝，具有漏电和短路保护功能，提供两组单相双联暗插座，可以给外部设备、模块供电，并提供单、三相交流电源，同时配有安全连接导线。

（2）按钮模块

提供红、黄、绿三种指示灯（DC24V），复位、自锁按钮，急停开关，转换开关、蜂鸣器。提供 24V/6A、12V/5A 直流电源，为外部设备提供直流电源。

（3）变频器模块

西门子系统采用 MM420 系列高性能变频器，三相交流 380V 电源供电，输出功率

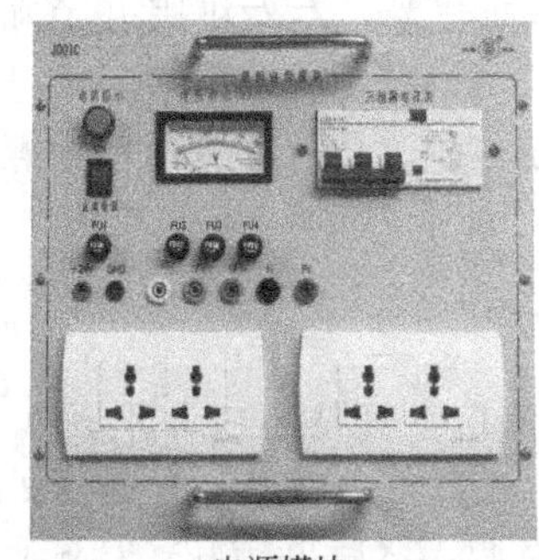
电源模块

启动/停止模块

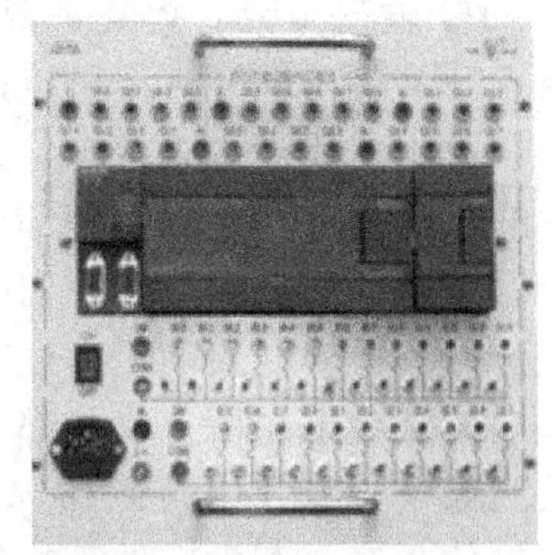
搬运站的PLC

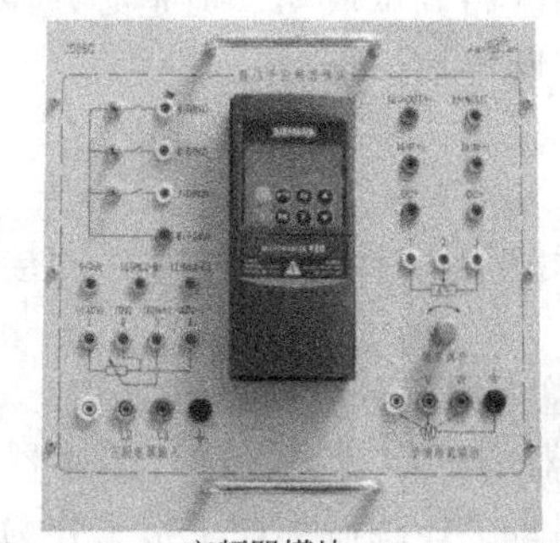
变频器模块

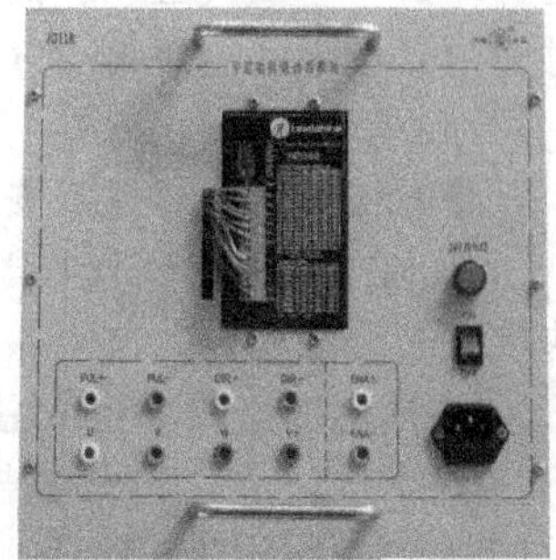
搬运站步进电机驱动模块

图 8-4　模块图

0.75kW。具有八段速控制制动功能、再试功能以及根据外部 SW 调整频率增减和记忆功能。具备电流控制保护、跳闸（停止）保护、防止过电流失控保护、防止过电压失控保护。

(4) PLC 模块

西门子系统采用 CPU226 (DC/DC/DC) 为主机，内置数字量 I/O（24 路数字量输入/16 路数字量输出），具有两轴脉冲输出功能。每个 PLC 的输入端均设有输入开关，PLC 的输入/输出接口均已连接到面板上，方便用户使用。

(5) 步进电机驱动器模块

采用工业级步进电机驱动器，直流 24V 供电，安全可靠，且脉冲信号端、方向控制端、紧急制动端、电机输出端等均已引至面板上，开放式设计，符合实训安装要求。

其次，我们拆装的总体思路是化零为整。即先将小的部件组合起来，然后再安装在较大的部件上。现将各个分站的拆装情况介绍如下。

① 供料单元：供料支撑架、PLC 和接线端口已经安装在底板上，PLC 的电源端子、I/O 端子到接线端子的连线我们不需要再拆装。其中唯一可以拆的是 220V 的电源线。其余供料站的所有器件都可以拆装。

② 加工单元：由导轨、导轨滑道、直线气缸及安装立板、气动手指连接座所组成的组件安装在底板上，PLC 的电源端子、I/O 端子到接线端子的连线我们不需要再拆装，其余所有器件都可以拆装。

③ 装配单元：电磁阀组、PLC 和接线端口已经安装在底板上，PLC 的电源端子、I/O 端子到接线端子的连线我们不需要再拆装，其余所有器件都可以拆装。

④ 分拣单元：PLC 和接线端口已经安装在底板上，PLC 的电源端子、I/O 端子到接线端子的连线我们不需要再拆装，其余所有器件都可以拆装。其中传送带机构和电磁阀组是一套组件，但不包括在它上面安装的推料气缸和光纤传感器。但我们在拆光纤传感器时必须保证不要损坏它。

⑤ 输送单元：拆装平台上的直线导轨、步进电机及同步带传动装置、左右极限开关和原点开关等其他元件都可以进行拆装。

再次，我们检查各个单元和各个部件是否安装在原装置的预定位置，还要检查每一个螺丝的松紧程度。确保每个部件到位。

最后，我们要检验我们的拆装的正确性，保证系统正常运行。

(1) 检查气路的正确性

拆装台上的所有气路都采用 $\phi 4$ 和 $\phi 6$ 两种气管。首先在通气前检查气路连接是否正确。其次通气，将气压调到 0。4MPa 就可以进行气路调试。在通气后观察各个气路元件是否处于复位状态，若没有处于复位状态则先断气，将相应的气管进行对调，然后再接好气管再通气进行调试，直到气缸动作的气流比较平稳时方可证明气路调试成功。但是必须注意在拔气管时必须先按下去然后再拔气管，这样可以保证调节气阀不被损坏。

(2) 检查电路的正确性

电路的检查尤为要注意安全。

① 在通电之前必须检查电路接线的正确性。我们用万用表检查各个 PLC 的接线和电源线的接线是否正确。

② 在通电时必须要有先总后分的通电次序，即先总电源后分电源通电。

③ 在上电之后我们先检查各个单元上的相应传感器的工作情况。若有传感器不亮，我们通过调节它上面的调节旋钮可进行相应地调节，直到每个传感器都能正常工作为止。

④ 在运行前必须按下复位按钮，保证各个单元处于复位状态，然后再按启动按钮，让工作站处于运行状态。

⑤ 观察各个站的运行情况。

3. 自动生产线安装与调试实训装置运行及操作

按照搬运站的 PLC 控制原理图和端子接线图用安全导线完成按钮模块、PLC 模块、变频器模块的输入/输出端与实训系统端子排之间连接。接线时请按照表 8-7 所示进行操作。

表 8-7 接线规则

序号	器件名称	接线规则
1	磁性传感器	正端与 PLC 的输入端相连，负端连接至直流电源的 GND
2	光电传感器	信号输出端与 PLC 的输入端相连，正端连接至 24V 直流电源的正端，负端全部连接至 24V 直流电源的负端
3	按钮开关	常开端与 PLC 的输入端相连，公共端连接至直流电源的"0V"端
4	电磁阀	正端与 PLC 的输出端相连，负端连接至直流电源的 GND

① 变频器的电源输入端 L1、L2、L3 分别接到电源模块中三相交流电源的 U、V、W 端；变频器输出端 U、V、W 分别接到接线端子排的电机输入端 1、2、3。

② 将系统左侧的三相四芯电源插头插入三相电源插座中，开启电源控制模块中三相电源总开关，U、V、W 端输出三相 380V 交流电源，两组单相双连暗插座分别输出 220V 交流电源。

③ 用三芯电源线分别从单相双连暗插座引出交流 220V 电源到 PLC 模块、按钮模块和步进电机驱动器模块的电源插座上。

④ 在编程软件中打开样例程序或由用户编写的控制程序，进行编译。当程序有错误时根据提示信息进行相应的修改，直至编译无误为止。编译完成后，用通信编程电缆连接计算机串口与 PLC 通讯口，打开 PLC 模块电源开关，将五个程序分别下载到各自对应的 PLC 中，下载完毕后将 PLC 的"RUN/PROG"开关拨至"RUN"状态，运行 PLC。

⑤ 按下按钮模块中的SB4“复位”按钮，系统进入复位状态，所有参数清零。同时警示灯黄灯常亮。如果复位完成绿灯闪烁，可以启动。此时如果工件库有物料，黄灯灭，否则黄灯闪烁。

⑥ 当绿灯闪烁时按下SB5“启动”按钮，系统启动，执行工件搬运、加工、装配、分捡工程。

⑦ 按下SB6“停止”按钮后，系统运行完一个周期后停止，同时红灯闪烁。按“启动”按钮可继续运行。

⑧ 按下“急停”按钮后，系统立即停止。拿掉没有完成的工件，按复位按钮，等系统复位后，才能重新运行。

任务6　气动系统故障及维护

1. 气动执行元件（气缸）故障

由于气缸装配不当和长期使用，气动执行元件（气缸）易发生内、外泄漏，输出力不足和动作不平稳，缓冲效果不良，活塞杆和缸盖损坏等故障现象。

（1）气缸出现内、外泄漏

原因：一般是因活塞杆安装偏心，润滑油供应不足，密封圈和密封环磨损或损坏，气缸内有杂质及活塞杆有伤痕等造成的。

措施：重新调整活塞杆的中心，以保证活塞杆与缸筒的同轴度；需经常检查油雾器工作是否可靠，以保证执行元件润滑良好；当密封圈或密封环出现磨损或损坏时，需及时更换；若气缸内存在杂质，应及时清除；活塞杆上有伤痕时，应更换。

（2）气缸的输出力不足和动作不平稳

原因：一般是因活塞或活塞杆被卡住、润滑不良、供气量不足，或缸内有冷凝水和杂质等造成的。

措施：应调整活塞杆的中心，检查油雾器的工作是否可靠，供气管路是否被堵塞；当气缸内存有冷凝水和杂质时，应及时清除。

（3）气缸的缓冲效果不良

原因：一般是因缓冲密封圈磨损或调节螺钉损坏所致。

措施：应更换密封圈或调节螺钉。

（4）气缸的活塞杆和缸盖损坏

原因：一般是因活塞杆安装偏心或缓冲机构不起作用而造成的。

措施：应调整活塞杆的中心位置；更换缓冲密封圈或调节螺钉。

2. 电磁阀故障

电磁阀的进、排气孔被油泥等杂物堵塞，封闭不严，活动铁芯被卡死，电路有故障等，均可导致电磁阀不能正常换向。而电路故障一般分为控制电路故障和电磁线圈故障两类。在检查电路故障前，应先将换向阀的手动旋钮转动几下，看换向阀在额定的气压下是否能正常换向，若能正常换向，则是电路有故障。检查时，可用仪表测量电磁线圈的电压，看是否达到额定电压，如果电压过低，应进一步检查控制电路中的电源和相关联的行程开关电路。如果在额定电压下换向阀不能正常换向，则应检查电磁线圈的接头（插头）是否松动或接触不实。方法是，拔下插头，测量线圈的阻值，如果阻值太大或太小，说明电磁线圈已损坏，应更换。

另外，对于快速接头的拔插，如果不按规定操作，也容易引起损坏。

3. 气动辅助元件故障

气动辅助元件的故障主要有：油雾器故障、自动排污器故障、消声器故障等。

① 油雾器的故障有：调节针的调节量太小油路堵塞，管路漏气等都会使液态油滴不能雾化。

措施：应及时处理堵塞和漏气的位置。正常使用时，对油杯底沉积的水分，应及时排除。

② 自动排污器的油污和水分有时不能自动排除，特别是在冬季温度较低的情况下尤为严重。

措施：应将其拆下并进行检查和清洗。

③ 当换向阀上装的消声器太脏或堵塞时，也会影响换向阀的灵敏度和换向时间。

措施：要经常清洗消声器。

参考文献

[1] 殷洪义．可编程控制器选择、设计与维护．北京：机械工业出版社，2009.

[2] 章国华．苏东．典型生产线原理、安装与调试．北京：北京理工大学出版社，2012.

[3] 吕景泉．自动化生产线安装与调试．北京：中国铁道出版社，2011.

[4] 王永华．现代电气控制及PLC应用技术．北京航空航天大学出版社，2009.

[5] 王锁庭．维修电工技能训练．北京：化学工业出版社，2012.

[6] 赵旭升．电机与电气控制．北京：化学工业出版社，2009.

[7] 陈爱群．电工技能实训教程．北京：高等教育出版社，2003.

[8] 劳动和社会保障部．电气控制线路安装与检修．北京：中国劳动社会保障出版社，2010.

[9] 张运波．工厂电气控制技术．北京：高等教育出版社，2001.

[10] 谢云．现代电子技术实践课程指导．北京：机械工业出版社，2003.